"十四五"职业教育国家规划教材
"十三五"职业教育国家规划教材
"十四五"时期水利类专业重点建设教材
"互联网+"新形态教材

# 水利水电工程施工技术

## （第2版·修订本）

主　编　薛　桦
副主编　李方灵　张　茹　张瑞麟　蒋　岑
　　　　刘桂杰　魏　闯　张瑞她　张　波
　　　　张　杰　赵晓娟　穆创国　宋孝斌
主　审　赵　辰

黄河水利出版社
·郑　州·

## 内 容 提 要

本书是“十四五”“十三五”职业教育国家规划教材、“十四五”时期水利类专业重点建设教材，是根据教育部关于职业教育国家规划教材编写要求及相关行业课程标准编写完成的。全书共分 12 个项目，包括施工导流与截流、爆破工程、土方工程、模板工程、钢筋工程、混凝土工程、基础工程、土石坝工程、混凝土坝工程、隧洞工程、渠系建筑物、泵站工程等。根据专业课程的特点，本书采用项目化教学进行编写，是传统纸质教材与数字资源相结合的融媒体新形态教材，配套建设了全套课程 PPT、微课视频、图片、思考题配套答案等教学资源，融入了党的二十大精神等思政元素，便于学生更好地掌握相关教学内容。

本书可作为高等职业教育水利水电建筑工程、水利工程、水利水电工程智能管理、水利工程监理等专业的教学用书，也可作为水利职工岗位培训或水利工程技术人员学习用书，还可作为中职水利类学校相关专业的参考用书。

### 图书在版编目(CIP)数据

水利水电工程施工技术/薛桦主编. —2 版. —郑州：黄河水利出版社，2022. 12 （2025. 1 修订本重印）

“十三五”职业教育国家规划教材

ISBN 978-7-5509-3487-0

Ⅰ. ①水… Ⅱ. ①薛… Ⅲ. ①水利水电工程-工程施工-高等职业教育-教材 Ⅳ. ①TV5

中国版本图书馆 CIP 数据核字(2022)第 246542 号

出版顾问：王路平 电话：13623813888 E-mail：hhslwlp@163. com

组稿编辑：田丽萍 0371-66025553 912810592@qq. com

出 版 社：黄河水利出版社 网址：www. yrcp. com

地址：河南省郑州市顺河路黄委会综合楼 14 层 邮政编码：450003

发行单位：黄河水利出版社

发行部电话：0371-66026940、66020550、66028024、66022620(传真)

E-mail：hhslcbs@126. com

承印单位：河南承创印务有限公司

开本：787 mm×1 092 mm 1/16

印张：18. 25

字数：420 千字 印数：8 001—12 000

版次：2018 年 8 月第 1 版 印次：2025 年 1 月第 3 次印刷

2022 年 12 月第 2 版

2025 年 1 月修订本

定价：55. 00 元

# 第2版前言

本书是根据《中共中央关于认真学习宣传贯彻党的二十大精神的决定》，中共中央办公厅、国务院办公厅《关于推动现代职业教育高质量发展的意见》，国务院《国家职业教育改革实施方案》(简称“职教20条”)，教育部《职业院校教材管理办法》《高等学校课程思政建设指导纲要》《“十四五”职业教育规划教材建设实施方案》，水利部、教育部《关于进一步推进水利职业教育改革发展的意见》，《教育部办公厅关于公布首批“十四五”职业教育国家规划教材书目的通知》等文件精神，组织编写的职业教育国家规划教材。教材注重吸收产业升级和行业发展的新知识、新技术、新工艺、新方法、新规范，丰富了课程思政案例、视频、微课、题库等数字化教学资源，是理论联系实际、教学面向生产，产教融合、校企合作编写的职业教育精品规划教材，具有鲜明的时代特点，体现了实用性、实践性、创新性的特色。

本书第1版为全国水利行业“十三五”规划教材，于2018年8月正式出版，2020年12月成功入选“十三五”职业教育国家规划教材。本书第2版2022年12月出版发行，2023年3月被中国水利教育协会推荐为“十四五”时期水利类专业重点建设教材，2023年6月成功入选首批“十四五”职业教育国家规划教材。

随着我国水利形势的不断发展变化，为了及时反映产业升级和行业发展需求以及课程思政“立德树人”要求，体现新知识、新技术、新工艺、新方法，不断丰富数字化资源，不断提高教材质量，编者分别于2024年1月、2025年1月，根据国家及行业最新颁布的规范、标准、规定等，以及在教学实践中发现的问题和错误，对本书进行了全面修订、补充、更新和完善。本次修订将习近平新时代中国特色社会主义思想和党的二十大精神、人文素养和职业素质教育、创新创业教育融入课程，培养学生“忠诚、干净、担当、科学、求实、创新”的新时代水利精神，树立和践行“绿水青山就是金山银山”的理念，站在人与自然和谐共生的高度谋划发展；根据国家及行业颁布的最新标准、规范、规程，更新了相关内容，并配套了丰富的辅助教学资源，包括多媒体课件、微课视频、工程图片、作业习题、题库等，使教材全面变成了融媒体新形态教材，以适应信息技术的发展和学习者自主学习的需要。

本书编写严格落实课程思政要求，并突出职业教育特点，采用项目化教学的方式，以水利水电枢纽工程施工过程和工程案例为主线，按照由简单到复杂、单一到综合、低级到高级的认识规律编写，遵循技术技能人才成长规律，突出了对职业能力的培养。教材基于工作过程，以项目任务为载体，可实现“教、学、做”一体化的教学模式。紧跟产业发展趋势和行业人才需求，及时将产业发展的新技术、新工艺、新规范纳入教材内容，反映典型岗位(群)职业能力要求。紧密结合“1+X”证书制度改革，融入所取证书相关知识，做到

“岗、课、证”相融通。

本书编写单位及编写人员如下：山西水利职业技术学院薛桦、张茹、魏闯、张杰、赵晓娟，安徽水利水电职业技术学院李方灵，内蒙古机电职业技术学院张瑞麟，湖南水利水电职业技术学院蒋岑，辽宁生态工程职业学院刘桂杰，山东水利职业学院张瑞她，宁夏葡萄酒与防沙治沙职业技术学院张波，杨凌职业技术学院穆创国，运城市水务局宋孝斌。本书由薛桦担任主编，并负责全书内容规划和统稿；由李方灵、张茹、张瑞麟、蒋岑、刘桂杰、魏闯、张瑞她、张波、张杰、赵晓娟、穆创国、宋孝斌担任副主编；由河南水利与环境职业技术学院赵辰担任主审。

本书在编写过程中，得到了各院校的专家、教授以及出版社的支持与帮助，同时参考了不少相关资料、著作、教材，在此对提供帮助的同仁及相关文献的作者一并致以诚挚的谢意！

由于本次编写时间仓促，编者水平有限，书中难免存在不足之处，恳请读者批评指正。

**编　者**

2025 年 1 月

本书互联网全部资源

# 目 录

# 绪 论

水利水电工程施工是在总结国内外水利水电建设先进经验的基础上,从施工技术、施工机械、施工组织、施工管理等方面研究水利水电建设发展的基本规律的一门学科。其主要特征是实践性和综合性强。

水利水电建设可分为勘测、规划、设计和施工阶段,每个阶段既有联系,又有分工。施工应以勘测、规划、设计的成果为依据,起着将规划、设计方案转变为工程实体的作用。而规划和设计的成果又要考虑施工方面的要求,并受施工实践的检验。规划、设计和施工都充分重视建成以后运用管理方面的需要。

## 一、水利水电工程施工的特点

水利水电工程施工与一般工民建、市政工程施工有许多共同之处,但由于水利水电工程施工较为复杂,工程规模较为庞大,且受水流控制影响大,因此又具有实践性、复杂性、风险性、多样性和不连续性等特点,主要表现在以下几个方面:

(1)施工质量关系重大。由于工程承担挡水、蓄水和泄水任务,因而对水工建筑物的稳定、承压、防渗、抗冲、抗冻、抗裂等性能都有特殊要求,需采取专门的施工方法和措施,以确保工程质量。

(2)工程对地基要求严格,又常处于地质条件比较复杂的地区和部位,施工技术要求高,必须采取专门的地基处理措施。

(3)工程是在河道中施工,需根据水流的自然条件及工程建设要求,进行施工导流、截流及水下作业。通航河道应妥善解决施工期通航问题。

(4)工程有很强的季节性,必须充分利用枯水期施工,要求有一定的施工强度。必须合理安排计划,精心组织施工,及时解决施工中的防洪、度汛及冰凌等问题。

(5)工程规模大,特别是大型水利水电工程,单项工程多,彼此干扰重,运输量大,必须采用配套的、大容量的施工设备,高度机械化施工,以及采用现代施工技术和科学的施工管理,才能优质高速地完成建设任务。

(6)工程工期长,耗资大,要求统筹安排,综合平衡,妥善协调各分部、分项工程的施工进度,认真研究缩短工期、均衡施工强度的技术措施。

(7)交通不便、运输困难。有的需要建专用道路解决运输问题。

(8)施工中有许多危险作业,如爆破作业、地下作业、水下作业、高空作业等容易发生安全事故。

## 二、水利水电工程施工的任务

水利水电工程施工的任务,总的来说就是要充分发挥施工技术人员的主观能动性和创造性,把各种物资(能源、原材料、设备等)结合施工技术进行科学的组织、筹划和管理,达到用最少的人力、物力、财力和最短的时间把设计付诸实践,具体体现在以下方面:

(1)依据设计、合同任务和有关部门的要求,根据工程所在地的自然条件,当地社会经济状况,设备、材料和人力资源的供应情况以及工程特点,编制切实可行的施工组织设计。

(2)按照施工组织设计,做好施工准备,加强施工管理,有计划地组织施工,保证施工质量,合理使用建设资金,多快好省地全面完成施工任务。

(3)在工程建设前期工作和施工过程中开展新技术、新工艺、新方法的试验和研究,促进水利水电工程施工技术的发展。

## 三、水利水电工程施工技术的发展概况

在我国水利发展史上,大自然是人类赖以生存发展的基本条件,我们始终秉持着"尊重自然、顺应自然、保护自然,树立和践行绿水青山就是金山银山"的理念,站在人与自然和谐共生的高度谋划发展。有举世闻名的都江堰水利工程、黄河大堤、南北大运河等,都是劳动人民智慧的结晶。四川都江堰水利工程是在公元前250年以前修建的,按"乘势利导,因时制宜"的原则,发挥了防洪和灌溉的巨大效益。在施工中总结的竹笼、杩槎围堰和卵石砌筑经验,至今仍在广泛应用。中华人民共和国成立后,历经多年的不懈努力,已建成水库8万多座,其中高15 m以上的大坝2.4万座,占世界大坝的一半。已建成大中型水利工程1 100多座,如丹江口、新安江、刘家峡、葛洲坝、五强溪等水利工程。在建设中学习国外施工技术,不断改进和提高,同时创建和锻炼成长了一批具有丰富施工经验的专业队伍和施工组织设计人员。特别是长江三峡、黄河小浪底和雅砻江二滩枢纽的成功建设,标志着我国水利水电施工技术在许多领域已处于世界领先水平。

在施工导流、截流方面,长江和黄河多次截流成功,其截流流量、流速和水深,以及抛投强度,都达到了世界先进水平。采用的围堰形式有土石围堰、木笼围堰、草土围堰、常态混凝土围堰、碾压混凝土围堰、钢板桩围堰等10余种。最大填筑水深达60 m,挡水高度达70 m,突破了在各种复杂条件下建造围堰的技术难点,成功地解决了年货运量超过百万吨、千万吨级的施工期通航问题。

在土石方开挖方面,采用预裂爆破、光面爆破、保护层一次爆破、定向爆破、水下岩基爆破等先进技术及凿裂开挖方法,完成了各种复杂地形地质条件及轮廓尺寸要求的明挖工程,最大开挖深度达176 m。在土石方填筑方面,充分利用开挖料作为填筑料,尽量做到挖填平衡。在混凝土施工技术方面,全面推广使用规格化、定型化钢模板,钢模板周转次数可达50次以上。采用的组合式悬臂模板最大达6~8 $m^2$,面板堆石坝的混凝土面板已采用无轨滑模浇筑。在混凝土温控技术方面,夏季拌和混凝土出机口温度可达7 ℃以下,五强溪通仓浇筑工程一次浇筑最大仓面面积达1 600 $m^2$。碾压混凝土快速筑坝采用了高掺粉煤灰、薄层低稠度、短间歇连续浇筑、全断面碾压的施工技术。

尽管我国水利水电建设取得了巨大的成就,但水电资源开发利用程度并不高,目前的开发利用程度约为22%,而发达国家水电资源的平均开发利用程度已在60%以上,这与我国拥有的水能资源还有较大差距。为了实现我国经济建设的战略目标,加快水利水电建设的步

伐,必须认真总结过去的经验和教训,在学习和引进国外先进技术、科学管理方法的同时,发扬自力更生、艰苦奋斗的精神,走出一条适合我国国情的水利水电工程建设新路。

## 四、本课程的主要内容和学习方法

本课程是一门实践性、综合性很强的专业课,主要阐述水利水电枢纽工程及其有代表性的水工建筑物的施工程序、施工方案、施工方法和施工组织管理方面的基本原理。本书主要包括以下内容:

(1)施工导流与截流、爆破工程、土方工程、模板工程、钢筋工程、混凝土工程、基础工程等7个项目,主要阐明单项工程的工作原理和方法及常用的施工机械。

(2)土石坝工程、混凝土坝工程、隧洞工程、渠系建筑物、泵站工程等5个项目,主要介绍有代表性的水工建筑物,通过对这些建筑物的施工介绍,举一反三,以说明各类单项施工工程的特点、原理和方法。

根据全书内容和课程实践性很强的特点,学生应掌握基本概念、基本原理、基本方法,结合所学的课程,循序渐进地进行。必须密切联系生产实际,通过生产实习、生产劳动、生产现场教学、电化教学、多媒体教学、课程设计、毕业综合实习等教学环节,牢固掌握所学的施工知识。

# 项目一 施工导流与截流

【学习目标】

1. 掌握施工导流的基本方法及适用条件；
2. 掌握围堰的基本类型及平面布置；
3. 掌握截流方式,截流时间,截流材料种类、尺寸和数量的确定；
4. 掌握施工导流方案的选择；
5. 熟悉人工降低地下水位法的相关知识。

【技能目标】

1. 能根据地形、地质条件选择正确的导流方法；
2. 能根据工程特点,正确选择围堰的类型及布置形式；
3. 能正确选择截流的方式及相关的参数；
4. 能根据工程特点,正确选择导流方案,推动黄河流域生态保护和高质量发展；
5. 能正确选择基坑排水的方法。

【思政目标】

1. 通过对三峡工程的介绍,让学生了解我国水利工程施工技术发展的先进水平,培养学生民族自尊心和自豪感,增强专业自信；
2. 培养学生具有良好的职业道德和爱岗敬业、吃苦耐劳的精神；
3. 培养学生具有“尊重自然,顺应自然,保护自然,人与自然和谐共生”的理念。

【思政导引】

## 三峡工程——国之重器 集宏伟壮丽于一身

治水兴邦、泽被人民。三峡工程发挥防洪、发电、航运、水资源利用等综合效益,正以大国重器之力护佑长江安澜、助力长江经济带的快速发展,谱写了人水和谐的新篇章。

三峡工程是当今世界最大的水利枢纽工程。它的许多指标都突破了世界水利工程的纪录。

(1)世界防洪效益最为显著的水利工程。三峡水库总库容393亿 $m^3$,防洪库容221.5亿 $m^3$。

(2)世界最大的电站。三峡水电站总装机容量1 820万kW,年发电量846.8亿kW·h。

(3)世界建筑规模最大的水利工程。三峡大坝坝轴线全长2 309.47 m,水电站机组70万kW×26台,无论单项、总体都是世界建筑规模最大的水利工程。科技人员以“求实创新、团结协作”精神,进行了艰苦卓绝的研究与勘探,倾注了大量心血,克服了重重困难。基层建设者们削山截岭,在极端艰苦的施工条件下奋战不懈,确保了工程建设的速度与质量。

(4)世界施工难度最大的水利工程。三峡工程2000年混凝土浇筑量为548.17万$m^3$,创造了混凝土浇筑的世界纪录。1999~2001年连续3年混凝土施工均刷新了巴西伊泰普水电站创下的年浇筑304万$m^3$的世界纪录,尤其是2000年一举创造了年浇筑混凝土548万$m^3$的最高纪录,攻克了大坝高强度混凝土浇筑的技术难题。

(5)施工期流量最大的水利工程。三峡工程截流流量9 010 $m^3/s$,施工导流最大流量79 000 $m^3/s$。

(6)世界泄洪能力最大的泄洪闸。三峡工程泄洪闸最大泄洪能力为10.25万$m^3/s$。

(7)世界级数最多、总水头最高的内河船闸。三峡工程的双线五级船闸,总水头113 m。双线五级船闸规模巨大,结构复杂,施工和边坡处理难度极大,堪称世界之最。

(8)世界规模最大、难度最高的升船机。三峡工程升船机最大升程113 m,过船吨位3 000 t。

(9)世界水库移民最多、工作最为艰巨的移民建设工程。三峡工程水库动态移民最终可达113万人。不仅凝结着中国人的奉献精神、集体智慧和技术进步,也体现了中华民族精神的新内涵。

(10)攻克了截流和深水围堰施工的技术难题。三峡大江截流时河床最大水深60 m,截流水深居世界首位,三峡工程创造出预平抛垫底、上游单戗立堵。

一项项创新,一次次突破,举世瞩目的三峡工程揽获的100多项“世界之最”,体现了锐意创新,也体现了“勇于担当、追求卓越”的精神。

作为中国自主设计、自主建造的世界上最大的水利枢纽工程,三峡工程的兴建,是中国人不断证明自己克服困难、务求必胜的历史,承载了中华民族的治水梦想;工程梦圆,也奏响了中华民族伟大复兴的时代强音。

施工导流是水利枢纽总体设计的主要组成部分,是选定设计方案、确定施工程序和施工总进度的重要因素。

施工导流贯穿于水利工程施工的全过程。导流设计要妥善解决从初期导流到后期导流整个过程中的挡、泄水问题,保证干地施工条件和施工期不影响水资源的合理使用。

施工导流设计的主要任务是:研究分析水文、地形、地质、水文地质、枢纽布置及施工条件等基本资料;在保证施工要求和施工期水资源要求的前提下,选定导流标准、划分导流时段,确定导流设计流量;选定导流方案及导流建筑物的形式,确定导流建筑物的布置、构造及尺寸;拟定导流建筑物的修建、拆除、封堵的施工方法以及截流、度汛及基坑排水的措施等。

## 任务一　施工导流的方法及布置

在河床上修建水工建筑物时,为了保证能在干地上施工,需将天然径流部分或全部改道,并经过预定的泄水建筑物泄向下游,这就是施工导流。

施工导流的方法大体上分为两类:全段围堰法导流(河床外导流)和分段围堰法导流(河床内导流)。

## 一、全段围堰法导流

全段围堰法导流是在河床主体工程的上、下游各建一道拦河围堰,使水流经河床以外的临时建筑物或永久建筑物下泄,主体工程建成或即将建成时,再将临时泄水建筑物封堵。该法多用于河床狭窄、基坑工作量不大、水深流急、难以实现分期导流的情况。按泄水建筑物的类型不同,全段围堰法可分为明渠导流、隧洞导流、涵管导流等。

码 1-1 微课-全段围堰法导流

码 1-2 图片-明渠导流

### (一)明渠导流

明渠导流是在河岸或滩地上开挖渠道,在基坑上下游修筑围堰,河水经渠道下泄。它主要用于岸坡平缓或有宽广滩地的平原河道上。若有当地老河道可利用或工程修建在弯道上时,采用明渠导流比较经济合理。

1. 导流明渠布置

导流明渠布置有在岸坡和在滩地两种布置形式,如图1-1所示。

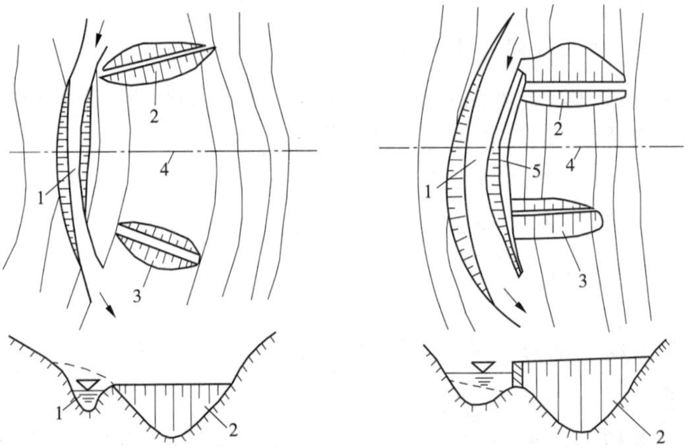

(a)在岸坡上开挖的明渠　　(b)在滩地上开挖并设有导墙的明渠

1—导流明渠;2—上游围堰;3—下游围堰;4—坝轴线;5—明渠外导墙。

**图1-1 明渠导流示意图**

1)导流明渠轴线的布置

导流明渠应布置在较宽台地、垭口或古河道一岸;渠身进出口要外延至上下游围堰外坡脚外一定距离,水平距离要满足防冲要求,一般为50~100 m;明渠进出口应与上下游水流相衔接,与河道主流的交角以30°为宜;为减少水流冲刷,保证水流畅通,明渠转弯半径应大于5倍渠底宽;明渠轴线布置应尽可能缩短明渠长度和避免深挖方。

2)明渠进出口位置和高程的确定

明渠进出口的水流条件要符合要求,力求不冲、不淤和不产生回流,形状和位置可通过水力学模型试验进行调整,以达到这一目的;进口高程按截流设计选择,出口高程一般由下游消能控制；进出口高程和渠道水流流态应满足施工期通航、过木和排冰要求；在满足上述条件下，尽可能抬高进出口高程，以减少水下开挖量。

2. 导流明渠断面设计

（1）确定断面尺寸。明渠断面尺寸由导流设计流量控制，考虑地形、地质和允许抗冲流速要求，应按不同的明渠断面尺寸与围堰的组合，通过技术分析和经济比较确定。

（2）确定断面形式。明渠断面一般设计成梯形；当渠底为坚硬基岩时，可设计成矩形。有时为满足截流和通航的不同目的，也有设计成复式梯形的。

（3）确定明渠糙率。明渠糙率大小直接影响明渠的泄水能力，而影响糙率大小的因素有：衬砌的材料、开挖的方法、渠底的平整度等，可根据具体情况确定。

3. 明渠封堵

进行导流明渠布置时应考虑后期封堵要求。当施工期有通航、过木和排冰任务，且明渠较宽时，可在明渠内预设闸门墩，以利于后期封堵。施工期无通航、过木和排冰任务时，应于明渠通水前，将明渠坝段施工到适当高程，以加快二期施工进度。

**（二）隧洞导流**

山区河流一般河谷狭窄、两岸地形陡峻、山岩坚实，采用隧洞导流较为普遍。但由于隧洞导流泄水能力有限，造价较高，一般在汛期泄水时均另找出路或采用淹没基坑方案。导流隧洞设计时，应尽量与永久隧洞相结合，这种布置俗称“龙抬头”。

码 1-3 图片-隧洞导流

1. 导流隧洞的布置

导流隧洞的布置如图 1-2 所示。

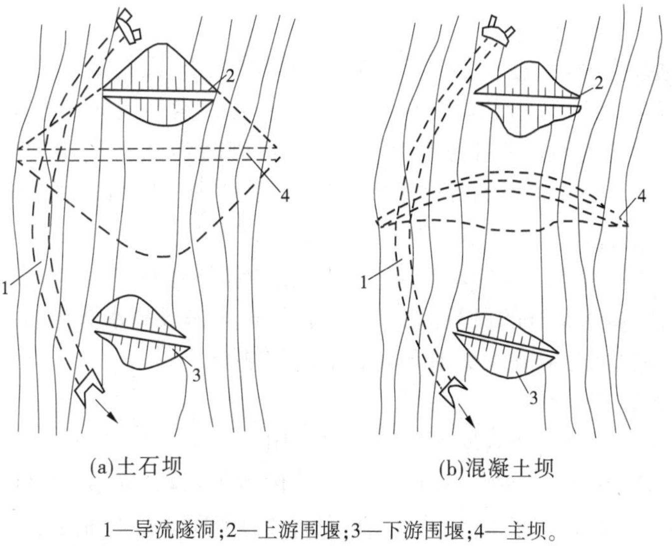

(a)土石坝　　(b)混凝土坝

1—导流隧洞；2—上游围堰；3—下游围堰；4—主坝。

**图 1-2 隧洞导流示意图**

（1）隧洞轴线沿线地质条件良好，足以保证隧洞施工和运行的安全。

（2）隧洞轴线宜按直线布置，当有转弯时，转弯半径不小于 5 倍洞径（或洞宽），转角不宜大于 60°，弯道首尾应设直线段，长度不应小于 3~5 倍的洞径（或洞宽）；进出口引渠轴线与河流主流方向夹角宜小于30°。

(3)隧洞间净距、隧洞与永久建筑物间距、洞脸与洞顶围岩厚度均应满足结构受力要求。

(4)隧洞进出口位置应保证水力学条件良好,并外延至堰外坡脚一定距离,一般距离应大于50 m,以满足围堰防冲要求。进口高程多由截流控制,出口高程由下游消能控制,洞底按需要设计成缓坡或急坡,避免成反坡。

2. 导流隧洞断面设计

隧洞断面尺寸的大小取决于设计流量、地质和施工条件,洞径应控制在施工技术和结构安全允许范围内,目前国内单洞断面尺寸多在200 $m^2$ 以下,单洞泄量不超过2 000~2 500 $m^3/s$。

隧洞断面形状取决于地质条件、隧洞工作状况(有压或无压)及施工条件,常用的断面形状有圆形、马蹄形、城门形等,如图1-3所示。

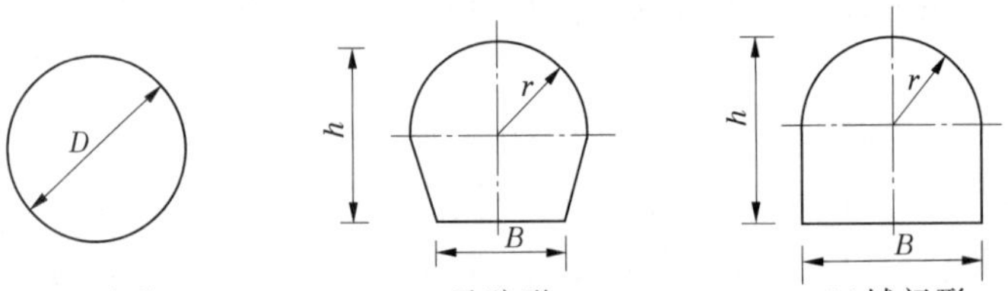

(a)圆形 (b)马蹄形 (c)城门形

**图1-3 隧洞断面形状**

圆形多用于高水头处,马蹄形多用于地质条件不良处,城门形有利于截流和施工,国内外导流隧洞多采用城门形。

糙率 $n$ 值的选择:糙率的大小直接影响到断面的大小,而衬砌与否、衬砌的材料和施工质量、开挖的方法和质量则是影响糙率大小的主要因素。混凝土衬砌,糙率值一般为0.014~0.017;不衬砌隧洞的糙率变化较大,光面爆破时为0.025~0.032,一般炮眼爆破时为0.035~0.044。设计时根据具体条件,查阅有关手册,选取设计的糙率值。对重要的导流隧洞工程,应通过水工模型试验验证其糙率的合理性。

导流隧洞设计应考虑后期封堵要求,要布置封堵闸门门槽及启闭平台设施。要论证导流隧洞应与永久隧洞结合的可行性,以利节省投资。一般高水头枢纽,导流隧洞只可能与永久隧洞部分相结合,中低水头则有可能全部相结合。

### (三)涵管导流

涵管导流一般在土坝、堆石坝工程施工中采用。

涵管通常布置在河岸岩滩上,其位置在枯水位以上,这样可在枯水期施工时,不修围堰或只修一小围堰,通过涵管将河水下泄,枯水期后再加高形成上下游围堰,如图1-4所示。

涵管一般是钢筋混凝土结构。当有永久涵管可以利用或修建隧洞有困难时,采用涵管导流是合理的。在某些情况下,可在建筑物基岩中开挖沟槽,必要时予以衬砌,然后封上混凝土或钢筋混凝土顶盖,形成涵管。利用这种涵管导流往往可以获得较好的经济效果。由于涵管的泄水能力较低,所以一般用于导流流量较小的河流上或只用来担负枯水期的导流任务。

为了防止涵管外壁与坝身防渗体之间的渗流,通常在涵管外壁每隔一定距离设置截流环,以延长渗径,降低渗透坡降,减少渗流的破坏作用。此外必须严格控制涵管外壁防渗体的压实质量。涵管管身的温度缝或沉陷缝中的止水必须保证质量。

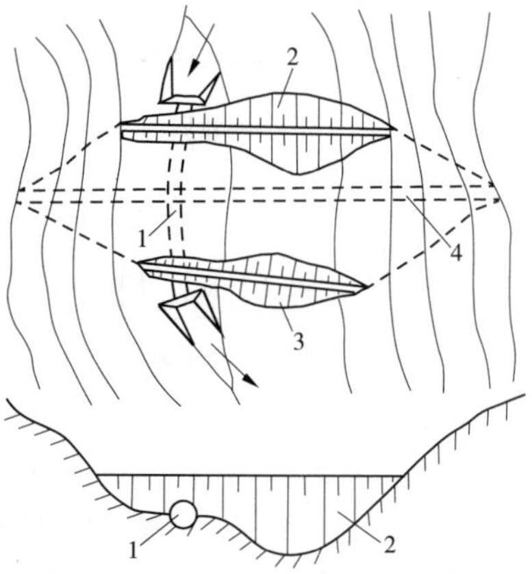

1—导流涵管;2—上游围堰;
3—下游围堰;4—土石坝。

**图 1-4 涵管导流示意图**

## 二、分段围堰法导流

分段围堰法,也称分期围堰法或河床内导流,就是用围堰将水工建筑物分段分期围护起来进行施工的方法。图 1-5 是一种常见的分段围堰法导流布置示意图。

分段围堰法导流要解决好分段分期问题。分段就是从空间上用围堰将河床围护成若干个基坑进行施工;分期就是从时间上将导流过程划分成若干个施工阶段。如图 1-6 所示为导流分期和围堰分段的几种情况。

**码 1-4 微课-分段围堰法导流**

从图 1-6 中可以看出,导流的分期数和围堰的分段数并不一定相同,因为在同一导流分期中,建筑物可以在一段围堰内施工,也可以同时在不同段围堰内施工。必须指出,段数分得愈多,围堰工程量愈大,施工也愈复杂;同样,期数分得愈多,施工的工期有可能拖得愈长。因此,在工程实践中,二期二段或二期三段导流法采用得最多。在比较宽阔的通航河道上施工时,在不允许断航或其他特殊情况下,才采用多段多期导流法。

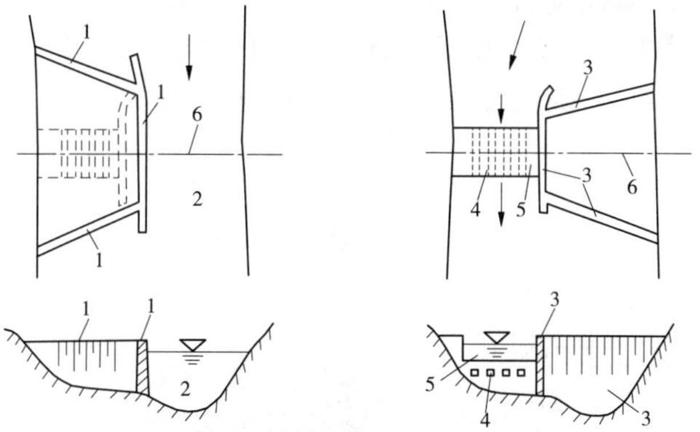

(a)一期导流(束窄河床导流) (b)二期导流(底孔与缺口导流)

1—一期围堰;2—束窄河床;3—二期围堰;4—导流底孔;5—坝体缺口;6—坝轴线。

**图 1-5 分段围堰法导流布置示意图**

分段围堰法导流一般适用于河床宽阔、流量大、施工期较长的工程,尤其在通航河流或冰凌严重的河流上。这种导流方法的费用较低,在大、中型水利工程中采用较广。分段

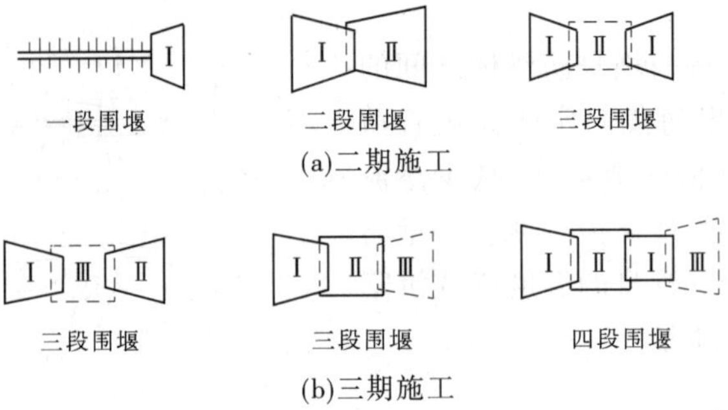


Ⅰ、Ⅱ、Ⅲ—施工分期。

**图 1-6 导流分期和围堰分段示意图**

围堰法导流,前期由束窄的原河道导流,后期可利用事先修建好的泄水建筑物导流,常见泄水建筑物的类型,在混凝土坝中采用底孔、缺口等,在土石坝中采用隧洞或明渠。

**(一)底孔导流**

利用设置在混凝土坝体中的永久底孔或临时底孔作为泄水道,是二期导流经常采用的方法。导流时让全部或部分导流流量通过底孔宣泄到下游,保证后期工程的施工。如系临时底孔,则在工程接近完工或需要蓄水时要加以封堵。底孔导流的布置形式如图 1-7 所示。

当采用临时底孔导流时,底孔的数目、尺寸要通过相应的水力学计算确定,其中底孔的尺寸在很大程度上取决于导流过水要求(如过水、过船、过木和过鱼等)及流量要求,以及水工建筑物结构特点和封堵用闸门设备的类型。底孔的布置要满足截流、围堰工程以及本身封堵的要求。例如,底坎高程布置较高,截流时落差就大,围堰也高,但封堵时的水头较低,封堵措施就容易实施。一般底孔的底坎高程应布置在枯水位之

码 1-5 图片-底孔导流

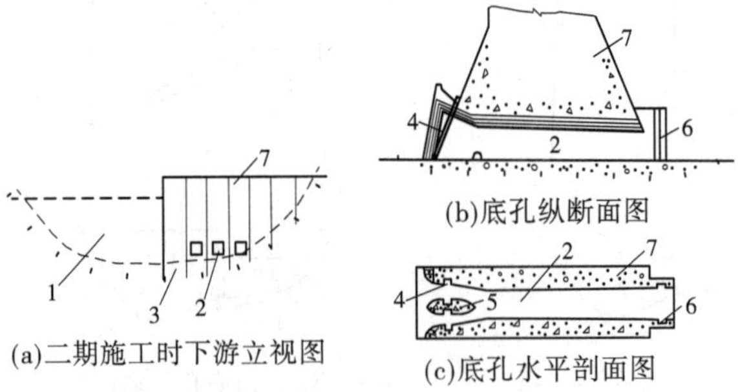


1—二期修建坝体;2—底孔;3—二期纵向围堰;4—封闭闸门门槽;
5—中间墩;6—出口封闭门槽;7—已浇筑的混凝土坝体。

**图 1-7 底孔导流的布置形式**

下,以保证枯水期泄水。当底孔数目较多时可把底孔布置在不同的高程,封堵时从最低高程的底孔堵起,这样可以减少封堵时所承受的水压力。

临时底孔的断面形状多采用矩形,为了改善孔周的应力状况,也可采用有圆角的矩形。如表 1-1 所列的一些典型工程导流底孔尺寸。

表 1-1　水利水电工程导流底孔尺寸　单位：m×m

| 工程名称 | 底孔尺寸(宽×高) | 工程名称 | 底孔尺寸(宽×高) |
|---|---|---|---|
| 新安江水库 | 10×13 | 石泉水库 | 7.5×10.41 |
| 黄龙滩水库 | 8×11 | 白山水电站 | 9×14.2 |

底孔导流的优点是：挡水建筑物上部的施工可以不受水流的干扰，有利于均衡连续施工。当坝体内设有永久底孔时，如果能用来导流则更为理想。底孔导流的缺点是：增加了建筑物的钢材用量；如果封堵质量不好，会削弱坝体的整体性，还有可能漏水；在导流过程中底孔有被漂浮物堵塞的危险；封堵时由于水头较高，安放闸门及止水等均较困难。

**(二)坝体缺口导流**

码 1-6　图片-坝体缺口导流

在山区河流上，汛期河水出现暴涨暴落，对混凝土坝，当导流建筑物不足以宣泄全部流量时，为了不影响坝体施工进度，使坝体在涨水时仍能继续施工，可以在未建成的坝体上预留临时缺口措施，如图 1-8 所示，以便配合导流建筑物宣泄汛期洪峰流量，待洪峰过后，上游水位回落，再继续修筑缺口。所留缺口的宽度和高度取决于导流设计流量、建筑物的泄水能力、建筑物的结构特点和施工条件。采用底坎高程不同的缺口时，需要适当控制高低缺口间的高差，避免各缺口单宽流量相差过大，产生侧向泄流，引起压力分布不均匀。根据经验，其高差以不超过 4～6 m 为宜。当修建混凝土坝，特别是大体积混凝土坝时，由于这种导流方法比较简单，常被采用。

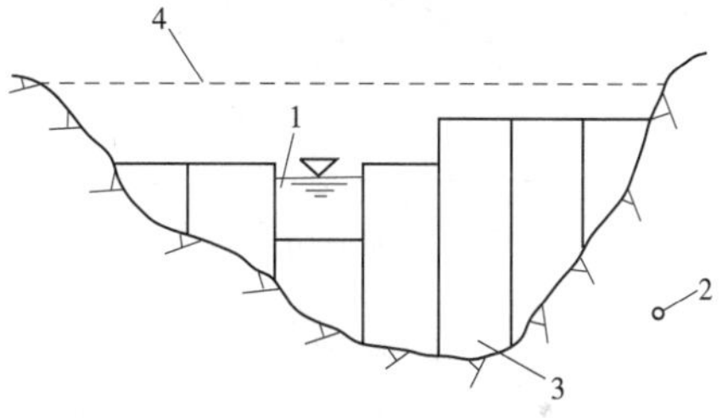


1—过水缺口；2—导流隧洞；3—坝体；4—坝顶。

图 1-8　坝体缺口过水示意图

## 任务二　围堰工程

围堰是导流工程中临时的挡水建筑物，用来围护施工中的基坑，保证水工建筑物能在干地上进行施工。在导流任务结束后，如果围堰对永久建筑物的运行有妨碍或没有考虑作为永久建筑物的一部分时，应予拆除。

水利水电工程中的围堰形式可划分如下：

按其所使用的材料，可以分为土石围堰、混凝土围堰、钢板桩格型围堰和草土围堰。

按围堰与水流方向的相对位置，可分为横向围堰和纵向围堰。

按围堰是否过水，可分为过水围堰和不过水围堰。

围堰应满足下述基本要求：

(1)安全可靠，具有足够的稳定性、防渗性、抗冲性和一定的强度。

(2)造价便宜，构造简单，修建、维护和拆除方便。

(3)围堰的布置应力求使水流平顺，不发生严重的水流冲刷。

(4)围堰接头和岸边连接都要安全可靠，不致因集中渗漏等破坏作用而引起围堰失事。

(5)有必要时应设置抵抗冰凌、船筏的冲击和破坏的设施。

## 一、围堰的基本形式和构造

### (一)土石围堰

土石围堰是水利水电工程中采用最为广泛的一种围堰形式,如图1-9所示。它是用当地材料填筑而成的,不仅可以就地取材和充分利用开挖弃料作为围堰填料,而且构造简单,施工方便,易于拆除,工程造价低,可以在流水中、深水中、岩基或有覆盖层的河床上修建。但其工程量较大,堰身沉陷变形也较大。

码1-7 图片-土石围堰

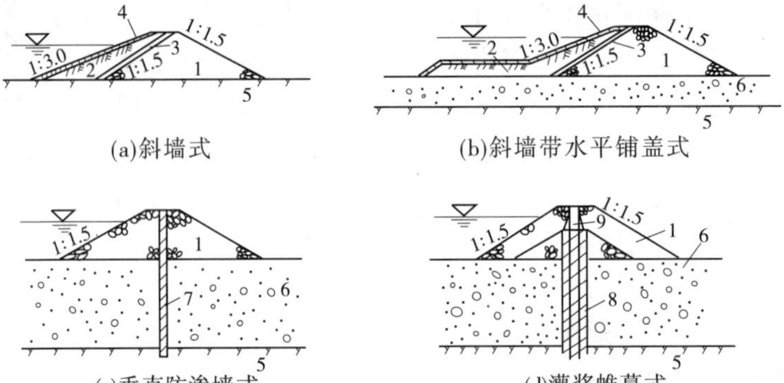


(a)斜墙式　(b)斜墙带水平铺盖式

(c)垂直防渗墙式　(d)灌浆帷幕式

1—堆石体;2—黏土斜墙、铺盖;3—反滤层;4—护面;5—隔水层;6—覆盖层;7—垂直防渗墙;8—灌浆帷幕;9—黏土心墙。

**图1-9　土石围堰**

#### 1. 不过水土石围堰

由于不允许过水,且抗冲能力较差,一般不宜做纵向围堰,如河谷较宽且采取了防冲措施,也可将土石围堰用作纵向围堰。土石围堰的水下部分一般采用混凝土防渗墙防渗,水上部分一般采用黏土心墙、黏土斜墙、土工合成材料等防渗。

#### 2. 过水土石围堰

当采用淹没基坑方案时,为了降低造价、便于拆除,许多工程采用了过水土石围堰。为了克服过水时水流对堰体表面冲刷和由于渗透压力引起的下游边坡连同堰顶一起的深层滑动,目前采用较普遍的是在下游护面上压盖混凝土面板。

土石围堰的设计与土石坝基本相同,但其结构形式在满足导流期正常运行的情况下应力求简单,便于施工。

### (二)混凝土围堰

混凝土围堰的抗冲与抗渗能力大,挡水水头高,底宽小,易于与永久混凝土建筑物相连接,必要时还可以过水,因此采用比较广泛。其主要类型有拱式混凝土围堰和重力式混凝土围堰。拱式混凝土围堰常用于全段围堰法导流中的上游围堰;重力式混凝土围堰一般用于分段围堰法导流中的纵向围堰。

1. 拱式混凝土围堰

拱式混凝土围堰(见图 1-10)一般适用于两岸陡峻、岩石坚实的山区河流,常采用隧洞及允许基坑淹没的导流方案。通常围堰的拱座是在枯水期的水面以上施工的。对围堰的基础处理,若河床的覆盖层较薄,则需进行水下清基;若覆盖层较厚,则可灌注水泥浆防渗加固。堰身的混凝土浇筑则要进行水下施工,因此难度较高。在拱基两侧要回填部分砂砾料以利灌浆,形成阻水帷幕。

码 1-8 图片-混凝土围堰

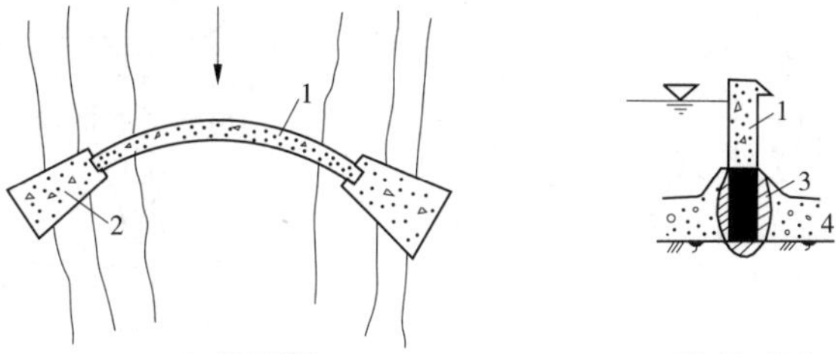


(a)平面图 (b)横断面图

1—拱身;2—拱座;3—灌浆帷幕;4—覆盖层。

**图 1-10 拱式混凝土围堰**

拱式混凝土围堰由于利用了混凝土抗压强度高的特点,与重力式混凝土围堰相比,断面较小,可节省混凝土工程量。

2. 重力式混凝土围堰

采用分段围堰法导流,重力式混凝土围堰往往可兼作第一期和第二期纵向围堰,两侧均能挡水,还能作为永久建筑物的一部分,如隔墙、导墙等。

重力式混凝土围堰可做成普通的实心式,与非溢流重力坝类似,也可做成空心式,如三门峡工程的纵向围堰,如图 1-11 所示。

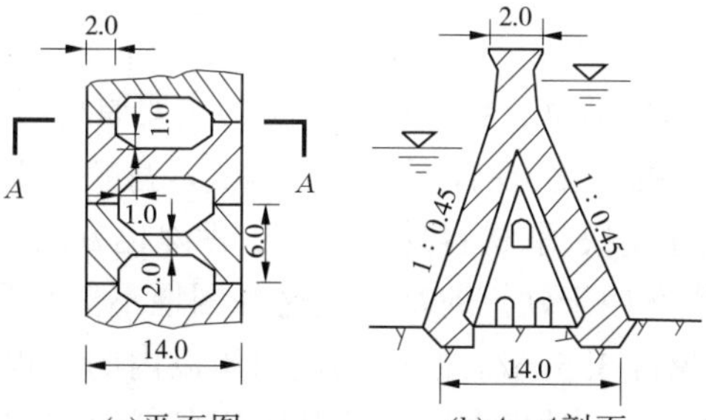


(a)平面图 (b)A—A剖面

**图 1-11 混凝土纵向围堰(三门峡工程)** (单位:m)

纵向围堰需抗御高速水流的冲刷,所以一般修建在岩基上。为保证混凝土的施工质量,一般可将围堰布置在枯水期出露的岩滩上。如果这样还不能保证干地施工,则通常需另修土石低水围堰加以围护。重力式混凝土围堰可采用碾压混凝土,以降低造价。

**(三)钢板桩格型围堰**

钢板桩格型围堰是重力式挡水建筑物,由一系列彼此相接的格体构成,按照格体的平面形状,可分为圆筒形格体、扇形格体和花瓣形格体。这些形式适用于不同的挡水高度,应用较多的是圆筒形格体。图 1-12 所示为圆筒形格体钢板桩围堰。它是由许多钢板桩通过锁口互相连接而成为格形整体的圆筒形格体钢板桩围堰。钢板桩的锁口有握裹式、互握式和倒钩式三种。格体内填充透水性强的填料,如砂、砂卵石或石渣等。在向格体内进行填料时,必须保持各格体内的填料表面大致均衡上升,因高差太大会使格体变形。

码 1-9　图片-钢板桩格型围堰

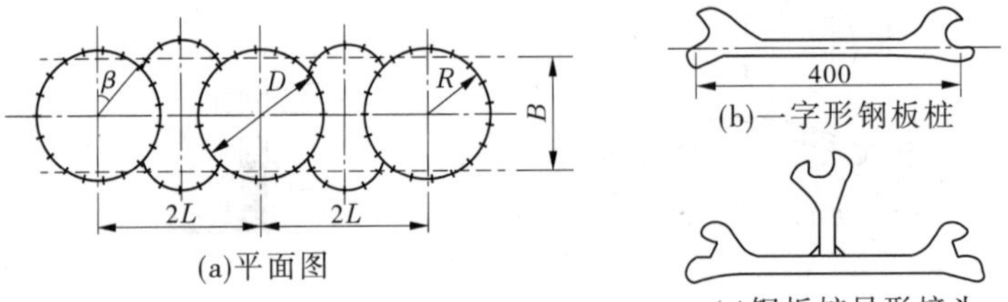


(a)平面图　(b)一字形钢板桩　(c)钢板桩异形接头

**图 1-12　圆筒形格体钢板桩围堰**　(单位:mm)

钢板桩格型围堰具有坚固、抗冲、抗渗、围堰断面小、便于机械化施工等特点;钢板桩的回收率高,可达 70%以上;尤其适用于束窄度大的河床段作为纵向围堰,但由于需要大量的钢材,且施工技术要求高,我国目前仅应用于大型工程中。

圆筒形格体钢板桩围堰一般适用的挡水高度小于 15~18 m,可以建在岩基上或非岩基上,也可作为过水围堰用。

圆筒形格体钢板桩围堰的施工由定位、打设模架支柱、模架就位、安插钢板桩、打设钢板桩、填充料渣、取出模架及其支柱并填充料渣到设计高程等工序组成(见图 1-13)。圆筒形格体钢板桩围堰一般需在流水中修筑,受水位变化和水面波动的影响较大,施工难度较大。

**(四)草土围堰**

草土围堰是一种以麦草、稻草、芦柴、柳枝和土为主要原料的草土混合结构,如图 1-14 所示,它已经有 2 000 多年的历史,在青铜峡、盐锅峡、八盘峡等工程中应用。

草土围堰施工简单、速度快、取材容易、造价低、拆除也方便,具有一定的抗冲、抗渗能力,堰体的容重较小,特别适用于软土地基。但这种围堰不能承受较大的水头,所以仅限水深不超过 6 m、流速不超过 3.5 m/s,使用期在两年以内的工程。草土围堰的施工方法比较特殊,就其实质来说也是一种进占法。按其所用草料形式的不同,可以分为散草法、捆草法、埽捆法三种,实践中的草土围堰普遍采用捆草法施工。

## 二、围堰的平面布置

围堰的平面布置主要包括确定基坑范围和围堰轮廓布置。

**(一)围堰内基坑范围确定**

堰内基坑范围大小主要取决于主体工程的轮廓和相应的施工方法。当采用一次拦断法导流时,围堰基坑是由上下游围堰和河床两岸围成的;当采用分期导流时,基坑是由纵

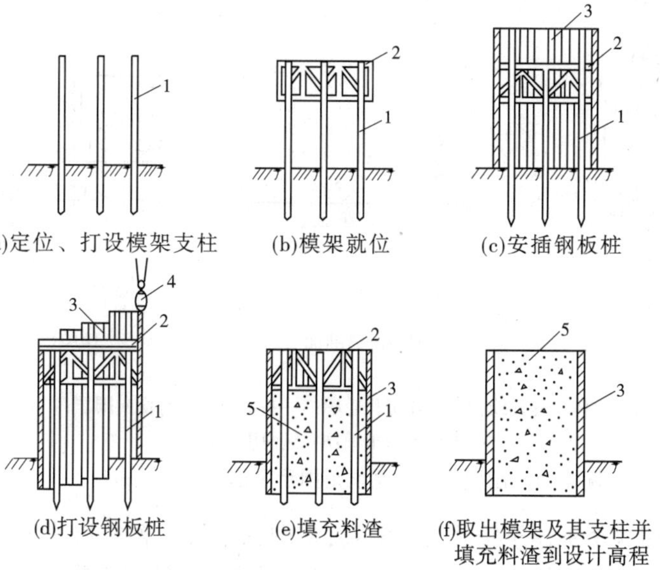


1—支柱;2—模架;3—钢板桩;4—打桩机;5—填料。

**图 1-13 圆筒形格体钢板桩围堰施工程序**

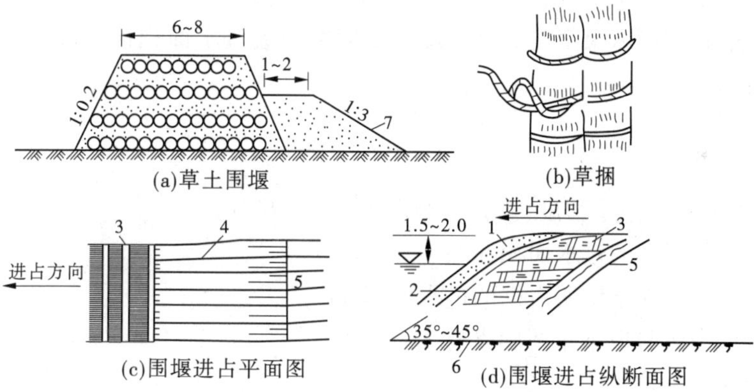


1—黏土;2—散草;3—草捆;4—草绳;5—已建堰体;6—河底;7—戗台。

**图 1-14 草土围堰及施工过程示意图** (单位:m)

向围堰与上下游横向围堰围成的。在上述两种情况下,上下游横向围堰的布置都取决于主体工程的轮廓。通常基坑坡趾距离主体工程轮廓不应小于 20~30 m,以便布置排水设施、交通运输道路、堆放材料和模板等,如图 1-15 所示。至于基坑开挖边坡的大小,则与地质条件有关。

当纵向围堰不作为永久建筑物的一部分时,基坑坡趾距离主体工程轮廓一般不小于 2.0 m,以便布置排水导流系统和堆放模板,如果无此要求,只需留 0.4~0.6 m, 如图 1-15 (b)、(c)所示。

实际工程的基坑形状和大小往往是很不相同的。有时可以利用地形以减小围堰的高

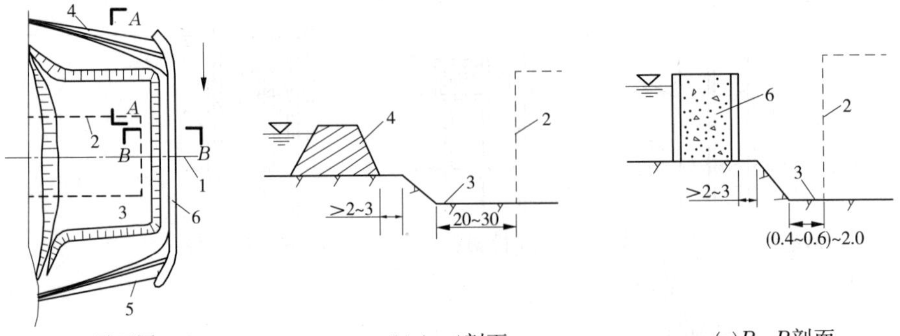


(a)平面图　　(b)A—A剖面　　(c)B—B剖面

1—主体工程轴线;2—主体工程轮廓;3—基坑;4—上游横向围堰;
5—下游横向围堰;6—纵向围堰。

**图1-15　围堰布置与基坑范围示意图**　(单位:m)

度和长度;有时为照顾个别建筑物施工的需要,将围堰轴线布置成折线形;有时为了避开岸边较大的溪沟,也采用折线布置。为了保证基坑开挖和主体建筑物的正常施工,基坑范围应当留有一定余地。

### (二)分期导流纵向围堰布置

在分期导流方式中,纵向围堰布置是施工中的关键问题,选择纵向围堰位置,实际上就是要确定适宜的河床束窄度。束窄度就是天然河流过水面积被围堰束窄的程度,一般可用下式表示:

$$K = \frac{A_2}{A_1} \times 100\% \tag{1-1}$$

式中　$K$——河床的束窄程度(%),一般取为47%~68%;

$A_1$——原河床的过水面积,$m^2$;

$A_2$——围堰和基坑所占据的过水面积,$m^2$。

纵向围堰位置与以下主要因素有关。

1. 地形地质条件

浅滩、小岛、河心洲、基岩露头等,都是可供布置纵向围堰的有利条件,这些部位便于施工,并有利于防冲保护。

2. 水工布置

尽可能利用厂坝、厂闸、闸坝等建筑物之间的隔水导墙作为纵向围堰的一部分。例如,葛洲坝水利工程就是利用厂闸导墙,三峡水利工程、三门峡水利工程、丹江口水利工程则是利用导墙作为二期纵向围堰的一部分。

3. 河床允许束窄度

允许束窄度主要与河床地质条件和通航要求有关。对于非通航河道,如河床易冲刷,则一般允许河床产生一定程度的变形,只要能保证河岸、围堰堰体和基础免受淘刷即可。束窄流速常允许达到3 m/s左右,岩石河床允许束窄度主要视岩石的抗冲流速而定。

对于一般性河流和小型船舶,当缺乏具体研究资料时,可参考以下数据:当流速小于

2.0 m/s 时,机动木船可以自航;当流速小于 3.0~3.5 m/s,且局部水面集中落差不大于 0.5 m 时,拖轮可自航,木材流放最大流速可考虑为 3.5~4.0 m/s。

4. 导流过水要求

进行一期导流布置时,不但要考虑束窄河道的过水条件,而且要考虑二期截流与导流的要求。主要考虑的问题有:一期基坑中能否布置下宣泄二期导流流量的泄水建筑物;由一期转入二期施工时的截流落差是否太大。

5. 施工布局的合理性

各期基坑中的施工强度应尽量均衡。一期工程施工强度可比二期低些,但不宜太悬殊。如有可能,分期分段数应尽量少一些。导流布置应满足总工期的要求。

分期导流时,上下游围堰一般不与河床中心线垂直,围堰的平面布置常呈梯形,既可使水流顺畅,同时便于运输道路的布置和衔接。当采用全段围堰法导流时,上下游围堰不存在突出的绕流问题,为了减少工程量,围堰多与主河道垂直。

纵向围堰的平面布置形状,对于过水能力影响较大。但是,纵向围堰的防冲安全,通常比前者更重要。实践中,常采用流线型和挑流式布置。

## 三、围堰的拆除

围堰是临时建筑物,导流任务完成后,应按设计要求拆除,以免影响永久建筑物的施工及运转。例如,在采用分段围堰法导流时,第一期横向围堰的拆除,如果不合要求,势必会增加上下游水位差,从而增加截流工作的难度,增大截流料物的重量及数量。这类经验教训在国内外是不少的,如苏联的伏尔谢水电站截流时,上下游水位差 1.88 m,其中由于引渠和围堰没有拆除净,造成的水位差就有 1.73 m。又如,下游围堰拆除不干净,会抬高尾水位,影响水轮机的利用水头,浙江省富春江水电站曾受影响,降低了水轮机出力,造成不应有的损失。土石围堰相对来说断面较大,拆除工作一般是在运行期限的最后一个汛期过后,随上游水位的下降,逐层拆除围堰的背水坡和水上部分,如图 1-16 所示。但必须保证依次拆除后所残留的断面能继续挡水和维持稳定,以免发生安全事故,使基坑过早淹没,影响施工。土石围堰的拆除一般可用挖土机或爆破开挖等方法。

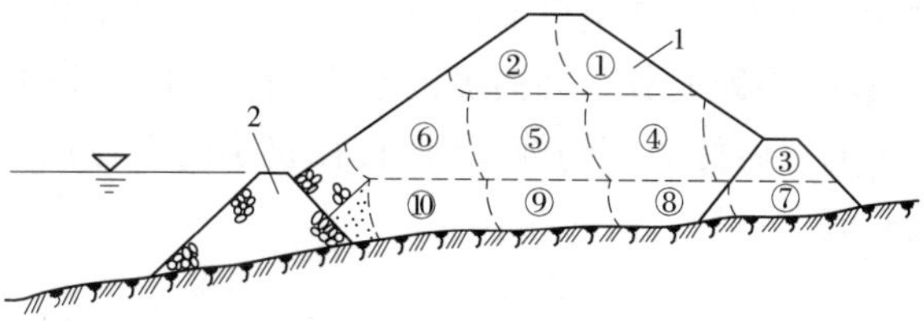


1—正铲挖除;2—索铲挖除;①~⑩—拆除顺序。

**图 1-16 土石围堰拆除程序**

钢板桩格型围堰的拆除,首先要用抓斗或吸石器将填料清除,然后用拔桩机起拔钢板桩。混凝土围堰的拆除,一般只能用爆破法炸除,但应注意主体建筑物或其他设施不受爆破危害。

# 任务三　截流工程

码 1-10　微课-截流工程

施工导流过程中,当导流泄水建筑物建成后,应抓住有利时机,迅速截断原河床水流,迫使河水经完建的导流泄水建筑物下泄,然后在河床中全面展开主体建筑物的施工,这就是截流工程。分段围堰法截流过程和全段围堰法截流过程如图 1-17 所示。

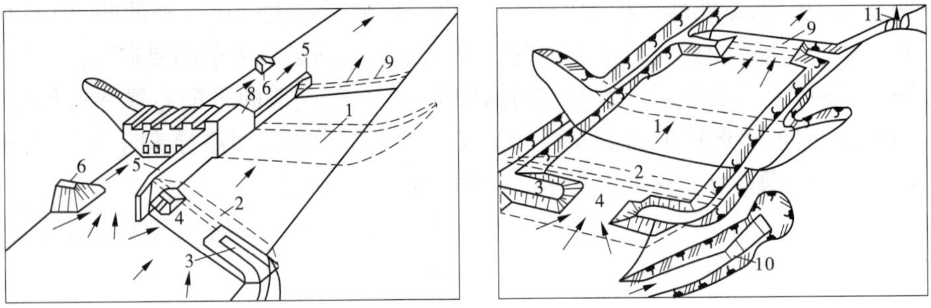

(a)分段围堰法截流过程　　(b)全段围堰法截流过程

1—大坝基坑;2—上游围堰;3—下游围堰;4—戗堤;5—底孔;6—已浇坝体;7—二期纵堰;8—一期堰残留;9—龙口;10—导洞进口;11—导洞出口。

**图 1-17　截流过程示意图**

截流过程一般为:先在河床的一侧或两侧向河床中填筑截流戗堤,逐步缩窄河床,称为进占。戗堤进占到一定程度,河床束窄,形成流速较大的泄水缺口,叫龙口。为了保证龙口两侧堤端和底部的抗冲稳定,通常采取工程防护措施,如抛投大块石、铅丝笼等,这种工作称之为护底和裹头。封堵龙口的工作叫合龙。合龙以后,龙口段及戗堤本身仍然漏水,必须在戗堤全线设置防渗措施,这一工作叫闭气。所以,整个截流过程包括戗堤进占、龙口裹头及护底、合龙、闭气等四项工作。截流后,对戗堤进一步加高培厚,修筑成设计围堰。

由此可见,截流在施工中占有重要地位,如不能按时完成,就会延误整个建筑物施工,河槽内的主体建筑物就无法施工,甚至可能拖延工期一年,所以在施工中常将截流作为关键性工程。为了截流成功,必须充分掌握河流的水文、地形、地质等条件,掌握截流过程中水流的变化规律及其影响。做好周密的施工组织,在狭小的工作面上用较大的施工强度在较短的时间内完成截流。

## 一、截流的方式

截流的基本方式有立堵法与平堵法两种。

### (一)立堵法

立堵法截流是将截流材料从龙口一端向另一端或从两端向中间抛投进占,逐渐束窄龙口,直至全部拦断,如图 1-18 所示。

立堵法截流不需架设浮桥,准备工作比较简单,造价较低。但截流时水力条件较为不利,龙口单宽流量较大,出现的流速也较大,同时水流绕截流戗堤端部,使水流产生强烈

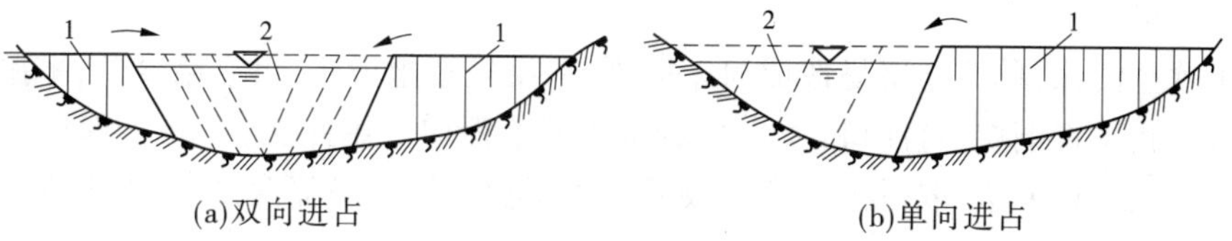


1—截流戗堤;2—龙口。

**图 1-18 立堵法截流**

的立轴漩涡,在水流分离线附近造成紊流,易造成河床冲刷,且流速分布很不均匀,需抛投单个重量较大的截流材料。截流时,由于工作前线狭窄,抛投强度受到限制。立堵法截流适用于大流量、岩基或覆盖层较薄的岩基河床,对于软基河床应采取护底措施才能使用。

立堵法截流又分为单戗、双戗和多戗立堵截流,单戗适用于截流落差不超过 3 m 的情况。

**(二)平堵法**

平堵法截流(见图 1-19)是沿整个龙口宽度全线抛投,抛投料堆筑体全面上升,直至露出水面。这种方法的龙口一般是部分河宽,也可以是全河宽。因此,合龙前必须在龙口架设浮桥,由于它是沿龙口全宽均匀地抛投,所以其单宽流量小,出现的流速也较小,需要的单个材料的重量也较轻,抛投强度较大,施工速度快,但有碍于通航,适用于软基河床、河流架桥方便且对通航影响不大的河流。

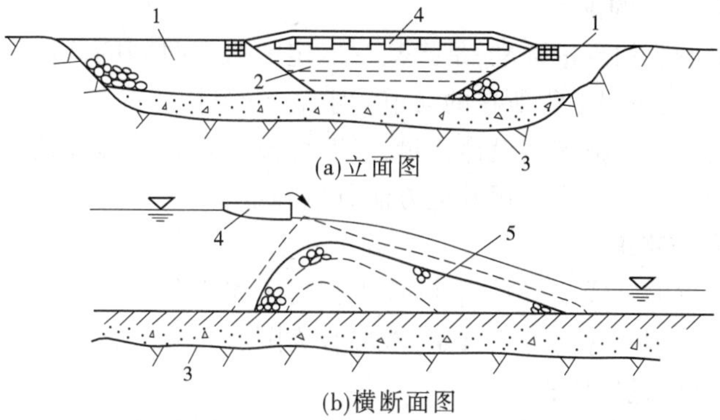


1—截流戗堤;2—龙口;3—覆盖层;4—浮桥;5—截流抛石体。

**图 1-19 平堵法截流**

**(三)综合方式**

1. 立平堵

为了充分发挥平堵水力学条件较好的优点,同时降低架桥的费用,有的工程采用先立堵,后在栈桥上平堵的方式。苏联布拉茨克水电站,在截流流量 3 600 $m^3/s$,最大落差 3.5 m 的条件下,采用先立堵进占,缩窄龙口至 100 m,然后利用管柱栈桥全面平堵合龙。

多瑙河上的铁门工程,经过方案比较,决定采用立、平堵方式,立堵进占结合管柱栈桥平堵。立堵段首先进占,完成长度 149.5 m,平堵段龙口 100 m,由栈桥上抛投完成截流,最终落差达 3.72 m。

2. 平立堵

对于软基河床，单纯立堵易造成河床冲刷，采用先平抛护底，再立堵合龙，平抛多利用驳船进行。我国青铜峡、丹江口、大化及葛洲坝等工程均采用此法，三峡工程在二期大江截流时也采用了该方法，取得了满意的效果。由于护底均为局部性，故这类工程本质上同属立堵法截流。

## 二、截流时间和设计流量的确定

### (一)截流时间的选择

截流时间应根据枢纽工程施工控制性进度计划或总进度计划确定，至于时段选择，一般应考虑以下原则，经过全面分析比较而定。

(1)泄水建筑物必须建成或部分建成，具备泄流条件，河道截流前泄水道内围堰或其他障碍物应予清除。

(2)截流后的许多工作必须在汛前完成(如围堰或永久建筑物抢筑到拦洪高程等)。

(3)在有通航要求的河道上，截流日期最好选在对通航影响最小的时期。

(4)在北方有冰凌的河流上截流，不宜在流冰期进行。

按上述要求，截流日期一般选在枯水期初。具体日期可根据历史水文资料确定，但往往可能有较大出入，因此实际工作中应根据当地的水文气象预报及实际水情分析进行修正，最后确定截流日期。

### (二)截流设计流量的确定

截流设计流量所取的流量标准，是指某一确定的截流时间的截流设计流量。当截流时间确定以后，就可以根据工程所在的河道的水文、气象特征选择设计流量。通常可按重现年法或结合水文气象预报确定设计流量，一般可按工程重要程度选择截流时段重现期5~10年的月或旬平均流量，也可用其他方法分析确定。

### (三)龙口位置与宽度

龙口在截流戗堤的轴线上，戗堤轴线应根据河床和两岸地形、地质、交通条件、主流流向、通航、过木要求等因素综合分析选定，戗堤宜为围堰堰体组成部分，一旦截流戗堤轴线位置确定后，即可确定龙口位置。

龙口布置位置应视具体情况而定。从地形方面考虑，龙口周围应宽阔，距临时堆料场较近，且有足够的回车场地，以保证运输方便；从地质方面考虑，应力求将龙口布置在覆盖层较薄的部位，或有天然岛礁做裹头的部位，以抗水流冲刷；从水流条件考虑，龙口应设置在正对主流处，以利洪水宣泄。

龙口宽度的确定主要取决于戗堤束窄河床后形成的水力条件，对龙口底部和两侧裹头部位的冲刷影响，截流期通航河流对通航安全的要求。合理的龙口宽度是满足龙口水力条件及通航条件的最小宽度。

若龙口段河床覆盖层抗冲能力低，可预先在龙口段抛石或抛铅丝石笼护底，增大糙率和抗冲能力，减少合龙抛投量，降低截流难度。

## 三、截流材料种类、尺寸和数量的确定

### (一)材料种类的选择

截流时采用当地材料在我国已有悠久的历史,主要有块石、石串、装石竹笼等。此外,当截流水利条件较差时,还须采用混凝土块体。

石料容重较大,抗冲能力强,一般工程较易获得,而且通常比较经济。因此,凡有条件者,均应优先选用块石截流。

在大中型工程截流中,混凝土块体的运用较普遍。这种人工块体的制作、使用方便,抗冲能力强,故为许多工程采用(如三峡工程、葛洲坝工程等)。

在中小型工程截流中,因受起重运输设备能力限制,所采用的单个块石或混凝土块体的重量不能太大。石笼(如竹笼、铅丝笼、钢筋笼)或石串,一般使用在龙口水力条件不利的条件下。大型工程中除石笼、石串外,也采用混凝土块体串。某些工程,因缺乏石料,或因河床易冲刷,也可根据当地条件采用梢捆、草土等材料截流。

### (二)材料尺寸的确定

采用块石和混凝土块体截流时,所需材料尺寸可通过水力计算初步确定,然后考虑该工程可能拥有的起重运输设备能力,做出最后抉择。

### (三)材料数量的确定

1. 不同粒径材料数量的确定

无论是平堵法截流还是立堵法截流,原则上可以按合龙过程中水力参数的变化来计算相应的材料粒径和数量。常用的方法是将合龙过程按高程(平堵)或宽度(立堵)划分成若干区段,然后按分区最大流速计算出所需材料粒径和数量。实际上,每个区段也不是只用一种粒径材料,所以设计中均参照国内外已有工程经验来确定不同粒径材料的比例。例如平堵法截流时,最大粒径材料数量可按实际使用区段[$Z=(0.42\sim0.6)Z_{max}$]考虑,也可按最大流速出现时起,直到戗堤出水时所用材料总量的70%~80%考虑。立堵法截流时,最大粒径材料数量常按困难区段抛投总量的1/3考虑。根据国内外十几个工程的截流资料统计,特殊材料数量占合龙段总工程量的10%~20%,一般为15%~20%。如仅按最终合龙段统计,特殊材料所占比例约为60%。

2. 备料量

备料量的计算,可按设计戗堤体积为准,另外还得考虑各项损失。平堵截流的设计戗堤体积计算比较复杂,需按戗堤不同阶段的轮廓计算。立堵截流戗堤断面为梯形,设计戗堤体积计算比较简单。戗堤顶宽视截流施工需要而定,通常取10~18 m者较多,可保证2~3辆汽车同时卸料。

备料量的多少取决于对流失量的估计。实际工程的备料量与设计用量之比多为1.3~1.5,个别工程达到2.0。例如,铁门工程达到1.35,青铜峡工程采用1.5。实际合龙后还剩下很多材料。因此,初步设计时备料系数不必取得过大,实际截流前夕,可根据水情变化适当调整。

### (四)分区用料规划

在合龙过程中,必须根据龙口的流速流态变化采用相应的抛投技术和材料。这一点

在截流规划时就应予考虑,见表 1-2。

表 1-2　截流材料的适用流速

| 截流材料 | 适用流速/(m/s) | 截流材料 | 适用流速/(m/s) |
|---|---|---|---|
| 土料 | 0.5~0.7 | 3 t 重大块石或钢筋石笼 | 3.5 |
| 20~30 kg 重石块 | 0.8~1.0 | 4.5 t 混凝土六面体 | 4.5 |
| 50~70 kg 重石块 | 1.2~1.3 | 5 t 重大块石、大石串或钢筋石笼 | 4.5~5.5 |
| 麻袋装土(0.7 m×0.4 m×0.2 m) | 1.5 | 12~15 t 重混凝土六面体 | 7.2 |
| φ0.5 m×2 m 装石竹笼 | 2.0 | 20 t 重混凝土六面体 | 7.5 |
| φ0.6 m×4 m 装石竹笼 | 2.5~3.0 | φ1.0 m×15 m 柴石枕 | 7~8 |
| φ0.8 m×6 m 装石竹笼 | 3.5~4.0 | | |

## 任务四　导流方案

### 一、影响导流方案的主要因素

水利水电枢纽工程的施工,从开工到完建往往不是采用单一的导流方法,而是几种导流方法组合起来配合运用,以取得最佳的技术经济效果。这种不同导流时段、不同导流方法的组合,通常称为导流方案。

导流方案的选择受各种因素的影响。合理的导流方案,必须在周密地研究各种影响因素的基础上,拟定几个可能的方案,进行技术经济比较,从中选择技术经济指标优越的方案。

选择导流方案时考虑的主要因素如下。

#### (一)水文条件

河流的流量大小、水位变化的幅度、全年流量的变化情况、枯水期的长短、汛期洪水的延续时间、冬季的流冰及冰冻情况等,均直接影响导流方案的选择。一般来说,对于河床单宽流量大的河流,宜采用分段围堰法导流。对于水位变化幅度大的山区河流,可采用允许基坑淹没的导流方法,在一定时期内通过过水围堰和淹没基坑来宣泄洪峰流量。对于枯水期较长的河流,充分利用枯水期安排工程施工是完全必要的。但对于枯水期不长的河流,如果不利用洪水期进行施工,就会拖延工期。对于流冰的河流,应充分注意流冰的宣泄问题,以免流冰壅塞,影响泄流,造成导流建筑物失事。

#### (二)地形条件

坝区附近的地形条件对导流方案的选择影响很大。对于河床宽阔的河流,尤其在施工期间有通航、过木要求的情况下,宜采用分段围堰法导流,当河床中有天然石岛或沙洲时,采用分段围堰法导流,更有利于导流围堰的布置,特别是纵向围堰的布置。例如,三峡水利枢纽的施工导流就曾利用了长江中的中堡岛来布置一期纵向围堰,取得了良好的技术经济效果。在河段狭窄、两岸陡峻、山岩坚实的地区,宜采用隧洞导流。至于平原河道,河流的两岸或一岸比较平坦，或有河湾、老河道可资利用时，宜采用明渠导流。

**（三）地质及水文地质条件**

河流两岸及河床的地质条件对导流方案的选择与导流建筑物的布置有直接影响。如果河流两岸或一岸岩石坚硬、风化层薄且有足够的抗压强度，则有利于选用隧洞导流；如果岩石的风化层厚且破碎，或有较厚的沉积滩地，则适合于采用明渠导流。由于河床的束窄，减小了过水断面的面积，使水流流速增大，这时为了河床不受过大的冲刷，避免把围堰基础淘空，应根据河床地质条件来决定河床可能束窄的程度。对于岩石河床，抗冲刷能力较强。河床允许束窄程度较大，甚至可达到88%，流速有增加到7.5 m/s的，但对覆盖层较厚的河床，抗冲刷能力较差，其束窄程度都不到30%，流速仅允许达到3.0 m/s。此外，选择围堰形式，基坑能否允许淹没，能否利用当地材料修筑围堰等，也都与地质条件有关。水文地质条件则对基坑排水工作和围堰形式的选择有很大关系。因此，为了更好地进行导流方案的选择，要对地质和水文地质勘测工作提出专门要求。

**（四）水工建筑物的形式及其布置**

水工建筑物的形式和布置与导流方案相互影响，因此在确定建筑物的形式和枢纽布置时，应该同时考虑并拟定导流方案，而在选定导流方案时，又应该充分利用建筑物形式和枢纽布置方面的特点。

如果枢纽组成中有隧洞、渠道、涵管、泄水孔等永久泄水建筑物，在选择导流方案时应该尽可能加以利用。在设计永久泄水建筑物的断面尺寸并拟定其布置方案时，应该充分考虑施工导流的要求。

采用分段围堰法修建混凝土坝枢纽时，应当充分利用水电站与混凝土坝之间或混凝土坝溢流段和非溢流段之间的隔墙作为纵向围堰的一部分，以降低导流建筑物的造价。在这种情况下，对于二期工程，应该核算它是否能够布置二期工程导流底孔和缺口。

就挡水建筑物的形式来说，土坝、土石混合坝和堆石坝的抗冲能力小，除采取特殊措施外，一般不允许从坝身过水，所以多利用坝身以外的泄水建筑物（如隧洞、明渠等）或坝身范围内的涵管来导流，这时，通常要求在一个枯水期内将坝身抢筑到拦洪高程以上，以免水流漫顶，发生事故。至于混凝土坝，特别是混凝土重力坝，由于抗冲能力较强，允许流速达到25 m/s，故不但可以通过底孔泄流，而且可以通过未完建的坝身过水，使导流方案选择的灵活性大大增加。

**（五）施工期间河流的综合利用**

施工期间，为了满足通航、筏运、渔业、供水、灌溉或水电站运转等要求，导流问题的解决更加复杂。如前所述，在通航河流上，大多采用分段围堰法导流。要求河流在束窄以后，河宽仍能便于船只的通行，水深要与船只吃水深度相适应，束窄断面的最大流速一般不得超过2.0 m/s，特殊情况需与当地航运部门协商确定。

在施工中后期，水库拦洪蓄水时，要注意满足下游供水、灌溉用水和水电站运行的要求，有时为了保证渔业的要求，还要修建临时的过鱼设施，以便鱼群能洄游。

**（六）施工进度、施工方法及施工场地布置**

水利水电工程的施工进度与导流方案密切相关。通常是根据导流方案才能安排控制性进度计划，在水利水电枢纽施工导流过程中，对施工进度起控制作用的关键性时段主要有导流建筑物的完工期限、截断河床水流的时间、坝体拦洪的期限、封堵临时泄水建筑物的时间以及水库蓄水发电的时间等。但各项工程的施工方法和施工进度又直接影响各时段中导流任务的合理性和可能性。例如,在混凝土坝枢纽中,采用分段围堰施工时,若导流底孔没有建成,就不能截断河床水流和全面修建二期围堰,若坝体没有达到一定高程且没有完成基础及坝体接缝灌浆以前,就不能封堵底孔和使水库蓄水等。因此,施工方法、施工进度与导流方案三者是密切相关的。

此外,导流方案的选择与施工场地的布置亦相互影响。例如,在混凝土坝施工中,当混凝土生产系统布置在一岸时,以采用全段围堰法导流为宜。若采用分段围堰法导流,则应以混凝土生产系统所在的一岸作为一期工程,因为这样两岸的交通运输问题比较容易解决。

在选择导流方案时,除综合考虑以上各方面因素外,还应使主体工程尽可能及早发挥效益,简化导流程序,降低导流费用,使导流建筑物既简单易行,又适用可靠。

## 二、导流方案比较实例

导流方案的比较选择应在同精度、同深度的几种可行性方案中进行。首先研究分析采用何种导流方法,然后研究采用什么类型,在此全面分析的基础上,排除明显不合理的方案,保留可行的方案或可能的组合方案。

**【例1-1】** 长江三峡水利枢纽工程,位于长江干流三峡河段,三峡工程由大坝、水电站厂房、通航建筑物等主要建筑物组成。大坝坝顶高程185 m,正常蓄水位175 m,汛期防洪限制水位145 m,枯季消落最低水位155 m,相应的总库容、防洪库容和兴利库容分别为393亿$m^3$、221.5亿$m^3$和165亿$m^3$。安装单机容量70万kW的水轮发电机组26台,总装机容量1 820万kW,年发电量846.8亿kW·h。

选定的坝址位于西陵峡中的三斗坪镇。坝址地质条件优越,基岩为完整坚硬的花岗岩(闪云斜长花岗岩),地形条件也有利于布置枢纽建筑物和施工场地,是一个理想的高坝坝址。选定的坝轴线在左岸的坛子岭及右岸的白岩尖之间,并穿过河床中的一个小岛——中堡岛。该岛左侧为主河槽,右侧为支沟(称后河)。

施工导流方案:三斗坪坝址河谷宽阔,江中有中堡岛将长江分为主河床及后河,适于采用分期导流方案。长江为我国的水运交通动脉,施工期通航问题至关重要。分期导流方案设计必须结合施工期通航方案和枢纽布置方案一并研究。在可行性论证和初步设计阶段,对右岸导流明渠施工期通航和不通航两大类型的多种方案进行了大量的技术经济比较工作。1993年7月,经国务院三峡建设委员会批准,确定为“三期导流,明渠通航”方案如图1-20~图1-22所示。

1.第一期围右岸

一期导流的时间为1993年10月至1997年11月,计4年。在中堡岛左侧及后河上下游修筑一期土石围堰,形成一期基坑,并修建茅坪溪小改道工程,将茅坪溪水导引出一期基坑。在一期土石围堰保护下挖除中堡岛,扩宽后河修建导流明渠、混凝土纵向围堰,并预建三期碾压混凝土围堰基础部分的混凝土。水仍从主河床通过,一期导流平面图如图1-20所示。

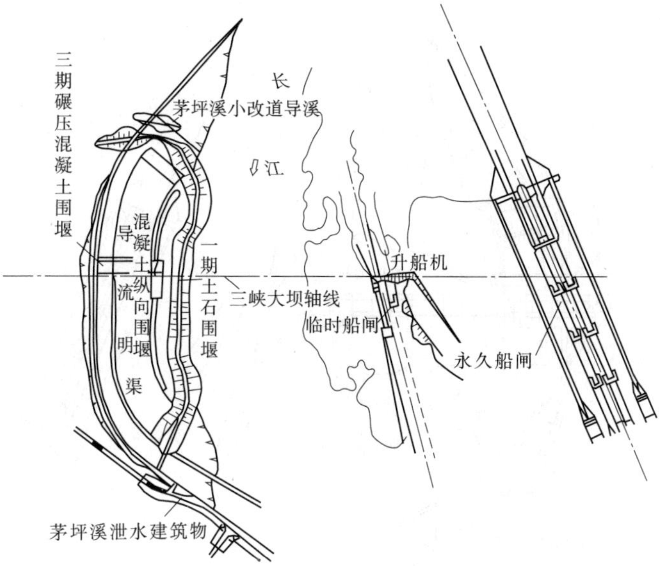


图 1-20 一期导流平面图

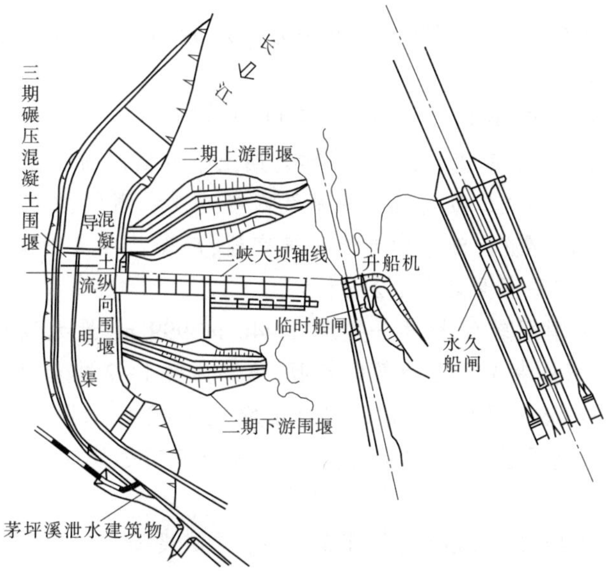


图 1-21 二期导流平面图

一期土石围堰形成后束窄河床约30%。汛期长江水面宽约1 000 m，当流量不大于长江通航流量45 000 $m^3/s$ 时，河床流速为3 m/s左右，因此船只仍可在主航道航行。一期土石围堰全长2 502.36 m，最大堰高37 m。堰体及堰基采用塑性混凝土防渗墙上接土工膜防渗形式，局部地质条件不良地段的地基采取防渗墙下接帷幕灌浆或高压旋喷桩柱墙等措施。混凝土纵向围堰全长1 191.47 m，分为上纵段、坝身段与下纵段。坝身段为三峡大坝的一部分，下纵段兼作右岸电站厂房和泄洪坝段间的导墙。导流明渠为高低渠复式断面，全长3 726 m，最小底宽350 m；右侧高渠底宽100 m，渠底高程58 m（进口部位

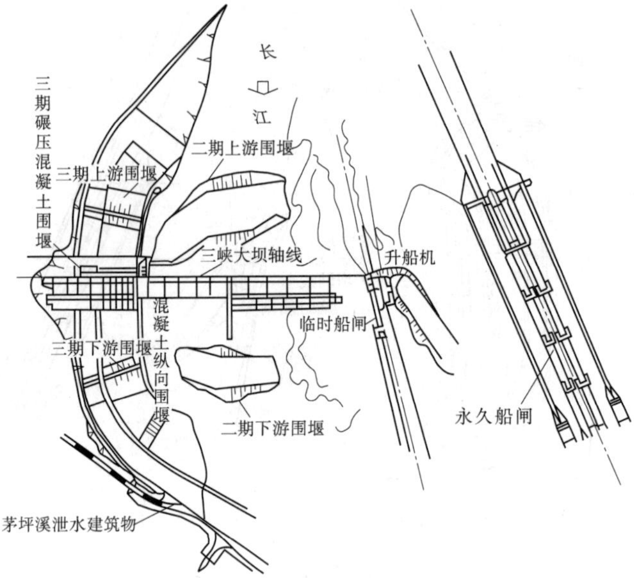


图 1-22　三期导流平面图

59 m)；左侧渠底宽 250 m，渠底高程自上至下分别为 59 m、58 m、50 m、45 m、53 m。

2. 第二期围左岸

二期导流时间为 1997 年 11 月至 2002 年 11 月，共计 5 年。

1997 年 11 月实现大江截流后，立即修建二期上下游横向围堰将长江主河床截断，并与混凝土纵向围堰共同形成二期基坑。在基坑内修建泄洪坝段、左岸厂房坝段及电站厂房等主体建筑物。二期导流时江水由导流明渠宣泄，船舶从导流明渠和左岸已建成的临时船闸通航。二期导流平面图如图 1-21 所示。

二期上下游土石围堰轴线长度分别为 1 440 m、999 m，最大高度分别为 75.5 m、57.0 m，基本断面为石渣堤夹风化砂复式断面，防渗体为 1~2 排塑性混凝土防渗墙上接土工合成材料，基岩防渗采用帷幕灌浆。二期围堰是在 60 m 水深中抛填建成的，工程量大、基础条件复杂、工期紧迫、施工技术难度极高，是三峡工程最重要的临时建筑物之一。

3. 第三期再围右岸

三期导流时间为 2002~2009 年，共计 6.5 年。总进度安排于 2002 年汛末拆除二期土石横向围堰，在导流明渠内进行三期截流，建造上下游土石围堰。在其保护下修建三期上游碾压混凝土围堰并形成右岸三期基坑，在三期基坑内修建右岸厂房坝段和右岸电站厂房。三期截流和三期碾压混凝土围堰施工是三峡工程施工中的又一关键技术问题。在导流明渠中截流时，江水从泄洪坝段内高程 56.5 m 的 22 个 6.5 m×8.5 m 的导流孔中宣泄，截流最大落差达 3.5 m，龙口最大流速 6.13 m/s，技术难度与葛洲坝大江截流相同。

碾压混凝土围堰要求在截流以后的 120 d 内，从高程 50 m 浇筑到 140 m，最大月浇筑强度达 39.8 万 $m^3$/月，最大日上升高度达 1.18 m，且很快挡水并确保在近 90 m 水头下安全运行，设计和施工难度为世所罕见。三期截流后到水库蓄水前，船只从临时船闸航行，当流量超过 12 000 $m^3$/s、上下游水位差超过 6 m 时，临时船闸不能运行，长江断航。经测算断航时间发生在5月下半月至6月上半月内,共计33 d。断航期间设转运码头,用水陆联运解决客货运输问题。三期碾压混凝土围堰建成后,即关闭导流底孔和泄洪深孔,水库蓄水至135 m,第一批机组开始发电,永久船闸开始通航。水库蓄水以后,由三期碾压混凝土围堰与左岸大坝共同挡水(下游仍由三期土石围堰挡水),长江洪水由导流底孔及泄洪深孔宣泄,继续在右岸基坑内建造大坝和电站厂房。左岸各主体建筑物上部结构同时施工,直至工程全部完建。

## 任务五　基坑排水

修建水利水电工程时,在围堰合龙闭气以后,就要排除基坑内的积水和渗水,以保持基坑基本干燥状态,以利于基坑开挖、地基处理及建筑物的正常施工。

基坑排水工作按排水时间及性质,一般可分为:①基坑开挖前的初期排水,包括基坑积水、基坑积水排除过程中的围堰堰体与基础渗水和堰体及基坑覆盖层中的含水量以及可能出现的降水的排除;②基坑开挖及建筑物施工过程中的经常性排水,包括围堰和基坑渗水、降水以及施工弃水量的排除。

如按排水方法分,基坑排水有明式排水和人工降低地下水位两种。

### 一、初期排水

#### (一)排水流量的确定

初期排水主要包括基坑积水、围堰与基坑渗水两大部分。对于降雨,因为初期排水是在围堰或截流戗堤合龙闭气后立即进行的,通常是在枯水期内,而枯水期降雨很少,所以一般可不予考虑。除积水和渗水外,有时还需考虑填方和基础中的饱和水。

初期排水渗透流量原则上可按有关公式计算。但是,初期排水时的渗透流量估算往往很难符合实际,因为此时还缺乏必要的资料。通常不单独估算渗透流量,而将其与积水排除流量合并在一起,依靠经验估算初期排水总流量$Q$:

$$Q = Q_1 + Q_s = k\frac{V}{T} \tag{1-2}$$

式中　$Q_1$——积水排除的流量,$m^3/s$;

$Q_s$——渗水排除的流量,$m^3/s$;

$V$——基坑积水体积,$m^3$;

$T$——初期排水时间,s;

$k$——经验系数,主要与围堰种类、防渗措施、地基情况、排水时间等因素有关,根据国外一些工程的统计,$k=4\sim10$。

基坑积水体积可按基坑积水面积和积水水深计算,这是比较容易的。但是排水时间$T$的确定就比较复杂,排水时间$T$主要受基坑水位下降速度的限制,基坑水位的允许下降速度视围堰种类、地基特性和基坑内水深而定。水位下降太快,则围堰或基坑边坡中动水压力变化过大,容易引起坍坡。下降太慢,则影响基坑开挖时间。一般认为,土围堰的基坑水位下降速度应限制在0.5~0.7 m/d,木笼及板桩围堰等应小于1.0~1.5 m/d。初期排水时间,大型基坑一般可采用 5~7 d,中型基坑一般不超过 3~5 d。

通常,当填方和覆盖层体积不太大,在初期排水且基础覆盖层尚未开挖时,可以不必计算饱和水的排除。如需计算,可按基坑内覆盖层总体积和孔隙率估算饱和水总水量。

按以上方法估算初期排水流量,选择抽水设备后,往往很难符合实际。在初期排水过程中,可以通过试抽法进行校核和调整,并为经常性排水计算积累一些必要资料。试抽时如果水位下降很快,则显然是所选择的排水设备容量过大,此时应关闭一部分排水设备,使水位下降速度符合设计规定。试抽时若水位不变,则显然是设备容量过小或有较大渗漏通道存在。此时,应增加排水设备容量或找出渗漏通道予以堵塞,然后进行抽水。还有一种情况是水位降至一定深度后就不再下降,这说明此时排水流量与渗透流量相等,据此可估算出需增加的设备容量。

**(二)水泵的选择与布置**

排水设备常用离心泵,为运转方便,应选用不同容量的水泵,便于组合运用。

水泵的布置应结合实际情况认真考虑。如布置不当,可能会降低排水效果,甚至造成频繁转移,造成人力、物力和时间上的浪费。水泵布置的形式见图 1-23。

初期排水中,当水深或吸水高度小于 6 m 时,可采用固定式水泵和浮动式水泵,固定式水泵可设在围堰上,见图 1-23(a);当水深或吸水高度大于 6 m 时,可将水泵转移到较低的高程,如设在基坑内固定平台上,见图 1-23(b),这种平台可以是桩台、木笼墩台,或围堰内坡上的平台;当水深远大于 6 m 时,考虑用移动式泵或浮动式泵,可将水泵布置在有移动滑道的平台上,见图 1-23(c),用绞车控制上升或下降;或将水泵放在浮船上,见图 1-23(d)。

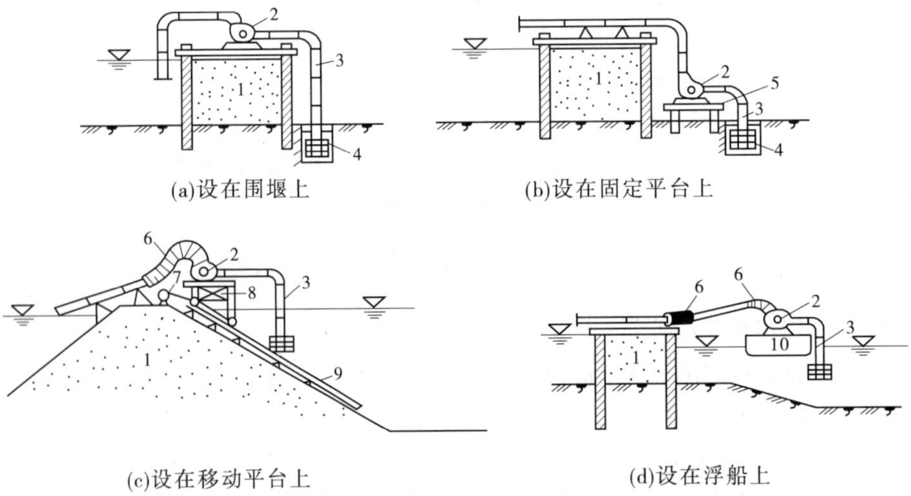


1—围堰;2—水泵;3—吸水管;4—集水井;5—固定平台;

6—橡皮接头;7—绞车;8—移动平台;9—滑道;10—浮船。

**图 1-23　排水泵的布置**

水泵和管路的基础应能够抵抗一定的漏水冲刷,在水泵排水管上应设止回阀,防止水泵停止工作时,基坑外水倒流落入基坑。浮动式泵站应设置橡皮软接头,以适应泵的升降。

## 二、经常性排水

基坑内积水排干后,进入经常性排水阶段。经常性排水设计中,应确定排水量、选择排水方法、进行排水系统的布置。

### (一)排水量的确定

经常性排水的排水量,主要包括围堰和基坑的渗水、降雨、地基岩石冲洗及混凝土养护用废水等。设计中一般考虑两种不同的组合,从中择其大者,以选择排水设备。一种组合是渗水加降雨,另一种组合是渗水加施工废水。降雨和施工废水不必组合在一起,这是因为二者不会同时出现。如果全部叠加在一起,显然太保守。

1. 降雨量的确定

在基坑排水设计中,对降雨量的确定尚无统一的标准。大型工程可采用 20 年一遇三日降雨中最大的连续 6 h 雨量,再减去估计的径流损失值(每小时 1 mm),作为降雨强度。也有的工程采用日最大降雨强度,基坑内的降雨量可根据上述计算降雨强度和基坑集雨面积求得。

2. 施工废水

施工废水主要考虑混凝土养护用水,其用水量估算应根据气温条件和混凝土养护的要求而定。一般初估时可按每立方米混凝土每次用水 5 L,每天养护 8 次计算。

3. 渗透流量计算

通常基坑渗透总量包括围堰渗透量和基础渗透量两大部分。关于渗透量的详细计算方法,在《水力学》《水文地质》和《水工结构》等论著中均有介绍,可按完整井和不完整井理论计算。由于围堰的种类很多,各种围堰的渗透计算公式可查阅有关水工手册和水力计算手册。

应当指出,应用各种公式估算渗流量的可靠性,不仅取决于公式本身的精度,而且还取决于计算参数的正确选择。特别是渗透系数这类物理参数,对计算结果的影响很大。但是,在初步估算时,往往不可能获得较详尽而可靠的渗透系数资料。此时,也可采用更简便的估算方法。当基坑在透水地基上时,可按照表 1-3 所列的参考指标来估算整个基坑的渗透流量。

**表 1-3　1 m 水头下 1 $m^2$ 基坑面积的渗透流量**

| 土类 | 细砂 | 中砂 | 粗砂 | 砂砾石 | 有裂缝的岩石 |
| --- | --- | --- | --- | --- | --- |
| 渗透流量/($m^3$/h) | 0.16 | 0.24 | 0.30 | 0.35 | 0.05~0.10 |

经常性排水流量为渗透流量和降水与施工弃水流量两者的大值之和。

### (二)排水方法选择

经常性排水的方法主要取决于基坑的土质条件、地质构造。土质不同、地质构造不同的地下水的渗透系数、渗透流量不同。渗透系数大的粗颗粒土层适宜用明式排水法,渗透系数小的细颗粒土层用明排法会产生较大的动水压力,使开挖边坡塌滑,产生管涌,对这种情况宜采用人工降低地下水位,如管井法、井点法,可参照表 1-4。

**表 1-4　各种排水方法及适用条件**

| 土的种类 | 渗透系数 K | | 适用的排水方法 |
|---|---|---|---|
| | m/d | cm/s | |
| 砂砾石、粗砂 | >150 | >0.1 | 明排法 |
| 粗、中砂土 | 1~150 | 0.001~0.1 | 管井法、轻型井点法 |
| 中、细砂土 | 1~50 | 0.001~0.01 | 轻型井点法、深井点法 |
| 细砂土、砂壤土 | 0.1~1 | 0.000 4~0.001 | 真空井点法 |
| 软砂质土、黏土、淤泥 | <0.1 | <0.000 1 | 电渗井点法 |

人工降低地下水位的方法,使土由浮容重变为湿容重,为开挖创造了条件,地下水位降低后,开挖边坡可以放陡,减少开挖量,降低造价,缩短工期,但排水费用较高。明排法机动性好,可以充分利用初期排水设备,排水费用较低。

**(三)明式排水布置**

排水系统的布置通常应考虑两种不同情况:一种是基坑开挖过程中的排水系统布置,另一种是基坑开挖完成后修建建筑物时的排水系统布置。布置时,应尽量兼顾这两种情况,并且使排水系统尽可能不影响施工。

基坑开挖过程中的排水系统布置,应以不妨碍开挖和运输工作为原则。一般常将排水干沟布置在基坑中部,以利两侧出土,如图 1-24 所示。随基坑开挖工作的进展,逐渐加深排水干沟和支沟。通常保持干沟深度为 1~1.5 m,支沟深度为 0.3~0.5 m。集水井多布置在建筑物轮廓线外侧,井底应低于干沟沟底。但是,由于基坑坑底高程不一,有的工程就采用层层设截流沟、分级抽水的办法,即在不同高程上分别布置截水沟、集水井和水泵站,进行分级抽水。

建筑物施工时的排水系统,通常都布置在基坑四周,如图 1-25 所示。排水沟应布置在建筑物轮廓线外侧,且距离基坑边坡坡脚不少于 0.3~0.5 m。排水沟的断面尺寸和底坡大小取决于排水量的大小。一般排水沟底宽不小于 0.3 m,沟深不大于 1.0 m,底坡不小于 0.002。在密实土层中,排水沟可以不用支撑,但在松土层中,则需用木板或麻袋装石来加固。

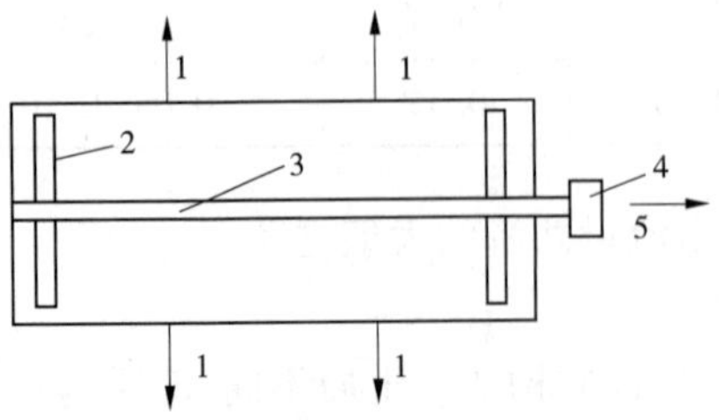


1—运土方向;2—支沟;3—干沟;
4—集水井;5—水泵抽水。

**图 1-24　基坑开挖过程中排水系统的布置**

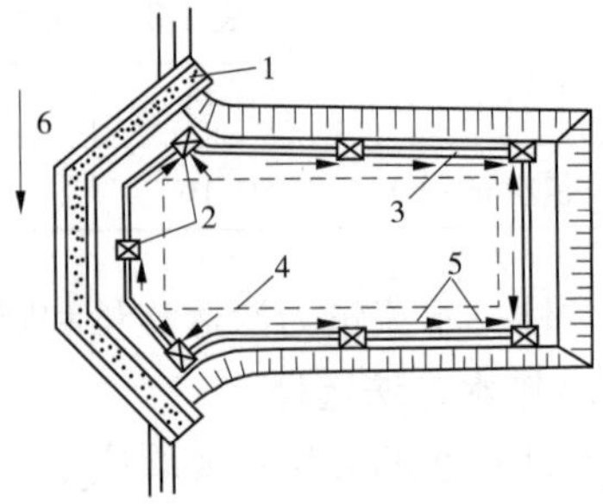


1—围堰;2—集水井;3—排水沟;
4—建筑物轮廓线;5—水流;6—河流。

**图 1-25　修建建筑物时基坑排水系统布置**

水经排水沟流入集水井后，利用在井边设置的水泵站，将水从集水井中抽出。集水井布置在建筑物轮廓线以外较低的地方，它与建筑物外缘的距离必须大于井的深度。井的容积至少要能保证水泵停止抽水 10～15 min，井水不致漫溢。集水井可为长方形，边长 1.5～2.0 m，井底高程应低于排水沟底 1.0～2.0 m。在土中挖井，其底面应铺填反滤料，在密实土中，井壁用框架支撑在松软土中，利用板桩加固。如板桩接缝漏水，尚需在井壁外设置反滤层。集水井不仅可用来集聚排水沟的水量，而且应有澄清水的作用，因为水泵的使用年限与水中含沙量有关。为了保护水泵，集水井宜稍微偏大偏深一些。排水沟集水井结构如图 1-26 所示。

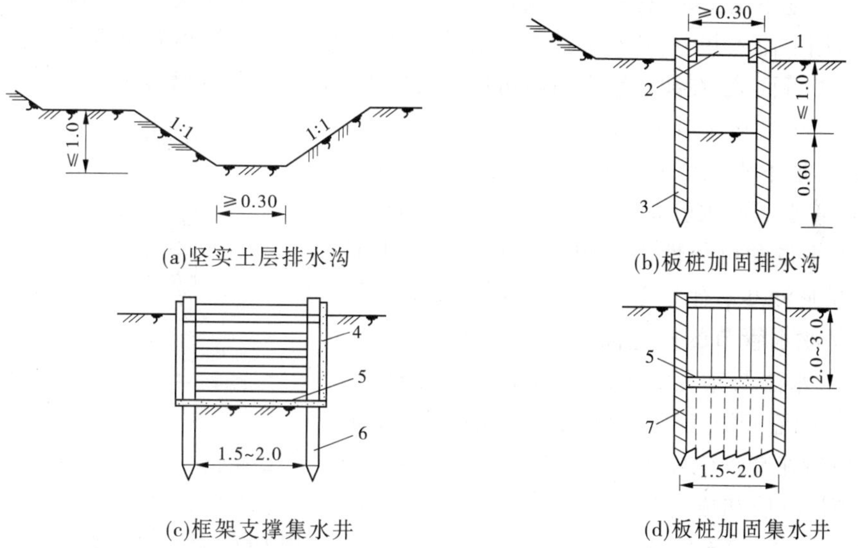


1,4—木板；2—支撑；3—板桩；5—卵石护底；6—木桩；7—厚板桩。

**图 1-26 排水沟集水井剖面图** （单位：m）

为防止降雨时地面径流进入基坑而增加抽水量，通常在基坑外缘边坡上挖截水沟，以拦截地面水。截水沟的断面及底坡应根据流量和土质而定，一般沟宽和沟深不小于 0.5 m，底坡不小于 0.002，基坑外地面排水系统最好与道路排水系统相结合，以便自流排水。为了降低排水费用，当基坑渗水水质符合饮用水或其他施工用水要求时，可将基坑排水与生活、施工供水相结合。

明式排水系统最适用于岩基开挖。对砂砾石或粗砂覆盖层，当渗透系数 $K$ 大于 $2\times10^{-1}$ cm/s，且围堰内外水位差不大的情况时也可用。在实际工程中也有超出上述界限的，如丹江口的细砂地基，渗透系数约为 $2\times10^{-2}$cm/s，采取适当措施后，明式排水也取得了成功。不过，一般认为，当 $K<10^{-1}$cm/s 时，以采用人工降低水位法为宜。

**（四）人工降低地下水位排水布置**

经常性排水过程中，为了保持基坑开挖工作始终在干地进行，常常要多次降低排水沟和集水井的高程，变换水泵站的位置，影响开挖工作的正常进行。此外，在开挖细砂土、砂壤土一类地基时，随着基坑底面的下降，坑底与地下水位的高差愈来愈大，在地下水渗透压力作用下，容易产生边坡脱滑、坑底隆起等事故，甚至危及邻近建筑物的安全，给开挖工作带来不良影响。

采用人工降低地下水位法,可以改变基坑内的施工条件,防止流砂现象的发生,基坑边坡可以陡些,从而可以大大减少挖方量。人工降低地下水位的基本做法是:在基坑周围钻设一些井,地下水渗入井中后,随即被抽走,使地下水位线降到开挖的基坑底面以下,一般应使地下水位降到基坑底部0.5~1.0 m。

人工降低地下水位法按排水工作原理可分为管井法和井点法两种。管井法是单纯重力作用排水,井点法还附有真空或电渗排水的作用。

1. 管井法降低地下水位

管井法降低地下水位时,在基坑周围布置一系列管井,管井中放入水泵的吸水管,地下水在重力作用下流入井中,被水泵抽走。管井法降低地下水位时,须先设置管井,管井通常由下沉钢井管而成,在缺乏钢管时也可用木管或预制混凝土管代替。

井管的下部安装滤水管节(滤头),有时在井管外还需设置反滤层,地下水从滤水管进入井内,水中的泥沙则沉淀在沉淀管中。滤水管是井管的重要组成部分,其构造对井的出水量和可靠性影响很大。要求它过水能力大,进入的泥沙少,有足够的强度和耐久性。如图1-27所示是滤水管节的构造简图。井管埋设可采用射水法、振动射水法及钻孔法下沉。射水法下沉时,先用高压水冲土下沉套管,较深时可配合振动或锤击(振动水冲法),然后在套管中插入井管,最后在套管与井管的间隙中间填反滤层和拔套管,反滤层每填高一次便拔一次套管,逐层上拔,直至完成。

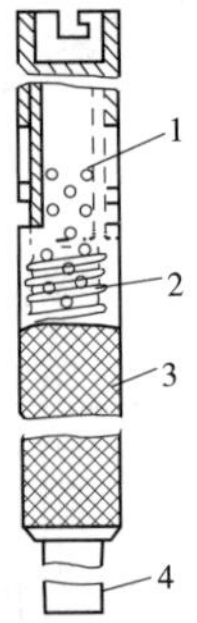


1—多孔管;2—绕面螺旋铁丝;
3—铅丝网,1~2层;4—沉淀管。

**图1-27　滤水管节的构造简图**

管井中抽水可应用各种抽水设备,但主要采用的是普通离心式水泵、潜水泵或深井水泵,分别可降低水位3~6 m、6~20 m和20 m以上,一般采用潜水泵较多。用普通离心式水泵抽水,由于吸水高度的限制,当要求降低地下水位较深时,要分层设置管井,分层进行排水。

在要求大幅度降低地下水位的深井中抽水时,最好采用专用的离心式深井水泵。每个深井水泵都是独立工作的,井的间距也可以加大,深井水泵一般深度大于20 m,排水效果好,需要井数少。

2. 井点法降低地下水位

井点法和管井法不同,它把井管和水泵的吸水管合二为一,简化了井的构造。

井点法降低地下水位的设备,根据其降深能力分轻型井点、真空井点、深井点和电渗井点等。

1)轻型井点

轻型井点是一种常用的井点。轻型井点是由井管、集水总管、普通离心式水泵、真空泵和集水箱等设备所组成的一个排水系统,如图1-28所示。

轻型井点系统的井管为直径38~50 mm的无缝钢管,间距为0.6~1.8 m,最大可到3.0 m。地下水从井管下端的滤水管借真空泵和水泵的抽吸作用流入管内,沿井管上升汇

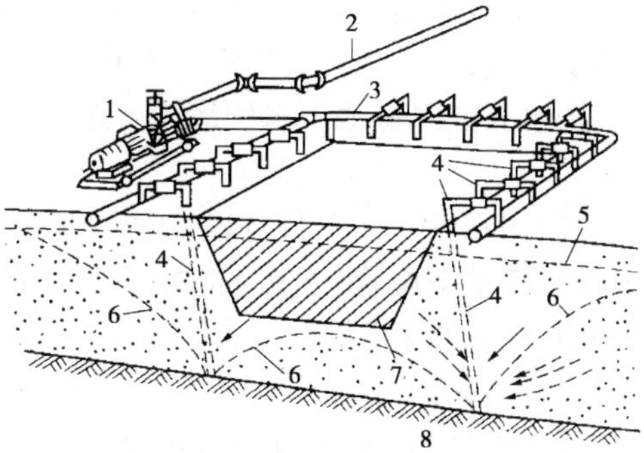


1—带真空泵和集水箱的离心式水泵;2—排水管;3—集水总管;4—井管;
5—原地下水位;6—排水后水面曲线;7—基坑;8—不透水层。

**图 1-28 轻型井点系统**

入集水总管,流入集水箱,由水泵排出。轻型井点系统开始工作时,先开动真空泵,排除系统内的空气,待集水井内的水面上升到一定高度后,再启动水泵排水。水泵开始抽水后,为了保持系统内的真空度,仍需真空泵配合水泵工作。这种井点系统也叫真空井点。

井点系统排水时,地下水位的下降深度取决于集水箱内的真空度与管路的漏气和水力损失。一般集水箱内真空度为 53~80 kPa(400~600 mmHg),相当的吸水高度为 5~8 m,扣去各种损失后,地下水位的下降深度为 4~5 m。

当要求地下水位降低的深度超过 4~5 m 时,可以像管井一样分层布置井点,每层控制范围为 3~4 m,但以不超过 3 层为宜。分层太多,基坑范围内管路纵横,妨碍交通,影响施工,同时增加了挖方量,而且当上层井点发生故障时,下层水泵能力有限,地下水位回升,基坑有被淹没的可能。

2)真空井点

真空井点抽水时,在滤水管周围形成一定的真空梯度,加速了土的排水速度,因此即使在渗透系数小到 0.1 m/d 的土层中,也能进行工作。

布置井点系统时,为了充分发挥设备能力,集水总管、集水管和水泵应尽量接近天然地下水位。当需要几套设备同时工作时,各套总管之间最好接通,并安装开关,以便相互支援。

井管的安设一般用射水法下沉。距孔口 1.0 m 范围内,应用黏土封口,以防漏气。排水工作完成后,可利用杠杆将井管拔出。

3)深井点

深井点与轻型井点不同,它的每一根井管上都装有扬水器(水力扬水器或压气扬水器),因此它不受吸水高度的限制,有较大的降深能力。深井点有喷射井点和扬水井点两种。

喷射井点由集水池、高压水泵、输水干管和喷射井管等组成。通常一台高压水泵能为 30~35 个井点服务,其最适宜的降水位范围为 5~18 m。喷射井点的排水效率不高,一般用于渗透系数为 3~50 m/d、渗透流量不大的场合。图 1-29 所示为喷射井点排水示意图。

压气扬水井点是用压气扬水器进行排水的。排水时压缩空气由输气管送来,由喷气装置进入扬水管,于是管内容重较轻的水气混合液在管外水压力的作用下,沿水管上升到地面排走。为达到一定的扬水高度,就必须将扬水管沉入井中足够的潜没深度,使扬水管内外有足够的压力差。压气扬水井点降低地下水位最大可达 40 m。

4)电渗井点

电渗井点排水时,沿基坑四周布置两列正负电极,正极通常用金属管做成,负极就是井点的排水井。通电后,地下水将从金属管(正极)向井点(负极)移动集中,然后由井点系统的水泵排出。图 1-30 所示为电渗井点排水示意图。

3. 人工降低地下水位的设计与计算

采用人工降低地下水位进行施工时,应根据要求的地下水位下降深度、水文地质条件、施工条件以及设备条件等,确定排水总量(总渗流量),计算管井或井点的需要量,选择抽水设备,进行抽水排水系统的布置。

总渗透流量的计算,可参考前面经常性排水中所介绍的方法和其他有关论著。

管井和井点数目 $n$ 可根据总渗透流量 $Q$ 和单井集水能力 $q_{max}$ 确定,即

$$n = \frac{Q}{0.8q_{max}} \tag{1-3}$$

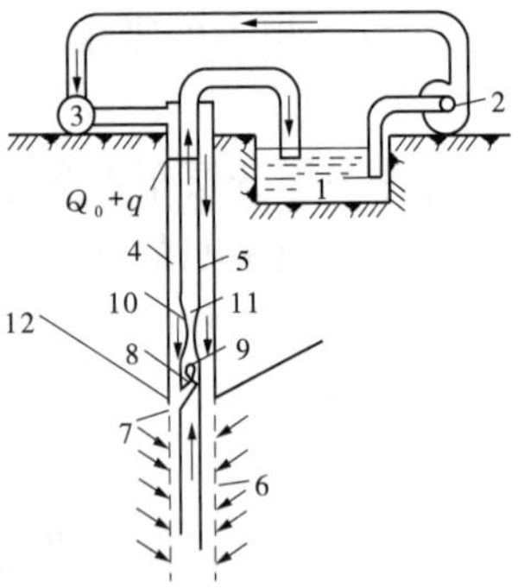


1—集水池;2—高压水泵;3—输水干管;4—外管;
5—内管;6—滤水管;7—进水孔;8—喷嘴;
9—混合室;10—喉管;11—扩散管;12—水面线。

**图 1-29　喷射井点排水示意图**

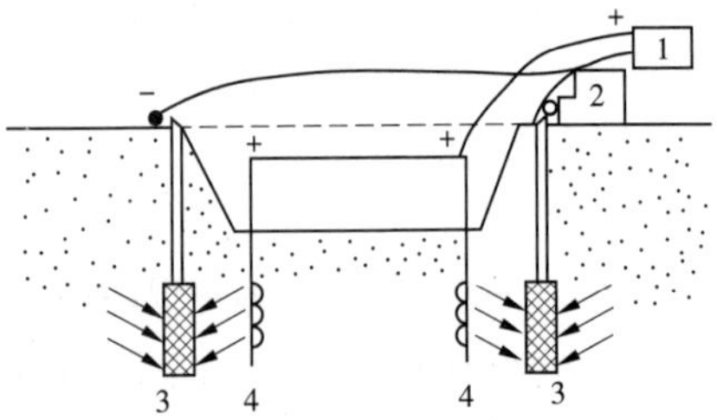


1—直流发电机;2—水泵;3—井点;4—钢管。

**图 1-30　电渗井点排水示意图**

单井的集水能力取决于滤水管面积和通过滤水管的允许流速,即

$$q_{max} = 2\pi r_0 l v_p \tag{1-4}$$

式中　$r_0$——滤水管的半径,m,当滤水管四周不设反滤层时,用滤水管半径,设反滤层时,半径应包括反滤层在内;

$l$——滤水管长度,m;

$v_p$——允许流速,m/d, $v_p = 65\sqrt[3]{K}$,其中 $K$ 为渗透系数,m/d。

根据上面计算确定的 $n$ 值,考虑到抽水过程中有些井可能被堵塞,因此尚应增加 5%~10%。管井或井点的间距 $d$(m)可根据排水系统的周线长度 $L$(m)来确定,即

$$d = \frac{L}{n} \tag{1-5}$$

在进行具体布置时，还应考虑满足下列要求：①为了使井的侧面进水不过分减少，井的间距不宜过小，要求轻型井点 $d \approx (5 \sim 10)2\pi r_0$，深井点 $d \approx (15 \sim 25)2\pi r_0$；②在渗透系数小的土层中，若间距过大，地下水位降低时间太长，则要以抽水、降低地下水位的时间来控制井的间距；③井的间距要与集水总管三通的间距相适应；④在基坑四角和靠近地下水流方向一侧，间距宜适当缩短。

井的深度可按下式进行计算：

$$H = s_0 + \Delta s + \Delta h + h_0 + l \tag{1-6}$$

式中　$\Delta h$——进入滤水管的水头损失，一般为 0.5～1.0 m；

$h_0$——要求的滤水管沉没深度，m，视井点构造不同而异，多小于 2.0 m；

$s_0$——原地下水位与基坑底的高差，m；

$\Delta s$——基坑底与滤水管处降落水位的高差，m，可按式(1-7)确定。

$$\Delta s = \frac{0.8q_{max}}{2.73Kl}\lg\frac{1.32l}{r_0} \tag{1-7}$$

## 复习思考题

**一、名词解释**

1. 施工导流；2. 全段围堰法和分段围堰法导流；3. 围堰；4. 河床束窄度；5. 截流工程；6. 立堵法和平堵法截流；7. 基坑排水；8. 人工降低地下水位。

**二、填空题**

1. 施工导流的基本方法大体上分为两类，一类是________________，另一类是________________。

2. 全段围堰法的泄水方式有________、________、________。

3. 分段围堰法导流要解决好分______、______问题。

4. 按使用材料不同，围堰分为________、________、________、________。

5. 截流过程包括________、________、________、________四项工作。

6. 截流的主要方法有________、________、________、________。

7. 按排水时间和性质，基坑排水分为________和________，按排水方法不同分为______和______两种。

8. 人工降低地下水位按排水工作原理可分为________和________。

**三、选择题**

1. 当河谷狭窄、岸坡陡峻，工期短，施工期又没有通航要求时，应选择(　　)。

A. 全段围堰法明渠导流　　B. 全段围堰法隧洞导流　　C. 全段围堰法涵管导流

2. 导流隧洞进出口应与上下游水流相衔接，与河道主流的交角以(　　)左右为宜。

A. 30°　　B. 45°　　C. 60°

3. 导流隧洞进出口与上下游围堰之间的距离，一般应大于(　　)m。

A. 30　　B. 50　　C. 80

4. 导流隧洞中的弯道转弯半径应该大于(　　)倍隧洞直径为宜。

A. 3　　B. 5　　C. 10

5. 导流明渠的进出口与上下游围堰之间一般要保持(　　)m的距离。

A. 30~50　　B. 50~100　　C. 100~150

6. 圆筒形格体钢板桩围堰,一般适用的挡水高度小于(　　)m。

A. 5~10　　B. 15~18　　C. 20~25

7. 截流设计流量可采用截流时期内(　　)频率的月或旬平均流量。

A. 5%~10%　　B. 10%~20%　　C. 20%~30%

8. 横向围堰布置中,基坑坡趾离主体工程轮廓距离大于(　　)m。

A. 20~30　　B. 10~20　　C. 30~50

9. 重力式混凝土围堰一般用于分段围堰法中的(　　)。

A. 纵向围堰　　B. 横向围堰　　C. 过水围堰

10. 在分期导流中,河床束窄度一般取值在(　　)。

A. 30%~46%　　B. 47%~68%　　C. 69%~80%

11. 在相同的条件下,采用立堵法比采用平堵法龙口出现的最大流速(　　)。

A. 大　　B. 小　　C. 相同

12. 平堵法截流一般适用于(　　)。

A. 软基河床　　B. 岩基河床　　C. 狭窄河床

13. 基坑排水时间一般选在(　　)。

A. 围堰合龙后　　B. 围堰加高培厚　　C. 围堰闭气后

**四、思考题**

1. 施工导流设计的主要任务是什么?

2. 试述常用的导流方式及各自适用条件。

3. 什么叫分期?什么叫分段?二者有何异同?

4. 在分段围堰法导流中,确定纵向围堰的位置需要考虑哪些因素?

5. 什么是导流方案?施工导流方案确定要考虑哪些因素?

6. 试述截流的基本方法及其主要施工过程。

# 项目二 爆破工程

【学习目标】

1. 掌握爆破的基本理论及爆破材料的基本性能；
2. 掌握爆破的基本方法及施工程序；
3. 掌握控制爆破的新技术；
4. 熟悉爆破施工的安全知识；
5. 熟悉环境污染防治的相关知识。

【技能目标】

1. 能根据工程特点正确选择爆破材料及起爆方法；
2. 能根据工程规模、地质条件正确选择起爆方法。

【思政目标】

1. 通过学习，让学生了解爆破工程的特点及我国爆破技术发展的水平，培养学生民族自尊心和自豪感；
2. 培养学生具有良好的职业道德和勇于奉献、爱岗敬业、吃苦耐劳的精神；
3. 培养学生具有保护自然和生态环境的意识。

现代水利水电工程施工中，越来越多地采用爆破方法来完成一些特定的施工任务，如基坑开挖、地下建筑物施工、石料开采、定向爆破筑坝或截流、库区清理、渠道开挖、松动爆破、水下爆破、控制拆除爆破等。进行爆破施工不仅施工简便、节省人力、加快施工进度、提高劳动效率、降低成本，而且还不受气候限制，并能完成许多机械和人工无法完成的工作。工程爆破必须满足工程的设计要求，同时必须保证其周围的人和物的安全。需要工程人员探索和分析爆破机制，正确掌握各种爆破技术，才能达到工程爆破的目的，进而加快工程进度，保证工程质量和降低工程成本。

## 任务一 工程爆破基本理论

炸药爆炸是指炸药在一定起爆能（撞击、点火、高温等）的作用下，瞬时发生化学分解，产生高温、高压气体，对相邻的介质产生极大的冲击压力，并以波的形式向四周传播。若在空气中传播，称为冲击波；若在岩土中传播，则称为地震波。爆破是一种有目的的爆炸，它主要利用炸药爆炸瞬时释放的能量，使周围介质压缩、松动、破碎或抛掷等，以达到开挖或拆除的目的。

码 2-1 微课-爆破的基本原理

## 一、无限介质中的爆破原理

当爆破在无限均匀的理想介质中进行时,冲击波以药包为中心,呈同心球向四周传播。由于各向同性介质的阻尼作用,随着距球心距离的增大,冲击波压力逐渐衰退,直至全部消逝。若用一平面沿爆心剖切,可将爆破作用的影响范围划分为如图2-1所示的四个作用圈。

### (一)压缩圈(粉碎圈)

当爆炸冲击波产生的压应力大于岩土的压限时,紧邻药包的介质直接承受了药包爆炸而产生的巨大作用力,若介质为塑性体(土体),将受到压缩,形成一空腔;若介质为脆性体(岩体),将遭到粉碎,形成粉碎圈,相应半径为压缩半径或粉碎半径 $R_c$(见图2-1)。

### (二)抛掷圈

围绕在压缩圈范围以外至 $R$(见图2-1)的地带,其受到的爆破作用力虽较压缩圈范围小,但介质原有的结构受到破坏,分裂成为各种尺寸和形状的碎块,而且爆破作用力尚有余力足以使这些碎块获得能量。如果这个地带的某一部分处在临空的自由面条件下,破坏了的介质碎块便会产生抛掷现象,因而叫作抛掷圈,相应的半径称为抛掷半径 $R$。

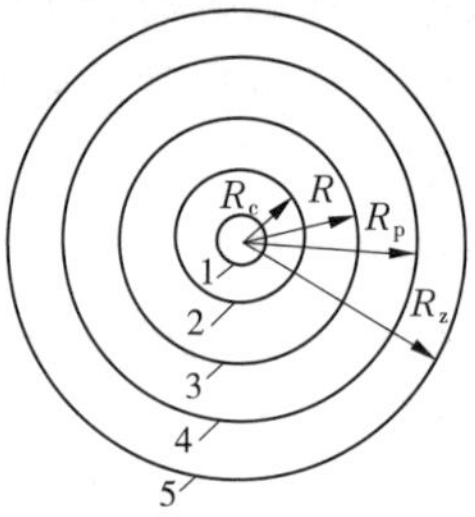


1—药包;2—压缩圈;3—抛掷圈;
4—松动圈;5—震动圈。

图2-1 无限介质中爆破原理示意图

### (三)松动圈

松动圈又称破坏圈。在抛掷圈以外至 $R_p$ 的地带,爆破的作用力更弱,除能使介质结构受到不同程度的破坏外,没有余力可以使破坏了的碎块产生抛掷运动,因而叫作破坏圈。工程上考虑到实用,一般还把这个地带被破碎成为独立碎块的一部分叫作松动圈,而把只是形成裂缝、互相间仍然连成整块的一部分叫作裂缝圈或破裂圈。相应的半径称为松动半径或破裂半径 $R_p$。

### (四)震动圈

在松动圈范围以外,微弱的爆破作用力不能使介质产生破坏。这时介质只能在应力波的作用下产生震动现象,通常叫作震动圈,相应的半径称为震动半径 $R_z$。震动圈以外爆破作用的能量就完全消失了。

以上各圈只是为说明爆破作用而划分的,并无明显界限,其作用半径的大小与炸药特性、炸药用量、药包结构、爆炸方式以及介质特性等密切相关。

## 二、有限介质中的爆破原理

有限介质中的爆破是指药包的埋设深度不大,爆破作用受到临空面的影响。

### (一)自由面(临空面)

土岩介质与空气介质的交界面称为自由面或临空面。当自由面(临空面)在爆破作用的影响范围以内时,自由面将对爆破产生聚能作用和反射拉力波作用。

假若在无限介质中有两个空穴,$A$ 装有球形药包,$B$ 为空的空穴。$A$ 中的药包爆炸后,由于空穴 $B$ 表面没有阻力,冲击波不再呈球状向四周扩散,而是向 $B$ 空穴集中,犹如空穴成了吸引介质流的中心,如图 2-2 所示。若将药包视为阳极,空穴视为阴极,二者相当于静电学中的电偶关系,所以聚能作用也称爆炸偶极子作用。自由面可看作是无限大的空穴。实际工程中,药包和临空面的关系相当于爆炸偶极子。

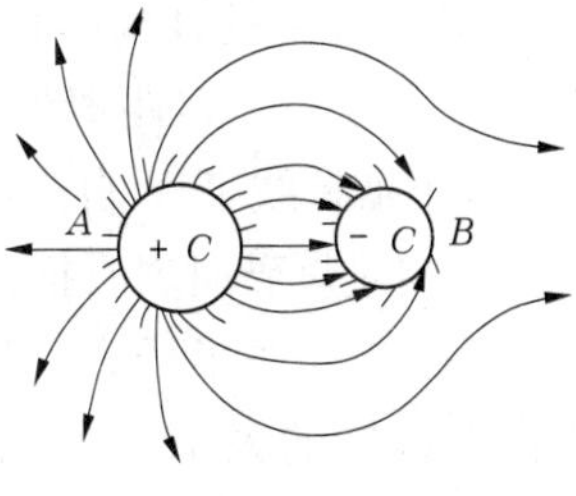


A—装药空穴;B—空的空穴。

图 2-2 爆炸偶极子作用示意图

### (二)爆破漏斗

当炸药爆炸时,在岩石中产生的压缩波从爆心向外传播,遇到自由面时即反射为拉伸波,如果反射拉应力和入射压应力叠加之后所合成的拉应力超过岩石的抗拉强度,则在自由面附近部分岩石被拉断或片落,自由面一侧为自由空间,岩石移动和爆轰气体膨胀的约束减小,阻力降低,在爆轰气体产物的膨胀作用下,爆破漏斗内的岩石很容易地向自由面方向破碎、移动和抛掷,形成鼓包运动。利用高速摄影可以观测到鼓包运动的发展过程(见图 2-3),可以看到,在垂直于自由面方向上速度最大,偏离这个方向速度变小,偏离角度越大,速度就越小。鼓包表面上岩块移动的方向也不相同,其主导方向是最小抵抗线方向(见图 2-4)。

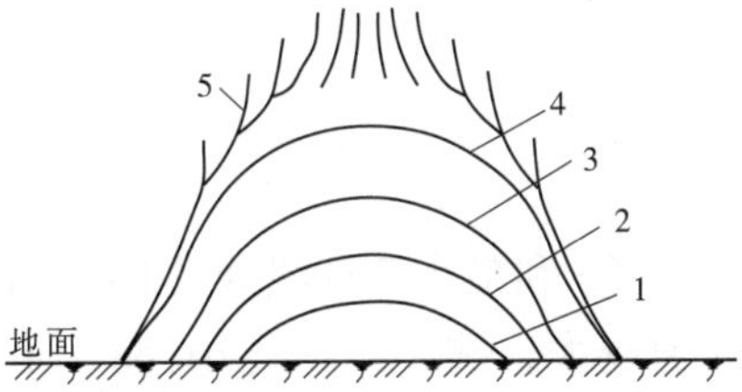


1—起爆后 40 ms;2—起爆后 80 ms;3—起爆后 120 ms;4—起爆后 160 ms;5—起爆后 200 ms。

图 2-3 鼓包运动发展过程

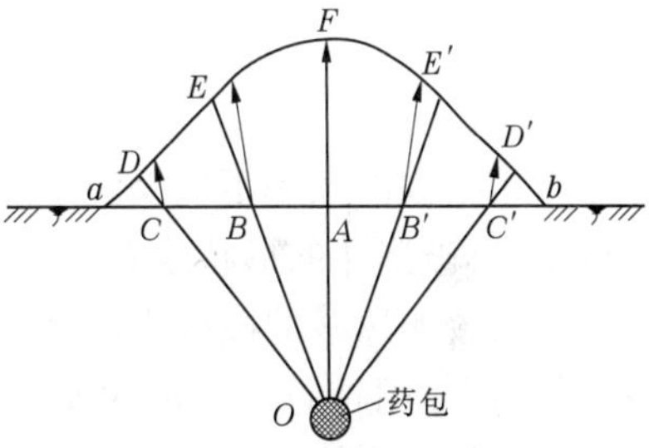


图 2-4 鼓包运动介质质点移动方向

当药包在自由面附近的有限介质中爆炸时,会形成一个爆破坑,这个坑称为爆破漏斗(见图 2-5)。

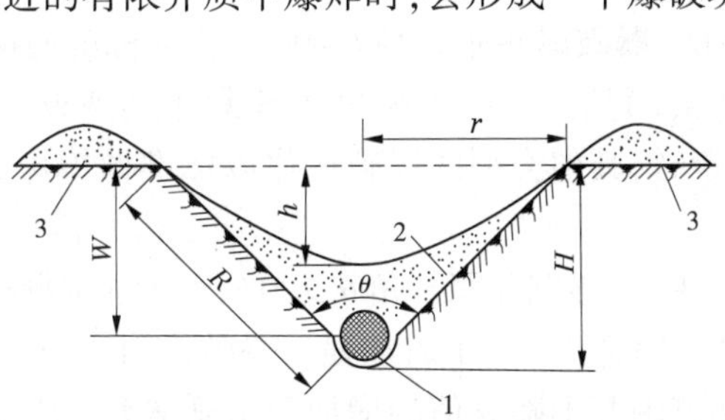


1—药包;2—回落充填体;3—坑外堆积体。

图 2-5 爆破漏斗示意图

漏斗爆破是工程爆破中最简单、最基本的一种爆破形式,研究爆破漏斗的形状体积等构成要素,可以揭示出岩石爆破的一些基本规律。

**(三)爆破漏斗的几何参数**

置于自由面下一定距离的球形药包爆炸后,形成爆破漏斗的几何参数如图2-5所示。

(1)最小抵抗线 $W$。自药包中心到最近自由面的最短距离,表明了爆破漏斗的深度,最小抵抗线方向是爆破时岩石抵抗破坏能力最小的方向,是爆破作用和岩石移动的主导方向。

(2)爆破漏斗底半径 $r$。爆破漏斗为一近似的圆锥体,底面为一圆形,底圆半径表明了爆破漏斗范围的大小。

(3)爆破作用半径 $R$。药包中心到爆破漏斗底圆圆周上任一点的距离,又称破裂半径,$R=\sqrt{W^2+r^2}$。

(4)爆破漏斗深度 $H$。自爆破漏斗顶点至自由面的最短距离,表明了爆破漏斗的实际深度。

(5)爆破漏斗的可见深度 $h$。炸药爆炸后,爆破漏斗内的岩石被抛出去后,部分岩石回落至漏斗坑内,自由面至回落岩石表面最低点的垂直距离,称为爆破漏斗的可见深度。

(6)爆破漏斗张开角 $\theta$。爆破漏斗的顶角。

**(四)爆破漏斗的基本类型**

爆破漏斗的形状多种多样,随着岩土性质、炸药的品种性能和药包大小及药包埋置深度不同而变化。

在爆破工程中,有一个经常使用的指数,称为爆破作用指数 $n$。它是爆破漏斗半径 $r$ 和最小抵抗线 $W$ 的比值,即

$$n=\frac{r}{W} \tag{2-1}$$

爆破作用指数的大小不仅反映了爆破漏斗底圆半径 $r$ 和最小抵抗线 $W$ 之间的相对关系,也反映了爆破漏斗的形状或者爆破作用程度。$n$ 值越大,$r$ 越大,$W$ 越小,漏斗角 $\theta$ 越大,漏斗越浅,说明爆破的抛掷作用越强;$n$ 值越小,$r$ 越小,$W$ 越大,漏斗角 $\theta$ 越小,漏斗越深,说明抛掷作用越弱。当 $n\to\infty$ 时,相当于药包在岩石表面爆炸;当 $n\to 0$ 时,相当于药包在无限岩体中爆炸。

在工程爆破中,爆破作用指数 $n$ 值不同,爆破作用程度和爆破漏斗也表现出不同的特征,可以通过选择爆破作用指数确定爆破作用程度。

(1)当 $n=1$ 时,$r=W$,爆破漏斗张开角 $\theta=90°$,称为标准抛掷爆破漏斗,爆破作用称为标准抛掷爆破,如图2-6(a)所示。标准抛掷爆破漏斗是爆破漏斗的一种特殊形式,工程爆破中计算炸药消耗量时,其他类型的爆破往往以标准抛掷爆破时的炸药消耗量作为参考依据。

(2)当 $n>1$ 时,$r>W$,爆破漏斗张开角 $\theta>90°$,称为加强抛掷爆破漏斗,如图2-6(b)所示,岩石的破碎和抛掷作用都比 $n=1$ 时加强。爆破作用称为加强抛掷爆破。当 $n>3$ 时,爆破漏斗的有效破坏范围并不随 $n$ 值的增加而明显增大。所以,爆破工程中加强抛掷爆破作用指数为 $1<n<3$。一般情况下,$n=1.2\sim2.5$。

(3)当 $0.75<n\leqslant1$ 时,$r<W$,爆破漏斗张开角 $74°<\theta<90°$,称为减弱抛掷爆破漏斗或加强松动爆破漏斗,如图2-6(c)所示,抛掷作用减弱,这时爆破作用称为减弱抛掷爆破或加强松动爆破。它是井巷掘进常用的爆破漏斗形式。

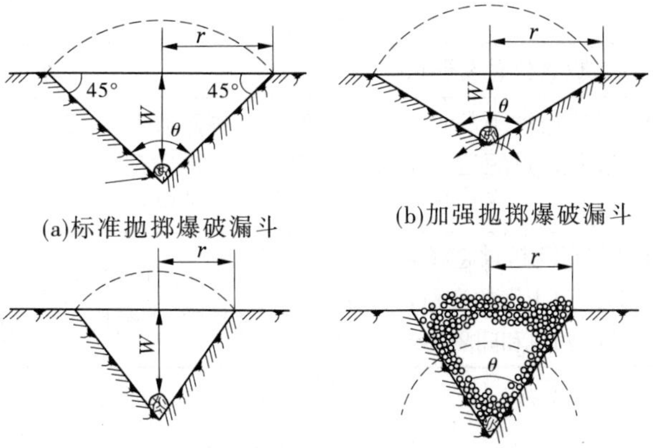


(a)标准抛掷爆破漏斗 (b)加强抛掷爆破漏斗

(c)减弱抛掷爆破漏斗 (d)松动爆破漏斗

**图 2-6 爆破漏斗示意图**

(4)当 $n \leqslant 0.75$ 时，$r < W$，爆破漏斗张开角 $\theta \leqslant 74°$，称为松动爆破漏斗，如图 2-6(d)所示，爆破作用为松动爆破，此时岩石产生松动破裂和破碎而没有抛掷作用，自由面没有明显的可见漏斗出现。松动爆破又可细分为标准松动爆破、加强松动爆破和减弱松动爆破。松动爆破时采用的药量一般较小，因此爆破时所产生的碎石飞散距离也较小。常用于井下和露天的矿石回采作业以及药壶爆破。

## 三、药包及其装药量的计算

### (一)药包

为了爆破某一物体而在其中放置一定数量的炸药，称为药包。药包的分类及使用见表 2-1、图 2-7。

**表 2-1 药包的分类及使用**

| 分类名称 | | 药包放置位置及形状 | 作用效果 |
|---|---|---|---|
| 按爆破作用分类 | 裸露药包 | 药包放石块或其他物体的表面上或裂隙部位或浅穴内[见图 2-7(a)]，亦称外部作用药包 | 爆破作用可使被爆破体破碎或飞移。爆破效果较差，但设置方便，可省去钻孔 |
| | 抛掷药包 | 药包放在被爆破体的内部，爆破时，在土石表面形成漏斗形的破坏坑 | 爆破后，被炸碎的岩石突破临空面部分或全部抛散在其周围，地面上形成一爆破漏斗[见图 2-7(b)] |
| | 松动药包 | 药包放在被爆破体的内部，爆破与抛掷药包相同。当 $r = W$ 时为标准破碎药包，即爆破作用使破碎部分成为倒正圆锥体 | 破坏作用只从内部破坏到临空面，并不产生抛掷运动，仅在临空面有一定的松动和凸起[见图 2-7(c)]或较小距离的移动，即 $n$ 为 $0 \sim 0.75$ |
| | 内部作用药包 | 药包在被爆破体内部爆破，与减弱抛掷爆破药包相同。破坏范围刚好达到临空面时，称为最大内部作用药包 | 破坏作用仅限于地层内部的压缩，而不显露到临空面上，如图 2-7(d)所示，一般用于扩大药室 |

续表 2-1

| 分类名称 | | 药包放置位置及形状 | 作用效果 |
|---|---|---|---|
| 按形状分类 | 集中药包 | 形状为球形或高度不超过直径4倍的圆柱形或长边不超过短边4倍的直角六面体 | 爆破效率高,省炸药和减少钻孔工作量,但破碎岩石块度不够均匀,多用于大量爆破和抛掷爆破 |
| | 延长药包 | 形状为球形、高度超过直径4倍的圆柱形或长边超过短边4倍的直角六面体。延长药包又有连续药包和间隔药包两种形式 | 在土石中可均匀分布炸药,破碎岩石块度较均匀,一般用于松动或破碎的炮孔爆破 |

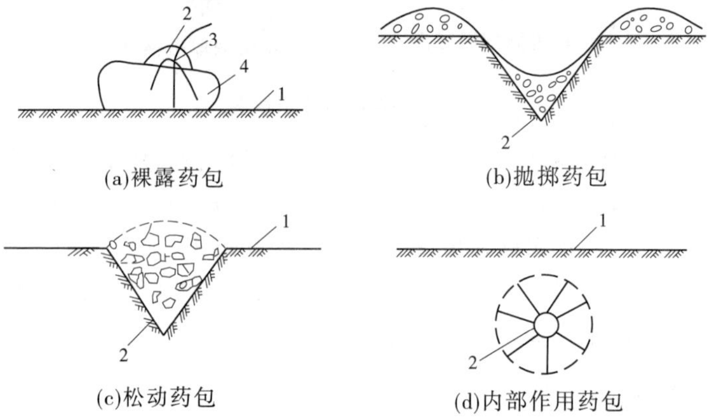


1—临空面;2—药包;3—覆盖物(砂或黏土);4—被爆破的物体。

**图 2-7　按爆破作用分类图**

### (二)集中药包装药量的计算

爆破工程中的炸药用量计算,是一个十分复杂的问题,因而影响因素很多。实践证明,无论在何种情况下,炸药的用量是与被破碎的介质体积成正比的。而被破碎的单位体积介质的炸药用量,其最基本的影响因素又与介质的硬度有关。目前,由于还不能较精确地计算出各种复杂情况下的相应用药量,所以一般都是根据现场试验大致得出爆破单位体积介质所需的用药量,然后按照爆破漏斗体积计算出每个药包的装药量。

对于标准抛掷爆破,由于 $V \approx W^3$,可近似得出装药量,即

$$Q = KW^3 \tag{2-2}$$

对于加强抛掷爆破

$$Q = (0.4 + 0.6n^3)KW^3 \tag{2-3}$$

对于减弱抛掷爆破

$$Q = \left(\frac{4 + 3n}{7}\right)^3 KW^3 \tag{2-4}$$

对于松动爆破

$$Q = 0.33KW^3 \tag{2-5}$$

式中 $K$——爆破单位体积岩石的耗药量，简称单位耗药量，$kg/m^3$，单位耗药量 $K$ 值可根据试验确定，常见岩土的标准单位耗药量见表 2-2；

$V$——标准抛掷爆破漏斗内的岩石体积，$m^3$；

$Q$——药包质量，kg；

$W$——最小抵抗线长度，m；

$n$——爆破作用指数。

**表 2-2 常见岩土的标准单位耗药量**

| 岩土种类 | $K$ 值/($kg/m^3$) | 岩土种类 | $K$ 值/($kg/m^3$) |
|---|---|---|---|
| 黏土 | 1.0~1.1 | 砾岩 | 1.4~1.8 |
| 坚实黏土、黄土 | 1.1~1.25 | 片麻岩 | 1.4~1.8 |
| 泥页岩 | 1.2~1.4 | 花岗岩 | 1.4~2.0 |
| 页岩、千枚岩、板岩、凝灰岩 | 1.2~1.5 | 石英砂岩 | 1.5~1.8 |
| 石灰岩 | 1.2~1.7 | 闪长岩 | 1.5~2.1 |
| 石英斑岩 | 1.3~1.4 | 辉长岩 | 1.6~1.9 |
| 砂岩 | 1.3~1.6 | 安山岩、玄武岩 | 1.6~2.1 |
| 流纹岩 | 1.4~1.6 | 辉绿岩 | 1.7~1.9 |
| 白云岩 | 1.4~1.7 | 石英岩 | 1.7~2.0 |

注：1. 表中数据是以 2# 岩石铵梯炸药作为标准计算的，若采用其他炸药，则应乘以炸药换算系数 $e$（见表 2-3）。

2. 表中数据是在炮眼堵塞良好的情况下确定出来的，如果堵塞不良，则应乘以 1~2 的堵塞系数；对于黄色炸药等烈性炸药，其堵塞系数不宜大于 1.7。

3. 表中 $K$ 值是指一个自由面的情况，随着临空面的增多，按表 2-4 适当减少用药量。

**表 2-3 炸药换算系数 $e$ 值**

| 炸药名称 | 型号 | 换算系数 $e$ | 炸药名称 | 型号 | 换算系数 $e$ |
|---|---|---|---|---|---|
| 岩石铵梯 | 1# | 0.91 | 煤矿铵梯 | 1# | 1.10 |
| 岩石铵梯 | 2# | 1.00 | 煤矿铵梯 | 2# | 1.28 |
| 岩石铵梯 | 2#抗水 | 1.00 | 煤矿铵梯 | 3# | 1.33 |
| 露天铵梯 | 1# | 1.04 | 煤矿铵梯 | 1#抗水 | 1.10 |
| 露天铵梯 | 2# | 1.28 | 梯恩梯 | | 0.86 |
| 露天铵梯 | 3# | 1.39 | 62%硝化甘油 | — | 0.75 |
| 露天铵梯 | 1#抗水 | 1.04 | 黑火药 | — | 1.70 |

**表 2-4 自由面与用药量的关系**

| 自由面数 | 减少药量百分数/% | 自由面数 | 减少药量百分数/% |
|---|---|---|---|
| 2 | 20 | 4 | 40 |
| 3 | 30 | 5 | 50 |

注：表中自由面的数目是按方向（上、下、东、南、西、北）确定的，不是按被爆破体的几何形体确定的。

### （三）延长药包装药量的计算

1. 与临空面垂直的延长药包

对于延长药包，当药包与临空面垂直时（见图 2-8），通常装药长度为炮孔深度的 1/3，

堵塞长度 $C = \frac{2}{3}h$，则最小抵抗线长度为

$$W = C + \frac{L}{2} = \frac{5}{6}h \tag{2-6}$$

标准抛掷爆破的药包质量为

$$Q = KW^3 = \frac{125}{216}Kh^3 \tag{2-7}$$

2. 与临空面平行的药包

延长药包爆破后形成的爆破漏斗为三棱柱体(见图 2-9)，其体积为

$$V = \frac{2rW}{2}L = W^2L \tag{2-8}$$

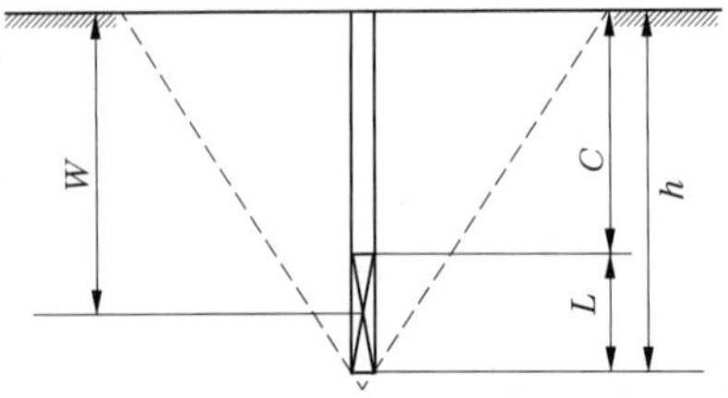


h—炮孔深度；L—药包长度；C—药包堵塞长度；W—最小抵抗线长度。

**图 2-8　与临空面垂直的延长药包**

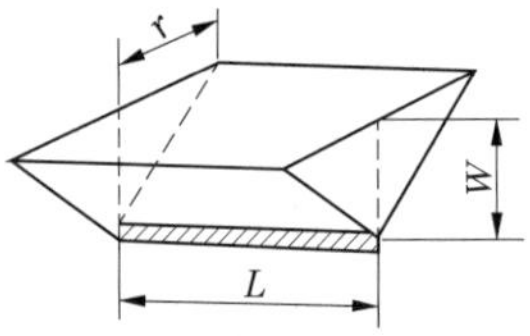


L—药包长度；W—最小抵抗线长度。

**图 2-9　与临空面平行的延长药包**

标准抛掷爆破的装药量为

$$Q = KW^2L \tag{2-9}$$

装药量的多少取决于爆破岩石的体积、爆破漏斗的规格和其他有关参数。上述公式都是以单自由面集中药包为前提，在工程实际中，采用成组药包，为了改善爆破效果，利用更多临空面进行爆破，这样就使爆破漏斗形状和大小变得复杂，因此在实际计算中，要按具体情况确定每个药包所能爆破的体积和所需要的装药量进行累计，计算出总装药量。

# 任务二　爆破材料

## 一、炸药的基本性能

### (一)爆速

爆速是指爆炸时爆炸波沿炸药内部传播的速度。爆速测定方法有导爆索法、电测法和高速摄影法。

### (二)威力

威力代表炸药的做功能力，分别以爆力和猛度表示。前者又称静力威力，用定量炸药炸开规定尺寸铅柱体内空腔容积(mL)来衡量，它表示炸药炸胀介质的能力；后者又称动力威力，用定量炸药炸塌规定尺寸铅柱体的高度(mm)

码 2-2　微课-炸药的基本性能

来表示,它表示炸药粉碎介质的能力。测定炸药爆力的方法常用铅铸扩孔法和爆破漏斗法。测量炸药猛度的方法是铅柱压缩法。

### (三)氧平衡

氧平衡是指炸药在爆炸分解时的氧化情况。如果炸药中的氧恰好等于其中可燃物完全氧化所需的氧量,即产生二氧化碳和水,没有剩余的氧称为零氧平衡;若含氧量不足,可燃物不能完全氧化且产生一氧化碳,此时称为负氧平衡;若含氧量过多,将炸药所放出的氮也氧化成有害气体一氧化氮,称为正氧平衡。

实践表明,只有当炸药中的碳和氢都被氧化成 $CO_2$ 和 $H_2O$ 时,其放热量才最大。零氧平衡一般接近于这种情况。负氧平衡的炸药,爆炸产物中就会有 CO、$H_2$,甚至会出现固体碳;而正氧平衡炸药的爆炸产物,则会出现 NO、$NO_2$ 等气体。这两种情况,都不利于发挥炸药的最大威力,同时会生成有毒气体。如果把它们用于地下工程爆破作业,特别是含有矿尘和瓦斯爆炸危险的矿井,就更应引起注意。因为 CO、NO、$N_xO_y$ 不仅是有毒气体,而且能对瓦斯爆炸反应起催化作用,因此这样的炸药就不应用于地下矿井的爆破作业。

炸药的氧平衡不仅具有理论意义,而且是设计混合炸药配方、确定炸药使用范围和条件的重要依据。

### (四)敏感度

炸药在外能作用下起爆的难易程度称为该炸药的敏感度。不同的炸药在同一外能作用下起爆的难易程度是不同的,起爆某炸药所需的外能小,则该炸药的敏感度高;起爆某炸药所需的外能大,则该炸药的敏感度低。炸药的敏感度对于炸药的制造加工、运输、储存、使用的安全十分重要。敏感度过高的炸药容易发生爆炸事故,而敏感度过低的炸药又给起爆带来困难。工业上大量使用的炸药一般对热能、撞击和摩擦作用的敏感度都较低,通常要靠起爆能来起爆。根据起爆能的不同,炸药的敏感度可分为热敏感度、撞击敏感度、摩擦敏感度和爆炸冲能敏感度。

### (五)炸药的安定性

炸药的安定性指炸药在长期储存中,保持原有物理化学性质的能力。它有物理安定性与化学安定性之分。物理安定性主要是指炸药的吸湿性、挥发性、可塑性、机械强度、结块、老化、冻结、收缩等一系列物理性质。物理安定性的大小取决于炸药的物理性质。例如,在保管使用硝化甘油类炸药时,由于炸药易挥发收缩、渗油、老化和冻结等,导致炸药变质,严重影响保管和使用的安全性及爆炸性能。铵油炸药和矿岩石硝铵炸药易吸湿、结块,导致炸药变质严重,影响使用效果。炸药化学安定性的大小取决于炸药的化学性质及常温下化学分解速度的大小,特别是取决于储存温度的高低。有的炸药要求储存条件较高,如 5 号浆状炸药要求不会导致硝酸铵重结晶的库房温度是 20~30 ℃,而且要求通风良好。

### (六)殉爆

一个药包(卷)爆炸时,引起与它不相接触的邻近药包(卷)爆炸的现象称为殉爆。殉爆在一定程度上反映了炸药对冲击波的敏感度。通常先爆炸的药包称为主发药包,被引爆的后一个药包称为被发药包。前者引爆后者的最大距离叫作殉爆距离,它表示一种炸药的殉爆能力。影响殉爆距离的因素有装药密度、药量和直径、药卷约束条件和药卷放置方向等。

## 二、工程炸药

### (一)炸药的分类

炸药分类的方法很多,没有一个完全统一的标准,一般按照炸药的组成、用途等分类。

1. 按炸药的组成分类

(1)单质炸药。指化学成分为单一化合物的炸药。例如,梯恩梯、黑索金、泰安、雷汞、硝化甘油等。单质炸药常用作雷管的加强药、导爆索和导爆管药芯以及混合炸药的组成等。

(2)混合炸药。指由两种或两种以上独立的化学成分组成的爆炸性混合物。通常由硝酸铵作为主要成分与可燃物混合而成。混合炸药是目前水利水电工程开挖爆破中应用最广、品种最多的一类炸药。

2. 按炸药的用途分类

(1)起爆药。主要用于制造起爆器材,如雷管和导爆索,也用以起爆其他工业炸药。起爆药的特点是极其敏感,受外界较小能量(如加热、摩擦或撞击等)作用即发生爆炸。常用的起爆药有叠氮化铅、雷汞、二硝基重氮酚等。

(2)猛炸药。爆炸威力(爆力和猛度)大,破碎岩石效果好;同起爆药相比,具有较大的稳定性,其机械敏感度较低,需要起爆药将其引爆。猛炸药又分单质猛炸药和混合猛炸药。单质猛炸药是制造某种品种混合猛炸药的主要成分,主要有梯恩梯、黑索金、泰安、硝化甘油等,其中黑索金、泰安常用作导爆索的药芯,黑索金也常用作雷管副起爆药;混合猛炸药是工业爆破工程中用量最大、最基本的一类炸药,主要有硝铵炸药、铵油炸药、铵沥蜡炸药、铵松蜡炸药、浆状炸药、水胶炸药及乳胶炸药等。

(3)发射药。又称为火药,其特点是对火焰极其敏感,常用作导火索的药芯,常用的发射药有黑火药等。

(4)烟火剂。基本上也是由氧化剂与可燃剂组成的混合物,其主要变化过程是燃烧。一般用来装填照明弹、信号弹、燃烧弹等。

### (二)常用炸药的品种及性能

常用的炸药主要有梯恩梯、硝铵类炸药、胶质炸药、黑火药等,其主要性能和用途见表2-5。

表2-5　常用炸药的品种及性能

| 名称 | 主要性能及特性 | 用途 |
|---|---|---|
| 梯恩梯 | 有压榨的、鳞片的和熔铸的三种。淡黄色或黄褐色,味苦,有毒,爆烟也有毒。安定性好,对冲击和摩擦的敏感度不大。块状时不易受潮,威力大 | 用作雷管副起爆药。适于露天及水下爆破,不宜用于通风不良的隧洞爆破和地下爆破 |

续表 2-5

| 名称 | 主要性能及特性 | 用途 |
| --- | --- | --- |
| 硝铵类炸药 | 是以硝酸铵为主要成分的混合炸药，常用的有铵梯炸药（又分露天铵梯炸药、岩石铵梯炸药、煤矿安全铵梯炸药）、铵油炸药、铵松蜡炸药、浆状炸药、水胶炸药、乳化炸药等。浅黄或灰白色，粉末状。药质有毒，但爆烟毒气少，对热和机械作用敏感度不大，撞击摩擦不爆炸，不易点燃。易受潮，受潮后威力降低或不爆炸，长期存放易结块，能腐蚀铜、铅、铁等金属，起爆时，雷管插入药内不得超过一昼夜 | 应用较广。适于一般岩石爆破，也可用于隧洞或地下爆破 |
| 黑火药 | 一般由硝石（75%）、硫黄（15%）、木炭（10%）混合而成。带深蓝黑色，颗粒坚硬明亮，对摩擦、火花、撞击均较敏感，爆速低，威力小，易受潮，但制作简便，起爆容易（不用雷管） | 水中不能用。常用于小型水利工程中的小型岩石爆破，以及用作导火线芯药 |
| 胶质炸药（硝化甘油） | 由硝化棉吸收硝化甘油而制成，为淡黄色半透明体的胶状物，不溶于水，可在水中爆炸，威力大。敏感度高，有毒性，粘于皮肤便可引起头痛中毒，冻结后更为敏感。受撞击、摩擦或折断，药包均可引起爆炸，可点燃，当储藏时间过长时，可能产生老化现象，威力降低 | 主要用于水下爆破 |

### （三）常用静态破碎剂型号及技术性能

静态破碎剂是一种新型的破碎材料，它主要由氧化钙和无机化合物组成，其中氧化钙为主要膨胀源，它与水反应生成氢氧化钙固体，体积增大而对炮孔壁施加压力，从而达到破碎的作用。静态破碎剂使用方便，破碎介质没有响声、飞石、振动、空气冲击波和毒气，而且破裂方向可以控制，块度能满足要求，能有效地保护保留部分不受破坏。常用静态破碎剂型号及技术性能见表 2-6。

## 三、起爆器材

常用的起爆器材包括各种雷管、用来引爆雷管或传递爆轰波的各种材料。

### （一）雷管

雷管根据点火装置不同，分为火雷管和电雷管。火雷管按副起爆药的多少分 10 个序号，号数大的药量多，起爆能力大。工程爆破中常采用 8 号雷管，其装药量为 0.8 g。

工程爆破中常用的电雷管有普通电雷管、磁电雷管、数码电雷管。在普通电雷管中又有瞬发电雷管、秒与半秒延期电雷管、毫秒延期电雷管等品种。数码电子雷管和磁电雷管是近期发展起来的新品种，代表着工业雷管的发展方向。

#### 1. 电雷管

电雷管是指利用电能发火引爆的一种工业雷管。电雷管按通电后起爆时间不同以及是否允许用于有瓦斯或煤尘爆炸危险的作业面分为很多种类，如表 2-7 所示。

表 2-6　常用静态破碎剂型号及技术性能

| 牌号 | 型号 | 适用季节 | 使用温度/℃ | 膨胀压力/MPa | 开裂时间/s | 用途 |
|---|---|---|---|---|---|---|
| 无声破碎剂 | SCA-Ⅰ | 夏季 | 20~25 | 30~50 | 10~50 | 用于砖、石、混凝土和钢筋混凝土建筑物、构筑物的拆除,破碎各种岩石,切割花岗岩、大理石等 |
| | SCA-Ⅱ | 春秋 | 10~25 | | | |
| | SCA-Ⅲ | 冬季 | 5~15 | | | |
| | SCA-Ⅳ | 寒冬 | -5~8 | | | |
| 静态破碎剂 | JC-1-Ⅰ | 夏季 | 25 | 30~50 | 4~50 | |
| | JC-1-Ⅱ | 春秋 | 10~25 | | | |
| | JC-1-Ⅲ | 冬季 | 5~15 | | | |
| | JC-1-Ⅳ | 寒冬 | 0 | | | |
| 石灰破碎剂 | YJ-Ⅰ | 冬季 | -5~15 | 30~50 | 0.7~6 | |
| | YJ-Ⅱ | 春秋 | 15~20 | | | |
| | YJ-Ⅲ | 夏季 | 25~45 | | | |
| 静态破碎剂(南京型) | Ⅰ | 春秋 | 10~25 | | 3~8 | |
| | Ⅱ | 冬季 | 5~15 | | | |
| | Ⅲ | 寒冬 | -5~10 | | | |
| | Ⅳ | 夏季 | 25~35 | | | |

注:1. SCA 为塑料袋封装,每袋 5 kg,每箱 4 袋,要求初凝时间不早于 0.5 h,终凝时间不迟于 4 h。
2. 静态破碎剂有效使用期均为 6 个月。

表 2-7　电雷管分类

| | | | |
|---|---|---|---|
| 电雷管 | 瞬发电雷管 | 普通瞬发电雷管 | |
| | | 煤矿许用瞬发电雷管 | |
| | 延期电雷管 | 普通延期电雷管 | 秒延期电雷管 |
| | | | 半秒延期电雷管 |
| | | | 1/4 秒延期电雷管 |
| | | | 毫秒延期电雷管 |
| | | 煤矿许用毫秒延期电雷管 | 1~5 段毫秒延期电雷管 |

电雷管结构主要由管壳、电点火系统、加强帽、起爆药和猛炸药五部分组成。延期电雷管还有延期体原件。电雷管结构示意图如图 2-10 所示。

2. 导爆管雷管

导爆管雷管是指利用塑料导爆管传递的冲击波能直接起爆的雷管,由导爆管和雷管组装而成。导爆管雷管具有抗静电、抗雷电、抗射频、抗水、抗杂散电流的能力,使用安全可靠,简单易行,在水利水电工程中广泛应用。一般按延期时间分为毫秒延期导爆管、1/4

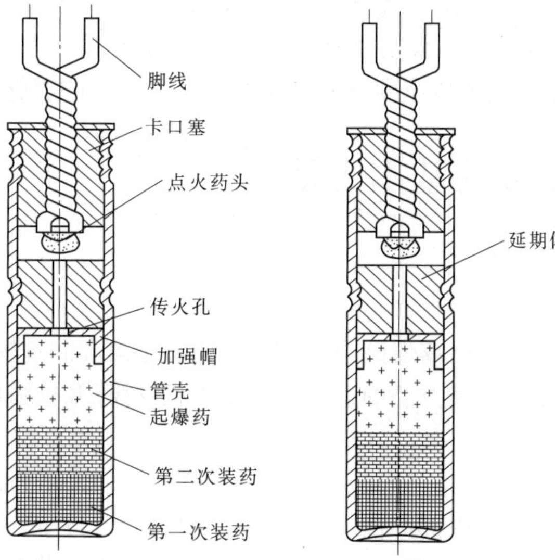


(a)瞬发电雷管结构图　　(b)延期电雷管结构图

**图 2-10　电雷管结构示意图**

秒延期导爆管、半秒延期导爆管、秒延期导爆管等,工程中应用最广的是毫秒延期导爆管。

3. 数码电子雷管

数码电子雷管是指在原有雷管装药的基础上,采用具有电子延时功能的专用集成电路芯片实现延时的电子雷管。利用电子延期精准可靠、可校准的特点,使雷管延期精度和可靠性极大提高,数码电子雷管的延期误差可控制到±1 ms,且延期时间可在爆破现场由爆破技术人员对爆破系统实施编程设定和检测。

**(二)导爆索**

导爆索又称传爆线,是指用单质炸药黑索金或泰安炸药作为药芯,用棉麻、纤维及防潮材料包缠成索装的起爆及传爆材料,工业导爆索外观颜色一般为红色。经雷管引爆后,导爆索可直接引爆炸药、塑料导爆管及其他导爆索,也可作为单独的爆破能源。水利水电工程中的预裂及光面爆破均采用导爆索来传爆炸药。

**(三)导爆管**

导爆管是一种半透明的具有一定强度、韧性、耐温、不透水的塑料管起爆材料。在塑料软管内壁涂薄薄一层胶状高性能混合炸药(主要为黑索金或奥克托金),装药量为(16±1.68)g/m。它具有抗火、抗电、抗冲击、抗水以及导爆安全等特性。

其技术指标为:外径 3 mm,内径 1.4 mm;爆速 1 650~1 950 m/s;抗拉力:25 ℃时不低于 70 N,50 ℃时不低于 50 N,-40 ℃时不低于 100 N;耐静电性能:在 30 kV、30 PF、极距 10 cm 条件下,1 min 不起爆;耐温性:(50±5)℃、(-40±5)℃时起爆,传爆可靠。

导爆管主要用于无瓦斯、无矿尘的露天、井下、深水、杂散电流大和一次起爆多数炮孔的微差爆破作业中,或上述条件下的瞬发爆破或秒延期爆破。

**(四)导火索**

工业导火索(简称导火索),是以黑火药为药芯,以棉线、纸、塑料、沥青等为被覆材料制成的索状起爆器材,其作用是传递火焰,引爆雷管。导火索由芯线、索芯和被覆材料等组成。导火索的燃烧速度取决于索芯黑火药的组分配比,导火索按燃烧时间不同分为普通型和缓燃型两种。普通型的燃烧速度为100~120 m/s,缓燃型的燃烧速度为180~210 m/s。

# 任务三 爆破的基本方法

## 一、爆破的基本方法

工程爆破的基本方法有裸露爆破、孔眼爆破、药壶爆破和洞室爆破等。孔眼爆破又分为浅孔爆破和深孔爆破。爆破方法的选取取决于工程规模、开挖强度和施工条件。

### (一)裸露爆破

裸露爆破又称表面爆破,系将药包直接放置于岩石的表面进行爆破。

药包放在块石或孤石的中部凹槽或裂隙部位,体积大于1 $m^3$ 的块石,药包可分数处放置,或在块石上打浅孔或浅穴破碎。为提高爆破效果,表面药包底部可做成集中爆力穴,药包上护以草皮或泥土、沙子,其厚度应大于药包高度或以粉状炸药敷30 cm厚。药包用电雷管或导爆索起爆。

该法不需钻孔设备,操作简单迅速,但炸药消耗量大(比炮孔法多3~5倍),破碎岩石飞散较远。它适于地面上大块岩石、大孤石的二次破碎及树根、水下岩石与改建工程的爆破。

### (二)孔眼爆破

1. 浅孔爆破

浅孔爆破是指炮孔深度一般小于5 m,孔径在50 mm以下的装药爆破。它适用于各种地形条件和工作面情况,有利于控制开挖面的形状和规格,使用的钻孔机具较简单,操作方便,但劳动强度大,生产效率低,孔耗大,不适合大规模的爆破工程。

1)炮孔布置

炮孔布置合理与否直接关系到爆破效果。设计时要充分利用天然临空面或积极创造更多的临空面。例如,在基础开挖时往往先开挖先锋槽,形成阶梯,这样不仅便于组织钻孔、装药、爆破和出渣等流水作业,安排出渣运输和基坑排水,避免施工干扰,加快进度,而且有利于提高爆破效果,降低成本,布孔时,宜使炮孔与岩石层面和节理面正交,不宜穿过与地面贯穿的裂缝,以防漏气,影响爆破效果。图2-11所示为孔眼爆破梯段布孔示意图。平面上炮孔一般采用梅花状布置。

2)技术参数计算

底盘抵抗线长度 $W_p$(m):
$$W_p = K_w d \tag{2-10}$$

阶梯高度 $H$(m):
$$H = K_h W_p \tag{2-11}$$

炮孔深度 $L$(m):
$$L = K_L H \tag{2-12}$$

炮孔间距 $a$(m):
$$a = K_a W_p \tag{2-13}$$

炮孔排距 $b$(m):
$$b = (0.8 \sim 1.2) W_p \tag{2-14}$$

装药长度 $L_{药}$(m):
$$L_{药} = (1/3 \sim 1/2) L \tag{2-15}$$

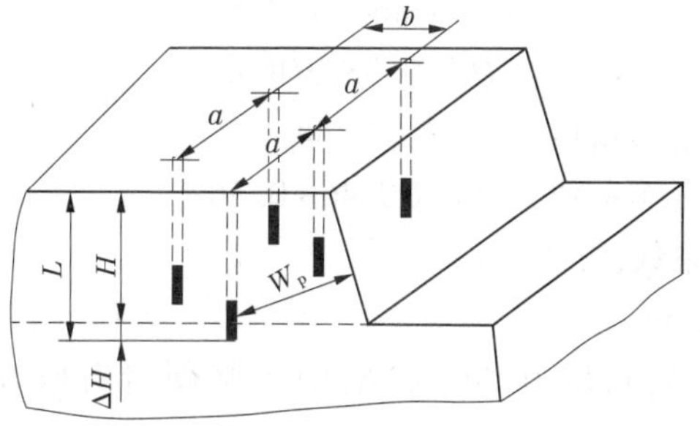


图 2-11 孔眼爆破梯段布孔示意图

式中 $K_w$ ——岩石性质对抵抗线的影响系数,常采用 15~30;

$K_h$ ——防止爆破顶面逸出的系数,常采用 1.2~2.0;

$K_L$ ——岩性对孔深的影响系数,坚硬岩石取 1.1~1.15,中等坚硬岩石取 1.0,松软岩石取 0.85~0.95;

$K_a$ ——起爆方式对孔距的影响系数,火花起爆取 1.0~1.5,电气起爆取 1.2~2.0;

$d$ ——炮孔直径,m。

2. 深孔爆破

深孔爆破是炮孔深度大于 5 m,孔径大于 50 mm 的装药爆破。深孔爆破适用于料场和基坑规模大、强度高的采挖工作,且多采用松动爆破。它具有爆破单位体积岩体所耗的钻孔工作量和炸药量少、爆破控制性差,对保留岩体影响大等特点。深孔爆破常用冲击式、回转式、潜孔钻等造孔。

1)深孔布置

深孔爆破的炮孔布置原则与浅孔爆破基本相同,平面上也采用梅花状布置;垂直方向上主要有垂直孔和倾斜孔两种,如图 2-12 所示。

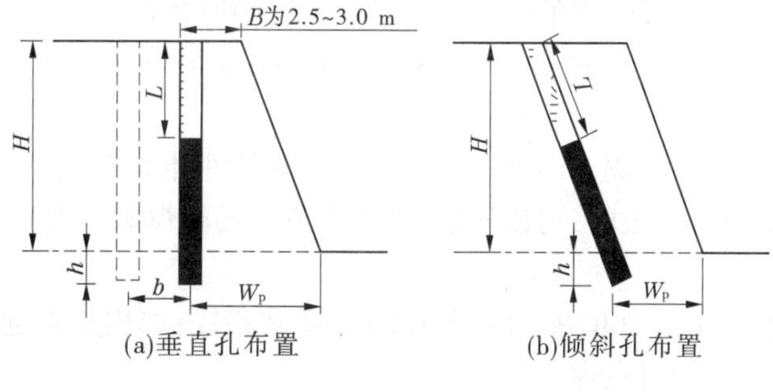


图 2-12 露天深孔布置图

2)技术参数计算

底盘抵抗线长度 $W_p$(m): $$W_p = \frac{HD\eta d}{150} \tag{2-16}$$

超钻深度 $h$(m): $$h = (0.12 \sim 0.3)W_p \tag{2-17}$$

炮孔间距 $a$(m): $$a = (0.7 \sim 1.4)W_p \tag{2-18}$$

炮孔排距 $b$(m):一般双排布孔呈等边三角形,多排呈梅花形。

$$b = a\sin 60° = 0.87a \tag{2-19}$$

药包质量 $Q$ (kg)： $$Q = 0.33KHW_p a \tag{2-20}$$

炮孔最小堵塞长度 $l_{min}$ (m)： $$l_{min} \geq W_p \tag{2-21}$$

式中　$D$——岩石硬度影响系数,一般取 0.46~0.56;

$\eta$——阶梯高度系数,见表 2-8;

$d$——炮孔直径,mm;

$K$——系数:坚硬岩石取 0.54~0.6,中等坚硬岩石取 0.3~0.45,松软岩石取 0.15~0.3;

其他符号意义同前。

**表 2-8　阶梯高度系数值**

| $H$/m | 10 | 12 | 15 | 17 | 20 | 22 | 25 | 27 | 30 |
|---|---|---|---|---|---|---|---|---|---|
| $\eta$ | 1.0 | 0.85 | 0.74 | 0.67 | 0.6 | 0.56 | 0.52 | 0.47 | 0.42 |

**(三) 药壶爆破**

药壶爆破又称葫芦炮、坛子炮,是在炮孔底先放入少量的炸药,经过一次至数次爆破,扩大成近似圆球形的药壶,如图 2-13 所示,然后装入一定数量的炸药进行爆破。

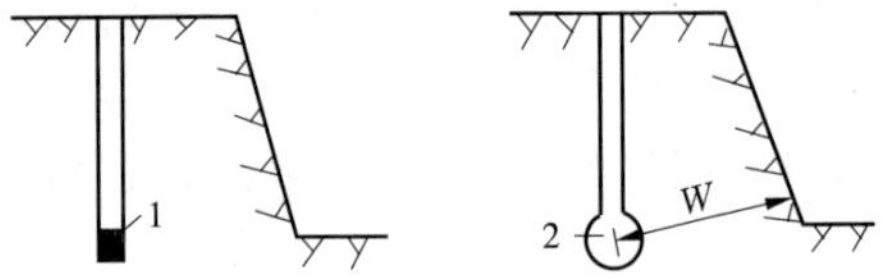


(a)装少量炸药炸药壶　　(b)构成的药壶

1—药包;2—药壶。

**图 2-13　药壶爆破示意图**

爆破前,地形宜先造成较多的临空面,最好是立崖和台阶。

一般取 $W=(0.5\sim0.8)H$;$a=(0.8\sim1.2)W$;$b=(0.8\sim1.2)W$;堵塞长度为炮孔深的 50%~90%。

每次爆扩药壶后,须间隔 20~30 min。扩大药壶用小木柄铁勺掏渣或用风管通入压缩空气吹出。当土质为黏土时,可以压缩,无须出渣。药壶爆破一般宜与孔眼爆破配合使用,以提高爆破效果。

药壶爆破一般宜用电力起爆,并应敷设两套爆破路线;如用火花起爆,当药壶深 3~6 m 时,应设两个火雷管同时点爆。

药壶爆破可减少钻孔工作量,多装药,炮孔较深时,将延长药包变为集中药包,大大提高爆破效果。但扩大药壶时间较长,操作较复杂,破碎的岩石块度不够均匀,对坚硬岩石扩大药壶较困难,不能使用。它适用于露天爆破阶梯高度为 3~8 m 的软岩石和中等坚硬岩层,坚硬或节理发育的岩层不宜采用。

**(四) 洞室爆破**

工程设计和施工中,有时需要开凿洞室装药进行大量爆破来完成特定的施工任务。例如,采料、截流或定向爆破筑坝等。根据地形条件,一般洞室爆破的药室常用平洞或竖井相连,装药后须按要求将平洞或竖井堵塞,以确保爆破施工质量和效果,如图 2-14 所示。

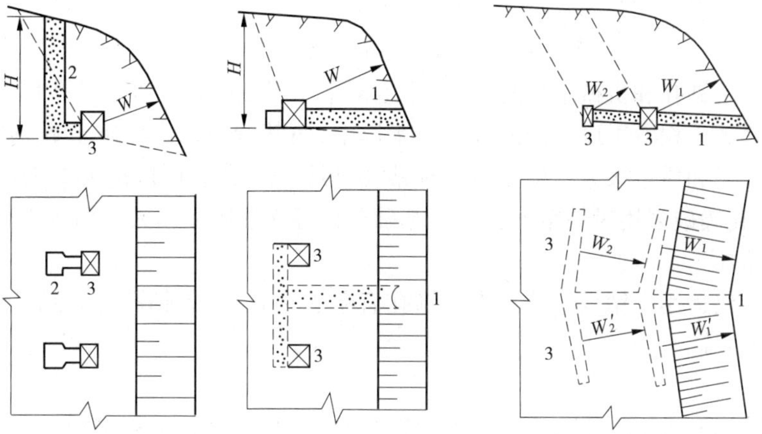


(a)竖井布置 (b)平洞布置 (c)条形药包布置

1—平洞;2—竖井;3—药室。

**图 2-14 洞室爆破洞室布置示意图**

1. 导洞与药室布置

导洞可以是平洞或竖井。当开挖工程量相近时,平洞比竖井投资少、施工方便,具体应根据地形条件选择。平洞截面一般取 1.2 m×1.8 m,竖井截面取 1.5 m×1.5 m,以满足最小工作面需要。平洞不宜太长,竖井深度也应不大于 30 m,以利自然通风。对于群孔药包,为了减少开挖量,连接药室的洞井宜布置成 T 形或倒 T 形。对条形布药,可利用与自由面平行的平洞作为药室,集中装药的药室以接近立方体为好。药室容积 $V$ ($m^3$) 可按式(2-22)计算:

$$V = CQ/\Delta \tag{2-22}$$

式中 $C$——炸药的装填系数,与药室支护及装药方式有关:有支护可取 1.5~1.8,无支护可取 1.1~1.25,散装取小值,袋装取大值;

$Q$——装药量,t;

$\Delta$——炸药密实度,t/m³。

集中布药,药室间距 $a$ (m) 和药室排距 $b$ (m) 可分别按式(2-23)、式(2-24)计算:

$$a = (1.1 \sim 1.2)W_p \tag{2-23}$$

$$b = (1.3 \sim 1.4)W_p \tag{2-24}$$

式中 $W_p$——相邻药室的平均最小抵抗线长度,m, $W_p = (0.6 \sim 0.8)H$。

2. 洞室爆破施工

装药前应对洞室内的松石进行处理,并做好排水和防潮工作。

装药时,先在药室四周装填选用的炸药,再放置猛度较高、性能稳定的炸药,最后于中部放置起爆体。起爆体重 20~25 kg,内装有敏感度高、传爆速度快的烈性起爆炸药,其中安放几个电雷管组或传爆索。起爆药量通常为总装药量的 1%~2%。

堵塞时先用木板或其他材料封闭药室,再用黏土填塞 3~5 m,最后用石渣料堵塞。总的堵塞长度不能小于最小抵抗线长度的 1.2~1.5 倍。对 T 形导洞可适当缩小堵塞长度。

## 二、爆破施工工艺

### (一)钻孔

钻孔有人工钻孔和机械钻孔之分,工程上多采用机械钻孔。人工钻孔作业中,钻孔消耗的时间占爆破工程各工序时间总和的一半以上,而其费用则占爆破工程总费用的 70%以上。钻孔效率和质量很大程度上取决于钻孔机具。爆破施工中多数采用孔眼爆破。钻爆作业中,浅孔爆破多用风钻钻孔,采石、基础开挖等作业则多用大型钻机进行探孔作业。

1. 人工钻孔

人工钻孔仅适用于钻设浅孔。人工钻孔有单人钻孔、双人钻孔等。钻孔的工具有钢杆、铁锤和掏勺等。

2. 风钻

风钻如图 2-15 所示,是风动冲击式凿岩机的简称,在水利工程中使用最多。风钻按其应用条件及架持方法,可分为手持式、柱架式和伸缩式等。风钻用空心钻钎送入压缩空气,将孔底凿碎的岩粉吹出,叫作干钻;用压力水将岩粉冲出,叫作湿钻。国家规定地下作业必须使用湿钻以减少粉尘,保护工人身体健康。浅孔爆破作业中,向下钻垂直孔,多采用轻型手提式风钻;向上及倾斜钻孔,多采用支架式重型风钻。国内常用 YT-23 型、YT-25 型和 YT-30 型以及带腿的 YTP-26 型。YT-23 型风钻自重轻,钻孔效率高。

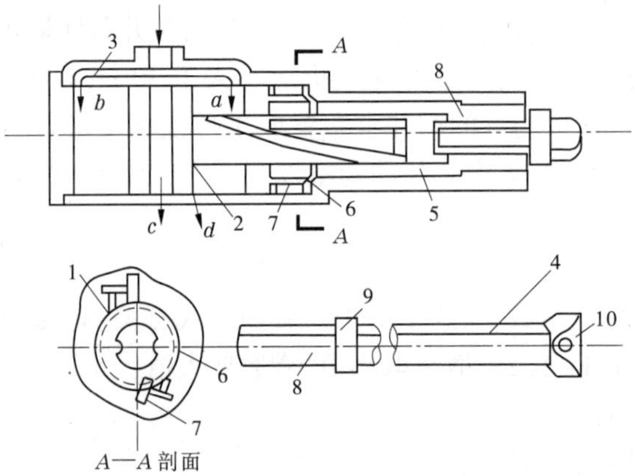


1—汽缸;2—活塞;3—配气孔道;4—钎杆;5—转动套管;
6—棘轮;7—棘爪;8—钎尾;9—凸环;10—钻头。

**图 2-15　风动冲击式凿岩机结构示意图**

3. 回转式钻机

回转式钻机可钻斜孔,钻进速度快。钻钎端部可根据钻孔孔径要求装大小不同的钻头,如钢钻头和嵌有合金刀片的各种形式钻头、钻石钻头等。钻进过程中为了排除岩粉,冷却钻头,由钻杆顶部通过空心钻钎向孔内注水。钻松软岩石时,可向孔内注入泥浆,使岩屑悬浮至表面溢出孔外,泥浆还起支护孔壁的作用。回转式钻机一般以钻孔最大深度表示钻机的型号。例如,国产 XJ-100 型和 X-300 型回转式钻机。

4. 冲击式钻机

冲击式钻机如图 2-16 所示,工作时只能钻垂直向下的孔。钻孔时每冲击一次,钢索旋转带动钻具旋转一个角度,以保证钻具均匀破碎岩石,形成圆形钻孔。钻进时应向孔内加水,以冷却钻头。钻具凭自重下落冲击岩石,其自重和落高是机械类型的控制参数。如国产 CZ-20 型钻机、CZ-2 型钻机。

5. 潜孔钻

潜孔钻是一种回转冲击式钻孔设备,其工作机构(冲击器)直接潜入炮孔内进行凿岩,故名潜孔钻,如图 2-17 所示。通常一根钻杆的有效钻孔深度为 5 m。国内常用的 YQ-150A 型钻机,钻孔直径 170 mm,钻孔方向有 45°、60°、75°、90°四种。钻进过程中,将粉尘由设在孔口的捕尘罩借助抽风机将粉尘吸入集尘箱处理。潜孔钻运行可靠,是一种通用的、功能良好的深孔作业钻孔机械,其结构较回转式钻机和冲击式钻机有进一步改进,它的钻孔效率较高,构造简单,在大型水利工程中被广泛采用。

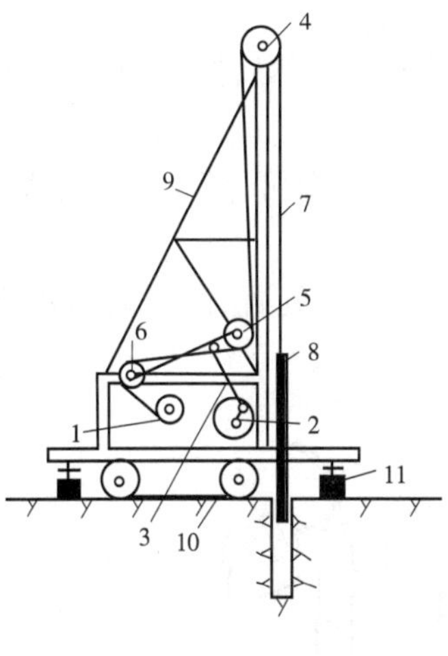


1—绞车;2—偏心轮;3—连杆;
4、5、6—滑轮;7—钢索;8—钻具;
9—钻架;10—履带;11—支撑千斤顶。

**图 2-16　冲击式钻机结构示意图**

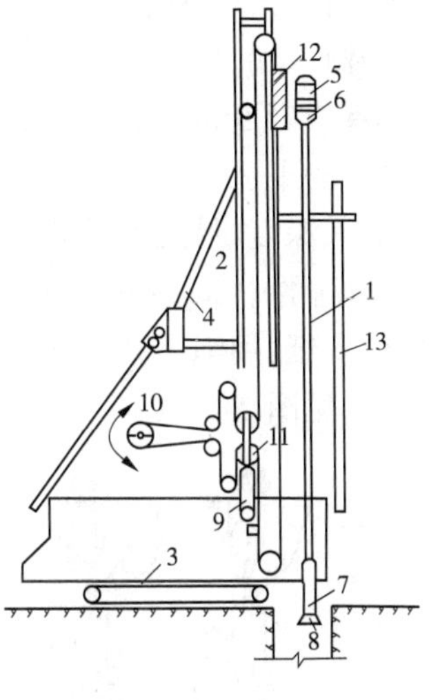


1—钻杆;2—滑架;3—履带;4—拉杆和调斜度板;
5—电动机;6—减速箱;7—冲击器;8—钻头;
9—推压汽缸;10—卷扬机;11—托架;12—滑板;13—副钻杆。

**图 2-17　潜孔钻机结构示意图**

**(二)药包现场加工**

1. 火线雷管的制作

将导火索和火雷管连接在一起,叫火线雷管。制作火线雷管应在专用房间内,禁止在炸药库、住宅、爆破工点进行。制作的步骤如下:

(1)检查雷管和导火索。

(2)按照需要长度,用锋利小刀切齐导火索,最短导火索不应短于 60 cm。

(3)把导火索插入雷管,直到接触火帽为止。不要猛插和转动。

(4)用铰钳夹夹紧雷管口(距管口 5 mm 内),如图 2-18 所示。固定时,应使该钳夹的侧面与雷管口相平。如无铰钳夹,可用胶布包裹,严禁用嘴咬。

(5)在接合部包上胶布防潮。当火线雷管不马上使用时,导火索点火的一端也应包上胶布。

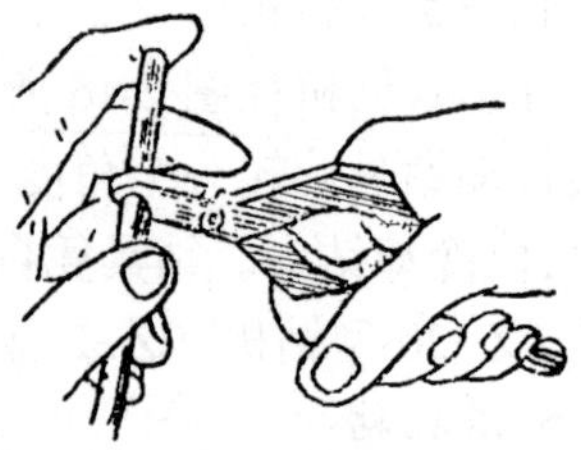

图 2-18　火线雷管制作示意图

2. 电雷管检查

对于电雷管应先做外观检查,把有擦痕、生锈、铜绿、裂隙或其他损坏的雷管剔除,再用爆破电桥或小型欧姆计进行电阻及稳定性检查。为了保证安全,测定电雷管的仪表输出电流不得超过 50 mA。如发现有不导电的情况,应作为不良的电雷管处理,然后把电阻相同或电阻差不超过 0.25 Ω 的电雷管放置在一起,以备装药时串联在一条起爆网路上。

3. 制作起爆药包

起爆药包只许在爆破工点于装药前制作该次所需的数量,不得先做成成品备用。制作好的起爆药包应小心妥善保管,不得震动,亦不得抽出雷管。

制作时分如下几个步骤:

(1)解开药筒一端。

(2)用木棍(直径 5 mm,长 10~12 cm)轻轻地插入药筒中央然后抽出,并将雷管插入孔内[见图 2-19(a)]。

(3)雷管插入深度:易燃的硝化甘油炸药将雷管全部插入即可;其他不易燃炸药,雷管应埋在接近药筒的中部[见图 2-19(b)]。

(4)收拢包皮纸,用绳子扎起来,如用于潮湿处则加以防潮处置,防潮时防水剂的温度不超过 60 ℃[见图 2-19(c)]。

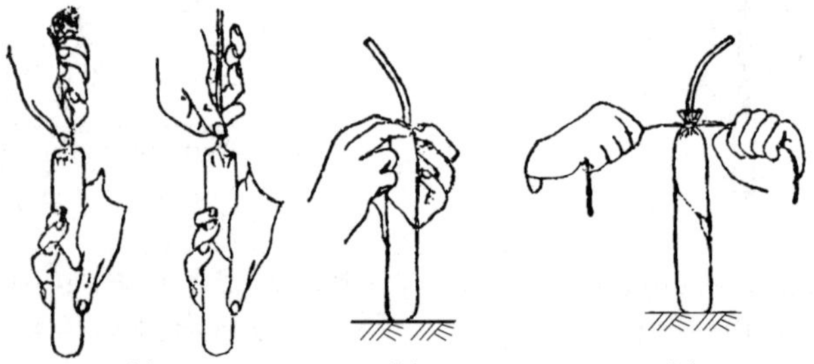


图 2-19　起爆药包制作示意图

## (三)装药

装药主要有两种方式,即机械装药和人工装药。对于矿山等用药量很大的地方,一般采用机械装药。机械装药与人工装药相比,安全性好,效率高,也较为经济。

1. 装药过程主要注意事项

(1)结块的炸药必须敲碎后再装入孔内,防止堵塞炮孔,破碎药块只能用木槌、不能用铁器;乳化炸药在装入炮孔前一定要整理顺直,不得有压扁等现象,防止堵塞炮孔。

(2)根据装入炮孔内炸药量估计装药位置,发现装药位置偏差很大时立即停止装药,分析原因后再做处理。

(3)装药速度不宜过快,特别是水孔装药速度一定要慢,要保证乳化炸药沉入孔底。

(4)放置起爆药包时,雷管脚线要顺直,轻轻拉紧并贴在孔壁一侧,以避免脚线产生死弯而造成芯线折断、导爆管折断等,同时可减少炮棍捣坏脚线的机会。

(5)采取有效措施,防止起爆线(或导爆管)掉进孔内。

(6)装药超量时采用的处理方法。其一,炸药为铵油炸药时往孔内倒入适量水溶解炸药,降低装药高度,保证填塞长度符合设计要求;其二,炸药为乳化炸药时采用炮棍等将炸药一节一节提出孔外,满足炮孔填塞长度。处理过程中一定要注意雷管脚线(或导爆管)不得受到损伤。

2. 装药过程中发生堵孔时应采取的措施

首先了解发生堵孔的原因,以便在装药操作过程中予以注意,采取相应措施尽可能避免造成堵孔。发生堵孔的原因有:

(1)在水孔中,由于炸药在水中下降速度慢,装药过快易造成堵孔。

(2)炸药块度过大,在孔内卡住后难以下沉。

(3)装药时将孔口浮石带入孔内或将孔内松动石块碰到孔中间造成堵孔。

(4)水孔内水面因装药而上升,将孔壁松动岩块冲到孔中间造成堵孔。

(5)起爆药包卡在孔内某一位置,未装到接触炸药处,继续装药就造成堵孔。

堵孔的处理方法:起爆药包未装入炮孔前,可采用木质炮棍捅透装药,疏通炮孔;如果起爆药包已装入炮孔,严禁用力直接捅压起爆药包,可请爆破技术人员根据现场情况提出处理意见。

**(四)堵塞**

堵塞材料一般采用钻屑、黏土、粗砂等,水平填塞时应用废纸将钻屑、黏土、粗砂等制成炮泥卷。

1. 堵塞方法

堵塞时,应将填塞材料慢慢放入孔内。孔内堵塞段有水时,采用粗砂或钻孔岩粉填塞。每填入 30~50 cm 后,用炮棍检查是否沉到位,并捣实。严防炮泥悬空、炮孔填塞不密实。水平孔、倾斜孔堵塞时,采用炮泥卷填塞,炮泥卷每放入一卷,用炮棍将炮泥卷捣烂压实。

2. 堵塞时注意事项

(1)堵塞材料中不得含有碎石块和易燃材料。

(2)堵塞过程中要防止导线、导爆管被砸断、砸破。

**(五)起爆网路连接**

爆破网路连接是一个关键工序,一般由爆破技术人员或有丰富经验的爆破员来操作。网路连接人员必须了解爆破工程的设计意图、具体起爆顺序,能够识别不同段别的起爆器材。

采用电爆网路时,因一次起爆孔数较多,必须合理分区连接,以减小整个爆破网路的电阻值,分区时要注意各个支路的电阻平衡,才能保证每个雷管获得相同的电流值。实践表明,电爆网路连接质量关系到工程的成败,任何诸如接头不牢固、导线断面不够、导线质量低劣、连接电阻过大或接头触地漏电等,都会造成起爆时间延误或发生拒爆。在网路连接过程中,应利用爆破参数测定仪随时监测网路电阻值。网路连接完毕后,必须对网路所测电阻值与计算值进行比较,如有较大误差,应查明原因,排除故障,重新连接。

采用非电爆破网路时,由于不能用仪器进行施工过程监测,要求网路连接人员精心操作,主要是每排和每个炮孔的雷管段别,必要时划片有序连接,以免出错或漏连。在导爆管网路采用簇联时,必须两人配合,一定捆好绑紧,并将起爆雷管的聚能穴做适当处理,避免雷管飞片将导爆管切断,产生瞎炮。采用导爆索与导爆管联合起爆网路时,一定要用内装软土的编织袋将导爆管保护起来,避免导爆索爆炸时的冲击波对导爆管产生不利影响。

## 任务四 控制爆破

控制爆破实质上是在某一特殊条件下,实现某种控制目标的爆破,如定向爆破、预裂爆破、光面爆破、岩塞爆破、拆除爆破、微差控制爆破、静态爆破、燃烧剂爆破等。下面仅介绍水利工程中常用的几种。

### 一、定向爆破

定向爆破是一种加强抛掷爆破技术,它利用炸药爆炸能量的作用,在一定的条件下,可将一定数量的土岩经破碎后,按预定的方向,抛掷到预定地点,形成具有一定质量和形状的建筑物或开挖成一定断面的渠道。

在水利水电工程建设中,可以用定向爆破技术修筑土石坝、围堰、截流戗堤以及开挖渠道、溢洪道等。在一定条件下,采用定向爆破方法修建上述建筑物,较之用常规方法可缩短施工工期、节约劳力和资金。

定向爆破主要是使抛掷爆破最小抵抗线方向符合预定的抛掷方向,并且在最小抵抗线方向事先造成定向坑,利用空穴聚能效应,集中抛掷,这是保证定向的主要手段。造成定向坑的方法,在大多数情况下,都是利用辅助药包,让它在主药包起爆前先爆,形成一个起定向坑作用的爆破漏斗。如果地形有天然的凹面可以利用,也可不用辅助药包。

图 2-20(a)所示为用定向爆破堆筑堆石坝。药包设在坝顶高程以上的岸坡上。根据地形情况,可从一岸爆破或两岸爆破。图 2-20(b)所示为用定向爆破开挖渠道。在渠底埋设边行药包和主药包。边行药包先起爆,主药包的最小抵抗线就指向两边,在两边岩石尚未下落时,起爆主药包,中间岩体就连同原两边爆起的岩石一起抛向两岸。

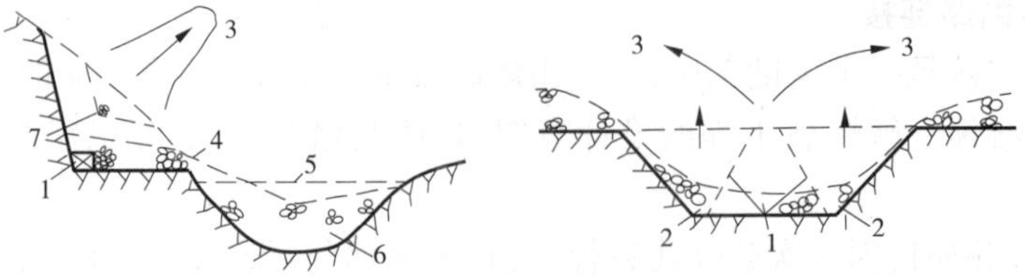


(a)筑坝 (b)挖渠

1—主药包;2—边行药包;3—抛掷方向;4—堆积体;5—坝顶;6—河床;7—辅助药包。

**图 2-20 定向爆破筑坝、挖渠示意图**

## 二、预裂爆破

进行石方开挖时,在主爆区爆破之前沿设计轮廓线先爆出一条具有一定宽度的贯穿裂缝,以缓冲、反射开挖爆破的振动波,控制其对保留岩体的破坏影响,使之获得较平整的开挖轮廓,此种爆破技术为预裂爆破,如图 2-21 所示。

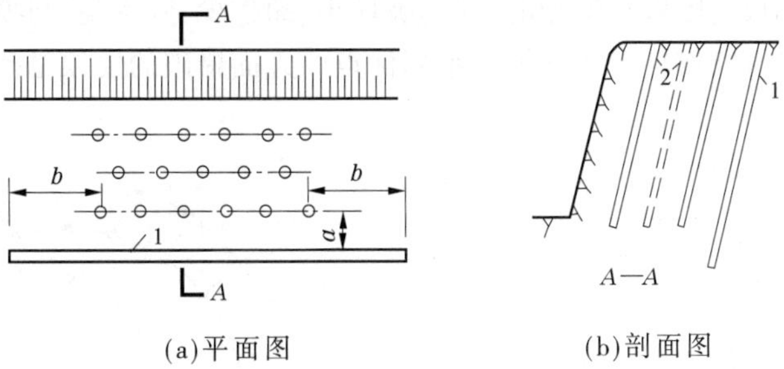


1—预裂缝;2—爆破孔。

**图 2-21　预裂爆破布置图**

在水利水电工程施工中,预裂爆破不仅在垂直、倾斜开挖壁面上得到广泛应用;在规则的曲面、扭曲面以及水平建基面等也采用预裂爆破避免超挖。

预裂爆破对质量的要求如下:

(1)预裂缝要贯通且在地表有一定开裂宽度。对于中等坚硬岩石,缝宽不宜小于 1.0 cm;坚硬岩石,缝宽应达到 0.5 cm 左右;但在松软岩石上,缝宽达到 1.0 cm 以上时,减振作用并未显著提高,应多做些现场试验,以利总结经验。

(2)预裂面开挖后的不平整度不宜大于 15 cm。预裂面不平整度通常是指预裂孔所形成的预裂面的凹凸程度,它是衡量钻孔和爆破参数合理性的重要指标,可依此验证、调整设计数据。

(3)预裂面上的炮孔痕迹保留率应不低于 80%,且炮孔附近岩石不出现严重的爆破裂隙。

预裂爆破主要技术措施如下:

(1)炮孔直径一般为 50~200 mm,对深孔宜采用较大的孔径。

(2)炮孔间距宜为孔径的 8~12 倍,坚硬岩石取小值。

(3)不耦合系数(炮孔直径 $d$ 与药卷直径 $d_0$ 的比值)建议取 2~4,坚硬岩石取小值。

(4)线装药密度一般取 250~400 g/m。

(5)药包结构形式,目前较多的是将药卷分散绑扎在传爆线上(见图 2-22)。分散药卷的相邻间距不宜大于 5 cm 和不大于药卷的殉爆距离。考虑到孔底的夹制作用较大,底部药包应加强,为线装药密度的 2~5 倍。

(6)装药时距孔口 1 m 左右的深度内不要装药,可用粗砂填塞,不必捣实。填塞段过短,容易形成漏斗;过长,则不能出现裂缝。

## 三、光面爆破

光面爆破也是控制开挖轮廓的爆破方法之一,如图 2-23 所示。它与预裂爆破的不同之处在于光面爆破孔的爆破在开挖主爆孔的药包爆破之后进行。它可以使爆裂面光滑平顺,超欠挖均很少,能近似形成设计轮廓要求的爆破。光面爆破被广泛地用于地下工程的施工中,它具有成型好、爆岩平整光滑、围岩破坏小、超挖少、效率高、与喷锚技术结合施工质量好且安全可靠、省材料、成本低等一系列优点。光面爆破的要领是孔径小、孔距密、装药少、同时爆。

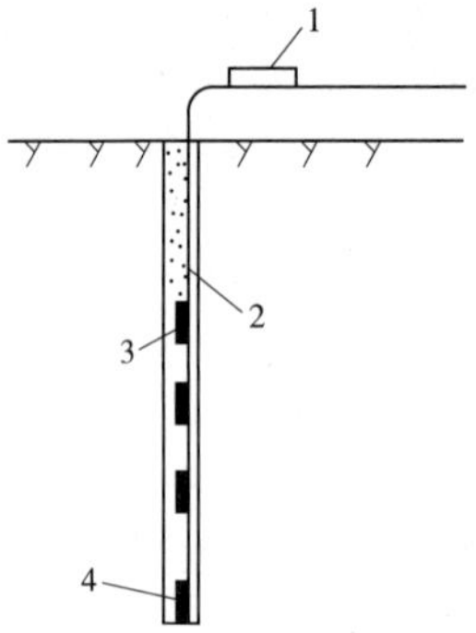


1—雷管;2—导爆索;3—药包;
4—底部加强药包。

**图 2-22 预裂爆破装药结构图**

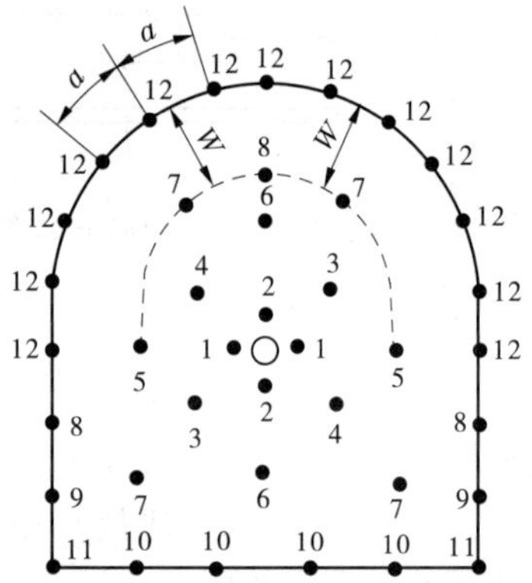


1~12—炮孔孔段编号。

**图 2-23 光面爆破洞布孔图**

光面爆破主要参数的确定:

(1)炮孔直径 $D$ 。对于隧洞,常用的孔径 $D = 35 \sim 45$ mm,光面爆破的周边孔与掘进作业的其他炮孔直径一致。

(2)不耦合系数 $\eta$ 。一般 $D = 62 \sim 200$ mm 时, $\eta = 2 \sim 4$; $D = 35 \sim 45$ mm, $\eta = 1.5 \sim 2.0$。

(3)周边炮孔间距 $a$ 。$a$ 值过大, $W$ 值大,则须加大装药量,从而增大围岩的损坏和震裂, $W$ 值小,则周边会凹凸不平; $a$ 值过小而 $W$ 值取大,则爆后难以成缝。通常 $a = (12 \sim 16)D$ ,具体视岩石硬度而定。如果在两炮孔间加一不装药的导向孔,效果更好。

(4)线装药密度 $Q_{线}$。一般当露天光面爆破 $D \geq 50$ mm, $W > 1$ m 时, $Q_{线} = 100 \sim 300$ g/m,完整坚硬的取大值,反之取小值。全断面一次起爆时适当增加药量。

(5)光爆层厚度 $W$ 与周边孔密集系数 $m$。光爆层厚度就是周边炮孔的最小抵抗线 $W$ ,一般等于或略大于炮孔间距 $a$ ,在隧洞爆破中取 $W = 70 \sim 80$ cm 较好。$a$ 与 $W$ 的比值称为炮孔密集系数 $m$ ,它随岩石性质、地质构造和开挖条件的不同而变化,一般 $m = 0.8 \sim 1.0$。

(6)周边孔的深度和角度。对于隧洞开挖,从光爆效果来说,周边孔越深越好,但受岩壁的阻碍,一般深度为 1.5~2.0 m,采用钻孔台车作业时为 3~5 m,以一个工作班能进行一个掘进循环为原则。钻孔要求“准、平、直、齐”,但受岩壁的阻碍,凿岩机钻孔时不得不甩出一个小角度,一般要求将此角度控制在 4°以内。

(7)装药结构。常用的装药结构有三种:一是普通标准药卷($\phi$ 32 mm)空气间隔装药;二是小直径药卷径向空气间隙连续装药;三是小直径药卷($\phi$ 20~25 mm)间隔装药。

## 四、岩塞爆破

岩塞爆破是一种水下控制爆破。一般从隧洞出口逆水流方向按常规开挖,待掌子面接近进水口位置时,预留一定厚度的岩石(称为岩塞),待隧洞和进口控制闸门全部完建后,采用爆破将岩塞一次炸除,形成进水口,使隧洞和水库连通。

岩塞布置应根据隧洞的使用要求、地形、地质等因素确定,宜选择在覆盖层薄、岩石坚硬完整且层面与进口中心交角大的部位,特别应避开节理、裂隙、构造发育的地段。岩塞的开口尺寸应满足进水流量的要求。岩塞厚度一般为岩塞底部直径的 1~1. 5 倍,太厚则难以一次爆通,太薄则不安全。

岩塞爆落石渣常采用集渣和泄渣两种处理方法,如图 2-24 所示。前者为爆前在洞内正对岩塞的下方挖一容积相当的集渣坑,让爆落的石渣大部分抛入坑内,且保证运行期坑内石渣不被带走。后者为爆破时闸门开启,借助高速水流将石渣冲出洞口。采用泄渣方式时,除要严格控制岩渣块度、对闸门埋件和门楣做必要的防护处理外,为避免瞬间石渣堵塞,正对岩塞可设一流线型缓冲坑,其容积相当于爆落石渣总量的 1/4~1/5。泄渣处理方式适用于灌溉、供水、防洪隧洞一类的取水口岩塞爆破。

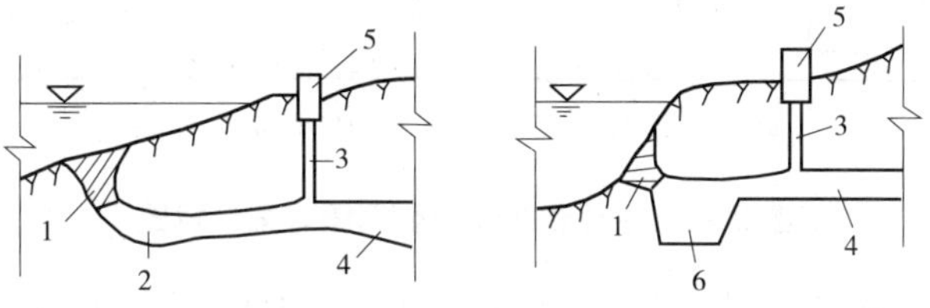


(a)设缓冲坑 (b)设集渣坑

1—岩塞;2—缓冲坑;3—闸门井;4—引水隧洞;5—操纵室;6—集渣坑。

**图 2-24 岩塞爆破布置图**

## 五、拆除爆破

在工程建设中,根据工程要求和爆破对象的具体条件,通过一定的技术措施,严格控制爆破能量的释放过程和介质破碎过程,使爆破对象能按预定块度破碎并坍塌在规定的范围内,保留部分及其周围建筑物、构筑物和设施不遭损害,爆破振动、空气冲击波、噪声及破碎物飞散等危害控制在规定限度以内,这样的爆破技术使用在建筑物或构筑物的全部或部分拆除上,称为拆除爆破。

与其他爆破相比,拆除爆破往往环境复杂,爆破对象和材质多种多样(主要是混凝土、钢筋混凝土、砖石砌体、三合土等),对爆破和起爆技术的准确性要求非常高。常要求爆破过程实现定向、定距、定量及减震、减冲(击波)、减飞(石)和减声(音)等控制。在爆破参数选择、布孔、药量计算和炸药单耗确定等设计中,常依据等能、微分、失稳等原理,采取相应的技术措施,以达到拆除爆破控制的目的。

拆除爆破应用很广,但主要用于钢筋混凝土整体框架结构、烟囱、水塔等拆除。要使这类建筑物倾倒并摔碎,必须具备三个条件:①形成塑性铰,要在钢筋混凝土结构的各刚性节点处布置炮孔并将其炸酥;②要形成整体倾覆力矩;③要使钢筋混凝土承重结构失稳,即不仅要使建筑物倾倒,还要保证爆后露出的钢筋骨架在上部静压荷载的作用下超过其抗压极限强度或达到压杆失稳条件。

常用的拆除爆破方案有原地坍塌、定向倒塌、折叠倒塌等。原地坍塌方案的实质是向内折叠倒塌方案的一种。定向倒塌方案是在建筑物底部炸开一定形状和大小的缺口,让整个建筑物绕定轴转动一定倾角后向预定方向倾倒,冲击地面而解体破坏。它是通过在承重结构的倾倒方向上布置不同破坏高度的炮孔并用不同的起爆顺序(毫秒延期)来实现的。

折叠倒塌方案适用于建筑物高度大而周围场地相对较小的情况,一般沿建筑物的高度分若干层或若干段,炸开多个缺口,使建筑物自上而下顺序定向倒塌,如图2-25所示。

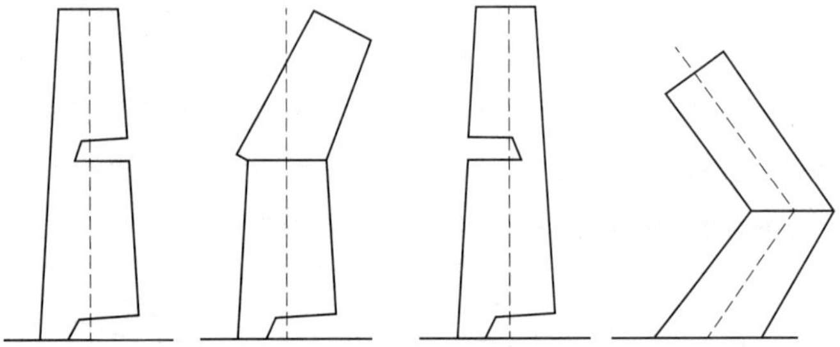

(a)单向倾倒　(b)双向交替倒塌

**图2-25　高耸建筑物折叠倒塌方案示意图**

拆除爆破在水利水电工程施工中主要被用来拆除临时围堰、临时导墙、砂石料仓的隔墙、拌和楼的钢筋混凝土支承构架等。

# 任务五　爆破安全控制

## 一、材料的储存与保管

(1)爆破材料应存放在干燥、通风良好、相对湿度不大于65%的仓库内,库内温度应保持在18~30 ℃;爆破材料周围5 m内的范围须清除一切树木和草皮。库房应有避雷装置,接地电阻不大于10 Ω。库内应有消防设施。

(2)爆破材料仓库与民房、工厂、铁路、公路等应有一定的安全距离。炸药与雷管(导爆索)须分开存放,两库房的安全距离不应小于有关规定。同一库房内不同性质、批号的炸药应分开存放。严防虫鼠等啃咬。

(3)炸药与雷管成箱(盒)堆放要平稳、整齐。成箱炸药宜放在木板上,堆摆高度不得超过1.7 m,宽不超过2 m,堆与堆之间应留有不小于1.3 m的通道,药堆与墙壁间的距离不应小于 0.3 m。

(4)施工现场临时仓库内爆破材料严格控制存放数量,炸药不得超过 3 t,雷管不得超过 10 000 个和相应数量的导火索。雷管应放在专用的木箱内,离炸药不少于 2 m 距离。

## 二、装卸、运输与管理

(1)爆破材料的装卸均应轻拿轻放,不得受到摩擦、震动、撞击、抛掷或转倒。堆放时要摆放平稳,不得散装、改装或倒放。

(2)爆破材料应使用专车运输,炸药与起爆材料、硝铵炸药与黑火药均不得在同一车辆、车厢装运。用汽车运输时,装载不得超过允许载重量的 2/3,行驶速度不应超过 20 km/h,车顶部需遮盖。

## 三、爆破安全距离

爆破时,应划出警戒范围,立好标志,现场人员应到安全区域,并有专人警戒,以防爆破飞石、爆破地震、冲击波以及爆破毒气对人身造成伤害。

爆破飞石、空气冲击波、爆破毒气对人身及爆破震动对建筑物影响的安全距离计算如下。

### (一)爆破地震安全距离

目前,国内外爆破工程多以建筑物所在地表的最大质点振动速度作为判别爆破震动对建筑物的破坏标准。通常采用的经验公式为

$$v = K\left(\frac{Q^{1/3}}{R}\right)^{a} \tag{2-25}$$

式中 $v$ ——爆破地震对建筑物(或构筑物)及地基产生的质点垂直振动速度,cm/s;

$K$ ——与岩土性质、地形和爆破条件有关的系数,在土中爆破时, $K = 150 \sim 200$,在岩石中爆破时, $K = 100 \sim 150$;

$Q$ ——同时起爆的总装药量,kg;

$R$ ——药包中心到某一建筑物的距离,m;

$a$ ——爆破地震随距离的衰减系数,可按 1.5~2.0 考虑。

观测成果表明:当 $v = 10 \sim 12$ cm/s 时,一般砖木结构的建筑物可能破坏。

### (二)爆破空气冲击波安全距离

$$R_K = K_K\sqrt{Q} \tag{2-26}$$

式中 $R_K$ ——爆破冲击波的危害半径,m;

$K_K$ ——系数,对于人 $K_K = 5 \sim 10$,对建筑物要求安全无损时的裸露药包 $K_K = 50 \sim 150$,埋入药包 $K_K = 10 \sim 50$;

$Q$ ——同时起爆的最大的一次总装药量,kg。

### (三)个别飞石安全距离

$$R_f = 20n^2W \tag{2-27}$$

式中 $R_f$ ——个别飞石安全距离;

$n$ ——最大药包的爆破作用指数;

$W$ ——最小抵抗线,m。

实际采用的飞石安全距离不得小于下列数值:裸露爆破 300 m,浅孔或深孔爆破 200 m,洞室爆破 400 m。

**(四)爆破毒气的危害范围**

在工程实践中,常采用下述经验公式来估算有毒气体扩散的安全距离($R_g$):

$$R_g = K_g \sqrt[3]{Q} \tag{2-28}$$

式中　$K_g$ ——系数,根据有关资料,$K_g$ 的平均值为 160;

$Q$ ——爆破总装药量,t。

对于顺风向的安全距离应增大一倍。

### 四、瞎炮处理

通过引爆而未能爆炸的药包叫瞎炮。处理之前,必须查明拒爆原因,然后根据具体情况慎重处理。

(1)重爆法。瞎炮系由于炮孔外的电线电阻、导火索或电爆网(线)路不合要求而造成的,经检查可燃性和导电性能完好,纠正后,可以重新接线起爆。

(2)诱爆法。当炮孔不深(50 cm 以内)时,可用裸露爆破法炸毁;当炮孔较深时,距炮孔近旁 60 cm 处(用人工打孔 30 cm 以上),钻(打)一与原炮孔平行的新炮孔,再重新装药起爆,将原瞎炮销毁。钻平行炮孔时,应将瞎炮的堵塞物掏出,插入一木棍,作为钻孔的导向标志。

(3)掏炮法。可用木制或竹制工具,小心地将炮孔上部的堵塞物掏出;如系硝铵类炸药,可用低压水浸泡并冲洗出整个药包,或以压缩空气和水混合物把炸药冲出来,将拒爆的雷管销毁,或将上部炸药掏出部分后,再重新装入起爆药包起爆。

在处理瞎炮时,严禁把带有雷管的药包从炮孔内拉出来,或者拉动电雷管上的导火索或雷管脚线,把电雷管从药包内拔出来,或拨动药包内的雷管。

## 复习思考题

**一、名词解释**

1. 爆炸与爆破;2. 爆力与猛度;3. 炸药的感度;4. 零氧平衡、正氧平衡和负氧平衡;5. 集中药包和延长药包;6. 浅孔爆破和深孔爆破;7. 光面爆破与预裂爆破;8. 不耦合系数。

**二、单选题**

1. 无限介质中进行集中药包爆破,可用于(　　)。

A. 松动爆破　　B. 炸胀药壶爆破　　C. 水下深层爆破

2. 工程爆破的单位耗药虽是在一个临空面情况下采用的,但随着临空面的增多,单位耗药量(　　)。

A. 随之增加　　B. 不变　　C. 随之减少

3. 阶梯爆破布置炮孔时,为避免漏气,影响爆破效果,炮孔不宜穿过与地面贯穿的裂缝;宜使炮孔与岩石层面和节理面(　　)。

A. 平行　　B. 斜交　　C. 正交

4. 洞室爆破,当药室规模较大或形状复杂时,可用两个或多个起爆药包,用(　　)将各包互相连接。

A. 导火索　　B. 传爆线　　C. 导爆管

5. 洞室爆破,药包最小抵抗线 $W$ 与药包中心至地表铅直距离 $H$ 之比值一般为(　　)时,破碎与抛掷效果较好。

A. 1.0~1.2　　B. 1.0　　C. 0.6~0.8

6. 预裂爆破就是要在开挖线上形成一条足够宽的裂缝,其目的是(　　)。

A. 保护爆破区岩体免遭破坏

B. 保护爆破区岩体,以免能量损失

C. 消减爆破区的冲击波能量,保护保留区岩体免遭破坏

7. 用定量炸药炸塌规定尺寸铅柱的高度表征了炸药(　　)的能力。

A. 粉碎介质　　B. 炸胀介质　　C. 抛掷介质

8. 炸药在外部能量的激发下,引起爆炸反应的难易程度称为(　　)。

A. 敏感度　　B. 安定性　　C. 稳定性

9. 如果炸药爆炸氧化分解后产生二氧化碳和水,该炸药氧化情况是(　　)。

A. 正氧平衡　　B. 负氧平衡　　C. 零氧平衡

10. 药包直径与炮孔直径相等的装药是(　　)。

A. 不耦合装药　　B. 耦合装药　　C. 间隔装药

## 三、简答题

1. 炸药的基本性能有哪些?

2. 爆破的基本方法有哪些? 各适用于什么场合?

3. 如何根据爆破作用指数划分爆破类型?

4. 光面爆破、预裂爆破的基本原理是什么?

## 四、计算题

一埋置深度为 4 m 的药包,爆破后得到底直径为 10 m 的爆破漏斗。

求:1. 爆破作用指数,指出属何种类型的爆破。如果炸药单耗为 1.5 kg/m$^3$,爆破药量是多少?

2. 如果爆破漏斗直径不变,要求实现减弱抛掷爆破,其深度如何调整?

# 项目三　土方工程

【学习目标】

1. 掌握土方工程施工的过程、方法;
2. 掌握土的特性与分级;
3. 掌握土方工程的开挖、运输的方法、挖运机械的配套选择;
4. 掌握土方工程压实方法、影响因素、压实标准的控制、压实机械的选择;
5. 了解土方工程冬雨季施工的要求和措施;
6. 熟悉土方工程施工机械的选型、生产率计算的相关知识。

【技能目标】

1. 能根据土方工程的地形、地质条件、工程量的大小选择合适的土方施工方法;
2. 能根据工程具体情况,正确选择土方挖运机械,确定挖运方案,掌握挖运机械性能;
3. 能根据工程特点,正确选择土方压实机械、方法、压实参数;
4. 能根据实际情况,制订冬雨季施工的措施。

【思政目标】

1. 通过典型案例的学习,让学生了解土方工程施工的基本工艺、机械设备,培养学生民族自信、大国工匠精神;
2. 培养学生具备"忠诚、干净、担当"的精神,要懂法、知法、护法;
3. 培养学生具备"科学、求实、创新"的精神,具有良好的职业道德和爱岗敬业、吃苦耐劳的精神。

## 任务一　土的分级与特性

土方工程的基本类型是挖方和填方。它的基本施工过程是土方开挖、运输、回填到土方压实、质检等工序。在进行土石方开挖及确定挖运方案时,须根据土石的工程性质和具体指标来选择合适的施工方法、施工机械,确定施工定额。对土方工程施工影响较大的因素有土的工程分级与特性。

### 一、土的工程分级

土方施工的工程分级,按十六级分类法,Ⅰ~Ⅳ级称为土,Ⅴ~ⅩⅥ称为岩石。土又按外形特征、开挖方法、自然密度不同,分成Ⅰ级土、Ⅱ级土、Ⅲ级土和Ⅳ级土;岩石按强度系数不同分松软岩石、中等硬度岩石、坚硬岩石,强度越大,级别越高。土的级别不同,应采用不同的施工方法,因此施工成本也不同。表3-1为一般工程土壤分级。

表 3-1　土壤的工程分级

| 土质级别 | 土壤名称 | 自然表观密度/（t/m³） | 外形特征 | 开挖方法 |
|---|---|---|---|---|
| Ⅰ | 1. 砂土<br>2. 种植土 | 1.65～1.75 | 疏松，黏着力差或易透水，略有黏性 | 用锹（有时略加脚踩）开挖 |
| Ⅱ | 1. 壤土<br>2. 淤泥<br>3. 含根种植土 | 1.75～1.85 | 开挖时能成块并易打碎 | 用锹并用脚踩开挖 |
| Ⅲ | 1. 黏土<br>2. 干燥黄土<br>3. 干淤泥<br>4. 含砾质黏土 | 1.80～1.95 | 黏手，干硬，看不见砂砾 | 用镐、三齿耙或用锹并用力加脚踩开挖 |
| Ⅳ | 1. 坚硬黏土<br>2. 砾质黏土<br>3. 含卵石黏土 | 1.90～2.10 | 土壤结构坚硬，将土分裂后呈块状或含黏粒、砾石较多 | 用镐、三齿耙等工具开挖 |

## 二、土的工程特性

土的工程特性指标有土的表观密度、含水量、可松性、自然倾斜角。土的工程特性对土方施工和组织具有重要影响，是在选择施工方法及施工机具、确定施工劳动定额、分配施工任务、计量与计价中要考虑的重要因素。

### （一）表观密度

土的表观密度，就是单位体积土的质量。土体保持其天然组织、结构和含水量时的表观密度称为自然表观密度。单位体积湿土的质量称为湿表观密度。单位体积干土的质量称为干表观密度。它是体现黏性土密实程度的指标，常用它来控制压实的质量。

### （二）含水量

含水量表示土体空隙中含水的程度，常用土体中水的质量与干土质量的百分比表示。含水量的大小直接影响黏性土压实质量。

### （三）可松性

可松性是自然状态下的土经开挖后因变松散而使体积增大的特性，这种性质称为土的可松性。土的可松性用可松性系数表示，即

$$k=\frac{V_2}{V_1} \tag{3-1}$$

式中　$V_2$——土经开挖后的松散体积，$m^3$；

$V_1$——土在自然状态下的体积,$m^3$。

土的可松性系数,用于计算土方量、进行土方填挖平衡计算和确定运输工具数量。各种土的可松性系数见表 3-2。

**表 3-2　土的表观密度和可松性系数**

| 土的类别 | 自然状态 | | 挖松后 | |
|---|---|---|---|---|
| | 表观密度/($t/m^3$) | 可松性系数 | 表观密度/($t/m^3$) | 可松性系数 |
| 砂土 | 1.65~1.75 | 1.0 | 1.50~1.55 | 1.05~1.15 |
| 壤土 | 1.75~1.85 | 1.0 | 1.65~1.70 | 1.05~1.10 |
| 黏土 | 1.80~1.95 | 1.0 | 1.60~1.65 | 1.10~1.20 |
| 砂砾土 | 1.90~2.05 | 1.0 | 1.50~1.70 | 1.10~1.40 |
| 含砂砾壤土 | 1.85~2.00 | 1.0 | 1.70~1.80 | 1.05~1.10 |
| 含砂砾黏土 | 1.90~2.10 | 1.0 | 1.55~1.75 | 1.10~1.35 |
| 卵石 | 1.95~2.15 | 1.0 | 1.70~1.90 | 1.15 |

**(四)自然倾斜角**

自然堆积土体的表面与水平面间所形成的角度,称为土的自然倾斜角。挖方与填方边坡的大小与土体的自然倾斜角有关。确定土体开挖边坡和填土边坡应慎重考虑,重要的土方开挖,应通过专门的设计和计算确定稳定边坡。挖深在 5 m 以内的窄槽未加支撑时的安全边坡一般可参考表 3-3 。

**表 3-3　挖深在 5 m 以内的窄槽未加支撑时的安全施工边坡**

| 土的类别 | 人工开挖 | 机械开挖 | 说明 |
|---|---|---|---|
| 砂土 | 1:1.00 | 1:0.75 | 1. 必须做好防水措施,雨季应加支撑;<br>2. 附近如有强烈振动,应加支撑 |
| 轻亚黏土 | 1:0.67 | 1:0.50 | |
| 亚黏土 | 1:0.50 | 1:0.33 | |
| 黏土 | 1:0.33 | 1:0.25 | |
| 砾石土 | 1:0.67 | 1:0.50 | |
| 干黄土 | 1:0.25 | 1:0.10 | |

**(五)土的松实关系**

当自然状态的土挖后变松,再经过人工或机械碾压、振动,土可被压实。例如,在填筑拦河坝时,从土区取 1 $m^3$ 的自然方,经过挖松运至坝体进行碾压后的实体方,体积就小于原 1 $m^3$ 的自然方,这种性质叫作土的压缩性。

在土方工程施工中,经常有三种土方的名称,即自然方、松方、实体方。它们之间有着密切的关系。

1. 土的体积关系

土体在自然状态下由土粒、水和气体三相组成。当自然土体松动后,气体体积(孔隙)增大,土粒数量不变,原自然土体积 $V_自$ < 松动后的土体积 $V_松$;当经过碾压或振动后,气体被排出,压实后的土体 $V_实<V_自$。三者之间的关系:$V_实<V_自<V_松$,$V_实$为经压实后的实体

方，$V_{松}$为经扰动后的松方。

对于砾、卵石和爆破后的块碎石，由于它们的块度大或颗粒粗，可塑性远小于黏土，因而它们的压实方大于自然方，详见表 3-4。

**表 3-4 几种典型土的体积变化换算系数**

| 土壤种类 | $V_{自}$ | $V_{松}$ | $V_{实}$ |
|---|---|---|---|
| 黏土 | 1.00 | 1.27 | 0.90 |
| 壤土 | 1.00 | 1.25 | 0.90 |
| 砂 | 1.00 | 1.12 | 0.95 |
| 爆破块石 | 1.00 | 1.50 | 1.30 |
| 固结砾石 | 1.00 | 1.42 | 1.29 |

当 1 $m^3$ 的自然土体松动后，土体增大了，因而单位体积的质量变轻了；再经过碾压或振动，使土粒紧密度增加，因而单位体积质量增大，即 $\rho_{松}<\rho_{自}<\rho_{实}$。$\rho_{松}$为开挖后的土体密度，$kg/m^3$；$\rho_{自}$为未扰动的土体密度，$kg/m^3$；$\rho_{实}$为碾压后的土体密度，$kg/m^3$。

2. 自然方和压实成品方的关系

在土方工程施工中，设计工程量为压实后的成品方，取料场的储量是自然方。在计算压实工程的备料量和运输量时，应该将二者之间的关系考虑进去，并考虑施工过程中技术处理、要求以及其他不可避免的各种损耗。水利水电系统在多年施工实践经验的基础上，提出了压实成品方与所需自然方的换算公式：

$$V_{实}=\left(1+\frac{A}{100}\right)\frac{\rho_d}{\rho_0} \tag{3-2}$$

式中 $V_{实}$——压实成品方的体积，$m^3$；

$A$——综合系数；

$\rho_d$——设计干密度，$kg/m^3$；

$\rho_0$——未经扰动的自然干表观密度，$kg/m^3$。

式中综合系数 $A$ 考虑了施工中的各种损失。它包括坝上运输、雨后清理、边坡削坡、接缝削坡、施工沉陷、取土坑、试验坑和不可避免的压坏等损失因素。综合系数见表 3-5。

**表 3-5 土料施工综合系数 A**

| 填筑料 | 综合系数 A | 填筑料 | 综合系数 A |
|---|---|---|---|
| 机械填筑混合坝坝体土料 | 5.86 | 人工填筑心墙土料 | 3.43 |
| 机械填筑均质坝坝体土料 | 4.93 | 坝体砂石料、反滤料 | 2.20 |
| 机械填筑心墙土料 | 5.70 | 坝体堆石料 | 1.40 |
| 人工填筑坝坝体土料 | 3.43 | | |

## 任务二 土方挖运

土方开挖常用的方法有人工法和机械法，一般采用机械法施工。用于土方开挖的机械有挖掘机械、挖运机械及水力开挖机械。

## 一、挖掘机械

### (一)单斗挖掘机

单斗挖掘机是仅有一个铲土斗的挖掘机械。它由行走装置、动力装置和工作装置三部分组成。行走装置分为履带式、轮胎式和步行式三类。履带式是最常用的一种,它对地面的单位压力小,可在各种地面上行驶,转移速度慢;动力装置分为电动和内燃机驱动两种,电动为常用形式,效率高,操作方便,但需要电源;工作装置由铲土斗、斗柄、推压和提升装置组成。按铲土方向和铲土原理分为正向铲、反向铲、拉铲和抓铲四种类型,如图3-1所示,用钢索或液压操纵。钢索操纵用于大中型正向铲,液压操纵用于小型正铲和反铲较多。

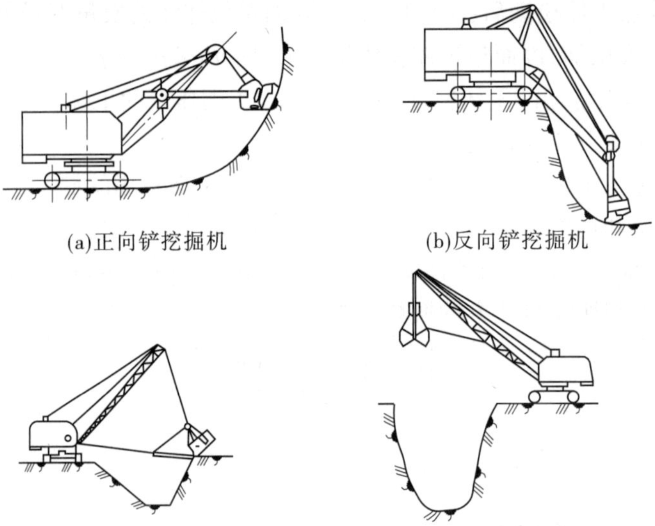

(a)正向铲挖掘机　(b)反向铲挖掘机

(c)拉铲挖掘机　(d)抓铲挖掘机

图3-1　单斗挖掘机

1. 正向铲挖掘机

正向铲挖掘机由推压和提升完成挖掘,开挖断面是弧形。其特点是向前向上,强制切土,最适于挖停机面以上的土石方,也能挖停机面以下的浅层土方。它具有稳定性好、挖掘力大、生产率高等优点,适应于Ⅰ~Ⅳ类土及爆破石渣的挖掘。

正向铲挖掘机的挖土特点是循环式开挖,由挖掘、回转、卸土、返回构成一个工作循环,生产率的大小取决于铲斗大小和循环时间长短。正向铲的斗容从1 $m^3$ 至几十立方米,工程中常用1~4 $m^3$。按其与运输工具相对停留位置的不同,有侧向开挖和正向开挖两种方式,采用侧向开挖时,挖掘机回转角度小,生产效率高。

2. 反向铲挖掘机

反向铲挖掘机能用来开挖停机面以下的土料,挖土时由远而近,就地卸土或装车,其主要特点是向后向下,强制切土,适用于中小型沟渠、清基、清淤等工作。由于稳定性及铲土能力均比正铲差,只用来挖Ⅰ~Ⅲ级土,硬土要先进行预松。反向铲的斗容量有

$0.5\ m^3$、$1.0\ m^3$、$1.6\ m^3$ 几种，目前最大斗容量已超过 $3\ m^3$。在沟槽开挖中，在沟端站立倒退开挖，当沟槽较宽时，采用沟侧站立，侧向开挖。

3. 拉铲挖掘机

拉铲挖掘机的铲斗用钢索控制，利用臂杆回转将铲斗抛至较远距离，回拉牵引索，靠铲斗自重下切铲土装满铲斗，然后回转装车或卸土。挖掘半径、卸土半径、卸土高度较大，最适用于水下土砂及含水量大的土方开挖，在大型渠道、基坑及水下砂卵石开挖中应用广泛。开挖方式有沟端开挖和沟侧开挖两种，当开挖宽度和卸土半径较小时，用沟端开挖；当开挖宽度大，卸土距离远时，用沟侧开挖。

4. 抓铲挖掘机

抓铲挖掘机靠铲斗自由下落中斗瓣分开切入土中，抓取土料合瓣后提升，回转卸土。它适用于挖掘窄深型基坑或沉井中的水下淤泥开挖，也可用于散粒材料装卸，其挖掘深度可达 30 m 以上，在桥墩等柱坑开挖中应用较多。

5. 单斗挖掘机生产率

单斗挖掘机实用生产率可按下式计算：

$$P = 60nqK_1K_2K_3K_4/K_5 \quad (m^3/h) \tag{3-3}$$

式中 $n$——设计每分钟循环次数；

$q$——铲斗容量，$m^3$；

$K_1$——铲斗充盈系数，正向铲取 1；

$K_2$——卸土延误系数，卸土堆为 1.0，卸车为 0.9；

$K_3$——时间利用系数，取 0.8~0.9；

$K_4$——工作循环时间修正系数，$K_4=1/(0.4\alpha+0.6\beta)$，其中 $\alpha$ 为土壤的级别修正系数，取 1.0~1.2，$\beta$ 为转角修正系数，转角 90°时取 1.0，100°~135°时取 1.08~1.37；

$K_5$——土壤可松性系数。

挖掘机是土方机械化施工的主导机械，为提高生产率，应采取：加长斗齿，减小切土阻力；合并一个工作循环的各个工作过程，小角度装车或卸土，采用大铲斗；合理布置工作面和运输道路；加强机械保养和维修，维持机械良好性能状态等措施。

**（二）多斗挖掘机**

多斗挖掘机是有多个铲土斗的挖掘机械，它能够连续地挖土，是一种连续工作的挖掘机械，按其工作方式不同，分为链斗式和斗轮式两种。

链斗式挖掘机最常用的形式是采砂船，如图 3-2 所示。它是一种构造简单、生产率高，适用于规模较大的工程，可以挖河滩及水下砂砾料的多斗式挖掘机械。

斗轮式挖掘机的斗轮装在斗轮臂上，在斗轮上装有 7~8 个铲土斗，当斗轮转动时，下行至拐弯时挖土，上行运土至最高点时，土料靠自重和旋转惯性卸入受料皮带上，转送到运输工具或料堆上。其主要特点是斗轮转速较快，作业连续，斗臂倾角可以改变、并做 360°回转，生产率高，开挖范围大。

斗轮式挖掘机如图 3-3 所示，斗轮式挖掘机水平分层挖土作业如图 3-4 所示。

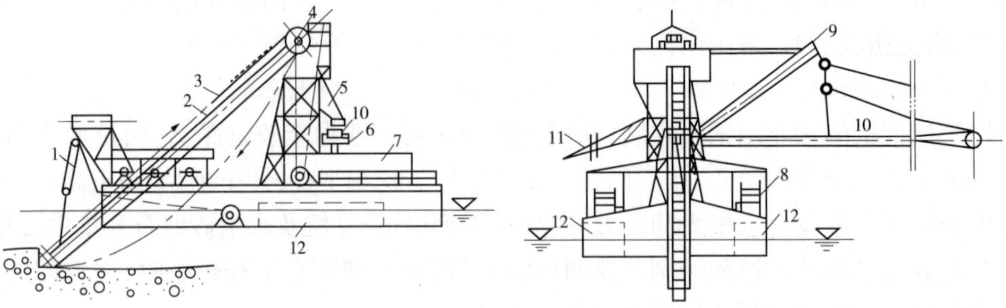


(a)　　　　(b)

1—斗架提升索;2—斗架;3—链条和链斗;4—主动链轮;5—卸料漏斗;6—回转盘;
7—主机房;8—卷扬机;9—吊杆;10—皮带机;11—泄水槽;12—平衡水箱。

**图 3-2　链斗式采砂船**

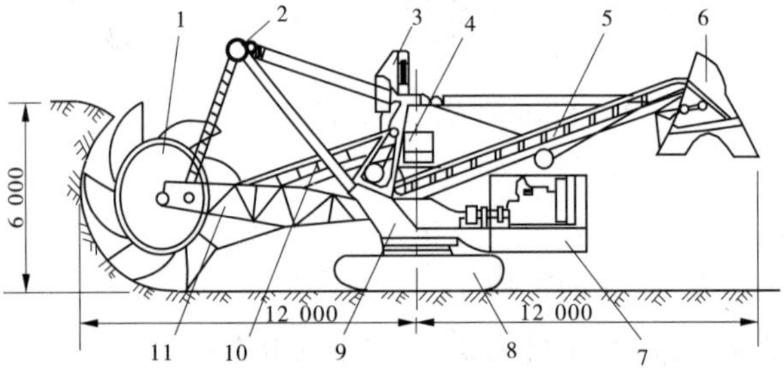


1—斗轮;2—升降机构;3—司机室;4—中心料仓;5—卸料皮带机;6—双槽卸料斗;
7—动力装置;8—履带;9—转台;10—受料皮带机;11—斗轮臂。

**图 3-3　斗轮式挖掘机**　(单位:mm)

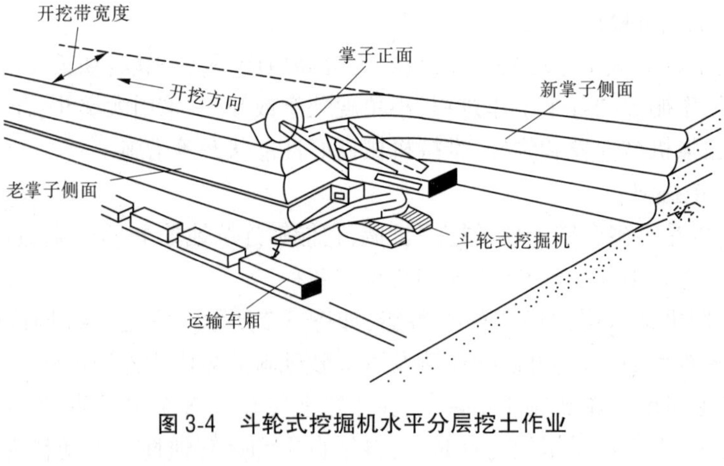


**图 3-4　斗轮式挖掘机水平分层挖土作业**

## 二、挖运机械

挖运机械是指用一种机械同时完成开挖、运输和卸土任务,这种具有双重功能的机械，常用的有推土机、铲运机、装载机等。

(一)推土机

推土机是一种在履带式拖拉机上安装推土板等工作装置而成的一种铲运机械，是水利水电建设中最常用、最基本的机械，可用来完成场地平整、基坑、渠道开挖、推平填方、堆积土料、回填沟槽、清理场地等作业，还可以牵引振动碾、松土器、拖车等机械作业。它在推运作业中，距离不能超过 60~100 m，挖深不宜大于 1.5~2.0 m，填高小于 2~3 m。推土机按安装方式分为固定式和万能式，按操纵方式分为钢索操纵和液压操纵，按行驶方式分为履带式和轮胎式。推土机的基本构造见图 3-5。

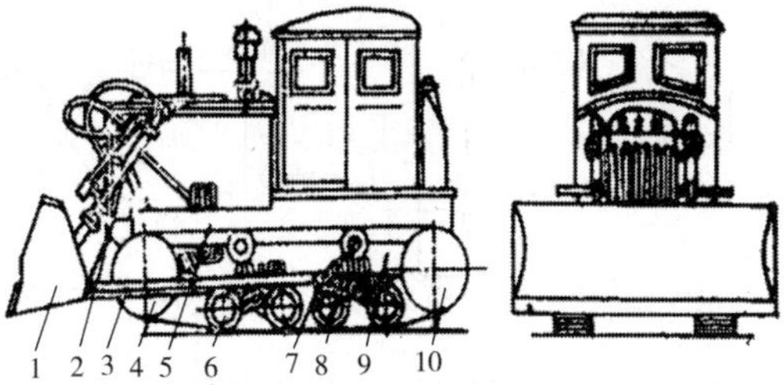


1—推土板;2—液压油缸;3—推杆;4—引导轮;5—托架;
6—支承轮;7—铰销;8—托带轮;9—履带架;10—驱动轮。

图 3-5 推土机构造示意图

固定式推土机的推土板，仅能上下升降，强制切土能力差，但结构简单，应用广泛，而万能式推土机不仅能升降，还可左右、上下调整角度，用途多。履带式推土机附着力大，可以在不良地面上作业;液压式推土机可以强制切土，质量轻，构造简单，操作方便。为提高生产率，常采用下坡推土、沟槽推土、并列推土等方法。铲运机的土斗较大，但切土能力相对不足，为了提高生产率，可采用下坡取土、硬土预松、推土机助推等方法。

(二)铲运机

铲运机是一种能连续完成铲土、运土、卸土、铺土、平土等工序的综合性土方工程机械，能开挖黏土、砂砾石等。其生产率高，运转费用低，适用于开挖大型基坑、渠道、路基，大面积场地的平整、土料开采、填筑堤坝等。

铲运机按牵引方式分为自行式和拖式，按操纵方式分为钢索操纵和液压操纵，按卸土方式分为自由卸土、强制卸土、半强制卸土，按行走装置分履带式和轮胎式。自行式铲运机示意图见图 3-6。

自行式铲运机切土力较小，装满铲斗所需的切土长度较大，但行驶速度快，运距在 800~1 500 m 时生产率较高;拖式铲运机切土较大，所需切土长度较短，但行驶速度慢，运距在 250~350 m 时生产率高。国产铲运机的斗容量有 2.5 $m^3$、6 $m^3$、7 $m^3$、15 $m^3$ 等规格。

铲运机的生产率主要取决于铲斗容量及铲土、运土、卸土和回返的工作循环时间。为提高生产率，可采取下坡取土、推土机助推、松土机预松等方法，以加大铲土力、减小铲土阻力，缩短装土时间。

铲运机开行路线有纵向环形路线、横向环形路线、“8”字形路线，如图 3-7 所示。

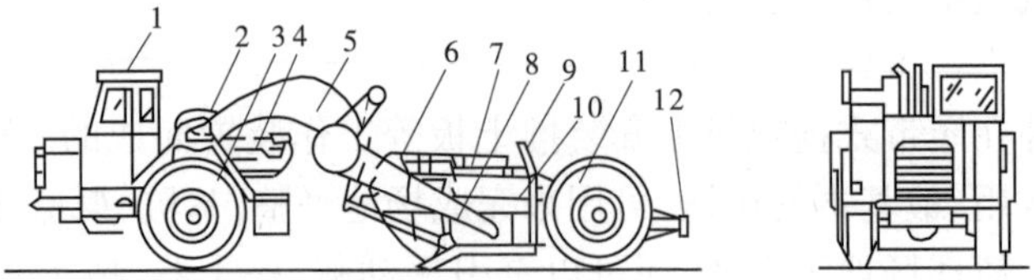


1—驾驶室;2—中央框架;3—前轮;4—转向油缸;5—辕架;6—斗门;
7—斗门油缸;8—铲刀;9—卸土板;10—铲斗;11—后轮;12—尾架。

**图 3-6 自行式铲运机示意图**

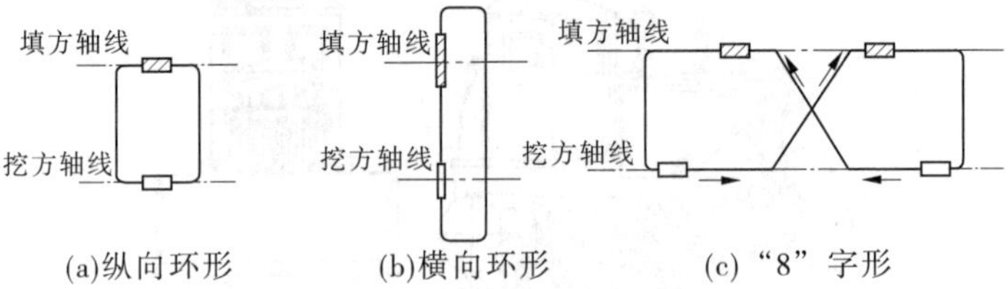


**图 3-7 铲运机开行路线示意图**

**(三)装载机**

装载机是装载松散物的工程机械。它不仅可以对堆积的松散物料进行装、运、卸作业和短距离的运土,也可对岩石、硬土进行轻度挖掘和推土作业,还可以进行清理、刮平场地,起重、牵引等作业。配备相应的工作装置后又可完成松土,进行圆木、管状物料的挟持及装卸工作,工作效率高。

装载机按行走装置分为轮胎式和履带式两种。我国轮胎式装载机(见图 3-8)发展很快,应用广泛。按卸载方式分为前卸式、后卸式、侧卸式和回转式四种,前卸式结构简单,应用最广。按铲斗额定重量可分为小型小于 1 t、轻型 1~3 t、中型 4~8 t、重型大于 10 t 等四种。

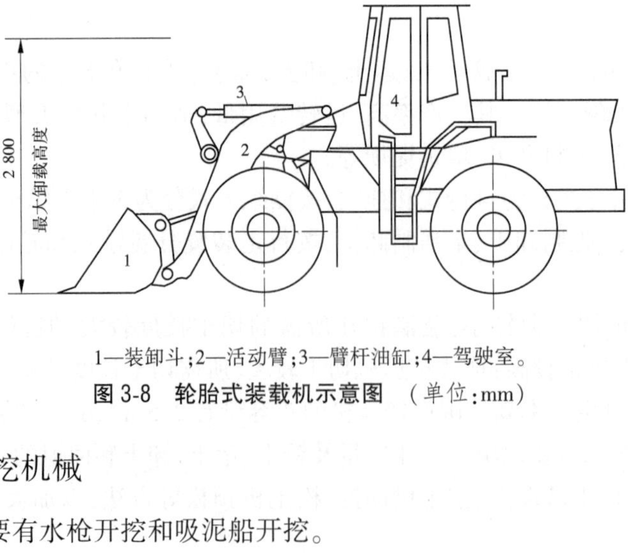


1—装卸斗;2—活动臂;3—臂杆油缸;4—驾驶室。

**图 3-8 轮胎式装载机示意图** (单位:mm)

## 三、水力开挖机械

水力开挖主要有水枪开挖和吸泥船开挖。

(一)水枪开挖

水枪开挖就是利用水枪喷嘴射出的高速水流切割土体形成泥浆,然后输送到指定地点的开挖方法。水枪可在平面上回转360°,在立面上仰俯50°~60°,射程达20~30 m,切割分解形成泥浆后,沿输泥沟自流或由吸泥泵经管道输送至填筑地点。利用水枪开挖土料场、基坑,节约劳力和大型挖运机械,经济效益明显。水枪开挖适于砂土、亚黏土和淤泥,可用于水力冲填筑坝。对于硬土,可先进行预松,提高水枪挖土的工效。

(二)吸泥船开挖

吸泥船开挖是利用挖泥船下的绞刀将水下土方绞成泥浆,由泥浆泵吸起经浮动输泥管运至岸上或运泥船。

## 四、运输机械

在土方施工中,土方运输的费用往往占土方工程总费用的60%~90%,因此确定合理的运输方案,进行合理的运输布置,对于降低土方工程造价具有重要意义。土方运输的特点是:运输线路多是临时性的,变化比较大,几乎全是单向运输,运输距离比较短,运输量和运输强度较大。

土方运输的类型有:

(1)无轨运输,如汽车、拖拉机、胶轮车等。

(2)有轨运输,如标准轨铁路、窄轨铁路等。

(3)带式运输机运输。

(4)架空索道运输等。

(一)自卸汽车运输

汽车运输具有操纵灵活、机动性大、适应各种复杂地形的优点,但燃料较贵,运输费用较高,维修的要求也高。

土方运输一般采用自卸汽车,见图3-9。随着土木工程的飞速发展,工程规模愈来愈大,大型自卸汽车采用愈来愈多,其载重量达18~25 t,最大已达100~110 t。

良好的道路条件和及时养护,对提高汽车的运输能力和延长车辆使用寿命有十分重要的意义。因此,在土方运输中必须重视道路的修建和养护。汽车路面有土路面、碎石路面、矿渣路面、混凝土路面和沥青路面,一般碎石路面的横断面如图3-10所示。

图3-9　自卸汽车示意图

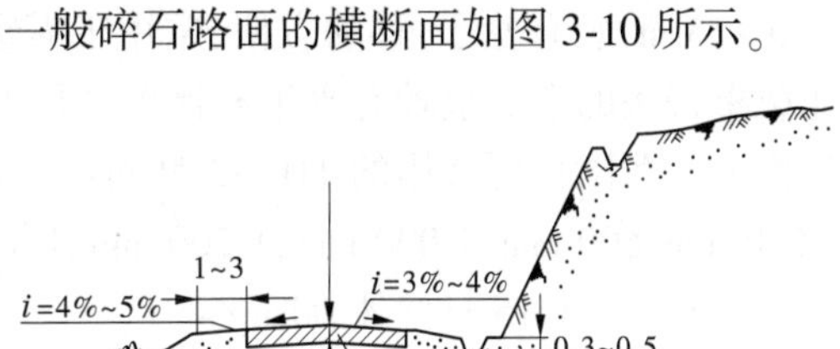


图3-10　汽车碎石路面的横断面图　(单位:m)

汽车运输线路的布置一般采用双线(往复)或环形两种,运输线路的布置及线路条数必须满足昼夜运输量的要求。

### (二)拖拉机运输

拖拉机运输是以拖拉机牵引拖车进行运输。拖拉机有履带式和轮胎式两种。履带式牵引力大、对道路要求低、对地面压强小,但行驶速度慢,适用于运距短、道路不良而汽车运行困难的情况。轮胎式拖拉机对于道路的要求与汽车相同,行驶速度较大,适用于运距较大的情况。

### (三)带式运输机

带式运输机是一种连续式运输设备,生产率高,机身结构简单、轻便,造价低廉;可做水平运输,也可做斜坡运输,而且可以转任何方向;在运输中途任何地点都可卸料;适用于地形复杂、坡度较大和跨越沟壑的情况;特别适用于运输大量的粒状材料。

带式运输机由胶带(通常称皮带)、两端的鼓筒、承托带条的辊轴、拉紧装置、机架和喂料、卸料设备等部分组成。按照运输机能否移动分为固定式和移动式两种,如图 3-11 所示。

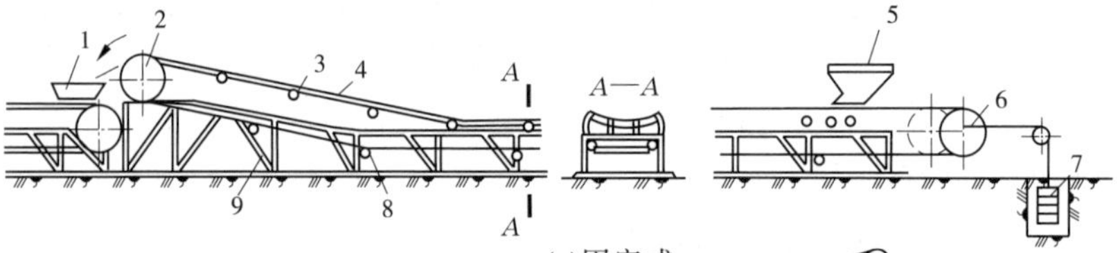

(a)固定式

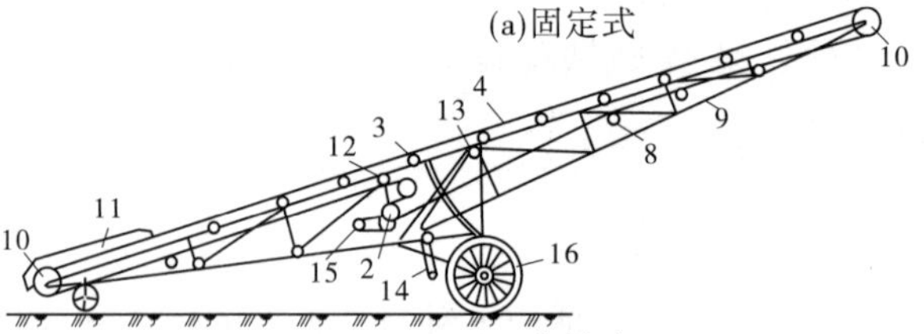

(b)移动式

1—卸料槽;2—主动鼓筒;3—承托轴承;4—带条;5—喂料器;6—拉紧鼓筒;7—拉紧装置;8—空载轴承;9—机架;10—鼓筒;11—装料器;12—转向鼓筒;13—活动关节;14—手动绞车;15—电动机;16—移动轮。

**图 3-11　带式运输机**

固定式带式运输机没有行走装置,多用于运距较长的且线路固定的情况,移动式带式运输机长 5~15 m,装有轮子,移动方便,常用于需经常移动的短距离的运输。

承托载重带条的上层辊轴有水平和槽形两种形式。带式输送机组成见图 3-12。一般常用的是槽形。我国目前常用的 TD-72 型固定式带式运输机,其胶带的宽度有 300 mm、400 mm、650 mm、800 mm、1 000 mm、1 200 mm、1 400 mm、1 600 mm 等,带速为 1.25 m/s、1.60 m/s、2.50 m/s、3.15 m/s、4.00 m/s。

为了均匀而连续地向带条上装料,通常用喂料器,其类型见图 3-13。料斗上方是储料斗,下方是喂料器。为了减少运输皮带的磨损,装料方向应和带条的运动方向一致。

卸料可以在尾部也可在中部。当在运输机尾端卸料时,在尾端鼓筒处装设滑槽或卸料斗;当在运输机中部卸料时,可装设卸料小车或挡板,如图 3-14 所示。

### (四)索道运输

索道运输是一种架空式运输。在地形崎岖复杂的地区,用支塔架立起空中索道,运料

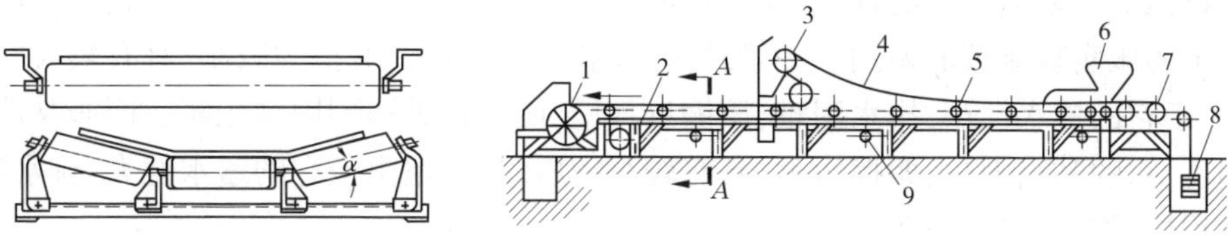


(a) (b)

1—驱动滚筒;2—金属支架;3—卸料小车;4—带条;5—上托辊;
6—装料装置;7—张紧装置;8—重物;9—下托辊。

**图 3-12 带式输送机组成**

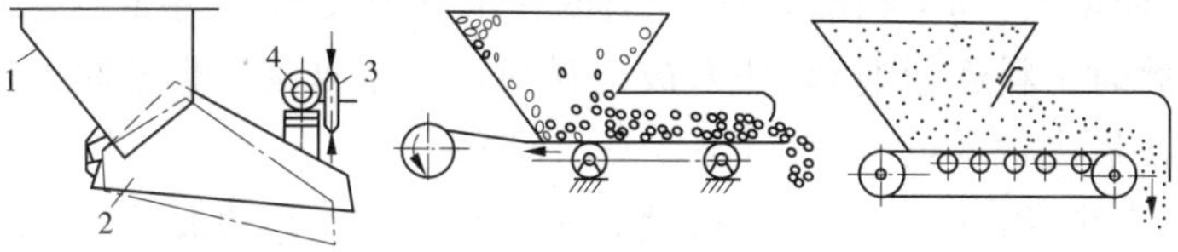


(a)振动式 (b)往复式 (c)带式

1—料斗;2—振动槽;3—调整螺栓;4—振动器。

**图 3-13 喂料器**

(a) 卸料小车 (b) 挡板

**图 3-14 卸料装置**

斗沿索道运送土料、砂石料、碎石等。特别是由高处向低处运送材料时,利用索道的自重下滑,不需要动力,更为经济。当用索道由低处向高处或水平运土时,则需由动力设备通过牵引索拖动。

# 任务三 土料压实

## 一、土料压实基本理论

土是松散颗粒的集合体,其自身的稳定性主要取决于土料内摩擦力和黏结力。而土料的内摩擦力、黏结力和抗渗性都与土的密实性有关,密实性越大,物理力学性能越好。例如,干表观密度为 1.4 $t/m^3$ 的砂壤土,压实后若提高到 1.7 $t/m^3$,其抗压强度可提高 4 倍,渗透系数将降至原来的 1/200。由于土料压实,可使坝坡加陡,减少工程量,加快施工进度。

码 3-1 微课-土料压实

土料压实效果与土料的性质、颗粒组成与级配、含水量以及压实功能有关。黏性土与非黏性土的压实有显著的差别。一般黏性土的黏结力较大,摩擦力较小,具有较大的压缩性,但由于它的透水性小,排水困难,压缩过程慢,所以很难达到固结压实。而非黏性土料正好相反,它的黏结力小,摩擦力大,具有较小的压缩性,但由于它的透水性大,排水容易,压缩过程快,能很快达到密实。

土料颗粒大小与组成也影响压实效果。颗粒越细,空隙比就越大,就越不容易压实。所以黏性土压实干表观密度低于非黏性土压实干表观密度。颗粒不均匀的砂砾料,比颗粒均匀的砂砾料达到的干表观密度要大一些。

含水量是影响黏土压实效果的重要因素之一。当压实功能一定时,黏土的干表观密度随含水量增加而增大,并达到最大值,此时的含水量为最优,大于此含水量后,干表观密度会减小,因为此时土料逐渐饱和,外力被土料内自由水抵消。非黏性土料的透水性大,排水容易,不存在最优含水量,含水量不作专门控制。

压实功能的大小也影响着土料干表观密度的大小。压实功能增加,干表观密度也随之增大,而最优含水量随之减少。说明同一种土料的最优含水量和最大干表观密度,随压实功能的改变而变化,这种特性对于含水量过低或过高的土料更为显著。

## 二、土料压实方法与机械

### (一)压实方法

压实方法按其作用原理分为碾压、振动和夯击三类,如图 3-15 所示。

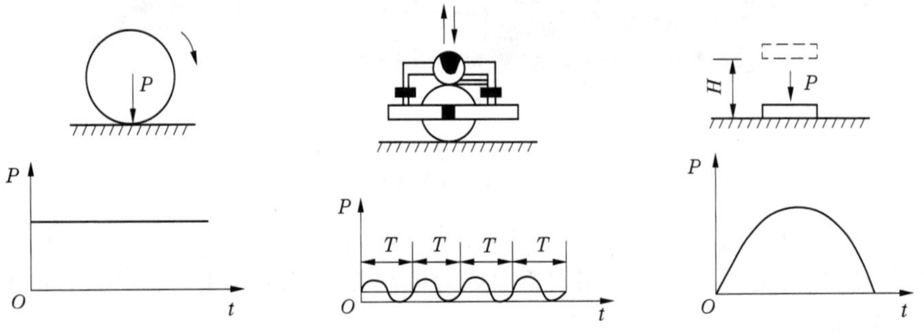


(a)碾压法　(b)振动法　(c)夯击法

**图 3-15　土料压实方法**

碾压和夯击用于各类土,振动法仅适用于砂性土。根据压实原理,制成各种机械。

码 3-2　图片-羊足碾

### (二)压实机械

常用的机械有平碾、肋形碾、羊足碾、气胎碾、振动碾、蛙夯等,如图 3-16 所示。

1. 羊足碾

羊足碾是碾的滚筒表面设有交错排列的柱体,形若羊足。碾压时,羊足插入土料内部,使羊足底部土料受到正压力,羊足四周侧面土料受到挤压力,碾筒转动时土料受到羊足的揉搓力,从而使土料层均匀受压,压实层厚,层间结合好,压实度高,压实质量好,但仅适用于黏土。非黏性土压实中,由于土颗粒产生竖向及侧向移动,效果不好。

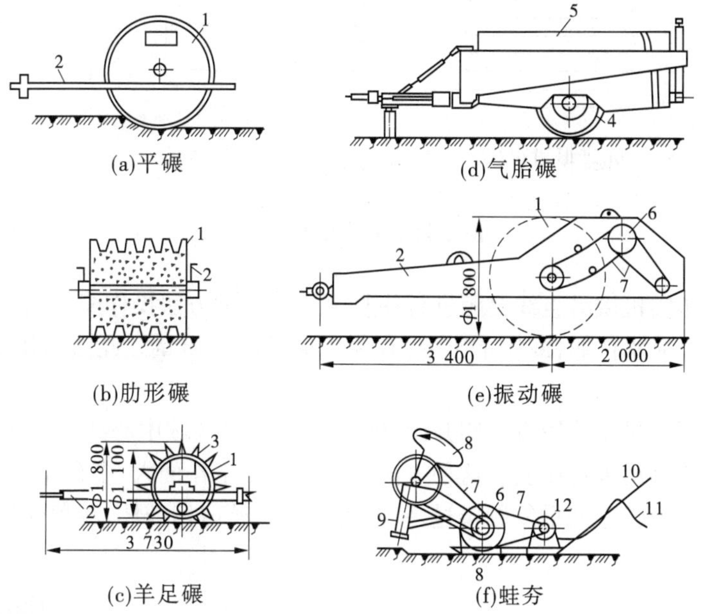


1—碾轮;2—机架;3—羊足;4—充气轮胎;5—压重箱;6—主动轮;
7—传动皮带;8—偏心块;9—夯头;10—扶手;11—电缆;12—电动机。

**图 3-16 常用的土料压实机械** (单位:mm)

2. 气胎碾

气胎碾是利用充气轮胎作为碾子,由拖拉机牵引的一种压实机械。这种碾子是一种柔性碾,碾压时碾和土料共同变形。胎面与土层表面的接触压力与碾重关系不大,增加碾重(可达几十吨至上百吨),可以增加与土层的接触面积,从而增大压实影响深度,提高生产率。它既适用于黏性土的压实,也可以压实砂土、砂砾石、黏土与非黏性土的结合带等。与羊足碾联合作业效果更佳,如用气胎碾压实,用羊足碾收面,有利于上下层结合;用羊足碾碾压,用气胎碾收面,有利于防雨。

**码 3-3 图片-气胎碾**

3. 振动碾

振动碾是一种具有静压和振动双重功能的复合型压实机械。常见的类型是振动平碾,也有振动变形(表面设凸块、肋形、羊足等)碾。它是由起振柴油机带动碾滚内的偏心轴旋转,通过连接碾面的隔板,将振动力传至碾滚表面,然后以压力波的形式传到土体内部。非黏性土的颗粒比较粗,在这种小振幅、高频率的振动力的作用下,摩擦力大大降低,由于颗粒不均匀、惯性力大小不同而产生相对位移,细粒滑入粗粒孔隙而使空隙体积减小,从而使土料达到密实。

由于振动力的作用,土中的应力可提高 4~5 倍,压实层达 1 m 以上,有的高达 2 m,生产率很高。它可以有效地压实堆石体、砂砾料和砾质土,也能压实黏性土,是土坝砂壳、堆石坝碾压必不可少的工具,应用非常广泛。

以上压实机械压实土料的方法有进退错距法和圈转套压法两种,如图 3-17 所示。

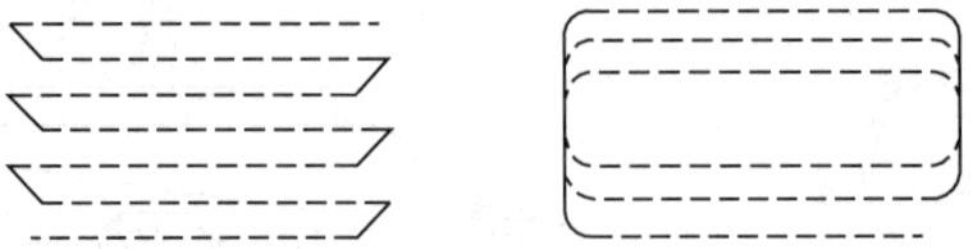

(a)进退错距法　(b)圈转套压法

图 3-17　碾压方式

进退错距法:压实机械沿直线错距进行往复碾压。这种方法操作简单,容易控制压实参数,便于组织分段流水作业,漏压重压少,有利于保证压实质量。此法适用于工作面狭窄的情况。

圈转套压法:压实机械从填方一侧开始,转弯后沿压实区域中心线另一侧返回,逐圈错距,以螺旋形线路移动进行压实。这种方法适用于碾压工作面大,多台碾具同时碾压的情况,生产效率高。但转弯处重复碾压过多,容易引起超压剪切破坏,转角处易漏压,难以保证工程质量。

4. 夯实机械

夯实机械是一种利用冲击能来击实土料的一种机械,有强夯机、挖掘机夯板等,既可用于夯实砂砾料,也可用于夯实黏性土。它适用于在压实机械难以施工的部位压实土料。

码 3-4　图片-夯实机械

1) 强夯机

强夯机是一种发展很快的强力夯实机械。它由高架起重机和铸铁块或钢筋混凝土块做成的夯砣组成。夯砣的质量一般为 10~40 t,由起重机提升 10~40 m 高后自由下落冲击土层,影响深度达 4~5 m,压实效果好,生产率高,用于杂土填方、软基及水下地层。

2) 挖掘机夯板

挖掘机夯板是一种用起重机械或正向铲挖掘机改装而成的夯实机械。其结构见图 3-18。夯板一般做成圆形或方形,面积约 1 $m^2$,质量为 1~2 t,提升高度为 3~4 m。其主要优点是压实功能大,生产率高,有利于雨季、冬季施工。当石块直径大于 50 cm 时,工效大大降低,当压实黏土料时,表层容易发生剪力破坏,目前来看有逐渐被振动碾取代的趋势。

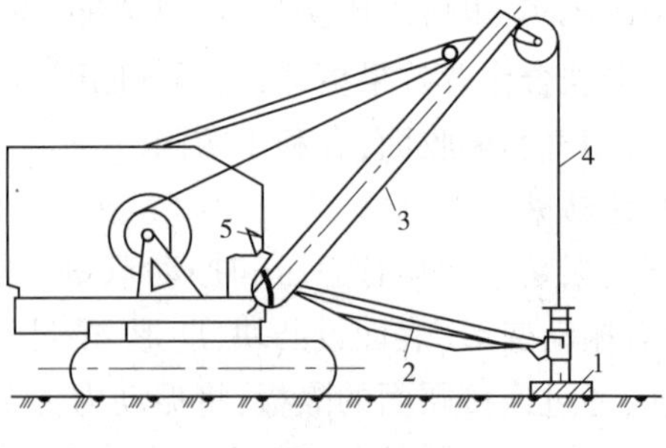


1—夯板;2—控制方向杆;3—支杆;4—起重索;5—定位杆。

图 3-18　挖掘机夯板示意图

## 三、压实标准及参数确定

### (一)压实标准

毫无疑问,土料压实越好,物理力学性能越高,坝体质量越有保证。但对土料过分压实,不仅提高了费用,还会造成剪力破坏。因此,应确定合理的压实标准。

1. 黏性土的填筑标准

含砾和不含砾的黏性土的压实标准,应以压实度和施工含水量这两个指标来控制。设计干密度应以击实最大干密度乘以压实度求得。

1)压实度

压实度可用击实试验来确定。我国采用南实仪 25 击[89.75 (t·m)/m³]作为标准压实功能,得出一般不少于 25~30 组最大干密度的平均值 $\gamma_{dmax}$(t/m³)作为依据,从而确定设计干密度,即密实度 $\gamma_d$(t/m³):

$$\gamma_d = \lambda_c \gamma_{dmax} \tag{3-4}$$

式中 $\lambda_c$——压实度,一般 1、2 级坝及高坝,采用 98%~100%,3 级中低坝及 3 级以下的中低坝采用 96%~98%,设计地震烈度为 8 度、9 度的地区,宜取上述规定的大值。

2)施工含水量

施工含水量是由标准击实条件时的最大干密度确定的,最大干密度对应的最优含水量是一个点值,而实际的天然含水量总是在某一个范围变动,为适应施工的要求,必须围绕最优含水量规定一个范围,即含水量的上下限。在击实曲线上以设计干密度值作水平线与曲线相交的两点就是施工含水量的控制范围,如图 3-19 所示。

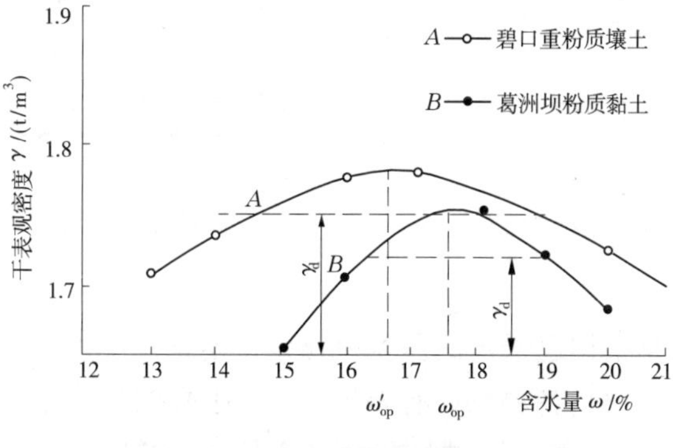


图 3-19 设计干密度与施工含水量范围

2. 非黏性土的压实标准

砂土及砂砾石的压实标准应以相对密度 $D_r$ 为设计控制指标。砂砾石的相对密度不应低于 0.75,砂的相对密度不应低于 0.7,反滤料的相对密度不应低于 0.7。

3. 石渣及堆石体

石渣及堆石体作为坝壳填筑料,压实指标一般用空隙率表示。根据国内外的经验,碾压式堆石坝坝体压实后空隙率应小于 30%,为了防止过大的沉陷,一般规定为 22%~28%。上游主堆石区标准为 21%~25%。

### (二)压实参数确定

根据土料的性质、颗粒大小及组成、压实标准等条件初步确定压实机械的类型后,对于振动碾还应包括振动频率及行走速率,再进一步确定压实参数,使之达到经济合理。最好的方法是进行现场压实试验,确定施工控制含水量、铺土厚度、压实遍数。

### (三)压实试验

现场压实试验是土方工程(如土石坝、渠道、路基工程等)施工中的一项技术措施。通过压实试验核实土料设计填筑指标的合理性,作为选择压实机械类型、施工参数的依据。

1. 试验场地选择

试验场地应平坦、坚实,靠近水源,地形开阔,有水电附属设施。用试验土料先在地基上铺筑一层,压实到设计标准,将这一层作为基层,然后在上面进行压实试验。

2. 试验场地布置

每个试验组合面积为:黏土不小于 5 m×2 m(长×宽);砾石土、风化砾石土、砂及砂砾不小于 4 m×8 m;卵漂石、堆石料不小于 6 m×10 m。由于碾压时产生侧向挤压,因此试验区的两侧应各留出一个碾宽,试验区的两端各留出 4~5 m(黏土)或 8~10 m(堆石料)作为非试验区,以满足停车和错车的要求。黏性土及堆石料场试验布置如图 3-20、图 3-21所示。

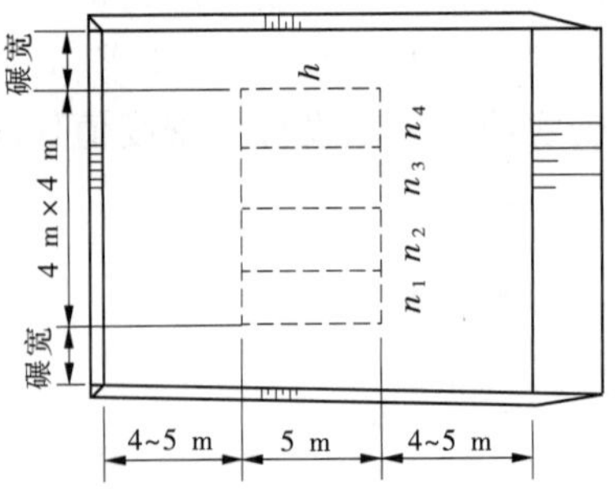


图 3-20 黏性土碾压场地布置

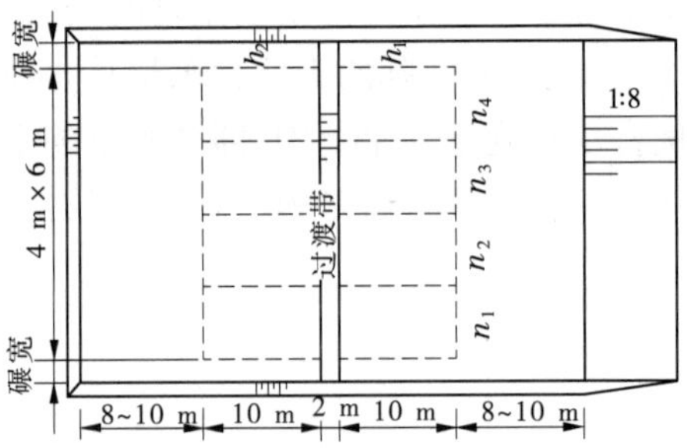


图 3-21 堆石料压实场地布置

3. 试验参数

土料的压实试验,是根据已选定的压实机械来确定铺土厚度、压实遍数及相应的含水量。应选择有代表性的土料,各料场如有差异,应分别试验,可参照表 3-6。

表 3-6 试验的铺土厚度和压实遍数

| 序号 | 压实机械名称 | 铺土厚度 $h$ | 压实遍数 $n$ | |
|---|---|---|---|---|
| | | | 黏土 | 非黏性土 |
| 1 | 80 型履带拖拉机 | 10—13—16 | 6—8—10—12 | 4—6—8—10 |
| 2 | 10 t 平碾 | 16—20—24 | 4—6—8—10 | 2—4—6—8 |
| 3 | 5 t 双联羊足碾 | 19—23—27 | 8—11—14—18 | |
| 4 | 30 t 双联羊足碾 | 50—25—65 | 4—6—8—10 | |
| 5 | 13.5 t 振动碾 | 75—100—150 | | 2—4—6—8 |
| 6 | 25 t 气胎碾 | 28—34—40 | 4—6—8—10 | 2—4—6—8 |
| 7 | 50 t 气胎碾 | 40—50—60 | 4—6—8—10 | 2—4—6—8 |
| 8 | 2~3 t 夯板 | 80—100—150 | 2—4—6 | 2—3—4 |

4. 试验方法

试验组合方法一般采用淘汰法,也叫逐步收敛法。此法每次变动一种参数,固定其他参数,通过试验求出该参数的适宜值,依次类推。待各项参数选定后,用选定参数进行复核试验。这种方法的优点是,效果相同时而试验总数较少。一般试验可完成十几个或几十个组合试验。每场只变动一种参数,一般一场试验布置 4 个组合试验。

5. 压实试验记录

按不同压实遍数($n$)、不同铺土厚度($h$)和不同含水量($\omega$)进行压实、取样。每一个组合取样数量为:黏土、砂砾石 10~15 个,砂及砂砾 6~8 个,堆石料不少于 3 个。分别测定干密度、含水量、颗粒级配,将实测数据填入表 3-7。

表 3-7　设计干密度 $\gamma_d$ 测定成果表

| $n$ | $h_1$ | | | | $h_2$ | | | | $h_3$ | | | | $h_4$ | | | |
|---|---|---|---|---|---|---|---|---|---|---|---|---|---|---|---|---|
| | $\omega_1$ | $\omega_2$ | $\omega_3$ | $\omega_4$ | $\omega_1$ | $\omega_2$ | $\omega_3$ | $\omega_4$ | $\omega_1$ | $\omega_2$ | $\omega_3$ | $\omega_4$ | $\omega_1$ | $\omega_2$ | $\omega_3$ | $\omega_4$ |
| $n_1$ | | | | | | | | | | | | | | | | |
| $n_2$ | | | | | | | | | | | | | | | | |
| $n_3$ | | | | | | | | | | | | | | | | |
| $n_4$ | | | | | | | | | | | | | | | | |

6. 试验成果整理与分析

根据上述压实试验成果,进行综合整理分析,以确定满足设计干密度要求的最合理压实参数,步骤如下:

(1)根据干密度测定成果表,绘制不同铺土厚度、不同压实遍数土料含水量和干密度的关系曲线,如图 3-22 所示。

(2)从图 3-23 上查出最大干密度对应的最优含水量,填入最大干密度与最优含水量汇总表,如表 3-8 所示。

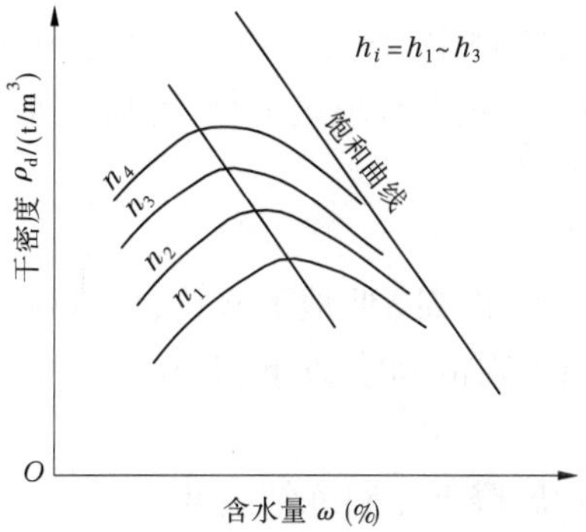


图 3-22　铺土厚度、压实遍数与干密度、含水量关系曲线

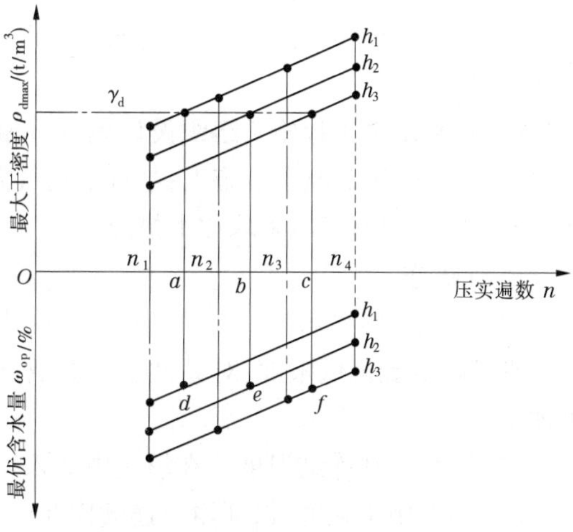


图 3-23　铺土厚度、压实遍数与最大干密度、最优含水量关系曲线

表 3-8　最大干密度与最优含水量汇总表

| $h$ | $h_1$ | | | | $h_2$ | | | | $h_3$ | | | | $h_4$ | | | |
|---|---|---|---|---|---|---|---|---|---|---|---|---|---|---|---|---|
| $n$ | | | | | | | | | | | | | | | | |
| 最大干密度 | | | | | | | | | | | | | | | | |
| 最优含水量 | | | | | | | | | | | | | | | | |

(3)根据表 3-8 绘制出铺土厚度、压实遍数和最优含水量、最大干密度关系曲线如图 3-23 所示。

(4)根据设计干密度 $\gamma_d$,从图 3-23 曲线上分别查出不同铺土厚度时所对应的压实遍数 $a$ 、$b$ 、$c$ 和最优含水量 $d$ 、$e$ 、$f$ ,分别计算 $h_1/a$ 、$h_2/b$ 及 $h_3/c$ 之值(单位压实遍数的压实厚度)进行比较,以单位压实遍数的压实厚度最大者为最经济合理。

由图 3-23 曲线上,根据设计干密度 $\gamma_d$ 分别查取不同铺土厚度所需的压实遍数 $a$、$b$、$c$ 及相应的最优含水量 $d$、$e$、$f$,然后计算压实遍数与铺土厚度比值,即 $a/h_1$、$b/h_2$、$c/h_3$,取最小者。因为单位铺土厚度的压实遍数最少,需要压实功最小,最经济合理。确定了合理的压实参数后,将选定的含水量控制范围与天然含水量比较,看是否便于施工控制;否则,适当改变含水量或其他参数再进行试验。

# 任务四　土料冬雨季施工

## 一、土料冬季施工

我国北方地区,冬季时间长,天气寒冷,给土方工程带来很大困难。当气温降至 0 ℃以下,土料中发生水分迁移,结冰形成硬土层,难以压实。由于水的体积受冻后产生膨胀,使土粒间的距离被扩大,破坏了土层结构,化冻后的土料变得疏松,降低了土料的密度。黏性土受冻时,水分迁移慢,有一定的抗冻性;非黏性土受冻时,土粒粗,水分迁移快,极易受冻。

按《水利水电工程施工组织设计规范》(SL 303—2017)规定,当日平均气温低于 0 ℃时,黏性土料应按低温季节施工;当日平均气温在-10 ℃,一般不宜填筑土料,否则应进行技术论证。低温施工应采取如下措施。

### (一)防冻

(1)降低土料含水量。在入冬前,采用明沟截、排地表水或降低地下水位,使砂砾料的含水量降低到最低限度;对黏性土将其含水量降低到塑限的 90%以下,并在施工中不再加水。

(2)降低土料冻结温度。在填土中加入一定量的食盐,降低土料冻结温度。

(3)加大施工强度,保证填土连续作业。采用严密的施工组织,严格控制各工序的施工速度,使土料在运输和填筑过程中的热量损失最小,下层土料未冻结前被新土迅速覆盖,以利于上下层间的良好结合。发现冻土应及时清除。

**(二)保温**

(1)覆盖隔热材料。对开挖面积不大的料场,可覆盖树枝、树叶、干草、锯末等保温材料。

(2)覆盖积雪。积雪是天然的隔热保温材料,覆盖一定厚度的积雪可以达到一定的保温效果。

(3)冰层保温。采取一定措施,在开挖土料表面形成10~15 cm厚度冰层,利用冰层下的空气隔热对土料进行保温。

(4)松土保温。在寒潮到来前,对将要开采的料场表层土料翻松、击碎,并平整至5~35 cm厚,利用松土内的空气隔热保温。

一般来讲,开采土料温度不低于5~10 ℃,压实温度不低于2 ℃,便能保证土料的压实效果。

**(三)加热**

当气温低、风速过大,一般保温措施不能满足要求时,采用加热和保温相结合的暖棚作业,在棚内用蒸汽或火炉升温。蒸汽可以用暖气管或暖气包放热。暖棚作业费用高,只有在冬季较长、工期很紧、质量要求很高、工作面狭长的情况下使用。

### 二、土料雨季施工

在多雨的地区进行土方工程施工,特别是黏性土,常因含水量过大而影响施工质量和施工进度。因此,规范要求:土料施工尽可能安排在少雨季节,若在雨季或多雨地区施工,应选用合适的土料和施工方法,并采取可靠的防雨措施。雨季作业通常采取以下措施:

(1)改进黏性土特性,使之适应雨季作业。在土料中掺入一定比例的砂砾料或岩石碎屑,滤出土料中的水分,降低土料含水量。

(2)合理安排施工,改进施工方法。对含水量高的料场,采用推土机平层松土取料,以利于降低含水量;晴天多采土,加以翻晒,堆成土堆,并将土堆表面压实抹光,以利排水,形成储备土料的临时土库,即所谓的"土牛";充分利用气象预报,晴天安排黏性土施工,雨天安排非黏性土施工。

(3)增加防雨措施,保证更多有效工作日。对作业面不大的土方填筑工程,雨季施工可以采用搭建防雨棚的方法,避免雨天停工;或在雨天到来时,用帆布或塑料薄膜加以覆盖;当雨量不大,降雨历时不长,可在降雨前迅速撤离施工机械,然后用平碾或振动碾将土料表面压成光面,并使其表面向一侧倾斜,以利排水。

## 复习思考题

**一、名词解释**

1. 土的干密度;2. 土的含水量;3. 土的可松性;4. 自然方;5. 单斗挖掘机;6. 机械技术生产率;7. 机械实用生产率;8. 最优压实参数。

**二、填空题**

1. 广义上的土包括______和______两大类。

2. 土方施工中常说的土方,它的三个名称是______、________、________。

3. 土的工程特性指标有土的______、______、______、______。

4. 土方开挖,一般采用机械施工,用于土方开挖的机械有______、______、______、______。

5. 单斗挖掘机按铲土方向和铲土原理分为______、______、______、______四种类型。

6. 铲运机械能同时完成开挖、运输和卸土任务,这类机械常用的有______、______、______等。

7. 土方运输的类型有______、______、______、______。

8. 土料压实效果与______、______、______、______等因素有关,压实方法按其原理分为______、______、______三类。

9. 土料压实最常用的机械有______、______、______、______四种类型。

10. 土料现场压实试验的步骤有______、______、______、______、______、______。

## 三、选择题

1. 岩石的级别是Ⅴ,这种岩石是(　　)。

A. 松软岩石　　B. 中硬岩石　　C. 坚硬岩石

2. 土坝设计方量是指(　　)。

A. 自然方　　B. 松方　　C. 压实方

3. 铲土能力最大的挖掘机是(　　)。

A. 反铲挖掘机　　B. 正铲挖掘机　　C. 抓铲挖掘机

4. 机械工作特点不同,确定挖运方案时,循环式工作的挖掘机械应和(　　)运输机械配套。

A. 连续式　　B. 循环式　　C. 间歇式

5. 在地形复杂、坡度较大、跨越沟壑的情况下,运输大量的粒状土料,应选择(　　)。

A. 无轨运输　　B. 有轨运输　　C. 带式运输机运输

6. 挖掘机和自卸汽车配套进行土方挖运作业时,合理的装车斗数应为(　　)斗。

A. 12　　B. 3~5　　C. 6~8

7. 黏土心墙压实中,当压实标准要求较高时,应采用(　　)。

A. 平碾　　B. 羊足碾　　C. 振动碾

8. 按《水利水电工程施工组织设计规范》(SL 303—2017)规定,日平均气温低于(　　)℃时,黏性土料按低温季节施工。

A. 0　　B. -5　　C. 5

9. 在土料压实中,对含水量影响最大的土料是(　　)。

A. 砂土　　B. 黏土　　C. 堆石

## 四、问答题

1. 土方工程施工运用的主要机械有哪几种类型?

2. 单斗挖掘机有哪几种类型?适用条件是什么?

3. 土方运输有哪几种类型?应用条件是什么?

4. 羊足碾、气胎碾、振动碾各适合压实哪几种土料？

5. 土方冬季施工应采取哪些措施？

## 五、论述题

1. 如何进行压实试验？压实参数如何选取？

2. 简述土方工程施工全过程。

## 六、计算题

某砂砾料填实工程，压实后方量为 63.6 万 $m^3$，设计干密度为 1.98 $t/m^3$，砂砾料的自然表观密度为 1.94 $t/m^3$，含水量为 5%，有效工作日数为 312 d，三班作业，如果采用 WD-100 正向铲挖掘机与自卸汽车配合（挖掘机转 90°装车，最佳掌子面高度），不计设备备用量，不计开挖、运输、压实、沉陷等各种土料损失，不考虑土的级别修正，时间利用系数为 0.75，可松性系数为 1.25，试计算需要的挖掘机台数。

# 项目四　模板工程

【学习目标】

1. 了解模板的作用、分类及基本要求；

2. 掌握模板的受力分析及刚度、稳定性验算；

3. 掌握模板制作、安装方法、拆除时间及拆除注意事项。

【技能目标】

1. 能根据工程特点，正确地选择模板的类型；

2. 能独立进行模板量计算及受力分析；

3. 能根据工程施工的要求，控制模板施工质量。

【思政目标】

1. 通过学习，让学生了解我国模板技术发展的水平，培养学生的民族自豪感，增强专业自信；

2. 培养学生爱岗敬业、精益求精、技术精湛、追求卓越的工匠精神；

3. 具有时代担当、勇于创新的精神。

## 任务一　模板的类型

### 一、模板概述

模板作业是钢筋混凝土工程的重要辅助作业，具有工程量大、材料和劳动力消耗多等特点。在一般混凝土工程中，模板安拆劳动量占总劳动量的30%~60%，模板费用占混凝土工程造价的15%~30%，在大体积混凝土中也占到5%~15%。因此，选择经济合理、施工方便的模板形式就成为施工组织设计的重要内容。

模板是保证混凝土浇筑后达到规定的形状、尺寸和相互位置的结构物，一般由面板、围囹(或肋)及其支撑结构和锚固件等组成。它对混凝土具有支撑、成型、保护的作用，某些模板还有改善混凝土表面质量的作用，如真空模板和混凝土预制模板。因此，模板应满足以下要求：

(1)按支撑作用，要求模板具有足够的强度、刚度和稳定性，能可靠地承受各项施工荷载；按成型作用，要求模板拼装严密、准确，表面平整、不漏浆，不超过允许偏差，保证浇筑块成型后的形状、尺寸符合设计规定；按保护作用，应利于混凝土凝固硬化，提高混凝土表面强度。

(2)施工要求。模板应结构简单，制作、安装和拆除方便、安全，力求模板标准化、系列化，提高重复使用次数，有利于混凝土工程机械化施工。

(3)节约木材。应优先选用钢模板,少用木材。

## 二、模板的分类

码 4-1　微课-模板的基本类型

模板按形状分为平面模板和曲面模板。平面模板主要用于结构物表面顺直处,如建筑物侧模或某些构件底模,在工程中用量较大。曲面模板主要用于建筑物或构件表面呈弧形或不规则的特殊部位,如廊道、隧洞、溢流面、进水口扭曲面、蜗壳、尾水管等,在工程中用量相对较少。

模板按受力条件分为承重模板和非承重模板(侧面模板)。承重模板主要承受混凝土重量和施工中的垂直荷载;侧面模板主要承受新浇混凝土的侧压力。侧面模板按其支撑受力方式,又可分为简支模板、悬臂模板和半悬臂模板。

模板按制作材料分为木模板、钢模板、混凝土模板和钢筋混凝土预制模板、钢木模板、铝合金模板、塑料模板、竹压模板、胶合板模板等。木模板具有加工方便、重量轻、保温性好等优点,但强度低,易变形翘曲,周转次数少;钢模板正好相反,所以工程中常用木模板做面板,钢材做肋和支撑。模板的材料宜选用钢材、胶合板、塑料等,尽量少用木材。

模板按使用特点分为固定式、拆移式、移动式和滑动式。固定式模板多用于起伏的基础部位或特殊的结构,如蜗壳或扭曲面。因其大小不等、形状各异,所以难以重复使用(一般使用一两次)。拆移式模板、移动式模板和滑动式模板可重复使用或连续使用在形状一致的部位上,有利于实现标准化和系列化。但其使用方式有所不同:拆移式模板需要拆散移动;移动式模板的车架装有行走车轮,可沿专用轨道使模板整体移动(如隧洞施工中的钢模台车);滑动式模板是以千斤顶或卷扬机为动力,可在混凝土连续浇筑过程中,使模板紧贴混凝土面滑动(如闸墩施工中的滑模)。

## 三、模板的基本形式

### (一)平面木模板

木模板由木材加工制作,其制作装拆方便和适应性强,主要用于一些曲面或形状不规则的结构部位,也用于不足模数的钢模板镶补。

平面木模板由面板、肋木和支架三个基本部分组成,平面标准木模板尺寸为大型:100 cm×(325~525)cm,小型:(75~100)cm×150 cm。前者适用于 3~5 m 高的浇筑块,需小型机具吊装;后者适用于薄层浇筑,可人力搬运,如图 4-1 所示。

架立模板的支架,常用围囹和桁架梁,如图 4-2 所示。桁架梁多用方木和钢筋制作。立模时,将桁架梁下端插入预埋在下层混凝土块内的 U 形铁件中。当浇筑块较薄时,上端用钢拉条对拉;当浇筑块较大时,采用斜拉条固定,以防模板变形。钢筋拉条直径大于 8 mm,间距为 1~2 m,斜拉角度为 30°~40°。

标准木模板需手工操作架立安装,劳动强度大、烦琐费时;而且仓内用拉筋支撑模板,妨碍混凝土的运输与平仓振捣,以致经常发生吊罐、平仓机碰坏拉筋的现象,不利于机械化施工,影响混凝土质量和工程进度。另外,标准木模板木材消耗量大,目前已经较少使用。

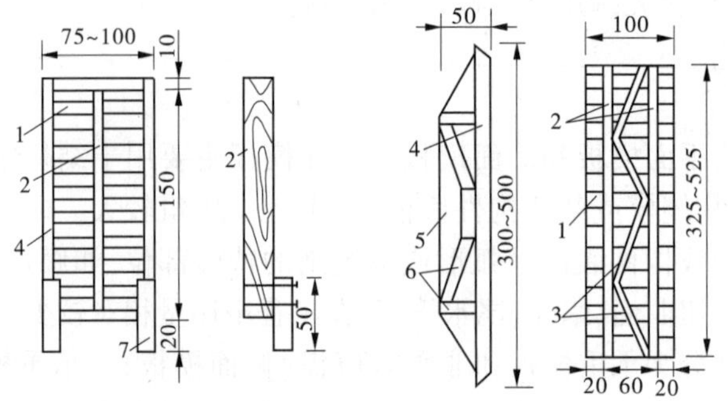


(a)小型　　(b)大型

1—面板;2—肋木;3—加肋筋;4—方木;5—拉条;6—桁架木;7—支撑木。

**图 4-1　平面标准模板**　(单位:cm)

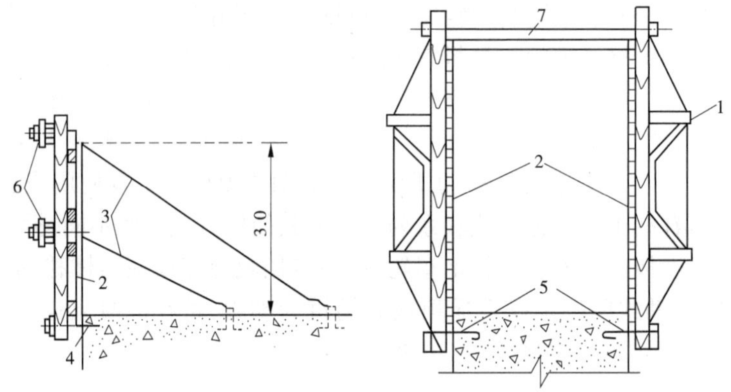


(a)围囹斜拉条架立　　(b)桁架梁架立

1—钢木桁架;2—木面板;3—斜拉条;4—预埋锚筋;5—U 形埋件;6—横向围囹;7—对拉条。

**图 4-2　拆移式模板的架立图**　(单位:m)

### (二)定型组合钢模板

定型组合钢模板由钢模板、连接件和支承件三部分组成,钢模板包括平面钢模板(代号 P)、阳角钢模板(代号 Y)、阴角钢模板(代号 E)、连接角模(代号 J)等通用模板。此外,还有倒棱模板、梁腋模板、柔性模板、搭接模板、可调模板及嵌补模板等专用模板。常用钢模板见图 4-3。

模板的宽度以 50 mm 进级,长度以 150 mm 进级。其规格和型号已做到标准化、系列化。例如,型号 P3015 的钢模板,P 表示平面模板,3015 表示宽×长为 300 mm×1 500 mm。又如,型号为 Y1015 的钢模板,Y 表示阳角模板,1015 表示宽×长为 100 mm×1 500 mm。

钢模板连接件包括 U 形卡、L 形插销、3 形扣件、蝶形扣件、钩头螺栓、紧固螺栓、模板拉杆等,定型组合钢模板连接件见图 4-4。

组合钢模板常用于墙体、梁、柱等现浇钢筋混凝土构筑物的模板工程。在水利工程的施工中,则常用于水闸、混凝土坝、水电站厂房工程。专用于大体积混凝土的悬臂模板的面板也可由组合钢模板组成,还可以组成 6.0 m×7.5 m 的组合梁式大块钢模板,在工程

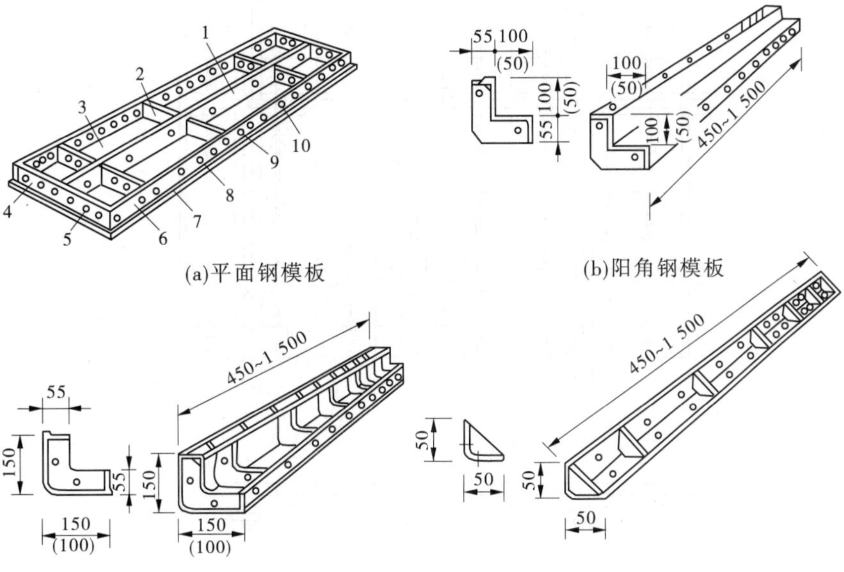


(a)平面钢模板　(b)阳角钢模板

(c)阴角钢模板　(d)连接角模

1—中纵肋；2—中横肋；3—面板；4—横肋；5—插销孔；

6—纵肋；7—凸棱；8—凸鼓；9—U 形卡孔；10—钉子孔。

**图 4-3　钢模板类型**　（单位：mm）

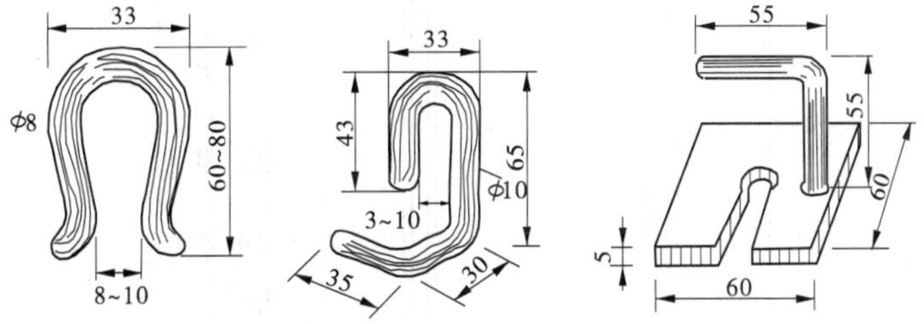


(a)U形卡　(b)回形卡　(c)钢板卡

**图 4-4　定型组合钢模板连接件**　（单位：mm）

中逐渐取代了木模板，如图 4-5 所示。

钢木组合模板由钢木排架和木面板组成，可有效地克服木模板的缺点，一般标准木模板的重复利用次数（周转率）为 5～10 次，而钢木混合模板的周转率为 30～50 次，木材消耗减少 90%以上。由于是大块组装和拆卸，故劳力、材料、费用大为降低。

**（三）悬臂钢模板**

悬臂钢模板由面板、支撑臂（悬臂梁）和预埋连接件组成。面板采用定型组合钢模板拼装或直接用钢板焊制。支撑模板的立柱，有型钢梁和钢桁架两种，视浇筑块高度而定。预埋在下层混凝土内的连接件有螺栓式和插座式（U 形铁件）两种。图 4-6 为悬臂钢模板的一种结构形式。

采用悬臂钢模板，由于仓内无拉条，模板整体拼装，为大体积混凝土机械化施工创造

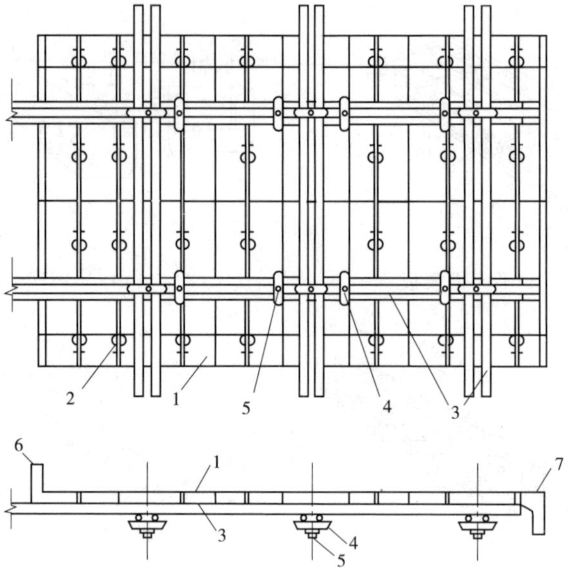


1—钢模板;2—U 形卡;3—钢楞;4—“3”形扣件;5—钩头螺栓;6—阳角模板;7—阴角模板。

**图 4-5　钢模板组合的基本形式**

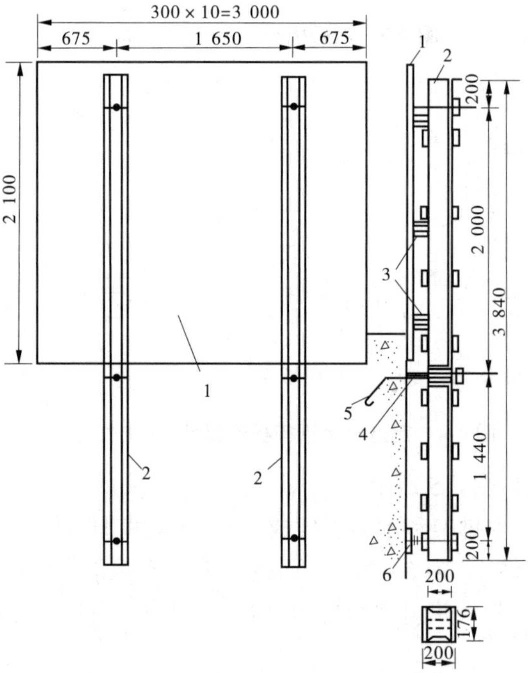


1—面板;2—支臂柱;3—横钢楞;4—紧固螺母;5—预埋螺栓;6—千斤顶螺栓。

**图 4-6　悬臂钢模板**　(单位:mm)

了有利条件,且模板本身安装比较简单,重复使用次数高(可达 100 多次)。但模板质量大(每块模板重 0.5~2 t),需要起重机配合吊装。由于模板顶部容易移位,故浇筑高度受限制，一般为 1.5~2 m。用钢桁架和支撑柱时，高度也不宜超过 3 m。

此外，还有一种半悬臂模板，常用高度有 3.2 m 和 2.2 m 两种。半悬臂模板结构简单、装拆方便，但支撑柱下端固结程度不如悬臂模板，故仓内需要设置端拉条，对仓内作业有影响。

**(四)混凝土及钢筋混凝土模板**

混凝土及钢筋混凝土模板既是模板，也是建筑物的护面结构，浇筑后作为建筑的外壳，不予拆除。水利工程中采用预制混凝土模板，不仅代替木制或钢制的模板，还使混凝土建筑物的表面具有一层防裂、抗冻和耐久性较高的外壳。素混凝土模板靠自重稳定，可做直臂式模板，见图 4-7(a)；也可做倒悬式模板，见图 4-7(b)。钢筋混凝土模板多作为承重模板，用于廊道顶部、空腹坝顶拱、厂房承重板梁等结构部位。

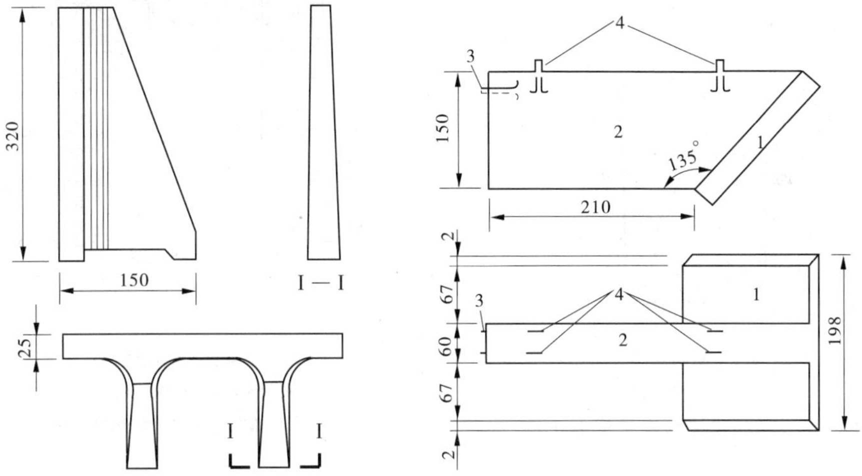


(a)直臂式　　(b)倒悬式

1—面板；2—肋墙；3—连接预埋环；4—预埋吊环。

**图 4-7　混凝土预制模板**　(单位：cm)

预制混凝土和钢筋混凝土模板避免了高架立模，既有利于施工安全，又有利于加快施工进度，节约材料，降低成本。但混凝土模板重量较大，常需起重设备起吊，所以在模板预制时都应预埋吊环。对于不拆除的预制模板，模板与新浇混凝土的结合面需进行凿毛处理。

**(五)移动式模板**

根据建筑物外形轮廓特征，做一段定型模板，在支撑钢架上装上行驶轮，沿建筑物长度方向铺设轨道分段移动，分段浇筑混凝土。移动时，只需顶推模板的花篮螺丝或千斤顶收缩，使模板与混凝土面脱开，模板即可随同钢架移动到拟浇筑部位，再用花篮螺丝或千斤顶调整模板至设计浇筑尺寸，如图 4-8 所示。移动式模板多用钢模板，作为浇筑混凝土墙和隧洞混凝土衬砌使用。

**(六)滑动式模板**

滑动式模板(滑模)，是在混凝土连续浇筑的过程中，可使模板面紧贴混凝土面滑动的模板。滑模按动力可分为液压滑模和牵引滑模两种。液压滑模的滑升,是由空心式千斤顶带动模板沿爬杆向上滑升来完成的,所以这种模板又称为滑升模板。它常用于高度较大、截面变化不大的整体结构的施工,如闸墩、桥墩、井筒等。牵引滑模的滑升,是由卷扬机或千斤顶等设备带动模板沿导轨滑动来完成的,所以这种模板又称为“拉模”。它常用于溢流坝面、隧洞底板等结构的施工。

1. 滑升模板

图4-9为浇筑墩墙结构的一种滑升模板,它主要由模板系统和液压系统两部分组成。其中模板系统包括钢模板、提升架、操作平台及吊架等。液压系统包括油压千斤顶、油管、液压操作机等设备。

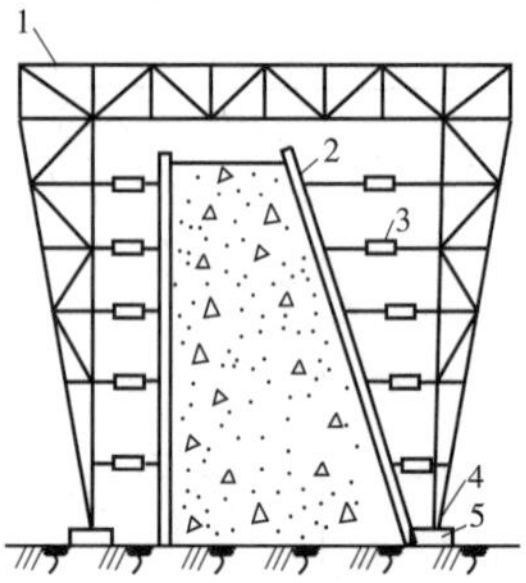


1—支撑钢架;2—钢模板;3—花篮螺丝;
4—行驶轮;5—轨道。

**图4-8　移动式模板浇筑混凝土墙**

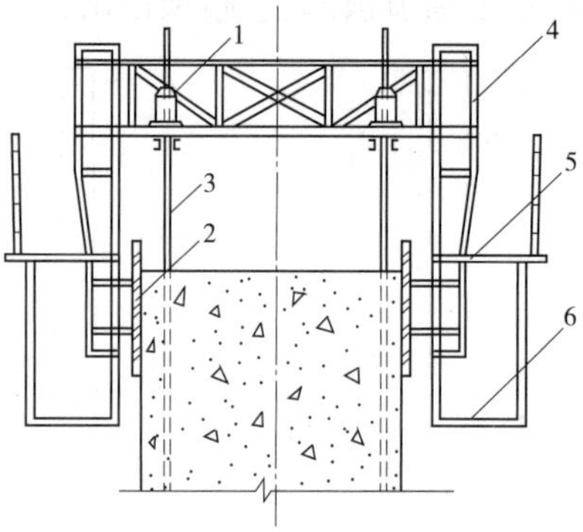


1—液压千斤顶;2—钢模板;3—金属爬杆;
4—提升架;5—操作平台;6—吊架。

**图4-9　滑升模板**

1)模板系统

滑升用的模板应尽量采用组合钢模板,其高度一般为1~1.2 m。为方便滑动,模板应有一定的锥度,一般将模板上口减小0.25%、下口放大0.25%。靠近模板的操作平台,宽度一般为0.8 m,平台上铺以4 cm厚的木板,供操作千斤顶使用。另有悬挂的吊架,供调节模板锥度及修补混凝土缺陷时使用。

提升架将整个滑升模板装置连接成整体,是承受全部模板、操作平台重量和施工荷载的重要部件。提升架将承受的荷载传给金属爬杆,应具有足够的强度和刚度,宜做成桁架式围囹,桁架间距一般为1.5~2.5 m。

2)千斤顶

目前应用较普遍的是HQ-30型液压空心式千斤顶,其起重量为3.5 t,工作行程30 mm,最大油压9 800 kPa ,油容量0.143 L,爬升速度0.09 m/min,自重13 kg。爬杆插入千斤顶中心孔后,由于上、下卡头在循环工作中交替卡紧爬杆(一紧一松),故千斤顶只能沿爬杆提升,不能下降。

3)滑升工艺

滑升工艺的关键是正确掌握滑升时间和滑升速度。滑升早了,混凝土尚未凝固,脱模后将会坍塌;滑升晚了,混凝土与模板凝结,会将混凝土拉裂。因此,滑升时要求新浇混凝土达到初凝，并具有 1.5×10⁵ Pa 的强度。实际施工是在模板固定的情况下，分层浇筑 60~70 cm 的混凝土。浇筑完毕后 3~4 h，即可将模板试升 5 cm（不允许模板滑升与混凝土浇筑同时进行）。如试升脱模的混凝土用手按时有指纹，但砂浆不粘手，则说明模板可以正式滑升。

模板滑升速度受气温影响较大，一般气温为 20~25 ℃时，平均滑升速度为 20~30 cm/h。若因事故中途停止浇筑，应每隔 1 h 滑升 1 次，每次滑升 3 cm。当混凝土掺有速凝剂或采用较小的坍落度时，均有利于提高滑升速度。

2. 牵引滑动模板

溢流面采用的牵引滑动模板（拉模）（见图 4-10），主要由钢面板及其支承的钢桁架、导轨和牵引设备等组成。钢桁架由型钢焊制，必要时可在桁架上加设配重，以承受新浇混凝土的浮托力。导轨采用工字钢制作，其形状应与溢流面表面轮廓完全一致。牵引设备可采用慢速卷扬机或千斤顶。施工时，应先将下层混凝土浇成 1~1.5 m 高的台阶形，并预埋固定导轨用的螺栓。新浇混凝土厚度一般不小于 0.8 m，以保证溢流表面的设计厚度和新、老混凝土结合。拉模沿导轨滑动的工艺要求与滑升模板相同。

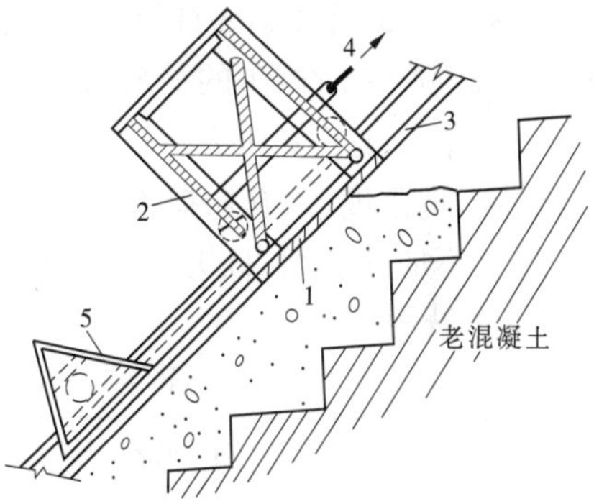


1—钢面板；2—钢桁架及配重；3—导轨；4—拉杆；5—抹面平台。

**图 4-10　牵引滑升模板**

滑动模板的优点，是适应混凝土连续浇筑的要求，仅一次立模，可连续滑动，既避免了重复的模板装、拆工作，又大大减少了施工缝。因此，可以加快工程进度，节省大量材料，并使建筑物表面平整光洁，整体性增强。但对于大体积混凝土，由于散热要求，不宜连续浇筑，同时尺寸太厚，单面滑行有困难。

## 任务二　模板的受力分析

模板及其支撑结构应具有足够的强度、刚度和稳定性，必须能承受施工中可能出现的各种荷载的最不利组合，其结构变形应在允许范围以内。在施工前，施工企业应根据建筑物的实际情况、现场条件、混凝土结构施工与验收规范及有关的模板技术规范进行模板设计，模板设计包括模板面板、支承系统及连接配件的设计。

### 一、模板设计的步骤

（1）配板设计并绘制配板图和支承系统布置图。

（2）根据施工条件确定荷载并对模板及支承系统进行验算。

（3）编制模板及配件的规格数量汇总表和周转计划，制定模板系统安装与拆除的程序与方法，以及施工说明书等。

## 二、设计荷载

(1)模板及其支架自重。根据设计图确定,木材的密度:针叶类按 600 $kg/m^3$ 计,阔叶类按 800 $kg/m^3$ 计。

(2)新浇混凝土重量。重度按 24~25 $kN/m^3$ 计。

(3)钢筋和预埋件的质量。根据设计图确定,对一般钢筋混凝土,钢筋质量可按 100 $kg/m^3$ 计。

(4)工作人员及浇筑设备、工具的荷载。计算模板及直接支承模板的楞木(围囹)时,可按均布荷载 2.5 kPa 及集中荷载 2.5 kN 计算;计算支承楞木的构件时,可按 1.5 kPa 计算;计算支架立柱时按 1 kPa 计算。

(5)振捣混凝土时产生的荷载可按照 1 kPa 计。

(6)新浇混凝土的侧压力。这是侧面模板承受的主要荷载,其大小与混凝土浇筑速度、浇筑温度、坍落度、入仓振捣方式及模板变形性能等因素有关。在无实测资料的情况下,当混凝土不加外加剂,且坍落度在 11 cm 以内时,新浇大体积混凝土的侧压力最大值可参考表 4-1 选用。

**表 4-1 混凝土最大侧压力 $P_m$ 值**　　单位:kPa

| 温度(℃) | 平均浇筑速度(m/h) | | | | | | 混凝土侧压力分布图 |
|---|---|---|---|---|---|---|---|
| | 0.1 | 0.2 | 0.3 | 0.4 | 0.5 | 0.6 | |
| 5 | 22.54 | 25.48 | 27.44 | 29.40 | 31.36 | 32.34 | 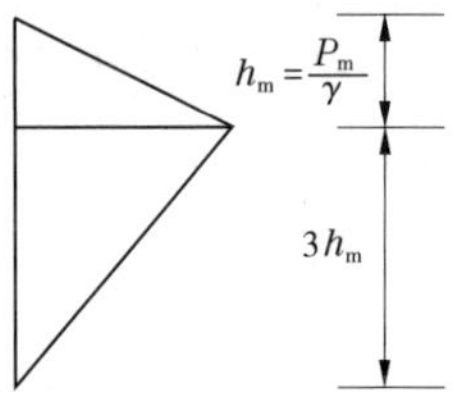 |
| 10 | 19.60 | 22.54 | 24.50 | 26.46 | 28.42 | 29.40 | |
| 15 | 17.64 | 20.58 | 22.54 | 24.50 | 26.46 | 27.44 | |
| 20 | 14.70 | 17.64 | 19.60 | 21.56 | 23.52 | 24.50 | |
| 25 | 12.74 | 15.68 | 17.64 | 19.60 | 21.56 | 22.54 | |

(7)新浇筑混凝土的浮托力。

(8)倾倒混凝土时产生的荷载。

(9)风荷载。根据《建筑结构荷载规范》(GB 50009—2012)确定。

(10)其他荷载。可按实际情况计算,如平仓机、非模板工程的脚手架、工作平台、超过规定堆放的材料重量等。

## 三、模板荷载组合及刚度、稳定性验算

### (一)荷载组合

在计算模板及支架的强度和刚度时,应根据模板的种类,按表 4-2 的基本荷载组合进行选择。特殊荷载可按实际情况计算,如平仓、非模板工程的脚手架、工作平台、混凝土浇筑过程中不对称的水平推力及重心位移,超过规定堆放的材料等。

表 4-2 常用模板的荷载组合

| 模板类别 | 荷载组合(表中数字为荷载次序) | |
|---|---|---|
| | 计算承载能力 | 验算刚度 |
| 薄板和薄壳的底模板 | 1、2、3、4 | 1、2、3、4 |
| 厚板、梁和拱的底模板 | 1、2、3、4、5 | 1、2、3、4、5 |
| 梁、拱、柱(边长≤300 mm)、墙(厚≤400 mm)的垂直侧面模板 | 5、6 | 6 |
| 大体积结构、厚板、柱(边长>300 mm)、墙(厚>400 mm)的垂直侧面模板 | 6、8 | 6、8 |
| 悬臂模板 | 1、2、3、4、5、8 | 1、2、3、4、5、8 |
| 隧洞衬砌模板台车 | 1、2、3、4、5、6、7 | 1、2、3、4、6、7 |

注:当底模板承受倾倒混凝土时产生的荷载对模板的承载能力和变形有较大影响时,应考虑荷载 8。

**(二)刚度验算**

当验算模板刚度时,其最大变形值不得超过下列允许值:

(1)对结构表面外露的模板,为模板构件计算跨度的 1/400。

(2)对结构表面隐蔽的模板,为模板构件计算跨度的 1/250。

(3)支架的压缩变形值或弹性挠度,为相应的结构计算跨度的 1/1 000。

**(三)抗倾覆稳定核算**

承重模板的抗倾覆稳定性,应按下列要求核算:

(1)应计算风荷载和作用于承重模板边缘 150 $kN/m^2$ 的水平力的倾覆力矩,并采用其中的最大值。

(2)计算稳定力矩时,模板自重的折减系数为 0.8;如同时安装钢筋,应包括钢筋的重量。活荷载按其对抗倾覆稳定最不利的分布计算。

(3)抗倾覆稳定系数。抗倾覆稳定系数大于 1.4。

# 任务三 模板的制作安装和拆除

## 一、模板制作

模板制作是根据混凝土构件的特征、施工方法对模板材料进行加工。组合钢模板无须制作,仅对其进行拼装;而木模板要专门制作加工。对某些特殊部位要专门制作,如蜗壳、尾水管等。

模板制作的允许偏差应符合模板设计规定,不得超过表 4-3 的规定。

## 二、模板的安装

安装模板之前,应事先熟悉设计图纸,掌握建筑物结构的形状尺寸,并根据现场条件,初步考虑好立模及支撑的程序,以及与钢筋绑扎、混凝土浇捣等工序的配合,尽量避免工种之间的相互干扰。

模板的安装包括放样、立模、支撑加固、吊正找平、尺寸校核、堵设缝隙及清仓去污等工序。在安装过程中,应注意下述事项:

(1)模板竖立后,须切实校正位置和尺寸,垂直方向用垂球校对,水平长度用钢尺丈量两次以上,务使模板的尺寸符合设计标准。

**表 4-3　模板制作的允许偏差**　　单位:mm

| 偏差项目 | | 允许偏差 | 偏差项目 | | 允许偏差 |
|---|---|---|---|---|---|
| 木模 | 小型模板:长和宽 | ±2 | 钢模、复合模板及胶木(竹)模板 | 小型模板:长和宽 | ±2 |
| | 大型模板(长、宽大于 3 m):长和宽 | ±3 | | 大型模板(长、宽大于 3 m):长和宽 | ±3 |
| | 大型模板对角线 | ±3 | | 大型模板对角线 | ±3 |
| | 模板平整度:<br>相邻两板面高差<br>局部不平(2 m 直尺检查) | <br>0.5<br>3 | | 模板局部不平<br>(2 m 直尺检查) | 2 |
| | 面板缝隙 | 1 | | 连接配件的孔眼位置 | ±1 |

注:1. 异型模板(蜗壳、尾水管)、永久性模板、滑动模板、移置模板、装饰混凝土模板等特种模板,其制作的允许偏差,按有关规定和要求执行。
2. 定型组合钢模板制作的允许偏差,按有关标准执行。
3. 表中木模是指在面板上不盖隔层的木模板,用于混凝土非外露面的木模和被用来制作复合模板的木模的制作偏差可比表中的允许偏差适当放宽。
4. 复合模板是指在木模面板上盖隔层的模板。

(2)模板各结合点与支撑必须坚固紧密,牢固可靠,尤其是采用振捣器捣固的结构部位,更应注意,以免在浇捣过程中发生裂缝、鼓肚等不良情况。但为了增加模板的周转次数,减少模板拆模损耗,模板结构的安装应力求简便,尽量少用圆钉,多用螺栓、木楔、拉条等进行加固连接。

(3)属承重的梁板结构,跨度大于 4 m 以上时,由于地基的沉陷和支撑结构的压缩变形,跨中应预留起拱高度,每米增高 3 mm,两边逐渐减少,至两端同原设计高程等高。

(4)为避免拆模时建筑物受到冲击或振动,安装模板时,撑柱下端应设置硬木楔形垫块,所用支撑不得直接支承于地面,应安装在坚实的桩基或垫板上,使撑木有足够的支承面积,以免沉陷变形。

(5)模板安装完毕,最好立即浇筑混凝土,以防日晒雨淋导致模板变形。为保证混凝土表面光滑和便于拆卸,宜在模板表面涂抹肥皂水或润滑油。夏季或在气候干燥情况下,为防止模板干缩裂缝漏浆,在浇筑混凝土之前,需洒水养护。如发现模板因干燥产生裂缝,应事先用木条或油灰填塞衬补。

(6)安装边墙、柱、闸墩等模板时,在浇筑混凝土以前,应将模板内的木屑、刨片、泥块等杂物清除干净,并仔细检查各连接点及接头处的螺栓、拉条、楔木等有无松动滑脱现象。

在浇筑混凝土过程中,木工、钢筋、混凝土、架子等工种均应有专人“看仓”,以便发现问题随时加固修理。

(7)模板安装的偏差,应符合设计要求的规定,特别是对于通过高速水流、有金属结构及机电安装等部位,更不应超出规范的允许值。施工中安装模板的允许偏差,可参考表4-4中规定的数值。

**表4-4 大体积混凝土木模板安装的允许偏差**

单位:mm

| 项次 | 偏差项目 | 混凝土结构部位 | |
|---|---|---|---|
| | | 外露表面 | 隐藏内面 |
| | 模板平整度: | | |
| 1 | 相邻两面板高差 | 3 | 5 |
| 2 | 局部不平(用2 m直尺检查) | 5 | 10 |
| 3 | 结构物边线与设计边线 | 10 | 15 |
| 4 | 结构物水平截面内部尺寸 | ±20 | |
| 5 | 承重模板标高 | ±5 | |
| 6 | 预留孔、洞尺寸及位置 | ±10 | |

模板安装前或安装后,为防止模板与混凝土黏结在一起,便于拆模,应及时在模板的表面涂刷隔离剂。常用模板隔离剂见表4-5。

**表4-5 常用模板隔离剂配比、配制及使用情况**

| 类别 | 材料及重量配合比 | 配制和使用方法 | 优缺点及使用 |
|---|---|---|---|
| 水质类隔离剂 | 肥皂液 | 用肥皂切片泡水,涂刷模板1~2遍 | 涂刷方便,易脱模,价廉,但冬雨季不能使用;适于木模、砖脱模 |
| | 洗衣粉:滑石粉=1:5 | 按比例用适量温水搅至浆状使用 | 涂刷方便,易脱模,价廉,但冬雨季不能使用;适于钢模、各种脱模 |
| | 松香:肥皂:柴油:水=15:12:100:800 | 松香、肥皂、柴油按比例加好后,冲入水搅拌均匀使用 | 涂刷干后遇雨仍保持隔离效果,适于长线台座使用 |
| | 石灰水 | 将石灰膏加水拌成糊状,均匀涂1~2遍 | 取材容易,涂刷方便,成本低,但较易脱落;适于土、混凝土脱模使用 |
| | 107胶:滑石粉:水=1:1:1 | 将建筑胶与水调匀,再将滑石粉加入调匀,涂刷1~2遍 | 材料易得,操作方便,易于脱模;适于钢模板使用 |
| 油质类隔离剂 | 机油:滑石粉:汽油=100:15:10 | 在容器中按配比搅拌均匀,涂刷1~2遍 | 便于涂刷,易脱模;适于混凝土脱模使用 |
| | 废机油(机油):柴油=1:1~1:4 | 将较稠废机油和柴油稀释搅匀,即可使用 | 便于涂刷,易脱模,干后下雨仍有效;适于钢模、木模、各种脱模使用 |
| | 废机油:水泥(滑石粉):水=1:1.4(1.2):0.4 | 将三种组分拌和至乳状,刷1~2遍 | 材料易得,便于涂刷,表面光滑;但钢筋和构件较易沾油 |

续表 4-5

| 类别 | 材料及重量配合比 | 配制和使用方法 | 优缺点及使用 |
| --- | --- | --- | --- |
| 石蜡类隔离剂 | 石蜡 | 将石蜡均匀涂于模板面,用喷灯熔化,干布均匀涂擦,再均匀喷烤至深入木质内 | 易脱模,板面光滑,但成本较高,蒸汽养护时不能使用;适于木定型模板使用 |
| | 石蜡:煤油=1:2 | 将石蜡与 2 份柴油混合用水浴加热熔化,再加入剩余柴油拌均匀 | 便于涂刷,易脱模,板面光滑,但成本稍高,蒸汽养护时不能使用;适于钢模板、混凝土台座使用 |
| 乳剂类隔离剂 | 乳化机油:水=1:5 | 在容器中按配合比混合搅匀,涂刷 1~2 遍 | 有商品供应,使用方便,易脱模;适于木模使用 |
| | 高分子有机酸+矿物油 | 金属切削加工使用的润滑冷却剂 | 有商品供应,使用方便,易于脱模;适于钢模、混凝土脱模使用 |

## 三、模板的拆除

混凝土达到一定强度后应及时拆除模板,加快模板的周转,提高模板周转率。拆模的程序和方法:在同一浇筑仓的模板,按“先装的后拆,后装的先拆”原则,有次序、有步骤地进行,不能乱撬。拆模时,应尽量减少模板的损坏,以提高模板的周转次数,要注意防止大片模板的坠落;高处拆除组合钢模板,应使用绳索逐块下放,模板连接件、支撑件应及时清理,收检归堆。

拆模的迟早直接影响混凝土质量和模板使用的周转率。相关规范规定,非承重侧面模板,混凝土强度应达到 2.5 MPa 以上,其表面和棱角不因拆模而损坏时方可拆除。一般需 2~7 d,夏天 2~4 d,冬天 5~7 d。混凝土表面质量要求高的部位,拆模时间宜晚一些。钢筋混凝土结构的承重模板按表 4-6 规定拆模。

表 4-6　现浇结构拆模时所需混凝土强度

| 结构类型 | 结构跨度/m | 按设计的混凝土强度标准值的百分率计/% |
| --- | --- | --- |
| 板 | ≤2 | 50 |
| | >2,≤8 | 75 |
| | >8 | 100 |
| 梁、拱、壳 | ≤8 | 75 |
| | >8 | 100 |
| 悬臂构件 | ≤2 | 75 |
| | >2 | 100 |

注:本表中“设计的混凝土强度标准值”系指与设计混凝土强度等级相适应的混凝土立方体抗压强度标准值。

## 复习思考题

### 一、选择题

1. 混凝土浇筑块成型后的允许偏差比相应的模板工程的允许偏差值要(　　)。

A. 大　　B. 小　　C. 一样　　D. 不一定

2. 小于 2 m 跨度的悬臂板拆除底模,应在混凝土强度达到设计强度的(　　)时方可拆除。

A. 40%　　B. 50%　　C. 75%　　D. 100%

3. 制作钢模板时,其大型模板长和宽的允许偏差值为(　　)mm。

A. ±1　　B. ±2　　C. ±3　　D. ±5

4. 一根跨度为 4 m 的简支梁承重模板,应在混凝土强度达到设计强度的(　　)时,才能拆除。

A. 50%　　B. 75%　　C. 90%　　D. 100%

5. 拆除大模板时,其拆除顺序应与安装顺序(　　)。

A. 相反　　B. 相同　　C. 任意拆除　　D. 没有关联

6. 钢模板代号 P3015 中,(　　)表示平面模板的长度。

A. P　　B. 30　　C. 01　　D. 15

### 二、简答题

1. 模板的作用有哪些? 对模板有什么要求?
2. 模板有哪些基本类型? 各自的优缺点是什么?
3. 模板安装、拆除的程序是什么?

# 项目五　钢筋工程

【学习目标】

1. 掌握钢筋的种类、规格、性能及检验的方法;
2. 掌握下料长度的计算方法、钢筋代换方法及原则;
3. 掌握钢筋加工工艺、安装方法、安装程序及质量要求;
4. 了解相关机具、设备工作原理,钢筋绑扎与安装施工安全技术。

【技能目标】

1. 识别不同钢筋种类及质量检验的方法;
2. 会计算钢筋下料的长度,编写钢筋配料单;
3. 能根据图纸进行钢筋加工、绑扎;
4. 掌握钢筋安装的方法及质量检验。

【思政目标】

1. 通过学习,让学生掌握钢筋工程施工的基本技能,培养学生严谨认真、负责的工作作风;
2. 培养学生爱岗敬业、精益求精、技术精湛、追求卓越的工匠精神;
3. 具有时代担当、勇于创新的精神。

## 任务一　概　述

### 一、钢筋的种类

钢筋种类繁多,按照不同的方法分类如下:

(1)按照钢筋外形分:光面钢筋(圆钢)、变形钢筋(螺纹、人字纹、月牙肋)、钢丝、钢绞线。

(2)按照钢筋的化学成分分:碳素钢(常用低碳钢)、合金钢(低合金钢)。

(3)按照钢筋的强度分:Ⅰ级钢筋(屈服强度 235~370 MPa),Ⅱ级钢筋(屈服强度 335~490 MPa),Ⅲ级钢筋(屈服强度 400~570 MPa),Ⅳ级钢筋(屈服强度 500~630 MPa)。

(4)按照钢筋的作用分:受力钢筋(受拉、受压、弯起钢筋)、构造钢筋(分布筋、箍筋、架立筋、腰筋及拉筋)。

(5)按供应形式分:盘圆或盘条钢筋(直径 6~9 mm,每盘钢筋应由整条钢筋盘成)和直条钢筋(直径 10~40 mm,通常长度为 6~12 m)。

## 二、钢筋现场验收

钢筋进场应具有出厂证明书或试验报告单，每捆（盘）钢筋应有标牌，标牌上应注有生产厂家、生产日期、牌号、产品批号、规格、尺寸等项目，同时应按有关标准和规定进行外观检查和分批进行力学性能试验。钢筋在使用时，如发现脆断、焊接性能不良或机械性能显著不正常等，则应按现行国家标准对该批钢筋进行钢筋化学成分检验或金相、冲击韧性等专项检验。进口钢筋当需焊接时，还要进行化学成分检验。

### （一）外观检验

钢筋表面不得有裂缝、结疤、折叠、麻坑、气泡、砸碰伤痕等，并测量钢筋的直径。

### （二）机械性能检验

以同规格、同炉罐（批）号的不多于 60 t 钢筋为一批，每根取两个试件分别进行拉伸试验（包括屈服点、抗拉强度和伸长率）和冷弯试验。当有一项试验结果不符合要求时，从同一批钢筋中另取双倍数量的试件重做各项试验。如仍有一个试件不合格，则该批钢筋为不合格。

## 三、钢筋的保管

钢筋运入施工现场后，必须严格按要求保管，以减少不必要的弯曲和锈蚀。不同等级、不同批号、不同直径的钢筋应分别存放。经检验不合格的钢筋应严禁与其他钢筋混淆堆放在一起，以免误将不合格品当成合格品用于工程上造成事故。另外，如果保管混乱，还会造成人力、物力的浪费，延误工程进度。在钢筋的堆放过程中，一定要注意以下几点：

（1）钢筋进入施工现场要认真进行验收，验收的内容除数量的清点外，还要对钢筋的规格、等级、牌号认真进行验收。

（2）钢筋应尽量堆放于仓库或料棚内，如条件不具备，则应选择地势高、土质硬、地势平坦的露天场地存放。钢筋在堆放时下面要垫上垫木，钢筋离地不小于 200 mm。在存放钢筋的仓库或料棚四周应有一定的排水坡度，以利泄水。

（3）钢筋进入施工场地要与钢筋的加工能力和施工进度相适应，存放时间要尽量缩短，以免由于存放时间过长而发生锈蚀。

（4）凡进入施工现场的钢筋应附有出厂质量证明和试验报告单，应按不同等级、牌号、规格、炉号、直径等分别挂牌堆放，并在挂牌上标明钢筋数量。

（5）严禁钢筋与酸、盐、油等类物品放在一起，堆放地与能产生有害气体的车间保持一定距离，以避免钢筋污染或受到腐蚀。

（6）钢筋的库存量应和钢筋加工能力相适应，周转期应尽量缩短，避免存放期过长，使钢筋发生锈蚀。

# 任务二 钢筋配料

钢筋的配料是根据构件配筋图，先绘出各种形状和规格的单根钢筋简图并加以编号，然后分别计算下料长度和根数，填写配料单，申请加工。

## 一、配料依据

(1)设计图纸和个性通知。

(2)浇筑部位的分层分块图。

(3)混凝土入仓方式。

(4)钢筋运输、安装方法及接头形式。

码 5-1　微课-钢筋配料

## 二、下料长度计算

下料长度计算是配料计算中的关键。在实际工作中,钢筋的形状较多,钢筋弯曲时,其外皮伸长、内壁缩短,而中心线长度并不改变。但是设计图中注明的尺寸是根据外包尺寸计算的,且不包括端头弯钩长度。显然,外包尺寸大于中心线长度,它们之间存在一个差值,称为"量度差值"。所以,在配料时不能直接按图中尺寸下料,应考虑混凝土保护层、钢筋弯曲、弯钩等因素,然后计算其下料长度。其基本计算公式如下:

直钢筋下料长度=构件长度-保护层厚度+弯钩增加长度

弯起钢筋下料长度=直段长度+斜段长度-弯曲调整值+弯钩增加长度

箍筋下料长度=直段长度+弯钩增加长度-弯曲调整值=箍筋周长+箍筋调整值

### (一)弯钩增加长度

钢筋的弯钩形式有三种:半圆弯钩、直弯钩及斜弯钩,如图 5-1 所示。半圆弯钩是最常用的一种弯钩。直弯钩只用在柱钢筋的下部、箍筋和附加钢筋中。斜弯钩只用在直径较小的钢筋中。

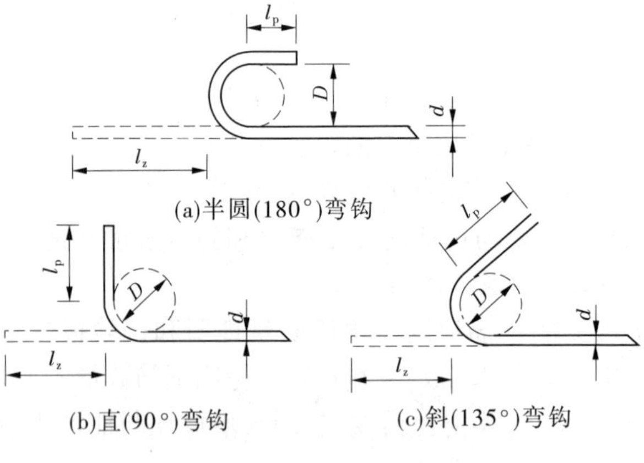


图 5-1　钢筋弯钩形式

采用 HPB235 级钢筋,按圆弧弯曲直径为 $2.5d$、$l_p=3d$ 考虑,半圆弯钩增加长度应为 $6.25d$;直弯钩 $l_p$ 按 $5d$,考虑增加长度应为 $5.5d$;斜弯钩 $l_p$ 按 $10d$ 考虑,增加长度为 $12d$。

在生产实践中,由于实际弯心直径与理论弯心直径有时不一致,钢筋粗细和机具条件不同等影响平直部分的长短(手工弯钩时平直部分可适当加长,机械弯钩时可适当缩短),因此在实际配料计算时,对弯钩增加长度常根据具体条件,采用经验数据,见表 5-1。

表 5-1 半圆弯钩增加长度参考表(用机械弯) 单位:mm

| 钢筋直径 | ≤6 | 8~10 | 12~18 | 20~28 | 32~36 |
|---|---|---|---|---|---|
| 一个弯钩长度 | 40 | $6d$ | $5.5d$ | $5d$ | $4.5d$ |

## (二)弯曲调整值

钢筋弯起 90°时,按《水工混凝土钢筋施工规范》(DL/T 5169—2013)规定有两种情况:Ⅰ级钢筋弯曲直径 $D=2.5d$,Ⅱ级钢筋弯曲直径 $D=(5\sim7)d$。以Ⅰ级钢筋弯起 90°为例计算钢筋弯曲调整值,见图 5-2(a)。

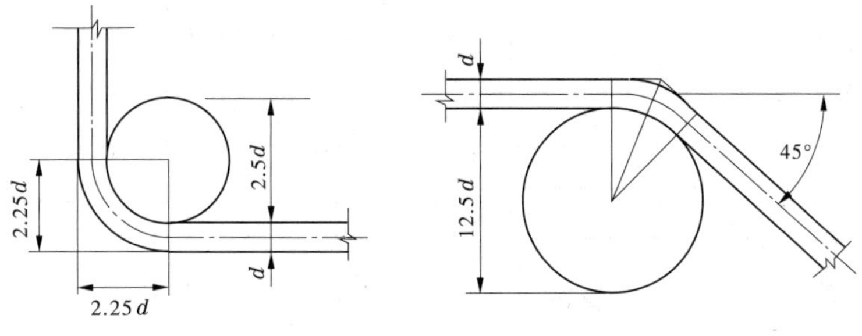


(a)弯起90° (b)弯起45°

图 5-2 钢筋弯曲调整值计算图

外包尺寸 $2.25d + 2.25d = 4.5d$

中心线长度 $\dfrac{3.5d\pi}{4} = 2.75d$

量度差值 $4.5d - 2.75d = 1.75d$

当为Ⅱ级钢筋时,量度差值为 $2.07d$,实际工作中为计算简便,两者常取为 $2d$。同理可得其他常用的弯曲调整值,见表 5-2。

表 5-2 钢筋弯曲调整值

| 钢筋弯起角度 | 30° | 45° | 60° | 90° | 135° |
|---|---|---|---|---|---|
| 量度差值 | $0.35d$ | $0.5d$ | $0.85d$ | $2d$ | $2.5d$ |

## (三)箍筋调整值

为了箍筋计算方便,一般将箍筋的弯钩增加长度和弯曲量度差值两项之和称为箍筋调整值,如表 5-3 所示。计算时将箍筋外包尺寸或内皮尺寸加上箍筋调整值即为箍筋下料长度。

表 5-3 箍筋调整值 单位:mm

| 箍筋量度方法 | 箍筋直径 | | | |
|---|---|---|---|---|
| | 4~5 | 6 | 8 | 10~12 |
| 量外包尺寸 | 40 | 50 | 60 | 70 |
| 量内皮尺寸 | 80 | 100 | 120 | 150~170 |

## 三、配料单与料牌

合理地配料能使钢筋得到最大限度的利用,并使钢筋的安装和绑扎工作简单化。根据钢筋下料长度计算结果汇总编制钢筋配料单。钢筋配料单中必须反映出工程部位、构件名称、钢筋编号、钢筋简图及尺寸、钢筋直径、钢号、数量、下料长度、钢筋质量等。配料单既是钢筋加工时的依据,又是提出钢筋加工材料计划、签发工程任务单和限额领料单的依据,表 5-4 是某办公楼钢筋混凝土简支梁 L1 的配料单形式。

**表 5-4　钢筋配料单**

| 工程部位或构件名称 | 钢筋编号 | 简图 | 钢号 | 直径/mm | 下料长度/m | 单位根数 | 合计根数 | 质量/kg |
|---|---|---|---|---|---|---|---|---|
| 某办公楼 L1 梁共 5 根 | 1 | 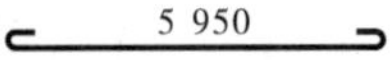  | Φ | 18 | 6.18 | 2 | 10 | 123.5 |
| | 2 | 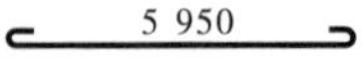  | Φ | 10 | 6.07 | 2 | 10 | 37.5 |
| | 3 | 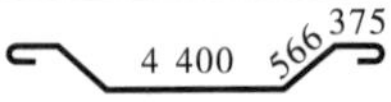  | Φ | 18 | 6.48 | 1 | 5 | 64.7 |
| | 4 | 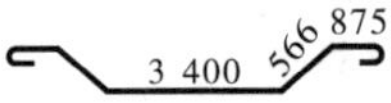  | Φ | 18 | 6.48 | 1 | 5 | 64.7 |
| | 5 |   | Φ | 6 | 1.25 | 31 | 155 | 43.1 |
| 备注 | 合计Φ 6=43.1 kg,Φ 10=37.5 kg,Φ 18=252.9 kg | | | | | | | |

在钢筋作业中,不同构件的各种编号和钢筋很多,这些钢筋在外形上往往大同小异,若加工完毕后的钢筋不设标志,就可能造成施工混乱。因此,进行钢筋作业只有钢筋配料单是不够的,需要对每一种编号的钢筋都制作成一块料牌,下达到钢筋队组,以指导施工。料牌是钢筋加工过程中便于区别各项目各编号钢筋的标志。

钢筋料牌一般用 40 mm×50 mm 薄木板或纤维板制成,每种钢筋加工完成后,与成型钢筋绑在一起,以便现场绑扎钢筋骨架时对照检查,如图 5-3 所示。

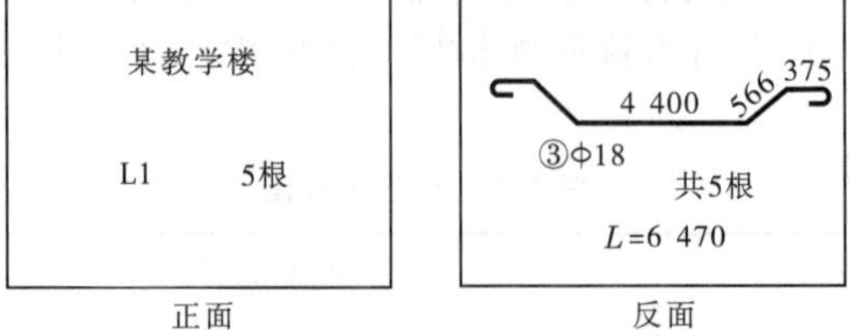


**图 5-3　钢筋料牌**

## 四、钢筋代换

钢筋加工时,由于工地现有钢筋的种类、钢号和直径与设计不符,应在不影响使用的条件下进行代换。代换时,必须充分了解设计意图和代换钢筋的性能,严格遵守规范的各项规定。代换应征得设计单位的同意。

### (一)代换原则

(1)同级别钢筋代换。直径变更范围最好不超过 4 mm,代换后的钢筋总截面面积不小于设计的 2%、不超过设计的 3%。

(2)用高一级代替低一级。宜用改变直径的方法以保持钢筋间距,部分构件应校核裂缝和变形。

(3)钢筋等级的变换不能超过一级。按两者的计算强度进行换算。

(4)用较粗的钢筋代替较细的钢筋。代换后的部分构件应校核握裹力。

(5)在混凝土浇筑中主筋需代换时,应保持间距不变,可用两种直径的钢筋间隔配置。

(6)要遵守钢筋代换的基本原则:①当构件受强度控制时,钢筋可按等强度代换;②当构件按最小配筋率配筋时,钢筋可按等面积代换;③当构件受裂缝宽度或挠度控制时,代换后应进行裂缝宽度或挠度验算。

### (二)计算公式

1. 等强度代换

如施工图中所用的钢筋设计强度为 $f_{y1}$,钢筋总截面面积为 $A_{s1}$,代换后的钢筋设计强度为 $f_{y2}$,钢筋总截面面积为 $A_{s2}$,则应

$$A_{s1}f_{y1} \leqslant A_{s2}f_{y2} \tag{5-1}$$

$$\frac{n_1 \pi d_1^2 f_{y1}}{4} \leqslant \frac{n_2 \pi d_2^2 f_{y2}}{4} \tag{5-2}$$

$$n_2 \geqslant \frac{n_1 d_1^2 f_{y1}}{d_2^2 f_{y2}} \tag{5-3}$$

式中 $n_1$——施工图钢筋根数;

$n_2$——代换钢筋根数;

$d_1$——施工图钢筋直径;

$d_2$——代换钢筋直径。

2. 等面积代换

如代换后的钢筋与设计钢筋级别相同,则

$$A_{s1} \leqslant A_{s2} \tag{5-4}$$

则

$$n_2 \geqslant \frac{n_1 d_1^2}{d_2^2} \tag{5-5}$$

式中符号意义同前。

# 任务三 钢筋加工

## 一、调直除锈

### (一)钢筋调直

钢筋调直分人工调直和机械调直两类。人工调直可分为续盘调直(多用于直径12 mm以下的钢筋、板柱)、铁柱调直(用于粗钢筋)、蛇形管调直(用于冷拔低碳钢丝)。机械调直常用的有钢筋调直机调直(用于冷拔低碳钢丝和细钢筋)、卷扬机调直(用于粗细钢筋)。钢筋调直的具体要求如下:

(1)对局部曲折、弯曲或成盘的钢筋,应加以调直。

(2)钢筋调直普遍使用慢速卷扬机拉直和用调直机调直,在缺乏调直设备时,粗钢筋可采用弯曲机、平直锤或用卡盘、扳手、锤击矫直;细钢筋可用绞盘(磨)拉直或用导车轮、蛇形管调直装置来调直,如图5-4所示。

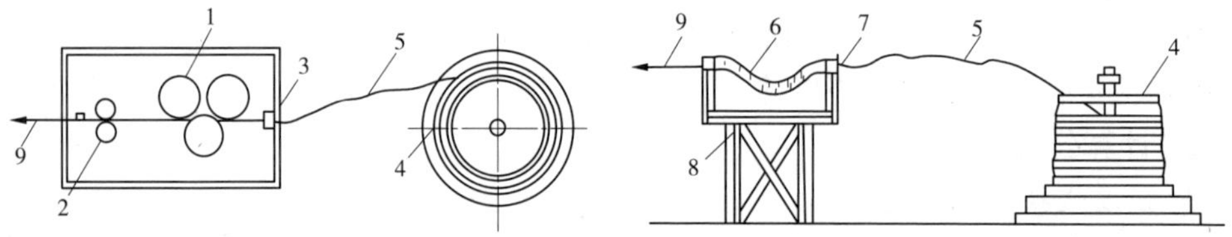


(a)调直装置俯视图　　(b)调直装置的侧截面图

1—辊轮;2—导轮;3—旧拔丝模;4—盘条架;5—细钢筋或钢丝;
6—蛇形管;7—旧滚珠轴承;8—支架;9—人力牵引。

**图5-4　导车轮和蛇形管调直装置**

(3)采用钢筋调直机调直冷拔低碳钢丝和细钢筋时,要根据钢筋的直径选用调直模和传送辊,并要恰当地掌握直模的偏移量和压紧程度。

(4)用卷扬机拉直钢筋时,应注意控制冷拉率;HPB235级钢筋不宜大于4%;HRB335、HRB400级钢筋不准采用冷拉钢筋的结构,不宜大于1%。用调直机调直钢丝和用锤击法平直粗钢筋时,表面伤痕不应使截面面积减少5%以上。

(5)调直后的钢筋平直,无局部曲折;冷拔低碳钢丝表面不得有明显擦伤。应当注意:冷拔低碳钢丝用调直机调直后,其抗拉强度一般要降低10%~15%,使用前要加强检查,按调直后的抗拉强度选用。

(6)已调直的钢筋应按级别、直径、长短、根数分扎成若干扎,分区堆放整齐。

### (二)钢筋除锈

工程中钢筋的表面要洁净,以保证钢筋与混凝土之间的握裹力。钢筋上的油漆、漆污和用锤敲击时能剥落的乳皮、铁锈等应在使用前清除干净。不得使用带有颗粒状或片状老锈的钢筋。

(1)钢筋除锈方法一般有:①手工除锈,即用钢丝刷、砂轮等工具除锈;②钢筋冷拉或钢丝调直过程中除锈;③机械方法除锈,如采用电动除锈机;④喷砂或酸洗除锈。

(2)对大量的钢筋除锈,可通过钢筋冷拉或钢筋调直机在调直过程中完成;少量的钢筋除锈可采用电动除锈机或喷砂方法;钢筋局部除锈可采用人工用钢丝刷或砂轮等方法进行,亦可将钢筋通过砂箱往返搓动除锈。

(3)电动除锈的圆盘钢丝刷有成品供应(也可用废钢丝绳头拆开编成):直径 20~30 cm、厚 5~15 cm,转速 1 000 r/min,电动机功率为 1.0~1.5 kW。

(4)如除锈后钢筋表面有严重麻坑、斑点等已伤蚀截面时,应降级使用或剔除不用,带有蜂窝状锈迹的钢丝不得使用。

## 二、下料剪切

钢筋切断有人工剪断、机械切断、氧气切割等三种方法。直径大于 40 mm 的钢筋一般用氧气切割。手工切断的工具有断线钳(见图 5-5)、手动液压钢筋切断机(见图 5-6)和手压切断器。断线钳用于切断 5 mm 以下的钢丝。手动液压钢筋切断机能切断直径 16 mm 以下的钢筋和直径 25 mm 以下的钢绞线。手压切断器用于切断直径 16 mm 以下的Ⅰ级钢筋。

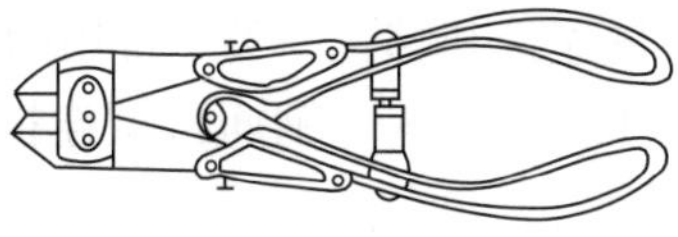

图 5-5 断线钳

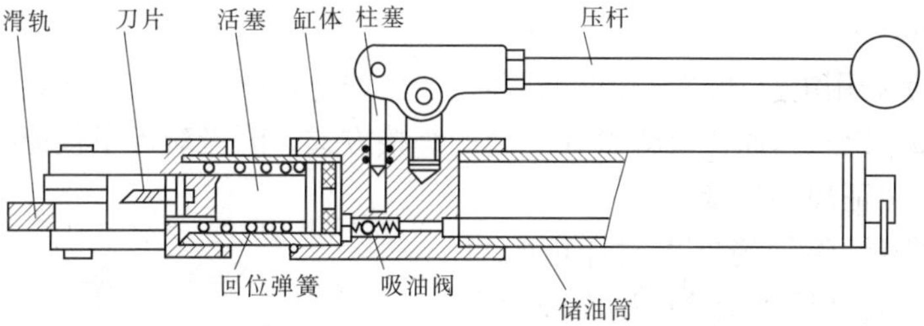


图 5-6 GJ5Y-16 型手动液压钢筋切断机

钢筋切断机是用来把钢筋原材料或已调直的钢筋切断,其主要类型有机械式钢筋切断机、液压式钢筋切断机和手持式钢筋切断机。机械式钢筋切断机构造如图 5-7 所示。

切断操作应注意以下几点:

(1)钢筋切断应合理统筹配料,将相同规格钢筋根据不同长短搭配,统筹排料,一般先切断长料,后切断短料,以减少短头、接头和损耗。避免用短尺量长料,以免产生累积误差;切断操作时,应在工作台上标出尺寸刻度并设置控制断料尺寸用的挡板。

(2)向切断机送料时,应将钢筋摆直,避免弯成弧形,操作者应将钢筋握紧,并应在冲动刀片向后退时送进钢筋;切断长度在 300 mm 以上的钢筋时,应将钢筋套在钢管内送料,防止发生事故。

(3)操作中,如发现钢筋硬度异常(过硬或过软),与钢筋级别不相称,应考虑对该批钢筋进行进一步检验;热处理预应力钢筋切断时,只允许用切断机或氧乙炔割断,不得用

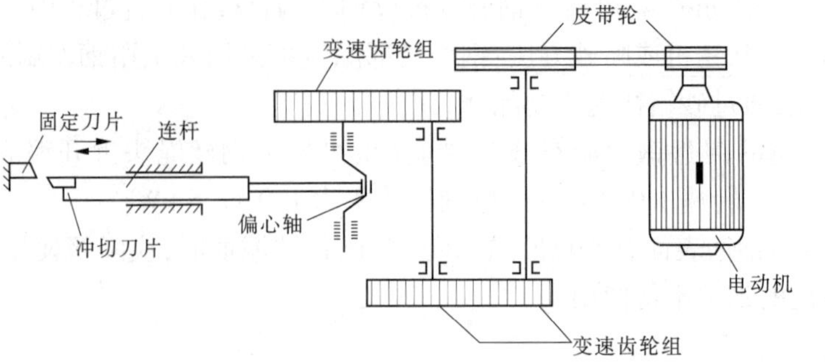


图 5-7　钢筋切断机构造示意图

电弧切割。

(4)切断后的钢筋断口不得有马蹄形或起弯等现象,钢筋长度偏差不应小于±10 mm。

## 三、钢筋连接

钢筋的连接方法有焊接、机械连接和绑扎三类。常用的钢筋焊接机械有电阻焊接机、电弧焊接机、气压焊接机及电渣压力焊机等。钢筋机械连接方法主要有钢筋套筒挤压连接、锥螺纹套筒连接等。

### (一)钢筋连接方法

#### 1. 钢筋焊接

1)闪光对焊

闪光对焊是利用电流通过对接的钢筋时,产生的电阻热作为热源使金属熔化,产生强烈飞溅,并施加一定压力而使之焊合在一起的焊接方式。闪光对焊不仅能提高工效,节约钢材,还能充分保证焊接质量。

如图 5-8 所示,将钢筋夹入对焊机的两电极中,闭合电源,然后使钢筋两端面轻微接触,烧化钢筋端部,当温度升高到要求温度后,便快速将顶锻,然后断电,即形成焊接接头。

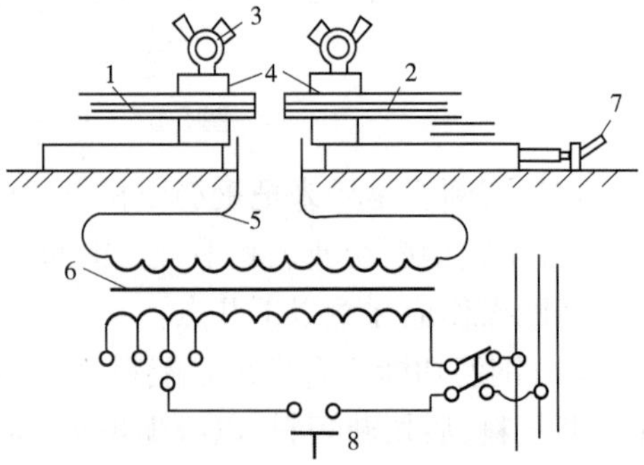


1、2—钢筋;3—夹紧装置;4—夹具;5—线路;
6—变压器;7—加压杆;8—开关。

图 5-8　对焊机工作原理示意图

闪光对焊一般用于水平钢筋非施工现场连接;适用于直径 10~40 mm 的Ⅰ、Ⅱ、Ⅲ级热轧钢筋、10~25 mm 的Ⅳ级钢筋,以及直径 10~25 mm 的余热处理Ⅲ级钢筋的焊接。

根据所用对焊机功率大小及钢筋品种、直径,闪光对焊又分连续闪光焊、预热闪光焊、闪光-预热闪光焊等不同工艺。钢筋直径较小时,可采用连续闪光焊;钢筋直径较大且端面较平整时,宜采用预热闪光焊;钢筋直径较大且端面不够平整时,宜采用闪光-预热闪光焊;Ⅳ级钢筋必须采用预热闪光焊或闪光-预热闪光焊，对Ⅳ级钢筋中焊接性差的钢筋还应采用焊后通电热处理的方法改善接头焊接质量。

采用不同直径的钢筋进行闪光对焊时，直径相差以一级为宜，且不得大于 4 mm。采用闪光对焊时，钢筋端头如有弯曲，应予矫直或切除。

2）电弧焊

电弧焊是利用电弧焊机使焊条与焊件之间产生高温电弧，使焊条和电弧燃烧范围内的焊件金属熔化，熔化的金属凝固后，便形成焊缝或焊接接头。电弧焊的工作原理如图 5-9 所示。电弧焊应用范围广，如钢筋的接长、钢筋骨架的焊接、钢筋与钢板的焊接、装配式结构接头的焊接及其他各种钢结构的焊接等。

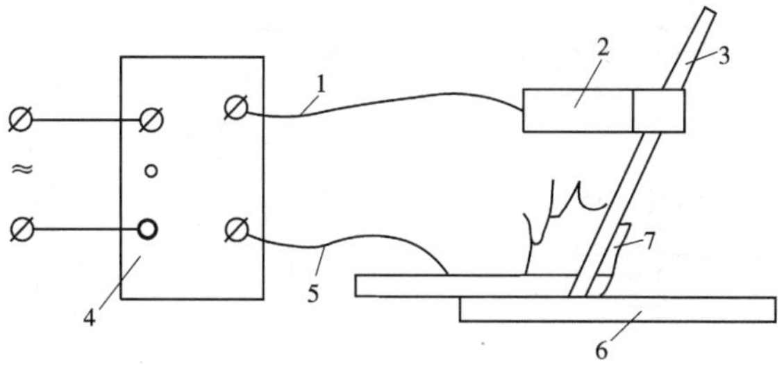


1—电缆；2—焊钳；3—焊条；4—焊机；
5—地线；6—钢筋；7—电弧。

**图 5-9 电弧焊的工作原理示意图**

钢筋电弧焊可分为搭接焊、帮条焊、坡口焊三种接头形式。

（1）搭接焊接头。搭接焊接头如图 5-10 所示，适用于焊接直径 10~40 mm 的Ⅰ~Ⅲ级钢筋。钢筋搭接焊宜采用双面焊。不能进行双面焊时，可采用单面焊。焊接前，钢筋宜预弯，以保证两钢筋的轴线在一直线上，使接头受力性能良好。

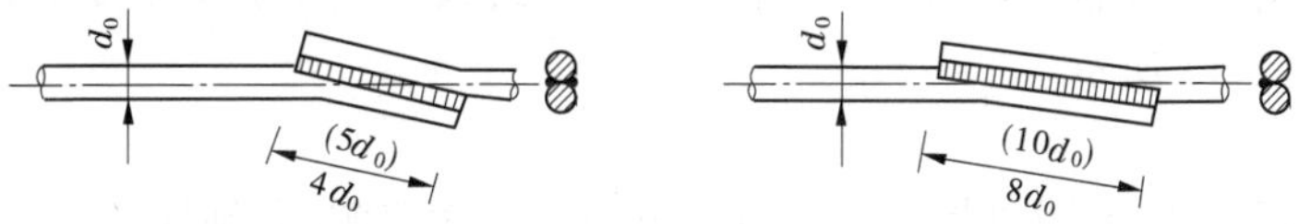


(a)双面焊缝　　(b)单面焊缝

注：图中括号中数字用于Ⅱ、Ⅲ级钢筋。

**图 5-10 搭接焊接头**

（2）帮条焊接头。帮条焊接头如图 5-11 所示，适用于焊接直径 10~40 mm 的Ⅰ~Ⅲ级钢筋。钢筋帮条焊宜采用双面焊，不能进行双面焊时，也可采用单面焊。帮条宜采用与主筋同级别或同直径的钢筋制作。当帮条级别与主筋相同时，帮条直径可以比主筋直径小一个规格；当帮条直径与主筋相同时，帮条钢筋级别可比主筋低一个级别。

钢筋搭接焊接头或帮条焊接头的焊缝厚度应不小于主筋直径的 30%；焊缝宽度不应小于主筋直径的 70%。

（3）坡口焊接头。坡口焊接头比上述两种接头节约钢材，适用于现场焊接装配现浇式构件接头中直径 18~40 mm 的Ⅰ~Ⅲ级钢筋。坡口焊按焊接位置不同可分为平焊与立

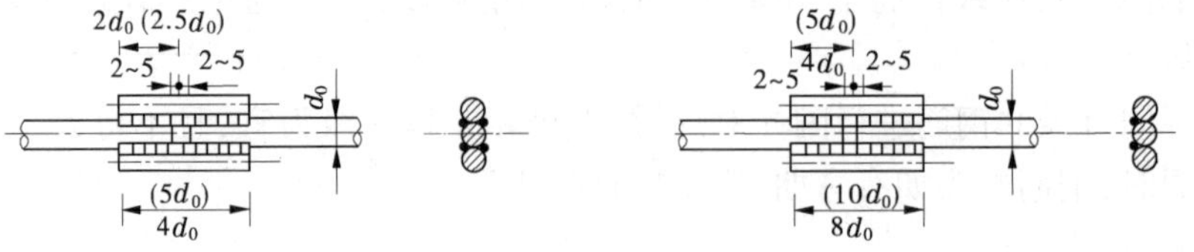


(a)双面焊缝　　(b)单面焊缝

注:图中括号中数字用于Ⅱ、Ⅲ级钢筋。

**图 5-11　帮条焊接头**　(单位:mm)

焊,如图 5-12 所示。

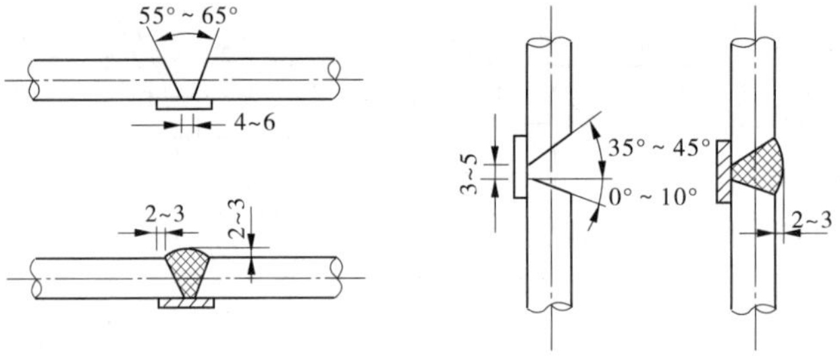


(a)平焊　　(b)立焊

**图 5-12　坡口焊接头**　(单位:mm)

3)电渣压力焊

电渣压力焊是将两根钢筋安放成竖向对接形式,利用焊接电流通过两钢筋端面间隙,在焊剂层下形成电弧过程和电渣过程,产生电弧热和电阻热,熔化钢筋,加压完成的一种焊接方法。钢筋电渣压力焊机操作方便,效率高,适用于竖向或斜向受力钢筋的现场连接。电渣压力焊机分为自动电渣压力焊机及手工电渣压力焊机两种。它主要由焊接电源(BX2-1000 型焊接变压器)、焊接夹具、操作控制系统、辅件(焊剂盒、回收工具)等组成。其焊接原理如图 5-13 所示。

4)电阻点焊

电阻点焊是利用电流通过焊件时产生的电阻热作为热源,并施加一定的压力,使交叉连接的钢筋接触处形成一个牢固的焊点,将钢筋焊合起来。

点焊机主要由点焊变压器、时间调节器、电极和加压机构等部分组成,点焊机工作原理如图 5-14 所示。电阻点焊适用于钢筋骨架和钢筋网中交叉钢筋的焊接,所适用的钢筋直径和级别为:直径 6~14 mm 的热轧Ⅰ、Ⅱ级钢筋,直径 3~5 mm 的冷拔低碳钢丝和直径 4~12 mm 的冷轧带肋钢筋。

2. 钢筋机械连接

钢筋机械连接的种类很多,如钢筋套筒挤压连接、锥螺纹套筒连接、精轧大螺旋钢筋套筒连接、热熔剂充填套筒连接、平面承压对接等。

1)钢筋套筒挤压连接

钢筋套筒挤压连接工艺的基本原理是将两根待接钢筋插入钢连接套筒,采用专用液压压接钳侧向(或侧向和轴向)挤压连接套筒,使套筒产生塑性变形,从而使套筒的内周

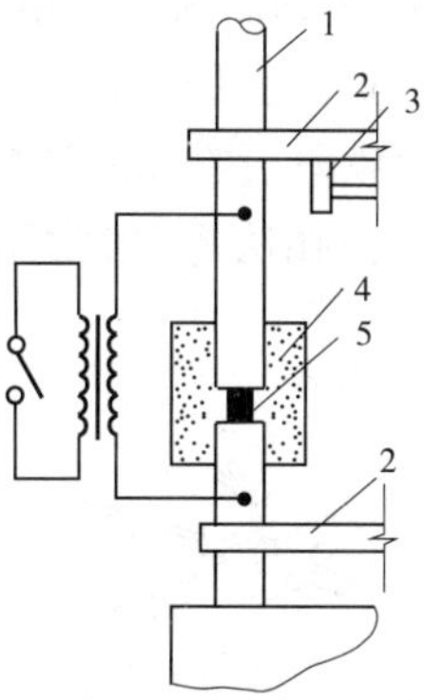


1—钢筋;2—夹钳;3—凸轮;4—焊剂;
5—铁丝团环球或导电焊剂。

**图 5-13 电渣压力焊焊接原理示意图**

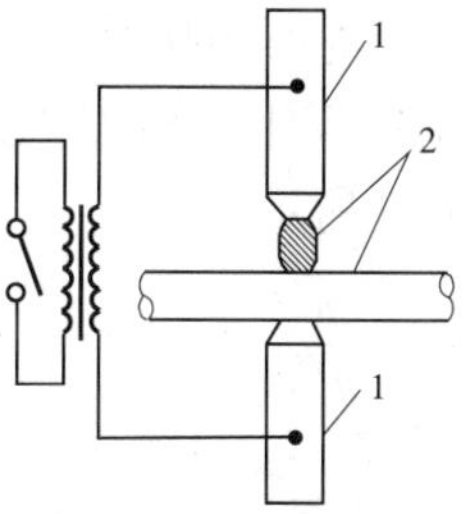


1—电极;2—钢丝。

**图 5-14 点焊机工作原理示意图**

壁变形而嵌入钢筋螺纹,由此产生抗剪力来传递钢筋连接处的轴向力。

挤压连接有径向挤压(见图 5-15)和轴向挤压(见图 5-16)两种方式,宜用于连接直径 20~40 mm Ⅱ、Ⅲ级变形钢筋。当所用套筒外径相同时,连接钢筋直径相差不宜大于两个级差。钢筋接头处宜采用砂轮切割机断料,端部的扭曲、弯折、斜面等应予校正或切除,钢筋连接部位的飞边或纵肋过高应采用砂轮机修磨,以保证套筒能自由套入钢筋。

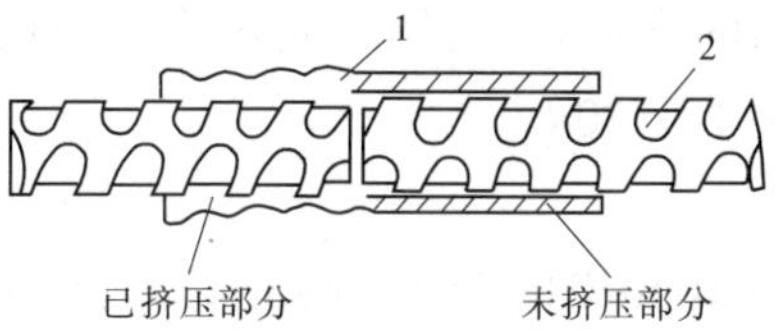


1—钢套筒;2—带肋钢筋。

**图 5-15 钢筋径向挤压连接**

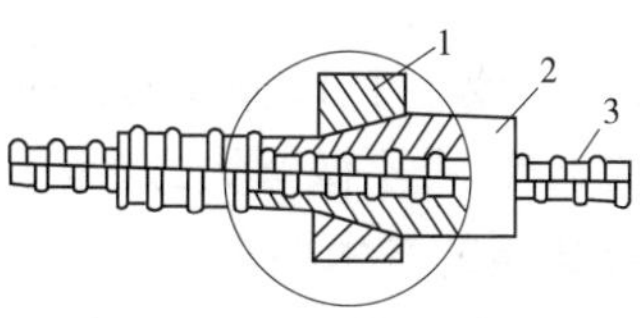


1—压模;2—钢套筒;3—钢筋。

**图 5-16 钢筋轴向挤压连接**

2)锥螺纹套筒连接

锥螺纹套筒连接是采用锥螺纹连接钢筋的一种机械式钢筋接头(见图 5-17)。它能在施工现场连接Ⅱ、Ⅲ级 16~40 mm 的同径或异径的竖向、水平或任何倾角钢筋,不受钢筋有无花纹及含碳量的限制。它连接速度快,对中性好,工艺简单,安全可靠,无明火作业,不污染环境,节约钢材和能源,可全天候施工。所连钢筋直径之差不宜超过 9 mm。

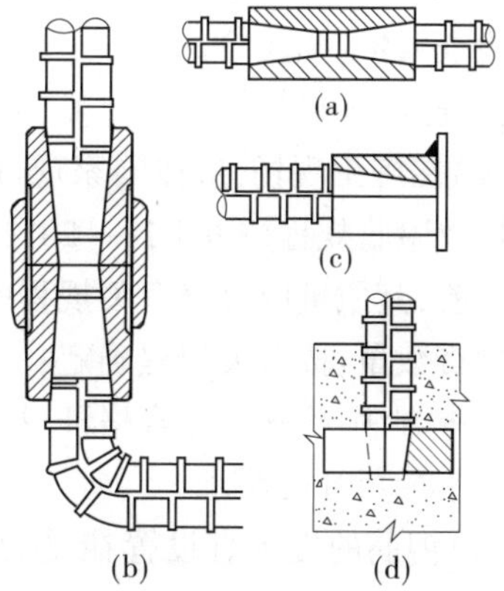


**图 5-17 钢筋锥螺纹套筒连接**

3. 绑扎接头

根据相关规范规定:直径在 25 mm 以下的钢筋接头,可采用绑扎接头。轴心受压、小偏心受拉构件和承受振动荷载的构件中,钢筋接头不得采用绑扎接头。搭接长度不得小于规范规定的数值;受拉区域内的光面钢筋绑扎接头的末端,应做弯钩,梁、柱钢筋的接头,如采用绑扎接头,则在绑扎接头的搭接长度范围内应加密箍筋。当搭接钢筋为受拉钢筋时,箍筋间距不应大于 5*d*(*d* 为两搭接钢筋中较小的直径);当搭接钢筋为受压钢筋时,箍筋间距不应大于 10*d*。绑扎所用扎丝一般采用 18~22 号铁丝或镀锌铁丝,绑扎的方法有一面顺扣法、十字花扣法、反十字扣法、兜扣法、缠扣法、兜扣加缠法、套扣法等,较常用的是一面顺扣法,如图 5-18 所示。

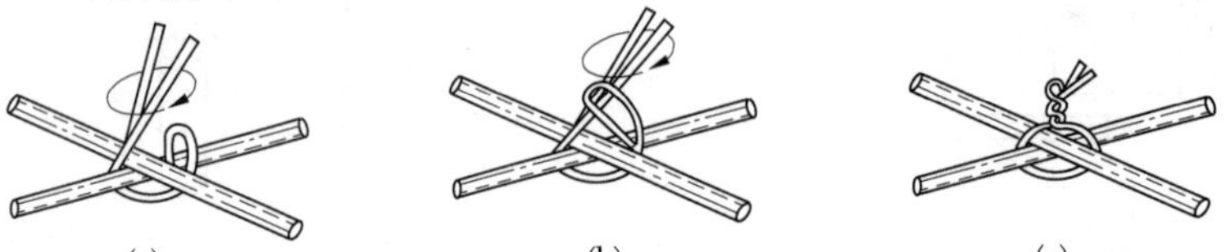


图 5-18　一面顺扣法

钢筋绑扎接头应分散布置,配置在同一截面内的受力钢筋,其接头的截面面积占受力钢筋总截面面积的比例应符合下列要求:

(1)绑扎接头在构件的受拉区中不超过 25%,在受压区中不超过 50%。

(2)焊接与绑扎接头距钢筋弯起点不小于 10*d*,也不位于最大弯矩处。

(3)在施工中如分辨不清受拉、受压区,其接头设置应按受拉区的规定。

(4)两根钢筋相距在 30*d* 或 50 cm 以内,两绑扎接头的中距在绑扎搭接长度以内,均作同一截面。

(5)直径等于或小于 12 mm 的受压Ⅰ级钢筋的末端,以及轴心受压构件中任意直径的受力钢筋的末端,可不做弯钩,但搭接长度不应小于 30*d*。

**(二)钢筋连接的技术要求**

按照《混凝土结构工程施工质量验收规范》(GB 50204—2015)的规定,钢筋连接应满足主控项目和一般项目的要求。

1. 主控项目的要求

(1)纵向受力钢筋的连接方式应符合设计要求。

检查数量:全数检查;

检查方法:观察。

(2)在施工现场,应按国家现行标准《钢筋机械连接技术规程》(JGJ 107—2016)、《钢筋焊接及验收规程》(JGJ 18—2012)的规定抽取钢筋机械连接接头、焊接接头试件做力学性能检验,其质量应符合有关规程的规定。

检查数量:按有关规程确定;

检查方法:检查产品合格证、接头力学性能试验报告。

2. 一般项目的要求

(1)钢筋的接头宜设置在受力较小处。同一受力钢筋不宜设置两个或两个以上接头。末端至钢筋弯起点的距离不应小于钢筋直径的 10 倍。

检查数量:全数检查;

检查方法:观察钢尺检查。

(2)在施工现场,应按国家现行标准《钢筋机械连接技术规程》(JGJ 107—2016)、《钢筋焊接及验收规程》(JGJ 18—2012)的规定对钢筋机械接头、焊接接头的外观进行检查,其质量应符合有关规程的规定。

检查数量:全数检查;

检查方法:观察。

## 四、弯曲成型

钢筋弯曲成型是一道技术较强的工作。它要求将钢筋加工成规定的形状和尺寸,且平面上无翘曲不平的现象,以便绑扎安装。

### (一)弯曲成型的方法

钢筋弯曲成型有手工弯曲成型和机械弯曲成型两种方法。

1. 手工弯曲成型

手工弯曲是在工作台上固定挡板、扳柱,采用扳手或扳子实施人工弯曲。其主要工具见图 5-19。

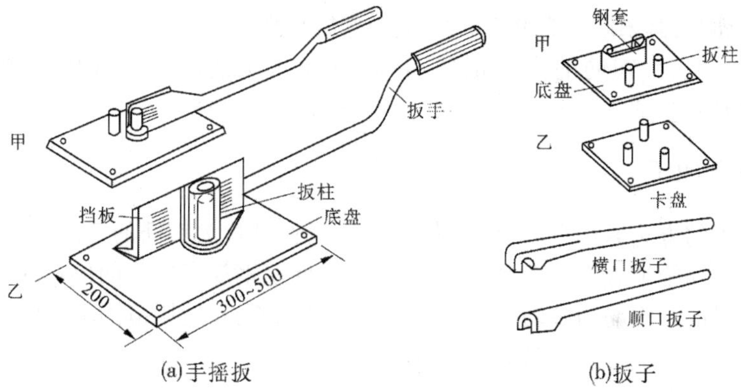


**图 5-19　手工弯制钢筋的工具**　(单位:mm)

2. 机械弯曲成型

机械弯曲由钢筋弯曲机完成,钢筋弯曲机由电动机、工作盘、插入座、蜗轮、蜗杆、皮带轮、齿轮及滚轴等组成,也可在底部装设行走轮,便于移动。其构造如图 5-20 所示。

### (二)钢筋弯曲成型的技术要求

钢筋弯曲成型的质量应符合如下规定:

(1)钢筋形状正确,平面上没有翘曲不平现象。

(2)钢筋弯曲处不得有裂缝,因此对Ⅱ级钢筋及以上的钢筋不得弯过头再弯回来。

(3)Ⅰ级钢筋末端需做 180°弯钩,其弯转内直径 $D$ 不应小于钢筋直径 $d$ 的 2.5 倍,平直部分长度不宜小于钢筋直径 $d$ 的 3 倍。用于轻骨料混凝土结构时,其弯转内直径 $D$ 不应小于钢筋直径 $d$ 的 3.5 倍。

(4)当Ⅱ级钢筋按设计要求弯转 90°时,其最小弯转内直径 $D$ 应符合下列要求:当 $d \leq 16$ mm 时,$D=5d$;当 $d>16$ mm 时,$D=7d$。

(5)当温度低于-20 ℃时,严禁对低合金钢筋进行冷弯加工,以避免在钢筋弯起点发

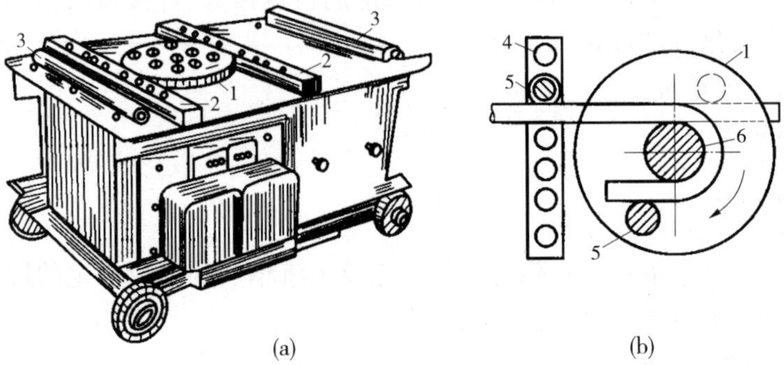


1—弯曲工作盘;2—板条;3—滚筒轴;4—插孔;5—挡铁轴;6—中心轴。

**图 5-20　GJ7-40 型钢筋弯曲机**

生强化,造成钢筋脆断。

(6)弯曲钢筋弯折处圆弧内半径 $R>12.5d$。

(7)用圆钢筋制成的箍筋,其末端应有弯钩,弯钩长度应符合有关规定。采用小直径级钢筋制作箍筋时,其末端应有 90°弯头,箍筋弯后平直段长度不宜小于 $3d$。

(8)弯曲加工后,钢筋的允许偏差不得超过《水工混凝土钢筋施工规范》(DL/T 5169—2013)的规定。

## 五、钢筋冷加工

钢筋冷加工的方法通常有冷拉、冷拔和冷轧三种,常称为钢筋的三冷操作。这三种方法都是通过对钢筋施加外力后使之超过屈服点,从而使钢筋产生不同形式的变形,达到提高钢筋强度的目的。钢筋的冷轧工艺只能加工Ⅰ级钢筋,在适用范围上有较大的局限,目前已很少使用,所以应着重学习钢筋的冷拉和冷拔工艺。

### (一)钢筋的冷拉

钢筋冷拉是钢筋冷加工的主要方法。它是将钢筋在常温下进行强力拉伸至拉应力超过它的屈服点,以达到对钢筋进行调直、除锈和提高强度的目的。经过冷拉后的钢筋,其长度一般增加 4%~6%,其屈服强度可提高 20%~25%。冷拉Ⅰ级钢筋可用于普通钢筋混凝土结构中的受拉钢筋(直径超过 12 mm 的Ⅰ级钢筋不得利用冷拉后提高强度);冷拉Ⅱ~Ⅳ级钢筋主要用于预应力混凝土结构中的预应力钢筋,根据 DL/T 5169—2013 的规定,在水工结构的非预应力钢筋混凝土中,不宜采用冷拉钢筋。

#### 1. 冷拉设备

卷扬机式钢筋冷拉机是目前钢筋冷拉的主要拉力设备,它主要由卷扬机、滑轮组、导向滑轮、地锚、夹具和测力装置等组成,如图 5-21 所示。

其工作原理是:卷筒上钢丝绳分别是一正一反绕在两动滑轮组上,当卷扬机工作时,夹持钢筋的一只动滑轮组就被拉向卷扬机,钢筋即被拉伸。这时另一只动滑轮组则被拉向导向滑轮,准备下次冷拉时交替使用。冷拉时钢筋所受的拉力传送给测力装置,从而测出拉力的大小。

#### 2. 冷拉工艺

钢筋的冷拉参数有两个:一个是钢筋在单位面积上的拉力,即冷拉应力;另一个是钢

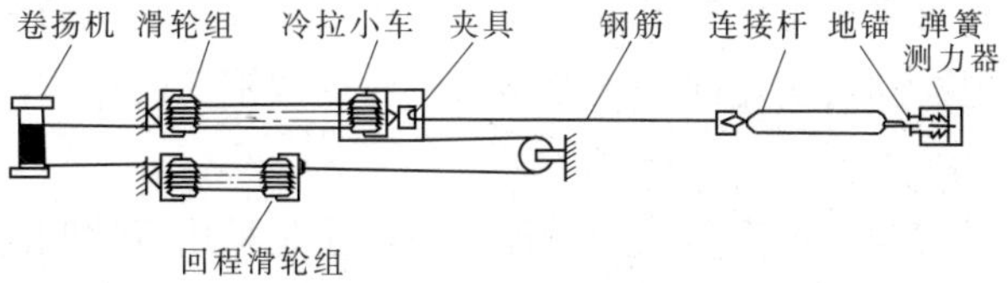


图 5-21 卷扬机式钢筋冷拉机结构示意图

筋冷拉后的伸长值与钢筋冷拉前长度的百分比，也叫冷拉率。实际施工中，钢筋冷拉按控制参数的不同可分为单控制冷拉和双控制冷拉两种。单控制冷拉在钢筋张拉时只控制钢筋的冷拉率，双控制冷拉是以控制冷拉应力为主，同时也控制冷拉率。

1）单控制冷拉

单控制冷拉操作起来比较简单，不需要复杂的测力设备，冷拉时，只要根据冷拉钢筋的实际长度计算出拉长值，并对这个拉长值进行控制就可以了。钢筋的冷拉率是通过试验来确定的，但不得超过表 5-5 规定的范围。

表 5-5 钢筋冷拉参数

| 项次 | 钢筋类别 | 双控制冷拉 | | 单控制冷拉 |
|---|---|---|---|---|
| | | 冷拉应力/MPa | 冷拉率/%，不大于 | 冷拉率/% |
| 1 | Ⅰ级钢筋 | | | 不大于 10.0 |
| 2 | Ⅱ级钢筋 | 440 | 5.5 | 3.5~5.5 |
| 3 | Ⅲ级钢筋 | 520 | 5.0 | 3.5~5.0 |
| 4 | Ⅳ级钢筋 | 735 | 4.0 | 2.5~4.0 |
| 5 | Ⅴ级钢筋 | 440 | 6.0 | 4.0~6.0 |

还应注意的是，在进行钢筋单控制冷拉操作时，将钢筋拉到规定的冷拉率，在卸去夹具后，由于弹性作用，钢筋会有一定的回弹，其回缩率一般为 0.3%~0.4%。所以，在将钢筋拉到规定的冷拉率后，还要将拉力保持 1~2 min，然后松开夹具，以免钢筋弹性回缩值过大。

2）双控制冷拉

双控制冷拉是以控制冷拉应力为主，同时控制冷拉率的钢筋加工方法。由于有些钢筋存在材质不均的情况，如果仅采用控制冷拉率作为控制冷拉质量的指标，那么同一批钢筋在经冷拉后所提高的屈服点不易一致。双控制冷拉所提高的屈服点可以保证要求的标准，冷拉的质量也较稳定，经试验证明，采用双控制冷拉所能利用的设计强度比采用单控制冷拉要高出 7%左右。因此，在设备条件允许的情况下，应尽量采用双控制冷拉。我们平常所说的预应力钢筋，其冷拉基本都是采用双控制冷拉。

采用双控制冷拉时应注意，如果经冷拉后的钢筋已达到控制应力，拉伸长度也没有超过规定的最大拉伸值,可将拉力保持1~2 min 后再放松夹具。当钢筋冷拉率超过规定值,但还没有达到控制冷拉力时,应立即停止冷拉。应对这根钢筋的材质情况进行鉴定,不可混入该批双控制钢筋中。

对钢筋进行冷拉操作时,不论是采用单控制冷拉还是采用双控制冷拉,如果冷拉的钢筋是由多根钢筋焊接而成的,除控制整根钢筋的冷拉率外,还应控制分段钢筋的冷拉率。

3)冷拉钢筋的时效

冷拉后的钢筋,其内部组织因变形而产生较大的内应力,使钢筋的强度和硬度增加,塑性和韧性降低,为消除或减小这一现象,可将钢筋放置一段时间,使冷拉后钢筋的内应力消除,塑性稍有恢复的现象叫作钢筋的冷拉时效。冷拉钢筋经时效作用后,其屈服点有明显提高,抗拉强度也略有增长。冷拉钢筋达到时效的途径有两个:一个是自然时效,一个是人工时效。

(1)自然时效是将冷拉钢筋在常温下存放半个月以上的时间,以达到时效的目的。但对于Ⅲ、Ⅳ级钢筋来说,在自然条件下时效进展缓慢,短期内达不到时效的效果。

(2)人工时效是将冷拉钢筋在一定的时间内加热到一定的温度,以达到时效的目的。加热的方法可以采用蒸汽加热或电热法。对于Ⅰ、Ⅱ级钢筋,其人工时效应加热至100 ℃,保持2 h;对于Ⅲ、Ⅳ级钢筋要加热至200 ℃,保持20 min。

3. 冷拉钢筋的注意事项及质量控制要求

(1)钢筋冷拉前,应对测力器和各项冷拉数据进行校验与复核,无误后再进行操作,以确保钢筋的质量,同时在操作过程中要做好冷拉记录。

(2)钢筋在冷拉后,其表面易生锈,因此要注意冷拉钢筋的防锈工作,钢筋冷拉后不得随即切断,以免发生弯曲。

(3)钢筋的冷拉速度不宜过快,等冷拉到规定长度或控制应力后,应稍停后再放松,以免造成钢筋的弹性回缩量过大。

(4)钢筋冷拉时,应先对焊后冷拉,以免因焊接而降低冷拉后的强度,同时可以检验对焊接头质量。

(5)冷拉后的钢筋表面不得有裂纹或断裂现象。

(6)钢筋冷拉时,如焊接接头被拉断,可重新焊接后再拉,但一般不超过两次。

(7)冷拉线两端必须安装防护设施,严禁在冷拉线两端站人,以防止因钢筋拉断伤人。

(8)钢筋拉长值的测量起点以卷扬机或千斤顶拉紧钢筋(拉力约为冷拉应力的10%)为准。

(9)冷拉钢筋应分批验收,每批由不大于20 t的同级别、同直径的冷拉钢筋组成,冷拉后钢筋的机械性能指标应符合表5-6中的规定。

表 5-6 冷拉钢筋的力学性能

| 钢筋级别 | 钢筋直径/mm | 屈服强度/MPa | 抗拉强度/MPa | 伸长率/% | 冷弯 | |
|---|---|---|---|---|---|---|
| | | | | | 弯曲角度 | 弯心直径 |
| Ⅰ级 | ≤12 | 280 | ≥370 | ≥11 | 180° | 3*d* |
| Ⅱ级 | ≤25 | ≥450 | ≥510 | ≥10 | 90° | 3*d* |
| | 28~40 | ≥430 | ≥490 | ≥10 | 90° | 4*d* |
| Ⅲ级 | 8~40 | ≥500 | ≥570 | ≥8 | 90° | 5*d* |
| Ⅳ级 | 10~28 | ≥700 | ≥835 | ≥6 | 90° | 5*d* |

**注**：*d* 为钢筋直径。

### (二)钢筋冷拔

钢筋冷拔是钢筋冷加工的另一种方法，它是在常温下将直径为6~8 mm的光圆钢筋，以强力拉拔的方式，通过钨合金制成的拔丝模（模孔比钢筋直径小0.5~1 mm）把钢筋抽拔成较原直径小的钢丝。经冷拔后的钢筋称为冷拔低碳钢丝，它可分成甲、乙两级。甲级钢丝用作预应力钢筋混凝土的预应力钢筋，乙级钢丝主要用于焊接网、焊接骨架、箍筋及构造钢筋。钢筋经冷拔后，其强度会大幅度提高，一般可提高40%~90%，钢筋的塑性降低，伸长率变小。钢筋冷拔后，强度之所以能大幅度提高，原因是钢筋在冷拔过程中，既承受拉力，同时还承受压力，使钢筋内部的组织发生变化，促使钢丝强度大幅度增长。钢筋每冷拔一次，直径就减小一级，其强度也就提高一级，同时其硬度也会相应增加，塑性下降。

1. 冷拔工艺

钢筋的冷拔工艺过程是：剥皮（除锈）、轧头、拔丝。钢筋冷拔前，应对钢筋号不明或无出厂证明书的钢材先取样检验，并将不同规格、厂家的钢筋分别堆放和使用。

1）钢筋剥皮（除锈）

盘圆钢筋的表面常带有一层氧化皮，带氧化皮的钢筋硬度较高，能对拔丝模孔形成磨损，所以在钢筋冷拔前，应对钢筋进行除锈剥皮处理。盘圆钢筋的除锈剥皮专用的装置为除锈剥皮机。

2）钢筋轧头

为方便钢筋穿过拔丝模，钢筋头要轧细一段（长150~200 mm），轧至直径比拔丝模孔径小0.5~0.8 mm。一般使用轧头机轧纫，轧头机内有上下一对轧轮，两个轧轮上有相同直径的两个半圆槽，将钢筋放入对应直径的圆槽内轧细，直至能穿过拔丝模。为减少轧头次数，可用对焊方法将钢筋连接，但应将焊缝的凸缝用砂轮锉平磨圆，以保护设备及拔丝模。

3）钢筋拔丝

拔丝是将轧细的钢筋端头穿过拔丝机的拔丝模孔，钢筋拔丝机是钢筋冷拔加工的主要设备，其种类很多，在建筑施工中，应用较多的有立式钢筋冷拔机和卧式钢筋冷拔机两种，如图5-22所示。

为减小拔丝力和拔丝模孔损耗，抽拔时须涂以润滑剂，一般在拔丝模前安装一个润滑剂盒，使钢筋黏滞润滑进入拔丝模。润滑剂盒的配方为动物油（羊油或牛油）:肥皂:石蜡:生石灰:水=(0.15~0.20):(1.6~3.0):1:2:2。拔丝速度宜控制在0.2~0.3 m/s。钢

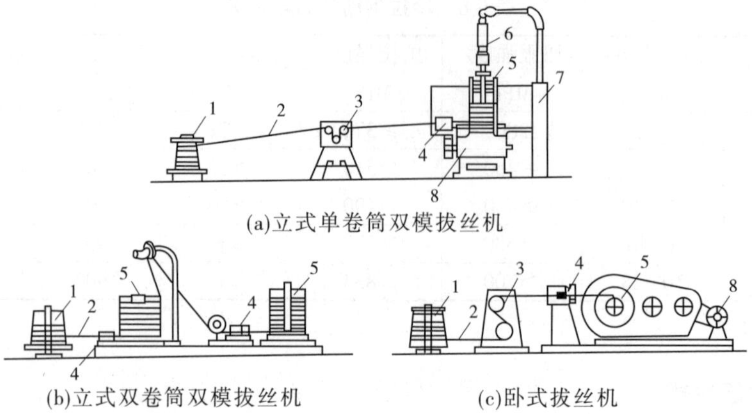


1—圆盘架;2—剥壳装置;3—滑轮;4—拔丝模;5—绕丝筒;6—导向轮;7—支座;8—电动机。

**图5-22 钢筋拔丝机结构示意图**

筋连拔不宜超过3次。拔丝的成品,应随时检查砂孔、沟痕、夹皮等缺陷,以便随时更换拔丝模或调整转速。

2. 冷拔钢筋的质量检验

1)外观检验

外观检验是从每批冷拔丝中抽出5%的盘数(但不少于5盘)做检验,其要求是:钢丝表面光滑,无砂孔、伤痕和裂纹,无油污等,再用卡尺检查钢丝的直径偏差是否满足要求(直径允许偏差为直径的2%)。

2)机械性能检验

外观检验合格后,采用逐盘或分批抽样的方法做抗拉强度及伸长率试验。力学性能指标应符合表5-7的规定。

**表5-7 冷拔低碳钢丝的力学性能**

| 钢筋级别 | 直径/mm | 抗拉强度/MPa | | 伸长率(标距100 mm)/% | 反复弯曲180°次数 |
|---|---|---|---|---|---|
| | | Ⅰ组 | Ⅱ组 | | |
| 甲级 | 5 | ≥640 | ≥590 | ≥3 | ≥4 |
| | 4 | ≥685 | ≥640 | ≥2.5 | ≥4 |
| 乙级 | 3~5 | ≥540 | | ≥2 | ≥4 |

# 任务四 钢筋安装

## 一、钢筋安装前的准备工作

(1)熟悉图纸。熟悉图纸的工作应首先进行,结合结构图和配料单,逐号核对安装部位所需钢筋的位置、间距、保护层及形状、尺寸等。必要时,可绘制各片钢筋网的安装草图。

(2)测量放线、高程控制。

(3)清理仓面和钢筋、机具准备等。

(4)考虑施工顺序、劳动组合、安全措施和有关工序的配合。

## 二、安装方法

钢筋的安装方法有两种:一种是将钢筋骨架在加工厂制好,再运到现场安装,叫整装法;另一种是将加工好的散钢筋运到现场,再逐根安装,叫散装法。对于墩、墙、板、柱及护坦面层钢筋可采用整装工艺。

散装法的施工程序:焊接架立筋、画线钢筋、绑钢筋、垫保护层、固定预埋件、检查校正等。现场画线应从中心点开始,向两侧按钢筋间距放点,最后用根数核对。钢筋绑扎时,应注意钢筋接头要分散布置,两端应留有足够的锚固长度或搭接长度。相邻两个绑扎点丝扣的方向须交错90°。

## 三、质量要求

按现行施工规范,水工钢筋混凝土工程中的钢筋安装,其质量应符合以下规定:

(1)钢筋的安装位置、间距、保护层厚度及各部分钢筋的大小尺寸,均应符合设计要求,其偏差不得超过表5-8的规定。

**表5-8 钢筋安装的允许偏差**

<table>
<tr><th>项次</th><th colspan="3">项目</th><th>允许偏差/mm</th></tr>
<tr><td>1</td><td rowspan="7">点焊及电弧焊</td><td colspan="2">帮条对焊接头中心的纵向偏移</td><td>$0.5d$</td></tr>
<tr><td>2</td><td colspan="2">接头处钢筋轴线的曲折</td><td>4°</td></tr>
<tr><td rowspan="5">3</td><td rowspan="5">焊缝</td><td>长度</td><td>$-0.5d$</td></tr>
<tr><td>高度</td><td>$-0.5d$</td></tr>
<tr><td>宽度</td><td>$-0.1d$</td></tr>
<tr><td>咬边深度</td><td>≤$0.05d$,且≤1 mm</td></tr>
<tr><td>表面气孔和夹渣:<br>(1)在$2d$长度上<br>(2)气孔、夹渣直径</td><td><br>≤2个<br>≤3 mm</td></tr>
<tr><td>4</td><td rowspan="3">对焊及熔槽焊</td><td colspan="2">焊接接头根部未焊透深度<br>(1)25~40 mm钢筋<br>(2)40~70 mm钢筋</td><td><br>$0.15d$<br>$0.10d$</td></tr>
<tr><td>5</td><td colspan="2">接头处钢筋中心线的位移</td><td>≤$0.1d$,且≤2 mm</td></tr>
<tr><td>6</td><td colspan="2">焊缝表面(长为$2d$)和焊缝截面上蜂窝、气孔、非金属杂质</td><td>≤$1.5d$,且≤3个</td></tr>
</table>

续表 5-8

| 项次 | 项目 | 允许偏差/mm |
|---|---|---|
| 7 | 钢筋长度方向的偏差 | ±1/2 净保护层厚度 |
| 8 | 同一排受力钢筋间距的局部偏差:<br>(1)柱及梁中<br>(2)板、墙中 | <br>±0.5$d$<br>间距的±10% |
| 9 | 同一排分布钢筋间距的偏差 | 间距的±10% |
| 10 | 双排钢筋,其排与排间距的局部偏差 | 排距的±10% |
| 11 | 梁与柱中钢箍间距的偏差 | 箍筋间距的 10% |
| 12 | 保护层厚度的局部偏差 | ±1/4 净保护层厚度 |

注:$d$ 为钢筋直径。

检查时先进行宏观检查,没有发现明显不合格处,即可进行抽样检查,对梁、板、柱等小型构件,总检测点数不少于 30 个,其余总检测点数一般不少于 50 个。

(2)现场焊接或绑扎的钢筋网,其钢筋交叉的连接应按设计规定进行。当设计未做规定,且直径在 25 mm 以下时,除楼板和墙内靠近外围两行钢筋的交点应逐根扎牢外,其余按 50%的交叉点进行绑扎。

(3)钢筋安装中交叉点的绑扎,对于Ⅰ、Ⅱ级钢筋,直径在 16 mm 以上且不损伤钢筋截面时,可用手工电弧焊进行点焊来代替,但必须采用细焊条、小电流进行焊接,并严加外观检查,钢筋不应有明显的咬边和裂纹出现。

(4)板内双向受力钢筋网,应将钢筋交叉点全部扎牢。柱与梁的钢筋中,主筋与箍筋的交叉点在拐角处应全部扎牢,其中间部分可每隔一个交叉点扎一点。

(5)安装后的钢筋应有足够的刚性和稳定性。整装的钢筋网和钢筋骨架,在运输和安装过程中应采取措施,以免变形、开焊及松脱。安装后的钢筋应避免错动和变形。

(6)在混凝土浇筑施工中,严禁为方便浇筑擅自移动或割除钢筋。

## 复习思考题

### 一、填空题

1. 钢筋要求有足够的强度,良好的__________和冲击韧性。

2. 钢筋冷拉是将钢筋在常温下进行强力拉伸至超过__________,以提高屈服强度,节约钢材。

3. 钢筋代换的方法有__________和__________。

4. 螺纹钢筋的绑扎接头前端应为__________弯钩。

5. 为了增加混凝土与钢筋的黏结力，光圆钢筋两端应设 ____________。
6. 钢筋除锈分为 ____________ 和机械除锈。
7. 钢筋调直机具有除锈、调直和 ______________ 三项功能。

## 二、选择题

1. 关于钢筋代换的下列说法正确的是(　　)。
   A. 梁的钢筋代换可按承担拉压强度相等的原则代换
   B. 当构件为受弯构件应以等强度代换
   C. 钢筋混凝土大梁应按等弯矩代换
   D. 钢筋混凝土基础应按等强度代换
2. 塑性也是建筑钢材的重要性质，常以(　　)表示。
   A. 应力　　B. 应变　　C. 伸长率　　D. 缩小率
3. 箍筋有(　　)和封闭两种形状。
   A. 方形　　B. 圆形　　C. 垭口　　D. 开口
4. 现场钢筋应实行的领料制度为(　　)。
   A. 超额　　B. 限额　　C. 差额　　D. 定额
5. 钢筋直径在 25 mm 以上时，宜用对焊或(　　)。
   A. 搭接焊　　B. 帮条焊　　C. 坡口焊　　D. 熔槽焊
6. 现场竖向钢筋的焊接宜采用(　　)。
   A. 闪光对焊　　B. 接触点焊　　C. 接触电渣焊　　D. 手工电弧焊

## 三、简答题

1. 绘出钢筋加工工艺流程图。
2. 钢筋如何验收和保管？
3. 钢筋加工的工序有哪些？
4. 钢筋安装质量如何控制？
5. 钢筋配料单的内容包括哪些？

# 项目六　混凝土工程

【学习目标】

1. 掌握骨料的种类、加工过程;
2. 掌握混凝土制备的程序及要求;
3. 了解混凝土运输的要求及常见的运输方式;
4. 掌握混凝土的浇筑方式,混凝土浇筑程序和入仓铺料的方法及养护;
5. 了解混凝土缺陷产生的原因及处理措施;
6. 了解特殊季节中混凝土施工所采取的措施。

【技能目标】

1. 依据料源状况选择加工机械,制订骨料加工的方案,形成骨料加工系统布置流程图;
2. 能确定混凝土系统生产能力,合理选择混凝土拌制机械;
3. 根据不同的施工条件,正确选择混凝土的浇筑方案;
4. 能根据混凝土的不同缺陷采取不同的处理措施。

【思政目标】

1. 通过典型案例——白鹤滩工程的学习,让学生了解我国混凝土技术发展的水平,培养学生民族自信心和自豪感,激发学生的爱国精神;
2. 具有吃苦耐劳、爱岗敬业的职业素养;
3. 培养勇于科学探索、开拓创新精神;
4. 培养学生的质量、安全意识和新时代水利精神。

【思政导引】

## 白鹤展翅　再上九霄——白鹤滩水电站

白鹤滩被称为中国乃至世界上难度最大的水电工程之一。一方面白鹤滩水电站主要特性指标均居世界前列:拱坝坝高289 m,居世界第三;300 m级高坝抗震参数居世界第一;地下洞室群规模居世界第一;单机容量居世界第一;装机规模居世界第二。另一方面,水电站坝址的地质环境复杂:峡谷地形不对称、岩性复杂、高地震烈度等。在如此复杂多样的地质结构上建设“巨无霸”,其技术难度可想而知。

苦练内功的自主创新品格。自力更生是中华民族自立于世界民族之林的奋斗基点,自主创新是攀登世界科技高峰的必由之路。作为中国自主创新的结晶,白鹤滩水电站的建设过程,浓缩着中国科技自立自强的不凡之路,写照着中国人自主攻关脚步不停歇的不屈志气。白鹤滩水电站改造拖模施工技术,将浇筑的单位时间压缩到70 h,全面应用智能通水技术，实现大坝混凝土精准化温控，大规模应用低热水泥……攻克一批世界级技术难题，自主研发应用一大批科技创新成果，以及唯一一座全部实现设备国产化的水电站，充分彰显了中国智慧、中国速度、中国精度。白鹤滩水电站见证了“中国制造”向“中国创造”的飞跃。

精益求精的大国工匠精神。时代发展需要大国工匠，更需要大力弘扬工匠精神。白鹤滩水电站大坝共分为31个坝段，大坝主体混凝土浇筑总量803万$m^3$，做到了没有一条毫米级的温度裂缝；在大坝坝肩开挖中，在700 m高陡边坡上“雕刻”，创造了单月最大下挖30 m，全年下挖300 m的世界纪录；大坝主体自2017年4月12日开始混凝土浇筑，至今历时1 510个日夜，坝体共计浇筑2 253仓，近800万$m^3$混凝土。在大坝浇筑的4年多时间里，参建各方日夜奋战，大坝整体均衡连续上升，连续三年浇筑量在200万$m^3$以上，创造了年浇筑270万$m^3$、月浇筑27.3万$m^3$、百日过深孔等同类工程的世界纪录。正是精益求精的大国工匠精神，让白鹤滩水电站创造了世界坝工史上的奇迹，挺立为世界水电行业的“珠峰”。这是白鹤滩水电站成功的秘诀，也是标注“中国制造”新高度的内在支撑。

智能化施工，将大数据、物联网为核心的现代信息技术与水电工程建设有机融合，实现对工程建设及运行全生命周期的信息化和智能化管理。

绿色施工，首次在大型水电工程采用变频风机及风带，采用自然通风与机械通风结合、正压送风和负压排风混合技术，有效解决了大规模、高埋深洞室群通风散烟难题；自主设计建设的罐车冲洗系统，实现废水零排放和封闭水循环利用。

安全施工，通过应用大型缆机群、大口径反井钻机、竖井门式垂直升降系统、液压自升爬模、钢筋钢模台车等先进的设备化解重大安全风险。

百年征程，筚路蓝缕，中国水电从落后到领先，标志着中国水电工程建设迈出了新的一大步，激荡着全体中国人的自豪感和自信心，凝聚成推动中华民族伟大复兴的磅礴力量。

混凝土工程在水利水电建设中占有重要的地位，特别是以混凝土坝为主体的枢纽工程，其施工速度直接影响整个工程的建设工期，其施工质量直接关系到工程的安危，关系着国家和人民生命财产的安全。在混凝土坝(闸)枢纽工程中，用于混凝土工程施工的各种费用占工程总投资比例较大，为60%~70%，明显影响工程投资规模。

由于水利水电建设中的混凝土工程量大，消耗水泥、木材、钢材多，施工各个环节质量要求高，投资消耗大，因此认真研究混凝土工程施工，对加快施工进度、节约“三材”、提高质量、降低成本具有重要意义。

在混凝土施工中，大量砂石骨料的开采、加工，以及水泥和各种掺和料、外加剂的供应是基础，混凝土制备、运输和浇筑是施工的主体，模板、钢筋作业是必要的辅助。

码6-1 微课-骨料制备

## 任务一 骨料制备

砂石骨料是混凝土最基本的组成成分。通常每1 $m^3$的混凝土需要

1.3~1.5 $m^3$ 的松散砂石骨料。混凝土用量很大的混凝土坝工程,砂石骨料的需要量也相当大。骨料质量的好坏直接影响混凝土强度、水泥用量和温控的要求,从而影响大坝的质量和造价。为此,在混凝土的设计施工中应统筹规划,认真研究砂石骨料的储量、物理力学指标、杂质含量以及开采、运输、堆存和加工等各个环节。

## 一、砂石骨料的主要来源

砂石骨料的质量是料场选择的首要前提。骨料的质量要求包括:强度、抗冻、化学成分、颗粒形状、级配和杂质含量等。水工现浇混凝土粗骨料多用四级配,即 5~20 mm、20~40 mm、40~80 mm、80~120 mm(或 150 mm)。砂子为细骨料,通常分为粗砂和细砂两级,其级配由细度模数控制,合理取值为 2.4~3.2。增大骨料颗粒尺寸、改善级配,对于减少水泥用量、提高混凝土质量,特别是对大体积混凝土的控温防裂具有积极意义。然而,骨料的天然级配和设计级配要求总有差异,各种级配的储量往往不能同时满足要求。这就需要开采或通过加工来调整级配及其相应的产量。

大中型水利工程根据砂石骨料来源的不同,可将骨料生产分为三种基本类型:

(1)天然骨料。采集天然砂砾料经筛分分级,将富裕级配的多余部分作为弃料;天然混合料中含砂不足时,可用山砂即风化砂补足。

(2)人工骨料。用爆破开采块石,通过人工破碎筛分成碎石,磨细成砂。

(3)组合骨料。以天然骨料为主,人工骨料为辅。人工骨料可以由天然骨料筛出的超径料加工而得,也可以爆破开采块石经加工而成。

料场按照骨料获得形式分为天然砂砾石料场、岩石料场和弃渣料场。天然砂砾石料场又分为陆地料场、河滩料场、河床料场;岩石料场也就是采石场,是专门设计和组织的;工程弃渣是利用水利水电工程施工中,诸如导流隧洞的开挖、大坝、通航建筑物及电站厂房等主体工程基础开挖弃渣。例如,映秀湾工程的人工骨料原岩 100%来源于工程弃渣;巴西伊泰普工程 100 余万 $m^3$ 混凝土,大部分骨料利用弃渣加工。工程弃渣的利用,能减少工程弃渣处置费用,有利于环境保护和水土保持,通常还能降低砂石骨料的成本,应优先加以研究。

## 二、骨料加工

将采集的毛料加工,一般需通过破碎、筛选和冲洗,制成附合级配、除去杂质的碎石和人工砂。根据骨料加工工艺流程,组成骨料加工厂。

从料场开采的砂石料不能直接用于制备混凝土,需要经过破碎、筛分、冲洗等加工过程,制成符合级配要求、质量合格的各级粗、细骨料。

### (一)破碎

为了将开采的石料破碎到规定的粒径,往往需要经过几次破碎才能完成。因此,通常将骨料破碎过程分为粗碎(将原石料破碎到 70~300 mm)、中碎(破碎到 20~70 mm)和细碎(1~20 mm)三种。

水利水电工程工地常用的破碎设备有颚式破碎机、旋回破碎机、圆锥破碎机、反击式破碎机,此外还有辊式破碎机和锤式破碎机、棒磨机、立轴冲击式破碎机等制砂设备。

1. 颚式破碎机

颚式破碎机的构造如图 6-1 所示,它的破碎槽由两块颚板(一块固定,另一块可以摆动)构成,颚板上装有可以更换的齿状钢板。工作时,由传动装置带动偏心轮作用,使活动颚板左右摆动,破碎槽即可一开一合,将进入的石料轧碎,从下端出料口漏出。

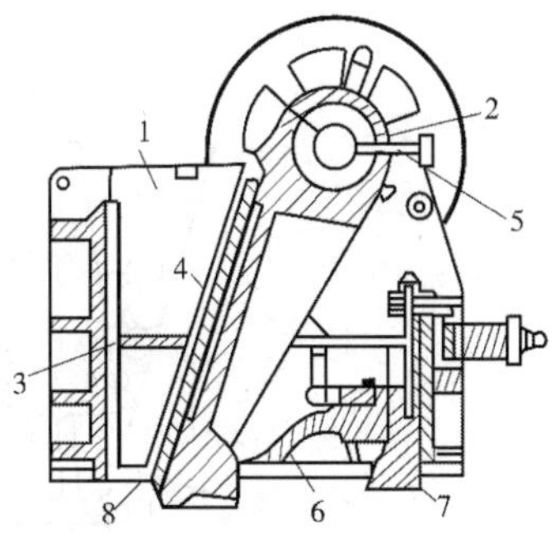


1—进口;2—偏心轮;3—固定颚板;4—活动颚板;5—偏心轴;6—撑杆;7—楔形滑块;8—出料口。

**图 6-1　颚式破碎机**

颚式破碎机是最常用的粗碎设备,其优点是结构简单,自重较轻,价格便宜,外形尺寸小,配置高度低,进料尺寸大,排料口开度容易调整;缺点是衬板容易磨损,活动颚板需经常更换,产品中针片状含量较高,处理能力较低,一般需配置给料设备。

颚式破碎机的规格,常用其进料口尺寸(宽×长)表示。例如,规格为 400 mm×600 mm 的颚式破碎机,能轧碎直径为 350 mm 的块石(约为进料口宽度的 85%),它的出料口宽度为 40~160 mm,生产率为 17~85 t/h。

破碎机生产率的大小与石料性质、破碎机出料口宽度、喂料的均匀程度和破碎机转速等因素有关。出料口宽度可以在一定范围内调整,如出料口调宽,可使生产率提高,但产品粗粒径增多,石料破碎率(进料平均粒径与出料平均粒径之比)也随之降低。因此,破碎率应控制在 6~8,当第一次破碎不合要求时,应进行第二次破碎。破碎机转速低则生产率低,转速过高,碎石来不及下落,生产率也低。

2. 旋回破碎机

旋回破碎机可作为颚破后第二阶段破碎,也可直接用于一破,是常用的粗碎设备。其优点是处理能力大,产品粒形较颚式好,可挤满给料,进料无须配给料设备;缺点是其结构较颚式破碎机复杂,自重大,机体高,价格贵,维修复杂,土建工程量大。出料要设缓冲仓和专用设备。

3. 圆锥破碎机

1)传统圆锥破碎机

传统圆锥破碎机是最常用的二破和三破设备,有标准、中型、短头三种腔型,有弹簧和液压两种形式。它的破碎室由内、外锥体之间的空隙构成。活动的内锥体装在偏心主轴上,外锥体固定在机架上,如图 6-2 所示。工作时,由传动装置带动主轴旋转,使内锥体做偏心转动,将石料碾压破碎,并从破碎室下端出料槽滑出。

传统圆锥破碎机工作可靠,磨损轻,效率高,产品粒径均匀。但其结构和维修较复杂,机体高,价格贵,破碎产品中针片状含量较高。

2)高性能圆锥破碎机

高性能圆锥破碎机与传统圆锥破碎机相比,破碎能力大为提高,可挤满给料,产品粒形好,有更多的腔型变化,以适应中碎、细碎和制砂等各工序以及各种不同的生产要求,操作更为方便可靠,但价格高。我国二滩、三峡工程人工砂石料生产系统中,中碎、细碎均采

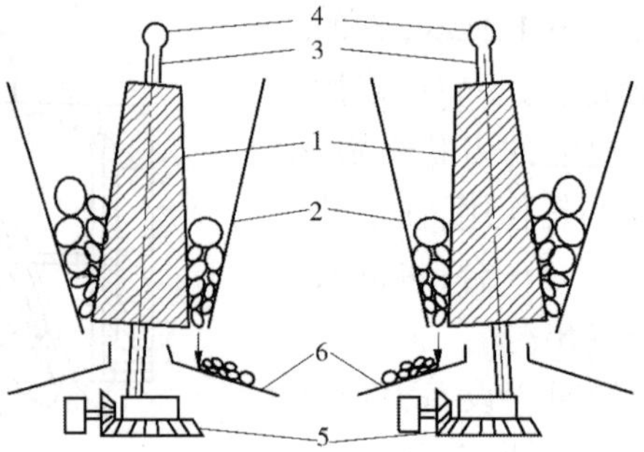


1—内锥体;2—破碎室机壳;3—偏心主轴;4—球形铰;
5—伞齿及转动装置;6—出料滑板。

**图6-2　圆锥破碎机工作原理图**

用了这种高性能圆锥破碎机。其型号有 HP500SX、HP300SXPH、PYZ - 2227、OCl560SXST。目前国际上具有代表性的制造厂家分别是瑞典的 Svedala 公司与美国的 Nordberg 公司。

4. 反击式破碎机

反击式破碎机有单转子、双转子、联合式三种形式。我国主要生产和应用前两种形式,如图6-3、图6-4所示。

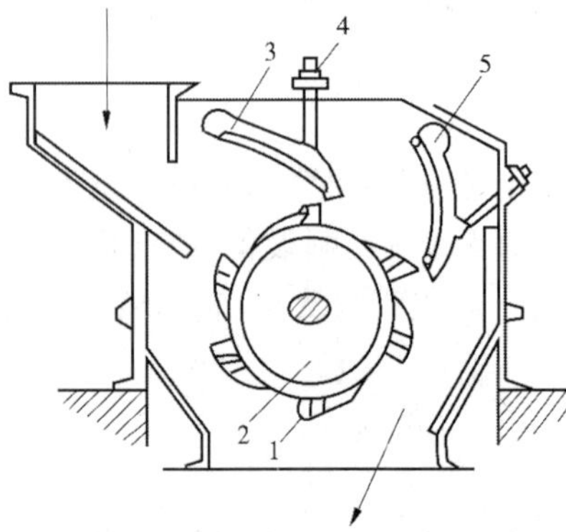


1—打击板;2—转子;3—第一道反击板;
4—悬挂反击板的拉杆;5—第二道反击板。

**图6-3　单转子反击式破碎机**

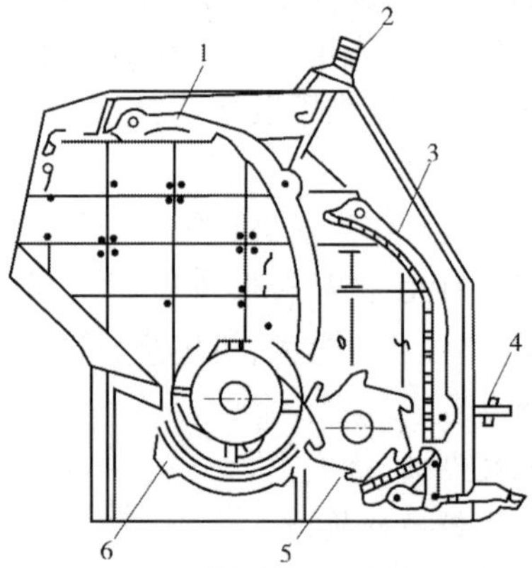


1—第一道反击板;2—反击板调节拉杆螺栓;3—第二道反击板;
4—调节弹簧;5—第二级转子;6—第一级转子。

**图6-4　12508×1250 双转子反击式破碎机**

其破碎机制属冲击破碎,主要借固定在转子上的打击板,高速冲击被破碎物料,使其沿薄弱部分(层理、节理等)进行选择性破碎。另外,通过被冲击料块,从打击处获得的动能,向反击板进行二次主动冲击,以及料块在破碎腔内的互击,经过打击破碎、反弹破碎、互撞破碎、铣削破碎四个主要过程反复进行,直至物料粒径小于打击板与反击板间缝隙时被卸出。其优点是破碎率大(一般为20%左右,最大达50%~60%),产品细,粒形好,产量高,能耗低,结构简单,适于破碎中等硬度岩石,可用于中、细碎和机制砂的加工。缺点是板锤和衬板容易磨损,更换和维修工作量大,产品级配不易控制,容易产生过度粉碎。

5. 棒磨机

制砂用棒磨机通常采用两端轴扎进料、中间边孔排料型,产品粉粒较少。国内使用最多的规格为$\phi$2 100 mm×3 600 mm,如乌江渡、二滩、东风、五强溪等工程都是采用这种型号。

近年来,随着冲击式破碎机、旋盘式破碎机、“石打石”立轴式破碎机等机型的出现,制砂工艺由单一棒磨机制砂方式发展到多种类型及联合型的制砂方式。例如三峡工程,采用了棒磨机、筛分石渣、“石打石”立轴式冲击破碎机制砂后混合的工艺。图 6-5 所示为冲击式破碎机制砂工艺流程。

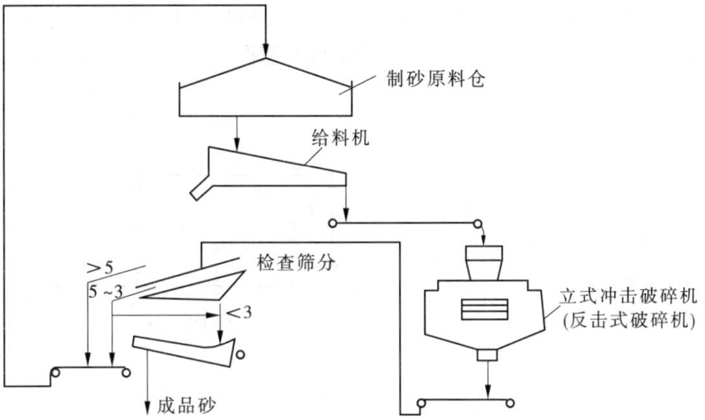


**图 6-5 冲击式破碎机制砂工艺流程** (单位:mm)

### (二)筛分和冲洗

为了分级,需将采集的天然毛料或破碎后的混合料筛分,分级的方法有水力筛分和机械筛分两种。前者利用骨料颗粒大小不同,水力粗度各异的特点进行分级,适用于细骨料。后者利用机械力作用经不同孔眼尺寸的筛网对骨料进行分级,适用于粗骨料。

机械筛分的筛网多用高碳钢条焊接成方筛孔,筛孔边长分别为 112 mm、75 mm、38 mm、19 mm、5 mm,用以筛分 120 mm、80 mm、40 mm、20 mm、5 mm 的各级粗骨料。当筛网倾斜安装时,为保证筛分粒径,尚须将筛分孔尺寸适当加大。

1. 骨料的筛分

大规模筛分多用机械振动筛,有偏心振动筛和惯性振动筛两种。

1) 偏心振动筛

偏心振动筛如图 6-6 所示。固定筛网的筛架装在偏心主轴上,马达驱动偏心主轴回转带动筛架做环形运动产生振动。由于偏心距不变,筛网的振幅也固定不变,不受筛网面上料石多少的影响,其振幅一般为 3~6 mm,振动频率为 840~1 200 次/s。这种筛适用于筛分大、中骨料,常用来完成第一道筛分任务。

2) 惯性振动筛

惯性振动筛如图 6-7 所示。

惯性振动筛是利用电动机带动旋转主轴上飞轮的偏心重,产生离心力而引起筛网振

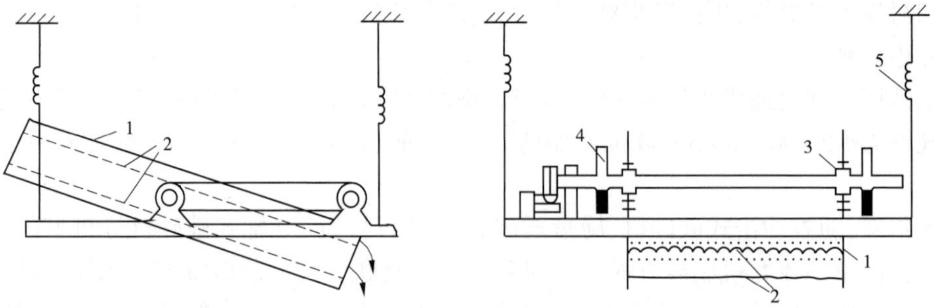


(a)侧视图　　(b)横剖面图

1—筛架;2—筛网;3—偏心部位;4—平衡重;5—消振弹簧。

**图 6-6　偏心振动筛示意图**

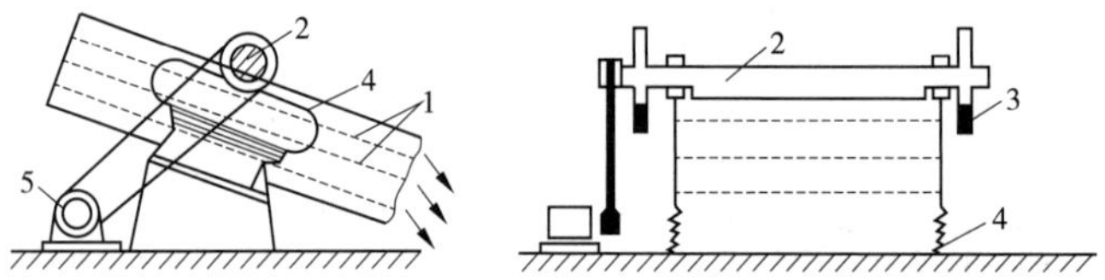


(a)侧视图　　(b)横剖面图

1—筛网;2—单轴振动器;3—配重盘;
4—消振弹簧;5—电动机。

**图 6-7　惯性振动筛示意图**

动。由于筛网上的物料对飞轮偏心重离心力有平衡抵消作用,故其振幅大小随消振弹簧的振幅锐减,容易引起筛孔堵塞,使骨料得不到充分筛分。这种筛应进料适度、均匀。其振幅变化在 1.6~6 mm,频率为 1 200~2 000 次/min,适用于中、细颗粒骨料的筛分。

筛分中的主要质量问题是超径和逊径。当骨料受筛时间太短,筛网网孔偏小,使应过筛的下一级骨料由筛面分入大一级骨料中称为逊径;反之,若筛网孔眼变形偏大,大一级骨料漏入小一级骨料中称为超径。筛分作业中,常以超径、逊径的质量百分率,即筛分精度作为质量控制标准。超径多因筛网磨损、变动、破裂所致;而逊径则多因筛网面上喂料过多、网孔堵塞或网孔偏小、筛网面倾角过大所致。规范要求超径不大于 5%、逊径不大于 10%方满足质量控制标准。

整个筛分过程也是骨料清洗去污过程。清洗是在筛网面上方正对骨料下滑方向安装具有孔眼的管道喷水冲洗。

2. 骨料的冲洗

无论天然砂还是人工砂通常多用水力分级,这时分级和冲洗同时进行。也有用沉砂箱承纳筛分后流出的污水砂浆,经初洗和排污后再送入洗砂机清洗。洗砂机多用螺旋式,其结构如图 6-8 所示,机身是一倾斜的洗砂槽,由驱动机构带动一个或两个具有固定螺旋叶片的螺旋轴旋转。运行中,螺旋叶片推动砂料在相对流动的水中淘洗,清水由注入口注入,未清洗的砂由加料口加入,由下而上清洗后的砂由出料口卸入运料皮带机上,洗砂后的浑水由下方溢出口排出。

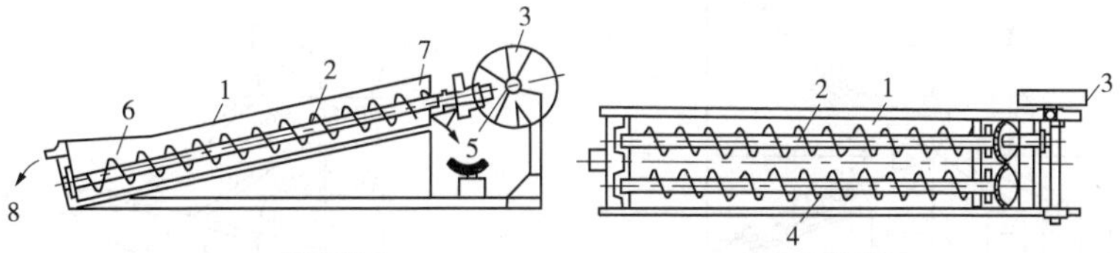


1—洗砂槽;2—螺旋轴;3—驱动机构;4—叶片;5—皮带机;
6—加料口;7—清水注入口;8—浑水溢出口。

**图 6-8 螺旋式洗砂机示意图**

**(三)制砂**

制砂工艺是砂石加工厂的关键技术,以前多以棒磨机为主要制砂设备。近年来随着冲击式破碎机、旋盘式破碎机、“石打石”立轴式冲击破碎机等新机型的出现,制砂工艺由单一棒磨机制砂方式,发展到多种类型及联合型的制砂方式。例如反击式破碎机制砂、“石打石”立轴式冲击破碎机制砂,以及上述机型与棒磨机、筛分石渣的联合式制砂工艺等。在联合式制砂工艺中,棒磨机往往起调整砂细度模数和补充产量的作用。单一方式制砂一般用于中小型或临时工程,联合型则适合大型或特大型工程。例如三峡工程,采用了棒磨机、筛分石渣,“石打石”立轴式冲击破碎机制砂后混合的工艺;二滩为棒磨机与旋盘式制砂机联合制砂工艺。

新型破碎机制砂成本均较棒磨机低,设备结构简单、土建工程量少,其共同的工艺特点是破碎机产品中粒径小于 5 mm 颗粒含量高,最大排料粒径在 40 mm 左右,采用检查筛分可分成小于 5 mm 的砂与中、小石。国内大部分工程采用湿法制砂工艺,国外大部分工程采用干法生产,近年我国一些工程也采用干法生产工艺,并取得成功。

## 三、骨料加工厂

把骨料破碎、筛分、冲洗、运输和堆放等一系列生产过程与作业内容组成流水线,并形成一定规模的骨料生产企业,称为骨料加工厂。当采用天然骨料时,加工的主要作业是筛分和冲洗;当采用人工骨料时,加工的主要作业是破碎、筛分、冲洗和棒磨制砂。骨料加工厂要根据地形情况、施工条件、来料和出料方向,做好主要加工设备、运输线路、净料和弃料堆的布置。骨料加工应做到开采和使用相平衡,尽量减少弃料;骨料的开采和加工过程中,还应注意做好环境保护工作,应采取措施避免水土流失,减少废水及废渣排放。

大中型工程常设置筛分楼,某筛分楼的布置示意图见图 6-9。进入筛分楼的砂石混合料,应先经过预筛分,剔出粒径大于 150 mm 的超径石。经过预筛分的砂石混合料,由皮带机运送上筛分楼,经过两台筛分机筛分和冲洗,筛分出 5 种粒径不同的骨料:特大石(80~150 mm)、大石(40~80 mm)、中石(20~40 mm)、小石(5~20 mm)、砂子(<5 mm)。其中特大石在最上一层筛网上不能过筛,首先被筛分。砂料经沉砂箱和洗砂机清洗得到洁净的砂。经过筛分的各级骨料,分别由皮带机运送到净料堆储存,以供混凝土制备的需要。

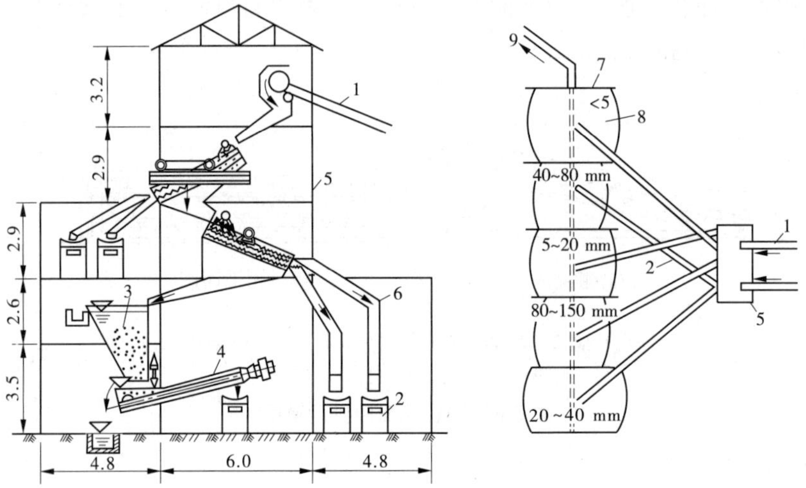


(a)筛分楼分层布置　　(b)进出料平面布置

1—进料皮带机;2—出料皮带机;3—沉砂箱;4—洗砂机;
5—筛分楼;6—溜槽;7—隔墙;8—成品料堆;9—成品运出。

**图 6-9　筛分楼布置示意图**　(单位:m)

# 任务二　混凝土制备

混凝土制备是按照混凝土配合比设计要求,将其各组成材料(砂石、水泥、水、外加剂及掺和料等)拌和成均匀的混凝土料,以满足浇筑的需要。混凝土制备的过程包括储料、供料、配料和拌和。其中配料和拌和是主要生产环节,也是质量控制的关键。

**码 6-2　微课-混凝土制备**

## 一、混凝土配料

配料是按混凝土配合比要求,称量每次拌和混凝土的材料用量,其精度直接影响混凝土的质量。配料的方法有重量配料法和体积配料法两种,由于体积配料法难以满足配料精度的要求,所以水利工程中广泛采用重量配料法。

重量配料法是将砂、石、水泥和掺和料按质量称量,水和外加剂溶液按体积计量。规范要求的精度是:水泥、外加剂、水和掺和料为±1%,砂石料为±2%。

设计配合比中的加水量根据水灰比计算确定,并以饱和面干状态的砂子为标准。施工中采用的砂子,其含水量又往往较高,在配料时采用的加水量应扣除砂子表面含水量及外加剂中的水量。所以在施工中,应及时测定现场砂、石骨料的含水量,并将混凝土的实验室配合比换算成在实际含水量情况下的施工配合比。施工配合比的换算方法见例 6-1。

**【例 6-1】**　某工地所用混凝土的实验室配合比(骨料以饱和面干状态为基准)为:水泥 280 kg、水 150 kg、砂 704 kg、碎石 1 512 kg。已知工地砂的表面含水量为 4%,碎石的表面含水量为 1.5%。试求该混凝土的施工配合比。若施工现场的搅拌机的型号为

JZ250,其出料体积为 0.25 $m^3$,试求每搅拌一次的拌和用量。

**解**:(1)计算施工配合比。每 1 $m^3$混凝土中,各材料的用量为:

水泥 280 kg

砂子 704×(1+4%)=732.2(kg)

碎石 1 512×(1+1.5%)=1 534.7(kg)

水 150−704×4%−1 512×1.5%=99.2(kg)

(2)计算每搅拌一次的拌和用量。

水泥 280×0.25=70(kg)(取用一袋半水泥,即 75 kg)

砂子 732.2×(75/280)=196.1(kg)

碎石 1 534.7×(75/280)=411.1(kg)

水 99.2×(75/280)=26.6(kg)

### (一)给料设备

给料是将混凝土各组分从料仓按要求供到称料料斗。给料设备的工作机构常与称量设备相连,当需要给料时,控制电路开通,进行给料。当计量达到要求时,即断电停止给料。常用给料设备如表 6-1 所示。

**表 6-1 常用给料设备**

| 序号 | 名称 | 特点 | 适宜给料对象 |
|---|---|---|---|
| 1 | 皮带给料机 | 运行稳定、无噪声、磨损小、使用寿命长、精度较高 | 砂 |
| 2 | 给料闸门 | 结构简单、操作方便、误差较大,可手控、气控、电磁控制 | 砂、石 |
| 3 | 电磁振动给料机 | 给料均匀,可调整给料量,误差较大、噪声较大 | 砂、石 |
| 4 | 叶轮给料机 | 运行稳定、无噪声、称料准确,可调给料量,满足粗、精称量要求 | 水泥、混合材料 |
| 5 | 螺旋给料机 | 运行稳定、给料距离灵活、工艺布置方便,但精度不高 | 水泥、混合材料 |

### (二)称量设备

混凝土配料称量的设备有台秤和地磅、电动磅秤、配料器、电子秤、配水箱及定量水表。

1. 台秤和地磅

当混凝土拌制量不大,可采用简易称量方式。地磅称量,是将地磅安装在地槽内,用手推车装运材料推到地磅上进行称量。这种方法最简便,但称量速度较慢。台秤称量需配置称料斗、贮料斗等辅助设备。称料斗安装在台秤上,骨料能由贮料斗迅速落入,故称量时间较快,但贮料斗承受骨料的重量大,结构较复杂。贮料斗的进料可采用皮带机、卷扬机等提升设备。

2. 电动磅秤

电动磅秤是简单的自控计量装置,每种材料用一台装置,给料设备下料至主称量料斗,达到要求重量后即断电停止供料,称量料斗内材料卸至皮带机送至骨料斗。

3. 配料器

配料器是用于称量混凝土原材料的专门设备,其基本原理是悬挂式的重量秤。按所称料物的不同,可分为骨料配料器、水泥配料器和量水器等。在自动化配料器中,装料、称量和卸料的全部过程都是自动控制的。自动化配料器动作迅速,称量准确,在混凝土拌和楼中应用广泛。

4. 电子秤

电子秤通过传感器承受材料重力拉伸,输出电信号在标尺上指出荷重的大小,当指针与预先给定数据的电接触点接通时,即断电停止给料,同时继电器动作,称料斗斗门打开向骨料斗供料,其称量更加准确,精度可达 99.5%。

5. 配水箱及定量水表

水和外加剂溶液可用配水箱和定量水表计量。配水箱是搅拌机的附属设备,可利用配水箱的浮球刻度尺控制水或外加剂溶液的投放量。定量水表常用于大型搅拌楼,使用时将指针拨至每盘搅拌用水量刻度上,按电钮即可送水,指针也随进水量回移,至零位时电磁阀即断开停水。此后,指针能自动复位至设定的位置。

称量设备一般要求精度较高,而其所处的环境粉尘较大,因此应经常检查调整,及时清除粉尘。一般要求每班检查一次称量精度。

## 二、混凝土拌和

### (一)人工拌和

人工拌和只适用于施工条件困难、工作量小、强度不高的混凝土施工。人工拌和是在干净的钢板或混凝土地面上进行的,采用"干三湿三法"拌制,即先倒入砂子,后倒入水泥,用铁锹干拌三遍,然后中间扒开,加入石子和 2/3 的水量,湿拌三遍,其余的水边拌边加,拌至颜色一致,石子全部被砂浆包裹。人工拌和劳动强度大,混凝土质量不容易保证。

### (二)机械拌和

1. 拌和机械

拌和机是制备混凝土的主要设备,按照拌和机的工作原理,可分为自落式、强制式两种。

1)自落式拌和机

自落式拌和机是一种利用可旋转的拌和筒上的固定叶片,将混凝土料带至筒顶,自由跌落拌制。其特点是结构简单,单位产量成本低,可拌制骨料粒径较大的混凝土,适用范围较广。自落式拌和机应用普遍,按其外形又分为鼓形和双锥形两种。

鼓形拌和机的构造如图 6-10(a)所示。鼓筒两侧开口,一侧开口用于装料,另一侧开口用于卸料。由于鼓筒只能旋转拌和,而不能倾翻卸料,故需利用插入筒内的卸料槽进行卸料。鼓形拌和机构造简单、装拆方便、使用灵活,如装上车轮便成为移动式拌和机;但容量较小(400~800 L),生产率不高,多用于中小型工程或大型工程施工初期。双锥形拌和机的构造如图 6-10(b)所示。拌和筒一端开口,用于装料和卸料(也有少数是两端开口,分别用于装料或卸料)。拌和时,拌和筒开口端微微向上翘起,大部分材料在筒的中、后部进行拌和。同时,叶片的形状能使材料交叉翻动,增强了拌和效果。卸料时,利用气顶或机械传动使拌和筒倾翻约 60°,将拌和料迅速卸出。双锥形拌和机容量较大,有 800 L、1 000 L、1 600 L、3 000 L 等,拌和效果好、间歇时间短、生产率高,多用于大、中型工程。

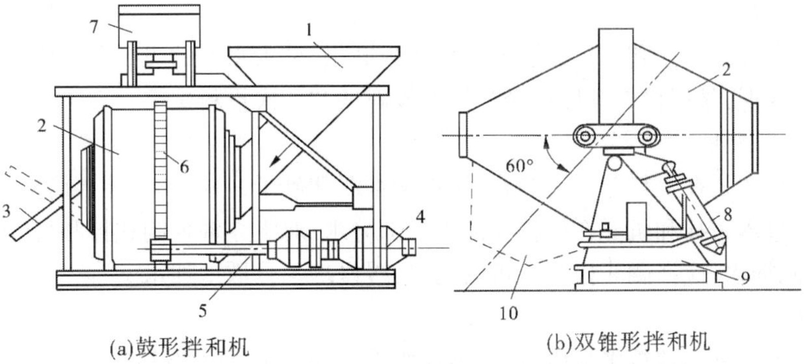


1—装料机;2—拌和筒;3—卸料槽;4—电动机;5—传动轴;
6—齿圈;7—量水器;8—气顶;9—机座;10—卸料位置。

**图 6-10 自落式混凝土拌和机**

2)强制式拌和机

强制式拌和机一般筒身固定,搅拌机片旋转,对物料施加剪切、挤压、翻滚、滑动、混合使混凝土各组分搅拌均匀。其特点是拌和时间短、搅拌质量好,但拌制低坍落度碾压混凝土时易磨损叶片和衬板。

强制式拌和机按构造不同可分立轴式和卧轴式。立轴式可分为涡桨式和行星式,卧轴式可分为单卧轴式和双卧轴式。

立轴强制式拌和机是在圆盘搅拌筒中装一根回转轴,轴上装有拌和铲和刮板,随轴一同旋转,它用旋转着的叶片,将装在搅拌筒内的物料强行搅拌,使之均匀。

单卧轴强制式混凝土拌和机的搅拌轴上装有两组叶片,两组推料方向相反,使物料既有圆周方向运动,也有轴向运动,因而能形成强烈的物料对流,使混凝土能在较短的时间内搅拌均匀。它由搅拌系统、进料系统、卸料系统和供水系统等组成。此外还有双卧轴式搅拌机。

2. 搅拌机生产率计算

拌和机是按照装料、拌和、卸料三个过程循环工作的,每循环工作一次就拌制出一罐新鲜混凝土,按拌和实方体积(L 或 $m^3$)确定拌和机的工作容量(又称出料体积)。

拌和机的装料体积,是指每拌和一次装入拌和筒内各种材料松散体积之和。拌和机的出料系数是出料体积与装料体积之比,一般为 0.6~0.7。

每台拌和机的小时生产率 $P$ 可按下式计算:

$$P = K\frac{3\,600V}{t_1 + t_2 + t_3 + t_4} \tag{6-1}$$

式中 $V$——拌和机出料容量,$m^3$;

$t_1$——进料时间,自动化配料为 10~15 s,半自动化配料为 15~30 s;

$t_2$——拌和时间,随拌和机容量、坍落度、气温而异,一般自落式拌和机为 90~150 s,强制式拌和机为 60~120 s;

$t_3$——出料时间,一般倾翻式拌和机为 15 s,非倾翻式拌和机为 25~30 s;

$t_4$——必要的技术间歇时间,对双锥式拌和机为 3~5 s;

$K$——时间利用系数,视施工条件定,一般为 0.85~0.95。

3. 投料顺序

为了提高混凝土拌和质量,减少叶片、衬板磨损,减少水泥的飞扬和黏罐,提高混凝土强度和节约水泥,常用投料顺序可分为一次投料法和二次投料法。

1) 一次投料法

一次投料法是在上料斗中先装石子,再加水泥和砂子,一次加入搅拌筒内进行搅拌的方法。对于自落式拌和机要在搅拌筒内先加部分水;对于立轴强制式拌和机,因出料口在下部,不能先加水,应在翻斗投料入机的同时,缓慢均匀分散地加水。

2) 二次投料法

二次投料法分为预拌水泥砂浆法、预拌水泥净浆法和裹砂石法等。所谓预拌水泥砂浆法,是先将水泥、砂和水加入搅拌筒内进行充分搅拌,成为均匀的水泥砂浆后,再加入石子搅拌成均匀的混凝土。所谓预拌水泥净浆法,是先将水泥和水充分搅拌成均匀的水泥净浆后,再加入砂和石子搅拌成混凝土。所谓裹砂石法,是先将全部石子、砂和 70% 的拌和水倒入搅拌机,拌和 15 s,再倒入全部水泥进行造壳搅拌 30 s 左右,然后加入 30% 的拌和水,再进行糊化搅拌 60 s 左右即可完成。

二次投料法搅拌的混凝土比一次投料法搅拌的混凝土和易性好,强度可提高 20% 左右。

## 三、混凝土拌和站、拌和楼

大中型水利水电工程中,常把骨料堆场、水泥仓库、配料装置、拌和机及运输设备等比较集中地布置,组成混凝土拌和站,或采用成套的混凝土工厂(拌和楼)来制备混凝土,这样既有利于生产管理,又能充分利用设备的生产能力。

进行混凝土拌和站或拌和楼的布置时,应与砂石来料、混凝土的运输和浇筑地点相互协调。拌和站和拌和楼的布置应尽量减少运输距离,尽量减少占地,尽量减少土建工程量,尽量减少施工干扰,尽量减轻、避免对周围环境产生污染。

混凝土拌和站或拌和楼的容量应满足混凝土浇筑强度的需要。混凝土拌和楼按照物料提升次数和制备机械垂直布置的方式,可分为单阶式和双阶式两种,见图 6-11。双阶式

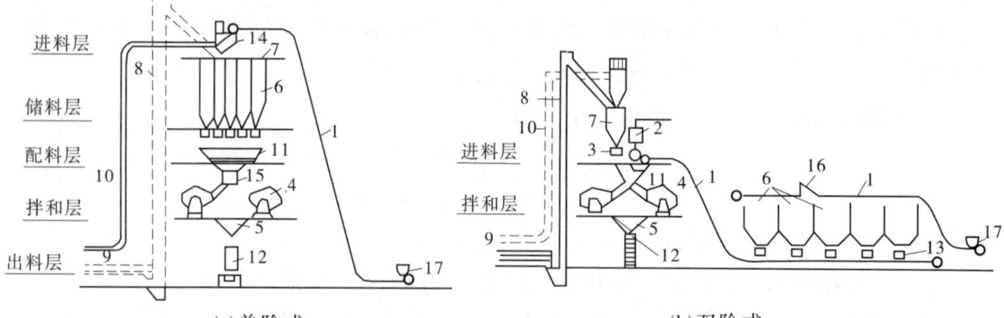


1—皮带机;2—水箱及量水器;3—水泥料斗及磅秤;4—拌和机;5—出料斗;6—骨料仓;7—水泥仓;8—斗式提升机;9—螺旋输送机;10—风送水泥管道;11—骨料斗;12—混凝土吊罐;13—配料器;14—回转漏斗;15—回转喂料器;16—卸料小车;17—进料斗。

**图 6-11　混凝土拌和楼布置方式**

拌和楼建筑高度小,运输设备简单,易于装拆,投产快,投资少;但效率和自动化程度较低,占地面积大,多用于中、小型工程。单阶式拌和楼生产效率高,布置紧凑,占地少,自动化程度高;但结构复杂,投产慢,投资大,因此不宜用于零星的混凝土工程。

我国自20世纪50年代开始研制混凝土拌和楼,70年代中期开始生产小型混凝土拌和站,80年代后我国混凝土拌和站、拌和楼技术发展很快。三峡工程中使用的HL240-4F3000LB预冷(热)型微机控制大型混凝土拌和楼是我国自行设计制造的新型温控混凝土拌和楼,适用于大、中型混凝土工程。HL240-4F3000LB拌和楼装有4台3 $m^3$双锥形自落式拌和机,生产率为240 $m^3/h$。HL240-4F3000LB拌和楼采用计算机全自动控制,可在骨料仓安装冷、热风和片冰等温控设施,采用双线出料,可以同时生产两种不同强度等级的混凝土。

# 任务三 混凝土运输

从混凝土出机到浇筑仓前,主要应完成水平运输,从浇筑仓前至仓内主要完成垂直运输,二者采用的运输、提升设备分别介绍如下。

## 一、混凝土运输一般要求

混凝土运输是整个混凝土施工中的一个重要环节,对工程质量和施工进度影响较大。由于混凝土料拌和后不能久存,而且在运输过程中对外界的影响敏感,运输方法不当或疏忽大意,都会降低混凝土质量,甚至造成废品,如供料不及时或混凝土品种错误,导致正在浇筑的施工部位将不能顺利进行,因此要解决好混凝土拌和、浇筑、水平运输和垂直运输之间的协调配合问题,还必须采取适当的措施,保证运输混凝土的质量。

混凝土料在运输过程中应满足下列基本要求:

(1)要防止混凝土拌和物发生离析现象。所谓离析,就是粗骨料下沉,水泥砂浆和水上浮或粗骨料与水泥砂浆分开,失去了均匀性,难以振捣密实。因此,要求在运输过程中,尽量减少振荡和转运次数,避免混凝土从高处自由下落,否则要进行二次拌和。

(2)要防止水泥砂浆损失。运输混凝土的工具应严密不漏浆;在运输过程中,要防止浆液外溢,装料不要过满,转弯速度不要过快。

(3)要尽量缩短运输时间,防止混凝土出现初凝。混凝土初凝时,其浆液变稠,可塑性降低,无法振捣密实。所以,运输中已初凝的拌和料,应做废料处理。对混凝土运输时间可以根据拌和地点和浇筑部位的距离以及运输与浇筑的速度来确定。

(4)要防止外界气温对混凝土的不良影响,使混凝土入仓时仍有原来的坍落度和一定的温度。夏季要遮盖,防止水分蒸发过多和日晒雨淋,冬季要采取保温措施。

(5)同一时间内,浇筑不同强度等级的混凝土,必须特别注意运输工作的组织,以防发生差错。

(6)混凝土拌和物自由下落高度以不大于2 m为宜,超过此界限时应采取缓降措施。

## 二、混凝土水平运输设备

### (一)有轨运输设备

通常混凝土的水平运输有有轨运输和无轨运输两种,前者一般用轨距762 mm或1 000 mm的窄轨机车拖运平台车完成,平台车上除放3~4个盛料的混凝土罐外,还应留一个放空罐的位置,以便卸料后起吊设备可以放置空罐。

放置在平车上的混凝土盛料容器常用立罐。罐壳为钢制品,装料口大,出料口小,并设弧门控制,用人力或压气启闭,如图6-12所示。立罐容积有1 $m^3$、3 $m^3$、6 $m^3$、9 $m^3$几种,容量大小应与拌和机及起重机的能力相匹配。例如,3 $m^3$罐自重1.7 t,盛料3 $m^3$约8 t,共约10 t,可与1 000 L、1 500 L、3 000 L的拌和机和10 t的起重机匹配;6 $m^3$罐则与20 t起重机匹配。

为了方便卸料,可在罐的底部附设振动器,利用振动作用使塑性混凝土料顺利下落。立罐多用平台车运输,也有将汽车改装后载运立罐的,这样运输较为机动灵活。

汽车运输有用自卸汽车直接盛混凝土运送并卸入与起重机不脱钩的卧罐内,再将卧罐吊运入仓卸料;也有将卧罐直接放在车厢内到拌和楼装料后运至浇筑仓前,再由起重机吊入仓内,卧罐的外形及放置如图6-13所示。

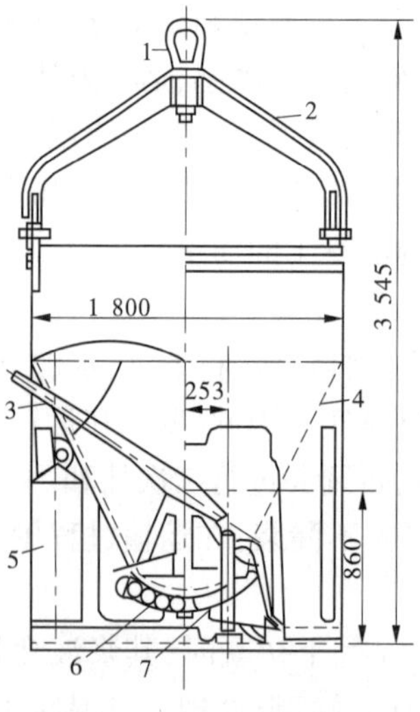


1—吊环;2—吊梁;3—操作杆;4—罐壁;
5—储气罐;6—斗门;7—支架。

**图6-12　混凝土立罐结构图**　(单位:mm)

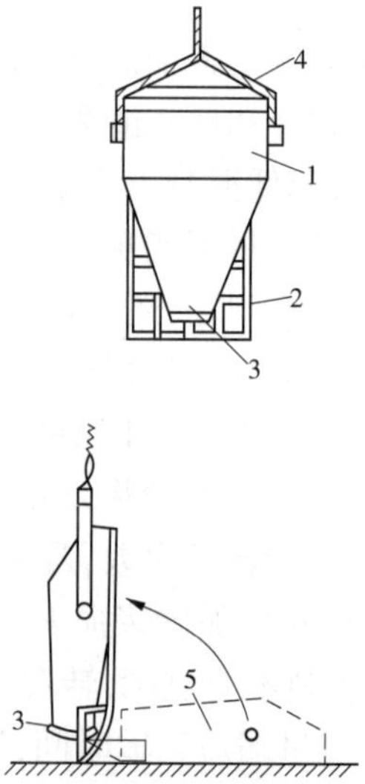


1—盛料斗;2—滑架;3—斗门;
4—吊梁;5—平卧状态。

**图6-13　混凝土卧罐**

尽管汽车运输比较机动灵活,但成本较高,混凝土容易漏浆和分离,特别是当道路不平整时,其质量难以保证。因此,通常仅用于建筑物基础部位、分散工程,或机车运输难以达到的部位,作为一种辅助运输方式。

综上所述,大量混凝土的水平运输以有轨机车拖运装载料罐的平板车更普遍。若地形陡峭,拌和楼布置于一岸,则轨路一般按进退式铺设,即列车往返采用进退出入;若运输量较大,则采用双轨,以保证运输畅通无阻;若地形较开阔,可铺设环行线路,效率较高;若拌和楼两岸布置,采用穿梭式轨路,则运输效率更高。对于有轨运输,当运距为 1~1.5 km,列车正常循环时间约 1 h(包括料罐脱钩、挂钩、吊运、卸料、空回多次往复时间)时,视运距长短,每台起重机可配置 2~4 辆列车。铁路应经常检查维修,保持行驶平稳、安全,有利于减轻运送混凝土的泌水和分离。

**(二)无轨运输设备**

1. 手推车

手推车是施工工地上普遍使用的水平运输工具,手推车具有小巧、轻便等特点,不但适用于一般的地面水平运输,还能在脚手架、施工栈道上使用;也可与塔吊、井、架等配合使用,解决垂直运输问题。

2. 机动翻斗车

机动翻斗车是用柴油机装配而成的翻斗车,功率 7 355 W,最大行驶速度达 35 km/h。车前装有容量为 400 L、载重 1 000 kg 的翻斗。它具有轻便灵活、结构简单、转弯半径小、速度快、能自动卸料、操作维护简便等特点,适用于短距离水平运输混凝土以及砂、石等散装材料。

3. 自卸汽车

自卸汽车运输混凝土机动灵活,应用广泛,前期准备工作(与有轨运输相比)较简单。采用汽车水平运送混凝土,运输距离以 1.5 km 为宜,且坍落度在 4~5 cm;否则混凝土易产生分离。当运距大于 1.5 km、路面又不平整时,混凝土可能因振动而密实,造成卸料困难。

4. 混凝土搅拌输送车

混凝土搅拌输送车是一种用于长距离输送混凝土的高效能机械,它是将运送混凝土的搅拌筒安装在汽车底盘上,而以混凝土搅拌站生产的混凝土拌和物灌装入搅拌筒内,直接运至施工现场,供浇筑作业需要。在运输途中,混凝土搅拌筒始终在不停地慢速转动,从而使筒内的混凝土拌和物可连续得到搅动,以保证混凝土通过长途运输后,仍不致产生离析现象。在运输距离很长时,也可将混凝土干料装入筒内,在运输途中加水搅拌,这样能减少由于长途运输而引起的混凝土坍落度损失。

## 三、垂直运输设备

**(一)门式起重机**

门式起重机又称门机,它的机身下部有一门架,可供运输车辆通行,这样便可使起重机和运输车辆在同一高程上行驶。它运行灵活,操纵方便,可起吊物料做径向和环向移动,定位准确,工作效率较高。门机的起重臂可上扬收拢,便于在较拥挤狭窄的工作面上与相邻门机共浇一仓,有利于提高浇筑速度。国内常用的 10/20 t 门机(见图 6-14),最大起重幅度 40/20 m,轨上起重高度 30 m,轨下下放深度 35 m。为了增大起重机的工作空间,国内新产 20/60 t 和 10/30 t(见图 6-15)的高架门机,其轨上高度可达 70 m,既有利于高坝施工,减少栈桥层次和高度,也适宜于中低坝降低或取消起重机行驶的工作栈桥。

**(二)塔式起重机**

塔式起重机又称塔机或塔吊。为了增加起吊高度,可在移动的门架上加设高达数十

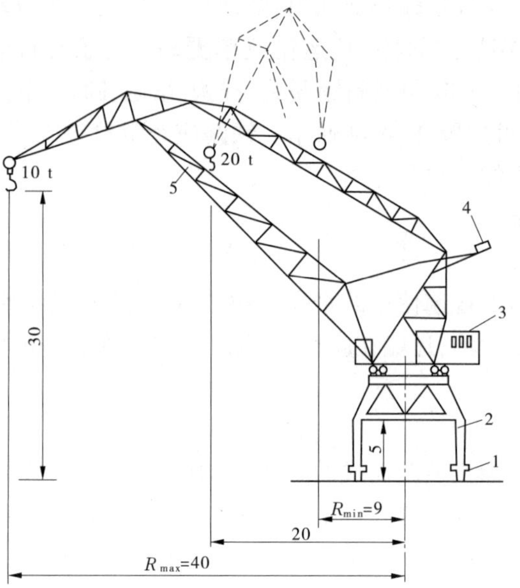


1—行驶装置;2—门架;3—机房;4—活动平衡重;5—起重臂

**图 6-14　10/20 t 门机**　(单位:m)

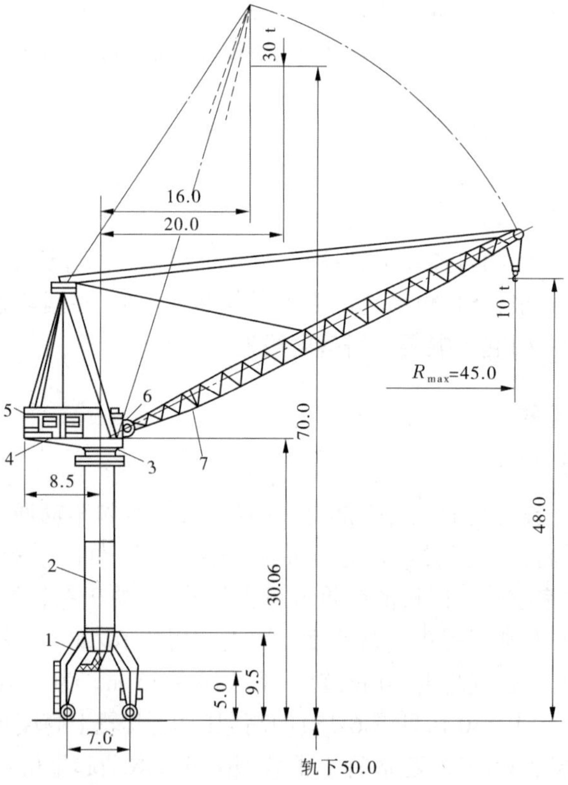


1—门架;2—高架塔身;3—回转盘;4—机房;5—平衡重;6—操纵台;7—起重臂。

**图 6-15　10/30 t 高架门机**　(单位:m)

米的钢塔。其起重臂可铰接于钢塔顶,能仰俯,也有臂固定,由起重小车在臂的轨道上行驶,完成水平运动,以改变其起重幅度,如图 6-16 所示。塔机的工作空间比门机大,由于机身高,其稳定灵活性较门机差。在行驶轮旁设有夹具,工作时夹具夹住钢轨保持稳定。当有 6 级以上大风时,必须停止行驶工作。因塔顶是借助钢丝绳的索引旋转的,所以它只能向一个方向旋转 180°或 360°后再反向旋转,而门机却可随意旋转,故相邻塔机运行的安全距离要求较严,对 10/25 t 塔机而言,起重机相向运行,相邻的中心距不小于 85~87 m;当起重臂与平衡重相向时,不小于 58~62 m;当平衡重相向时,不小于 34 m。若分高程布置塔机,则可使相近塔机在近距离同时运行。由于塔机运行的灵活性较门机差,其起重能力、生产率都较门机低。

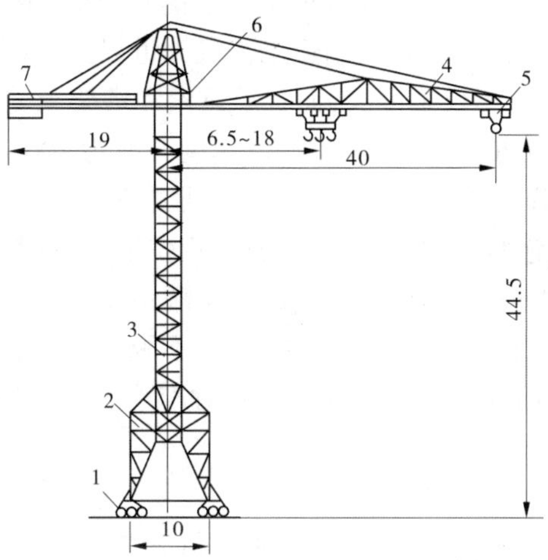


1—行驶装置;2—门架;3—塔身;4—起重臂;5—起重小车;6—回转塔架;7—平衡重。

**图 6-16 10/25 t 塔机** (单位:m)

**(三)缆式起重机**

缆式起重机又称缆机。平移式缆式起重机有首尾两个可移动的钢塔架。在首尾塔架顶部凌空架设承重缆索。行驶于承重缆索上的起重小车靠牵引索牵引移动,另用起重索起吊重物。机房和操纵室均设在首塔内,用工业电视监控操纵。尾塔固定,首塔沿弧形轨道移动者,称为辐射式缆机;两端固定者,称为固定式缆机,俗称“走线”。平移式缆机工作控制面积为一矩形;辐射式缆机控制面积为一扇形。前者运行灵活,控制面积大,但设备投资、基建工程量、能源消耗和运行费用都大于后者。辐射式缆机的优缺点恰好与之相反。

缆机的起重量通常为 10~20 t,最高达 50 t。其跨度和塔架高度视建筑物的外形尺寸和缆机所在位置的地形情况经专门设计而定。缆机控制高程计算简图如图 6-17 所示。

塔架高度 $H_t$: $$H_t=H-H_n$$

塔顶控制高程 $H$: $$H=H_0+\Delta+a+f$$

式中 $H_0$——缆机浇筑部位的最大高程,m;

$\Delta$——吊物最低安全裕度,不小于 1 m;

$a$——吊罐底至承重索的最小距离,可取 6~10 m;

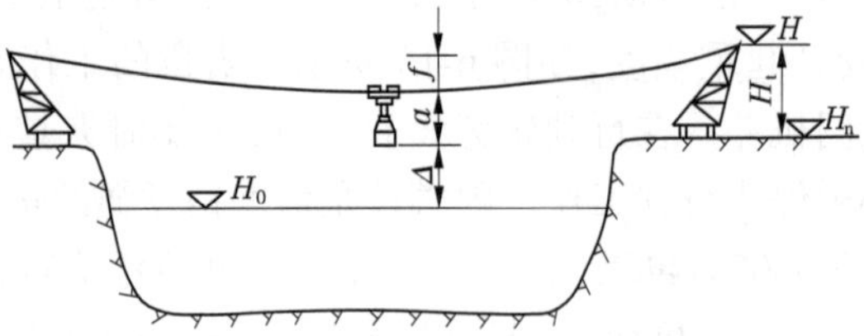


图 6-17　缆机控制高程计算简图

$f$——满载时承重索的垂度,一般取跨度 $L$ 的 5%;

$H_n$——轨道顶面高程,m。

缆机质量要求最高的部件是承受载重小车移动的承重索,它要求用光滑、耐磨、抗拉强度很高的高强钢丝制成,价格高昂,其制造工艺仅为世界少数国家掌握。缆机的跨度一般为 600~1 000 m,跨度太大不仅垂度大,而且承重索和塔架承受的拉力过大。缆机起重小车的行驶速度可达 360~670 m/min,起重提升速度一般为 100~290 m/min。通常,缆机吊运混凝土每小时 8~12 罐。20 t 缆机月浇筑强度可达 5 万~8 万 $m^3$/月。为提高其生产率,当今多采用高速缆机,仓面采用无线控制操作,定位准确,卸料迅速。为缩短吊运循环时间,尽可能将混凝土拌和楼布置靠近缆机,以便料罐不脱钩,直接从拌和楼接料;若拌和楼不在缆机控制范围内,可采用特制的运料小车,向不脱钩的料罐供料。运料小车从拌和楼接混凝土料后,由机车拖运至缆机控制范围内,对准不脱钩的料罐,将混凝土经倾斜滑槽卸入料罐。

**(四)履带式起重机**

将履带式挖掘机的工作机构改装,即成为履带式起重机。若将 3 $m^3$ 挖掘机改装,当起重 20 t、起重幅度 18 m 时,相应起重高度 23 m;当起重幅度达 28 m,起重高度 13 m 时,相应起重量为 12 t。这种起重机起重高度不大,但机动灵活,常与自卸汽车配合浇筑混凝土墩、墙或基础、护坦、护坡等。

**(五)塔带机**

塔带机是集水平运输和垂直运输于一体,将塔机和皮带运输机有机结合的专用皮带机,要求混凝土拌和、水平供料、垂直运输及仓面作业一条龙配套,以提高效率。塔带机布置在坝内,要求大坝坝基开挖完成后快速进行塔带机系统的安装、调试和运行,使其尽早投入正常生产。输送系统直接从拌和厂受料,拌和机兼作给料机,全线自动连续作业。机身可沿立柱自升,施工中无须搬迁,不必修建多层、多条上坝公路,汽车可不出仓面。在简化施工设施、节省运输费用、提高浇筑速度、保证仓面清洁等方面,充分反映了这种浇筑方式的优越性。

塔带机一般为固定式,专用皮带机也有移动式的,移动式又有轮胎式和履带式两种,以轮胎式应用较广,最大皮带长度为 32~61 m,以 CC200 型塔带机为目前最大规格,布料幅度达 61 m,浇筑范围为 50~60 m,一般较大的浇筑块可用一台塔带机控制整个浇筑仓面。

塔带机是一种新型混凝土浇筑运输设备,它具有连续浇筑、生产率高、运行灵活等明显优势。随着塔带机运输浇筑系统的不断完善,在未来大坝混凝土施工中将会获得日益广泛的应用。三峡工程用 6 台塔(顶)带机,1999~2000 年共浇筑了 330 万 $m^3$ 混凝土,单台最高月产量 5.1 万 $m^3$,最高日产量 3 270 $m^3$。三峡工程采用的美国罗泰克公司制造的 TC2400 型塔带机如图 6-18 所示。

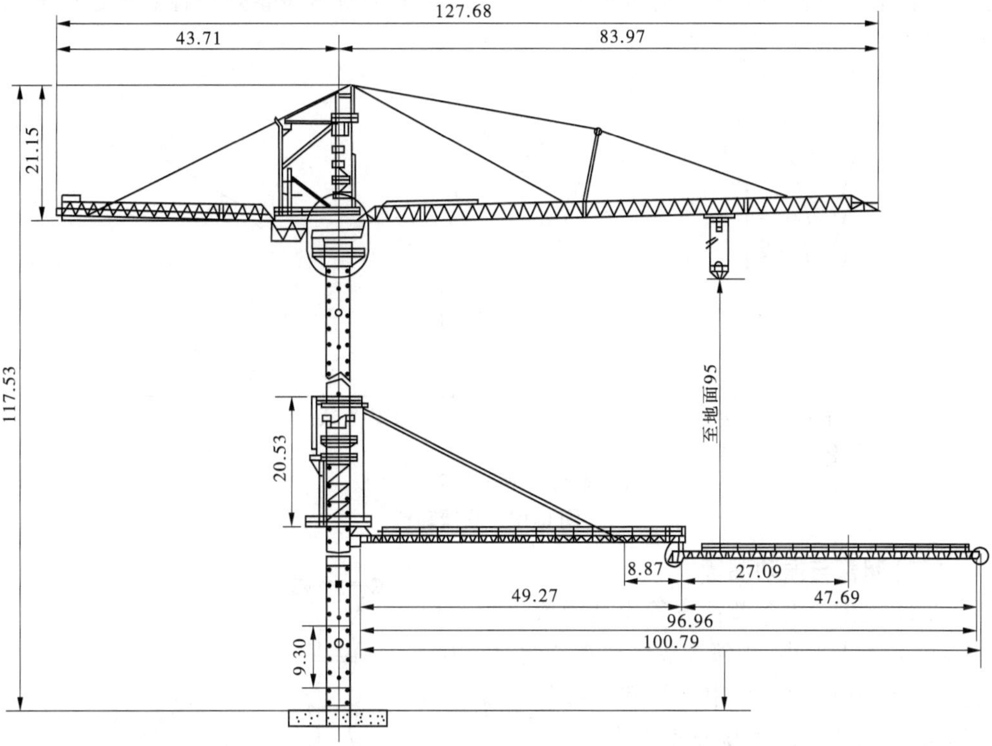


图 6-18　罗泰克公司制造的 TC2400 型塔带机　(单位:m)

**(六)泵送混凝土运输机械**

常用的混凝土泵有活塞式混凝土泵和风动输送式混凝土泵两种。混凝土输送能力:水平距离 200~450 m,垂直高度 40~80 m。其主要用于浇筑配筋稠密或仓面狭窄部位,如隧洞衬砌与封堵、边墙混凝土浇筑。

混凝土输送泵运行须注意:保持输送管道清洁,输送混凝土前,先通砂浆予以润滑管道,浇筑完毕应立即清洗输送泵及管道;保持进料斗始终处在满料状态;严格控制混凝土流动性和骨料粒径,混凝土坍落度一般在 100~160 mm,水泥用量 250~300 $kg/m^3$,骨料最大粒径在 40 mm 左右;使用完毕,立即清洗机身和输送泵管。

## 四、混凝土运输的辅助设备

混凝土运输中为了保证混凝土的质量需要一些辅助设备,有吊罐、骨料斗、溜槽、溜管等。用于混凝土装料、卸料和转运入仓,对于保证混凝土质量和运输工作顺利进行起着相当大的作用。

**(一)溜槽与振动溜槽**

溜槽为钢制槽子(钢模),可从皮带机、自卸汽车、斗车等受料,将混凝土转送入仓。

其坡度可由试验确定,常采用 45°左右。当卸料高度过大时,可采用振动溜槽。振动溜槽装有振动器,单节长 4~6 m,拼装总长可达 30 m,其输送坡度由于振动器的作用可放缓至 15°~20°。当采用溜槽时,应在溜槽末端加设 1~2 节溜管或挡板(见图 6-19),以防止混凝土料在下滑过程中分离。利用溜槽转运入仓,是大型机械设备难以控制部位的有效入仓手段。

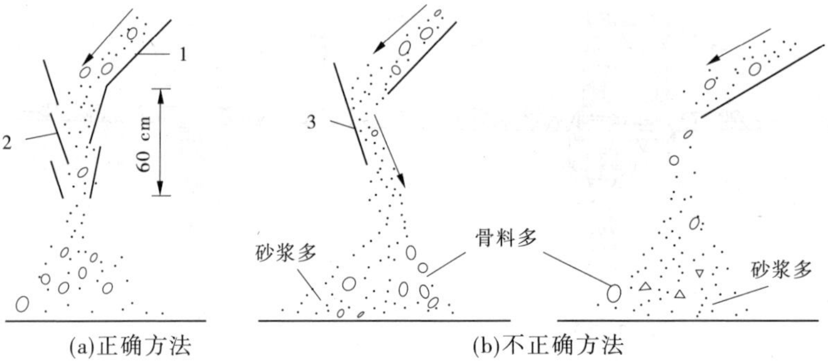


1—溜槽;2—两节溜筒;3—挡板。

**图 6-19　溜槽卸料**

**(二)溜管与振动溜管**

溜管(溜筒)由多节铁皮管串挂而成。每节长 0.8~1 m,上大下小,相邻管节绞挂在一起,可以拖动,如图 6-20 所示。采用溜管卸料可起到缓冲消能作用,以防止混凝土料分离和破碎。

溜管卸料时,其出口离浇筑面的高差应不大于 1.5 m,并利用拉索拖动均匀卸料,但应使溜管出口段约 2 m 长与浇筑面保持垂直,以避免混凝土料分离。随着混凝土浇筑面的上升,可逐节拆卸溜管下端的管节。溜管卸料多用于断面小、钢筋密的浇筑部位,其卸料半径为 1~1.5 m,卸料高度不大于 10 m。

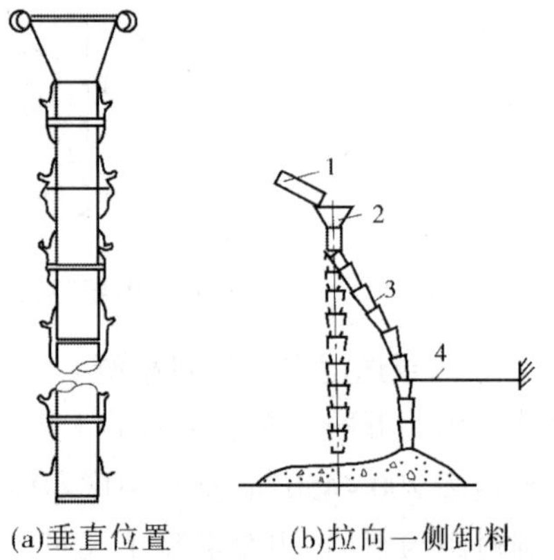


1—运料工具;2—受料斗;3—溜管;4—拉索。

**图 6-20　溜管**

振动溜管与普通溜管相似,但每隔 4~8 m 的距离装有一个振动器,以防止混凝土料中途堵塞,其卸料高度可达 10~20 m。

**(三)料罐(吊罐)**

吊罐有卧罐和立罐之分。卧罐通过自卸汽车受料,立罐置于平台列车直接在搅拌楼出料口受料。

## 任务四　混凝土浇筑

混凝土浇筑的施工过程包括:浇筑前的准备作业,浇筑时的入仓铺料、平仓振捣和浇筑后的养护。

## 一、施工准备

码 6-3　微课-混凝土浇筑

浇筑前的准备作业包括：基础面处理，施工缝处理，仓面准备，模板、钢筋及预埋件检查等。

### （一）基础面处理

土基应先将开挖基础时预留下来的保护层挖除，并清除杂物，然后用碎石垫底，盖上湿砂，再进行压实，浇 8～12 cm 厚素混凝土垫层。

砂砾地基应清除杂物，整平基础面，并浇筑 10～20 cm 厚素混凝土垫层。

对于岩基，一般要求清除到质地坚硬的新鲜岩面，然后进行整修。整修是用铁撬等工具去掉表面松软岩石、棱角和反坡，并用高压水冲洗，压缩空气吹扫。若岩面上有油污、灰浆及其黏结的杂物，还应采用钢丝刷反复刷洗，直至岩面清洁。清洗后的岩基在混凝土浇筑前应保持洁净和湿润。

当有地下水时，要认真处理，否则会影响混凝土的质量。处理方法是：做截水墙，拦截渗水，引入集水井排出；对基岩进行必要的固结灌浆，以封堵裂缝，阻止渗水；沿周边打排水孔，导出地下水，在浇筑混凝土时埋管，用水泵抽出孔内积水，直至混凝土初凝，7 d 后灌浆封孔；将底层砂浆和混凝土的水灰比适当降低。

### （二）施工缝处理

施工缝是指浇筑块之间新老混凝土之间的结合面。为了保证建筑物的整体性，在新混凝土浇筑前，必须将老混凝土表面的水泥膜（又称乳皮）清除干净，并使其表面新鲜整洁、有石子半露的麻面，以利于新老混凝土的紧密结合。但对于要进行接缝灌浆处理的纵缝面，可不凿毛，只需冲洗干净即可。

施工缝的处理方法有以下几种：

（1）风砂枪喷毛。将经过筛选的粗砂和水装入密封的砂箱，并通入压缩空气。高压空气混合水砂，经喷砂喷出，把混凝土表面喷毛。一般在混凝土浇筑后 24～48 h 开始喷毛，视气温和混凝土强度增长情况而定。若能在混凝土表层喷洒缓凝剂，则可减少喷毛的难度。

（2）高压水冲毛。在混凝土凝结后但尚未完全硬化以前，用高压水（压力为 0.1～0.25 MPa）冲刷混凝土表面，形成毛面，对龄期稍长的可用压力更高的水（压力为 0.4～0.6 MPa），有时配以钢丝刷刷毛。高压水冲毛关键是掌握冲毛时机，过早会使混凝土表面松散和冲去表面混凝土；过迟则混凝土变硬，不仅增加工作困难，而且不能保证质量。一般春秋季节，在浇筑完毕后 10～16 h 开始冲毛；夏季掌握在 6～10 h；冬季则在 18～24 h 后进行冲毛。若在新浇混凝土表面洒刷缓凝剂，则延长冲毛时间。

（3）刷毛机刷毛。在大而平坦的仓面上，可用刷毛机刷毛，它装有旋转的粗钢丝刷和吸收浮渣的装置，利用粗钢丝刷的旋转刷毛并利用吸渣装置吸收浮渣。喷毛、冲毛和刷毛适用于尚未完全凝固混凝土水平缝面的处理。全部处理完后，需用高压水清洗干净，要求缝面无尘无渣，然后盖上麻袋或草袋进行养护。

（4）风镐凿毛或人工凿毛。已经凝固混凝土利用风镐凿毛或石工工具凿毛，凿深 1～

2 cm,然后用压力水冲净。凿毛多用于垂直缝。

仓面清扫应在即将浇筑前进行,以清除施工缝上的垃圾、浮渣和灰尘,并用压力水冲洗干净。

**(三)仓面准备**

浇筑仓面的准备工作包括机具设备、劳动组合、照明、风水电供应、所需混凝土原材料的准备等,应事先安排就绪,仓面施工的脚手架、工作平台、安全网、安全标识等应检查是否牢固,电源开关、动力线路是否符合安全规定。仓位的浇筑高程、上升速度、特殊部位的浇筑方法和质量要求等技术问题,须事先进行技术交底。

仓面准备就绪,风、水、电及照明布置妥当,经质检部门全面检查,发给准浇证后,才允许开仓浇筑。一经开仓则应连续浇筑,避免因中断而出现冷缝。

**(四)模板、钢筋及预埋件检查**

开仓浇筑前,必须按照设计图纸和相关规范的要求,对仓面安设的模板、钢筋及预埋件进行全面检查验收,签发合格证。

(1)模板检查。主要检查模板的架立位置与尺寸是否准确,模板及其支架是否牢固稳定,固定模板用的拉条是否弯曲等。模板板面要求洁净、密缝并涂刷脱模剂。

(2)钢筋检查。主要检查钢筋的数量、规格、间距、保护层、接头位置与搭接长度是否符合设计要求。要求焊接或绑扎接头必须牢固,安装后的钢筋网应有足够的刚度和稳定性,钢筋表面应清洁。

(3)预埋件检查。对预埋管道、止水片、止浆片、预埋铁件、冷却水管和预埋观测仪器等,主要检查其数量、安装位置和牢固程度。

## 二、混凝土浇筑

**(一)入仓方式**

1. 自卸汽车—栈桥—溜筒

如图6-21所示,组合钢筋柱或预制混凝土柱做立柱,用钢轨梁和面板做桥面构成栈桥,下挂溜筒,自卸汽车通过溜筒入仓。它要求坝体能比较均匀地上升,浇筑块之间高差不大。这种方式可从拌和楼一直运至栈桥卸料,生产率高。

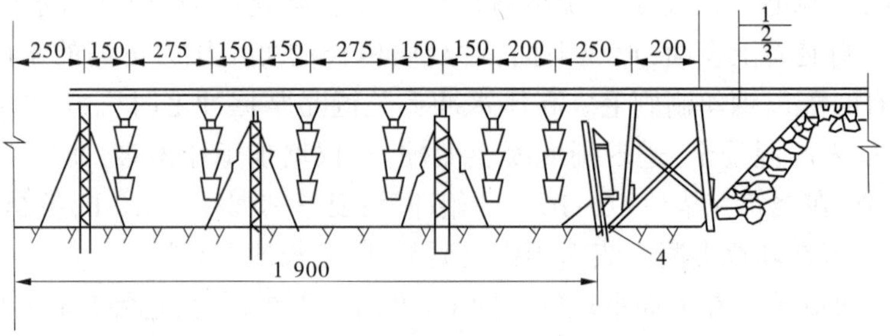


1—护轮木;2—木板;3—钢轨;4—模板。

**图6-21 自卸汽车—栈桥入仓** (单位:cm)

2. 自卸汽车—履带式起重机

自卸汽车自拌和楼受料后运至基坑后转至混凝土卧罐，再用履带式起重机吊运入仓。履带式起重机可利用土石方机械改装。

3. 自卸汽车—溜槽（溜筒）

自卸汽车转溜槽（溜筒）入仓适用于狭窄、深塘混凝土回填。斜溜槽的坡度一般在1∶1左右，混凝土的坍落度一般为 6 cm 左右。每道溜槽控制的浇筑宽度为 5～6 m，如图 6-22 所示。

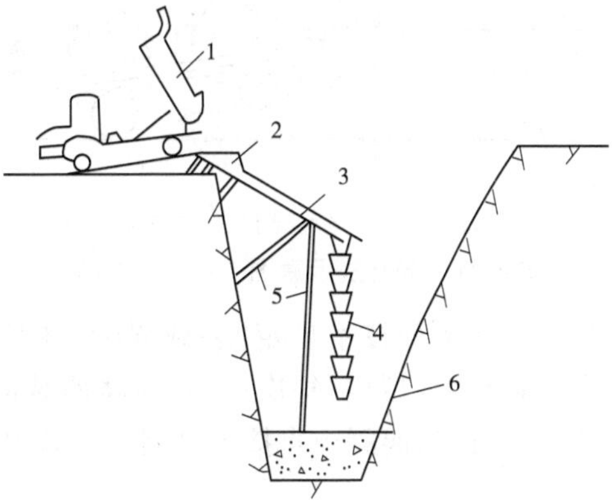


1—自卸汽车；2—储料斗；3—斜溜槽；4—溜筒（漏斗）；5—支撑；6—基岩面。

**图 6-22 自卸汽车转溜槽（溜筒）入仓**

4. 自卸汽车直接入仓

1）端进法

端进法是在刚捣实的混凝土面上铺厚 6～8 mm 的钢垫板，自卸汽车在其上驶入仓内卸料浇筑，如图 6-23 所示，浇筑层厚度不超过 1.5 m。端进法要求混凝土坍落度小于 3～4 cm，最好是干硬性混凝土。

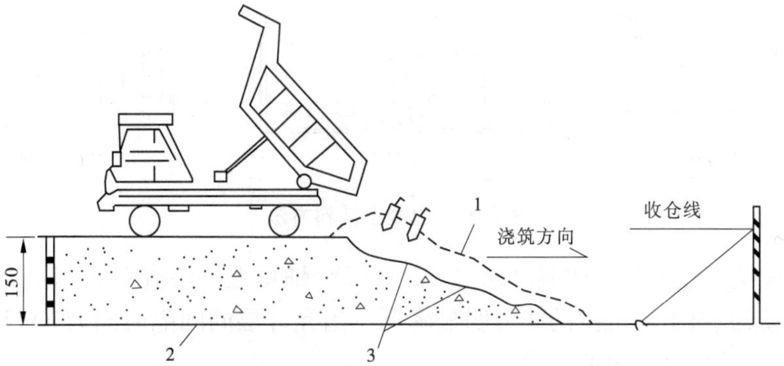


1—新入仓混凝土；2—老混凝土面；3—振捣后的台阶。

**图 6-23 端进法示意图** （单位：cm）

2)端退法

自卸汽车在仓内已有一定强度的老混凝土面上行驶。汽车铺料与平仓振捣互不干扰,且因汽车卸料定点准确,平仓工作量也较小(见图 6-24),混凝土的龄期应根据施工条件通过试验确定。

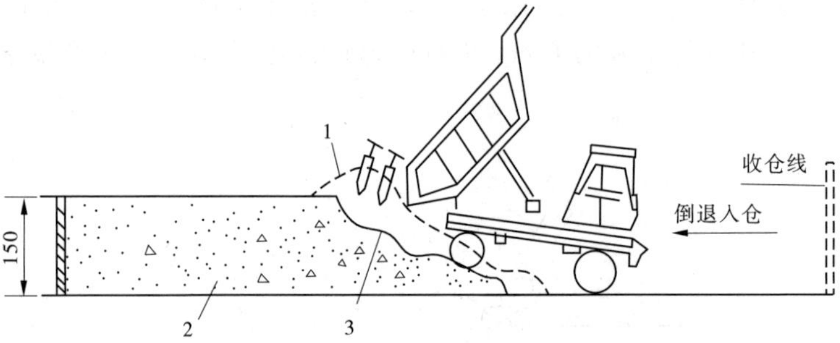


1—新入仓混凝土;2—老混凝土;3—振捣后的台阶。

**图 6-24　端退法示意图**　(单位:cm)

用汽车运输混凝土时,应遵守下列技术规定:装载混凝土的厚度不应小于 40 cm,车厢应严密平滑,砂浆损失应控制在 1%以内;每次卸料,应将所载混凝土卸净,并应及时清洗车箱,以免混凝土黏附;以汽车运输混凝土直接入仓时,应有确保混凝土质量的措施。

**(二)铺料方法**

混凝土入仓多采用平层浇筑法,它是沿仓面某一边逐条逐层有序连续铺填,上一层铺填完毕并振捣密实好后,紧接着铺填振捣下一层,逐层进行,直至浇至限定的浇筑高程,一般在 3 m 以内,如图 6-25(a)所示。每层厚度要根据振捣器性能、浇筑强度、混凝土初凝时间、气温高低和仓面条件等因素确定。一般情况下,层厚 30~50 cm,采用振捣器组时,可达 70~80 cm ,人工铺料平仓时,层厚不超过 30 cm。

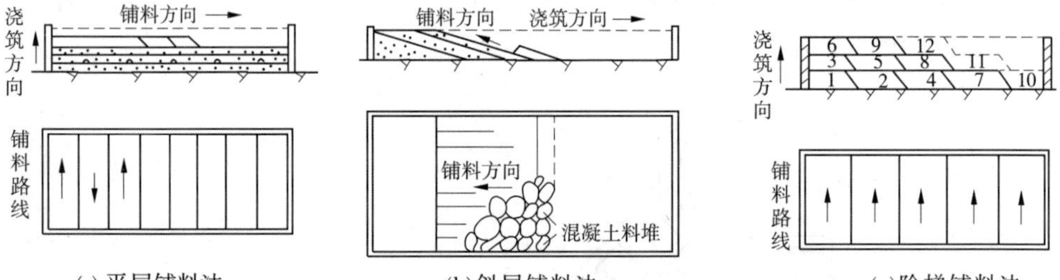


(a)平层铺料法　(b)斜层铺料法　(c)阶梯铺料法

**图 6-25　混凝土铺料方法**

当层间间歇超过混凝土初凝时间,会出现冷缝(铺填上层混凝土时,下层混凝土已初凝),使层间抗渗、抗剪和抗拉的能力明显降低。当允许层间间隔时间 $t$(h)已定后,为了不出现冷缝,应满足以下的条件:

$$KP(t - t_1) \geq BLh \tag{6-2}$$

式中　$K$——混凝土运输延误系数,一般取 0.8~0.85;

$P$——浇筑仓面要求的混凝土运输、浇筑能力,$m^3/h$;

$t_1$——混凝土从出机到入仓的时间,h;

$B$、$L$——浇筑块的宽度和长度,m;

$h$——铺料层厚度,m。

出现冷缝的主要原因是浇筑能力不够和仓面面积过大。当采取其他措施(如使用缓凝剂、减水剂,降低浇筑厚度等)仍不足以防止冷缝时,可采取斜层铺料法或阶梯铺料法,如图 6-25(b)、(c)所示。这两种方法都容易使混凝土在平仓振捣中出现分离。因此,混凝土坍落度不宜过大,浇筑块高度不宜超过 2 m。

### (三)平仓

平仓是将卸入仓内成堆的混凝土均匀铺平,达到要求的浇筑层厚。平仓可采用插入式振捣器插入料堆顶部振动,使混凝土液化后自行摊平,自下而上进行;大型工程大仓面混凝土平仓,一般用平仓机进行;小部位或边角部位利用人工铁锹平仓。须注意,振捣器平仓不能代替振捣密实工序。

### (四)振捣

振捣是混凝土浇筑质量的关键工序,应在平仓后立即进行。振捣的目的是尽可能减少混凝土中的空隙,以清除混凝土内部的孔洞,并使混凝土与模板、钢筋及埋件紧密结合,从而保证混凝土的最大密实度,提高混凝土质量。

当结构钢筋较密,振捣器难以施工,或混凝土内有预埋件、观测设备,周围混凝土振捣力不宜过大时采用人工振捣。人工振捣要求混凝土拌和物坍落度大于 5 cm,铺料层厚度小于 20 cm。人工振捣工具有捣固锤、捣固铲和捣固杆。捣固锤主要用来捣固混凝土的表面;捣固铲主要用于插边,使砂浆与模板靠紧,防止表面出现麻面;捣固杆用于钢筋稠密的混凝土中,以使钢筋被水泥砂浆包裹,增加混凝土与钢筋之间的握裹力。人工振捣工效低,混凝土质量不易保证。

混凝土振捣主要采用振捣器进行,振捣器产生小振幅、高频率的振动,使混凝土在其振动的作用下,内摩擦力和黏结力大大降低,使干稠的混凝土获得了流动性,在重力作用下骨料互相滑动而紧密排列,空隙由砂浆所填满, 空气被排出,从而使混凝土密实,并填满模板内部空间,且与钢筋紧密结合。

#### 1. 振捣器

按振捣方式不同,振捣器分为插入式、外部式和表面式三种,如图 6-26 所示。其中,外部式适用于柱、墙等结构尺寸小且钢筋稠密的构件;表面式适用于路面、薄板等混凝土浇筑;插入式在大体积混凝土工程中运用较广。插入式振捣器按动力源又分为电动软轴式、电动硬轴式和风动式三种,以电动式应用最普遍,其振动影响半径大,捣实质量好,使用方便。

电动软轴式振捣器应用在钢筋密集、结构较薄的部位,有 B-50 型、$\phi$63 型等,频率为 6 000 次/min 和 11 560 次/min,电动机与振捣棒用软轴连接,如图 6-27 所示。硬轴式的电机与棒体合在一起,国产型号有 HZ6P-80D、HZ6X-30 等,一般用于三、四级配的大体积混凝土浇筑。

#### 2. 振捣密实的判别

使用插入式振捣器,应垂直插入混凝土内部,快插慢拔,并插入下层混凝土 5~10 cm,

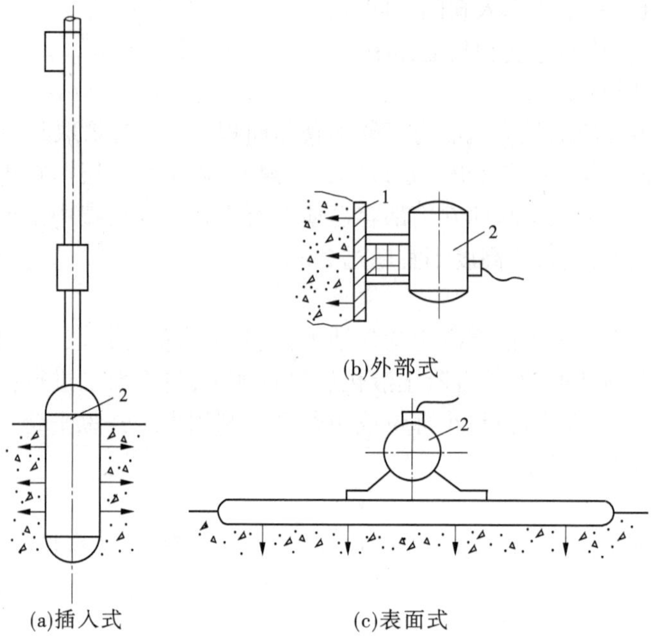


1—模板;2—振捣器。

**图 6-26　混凝土振捣器**

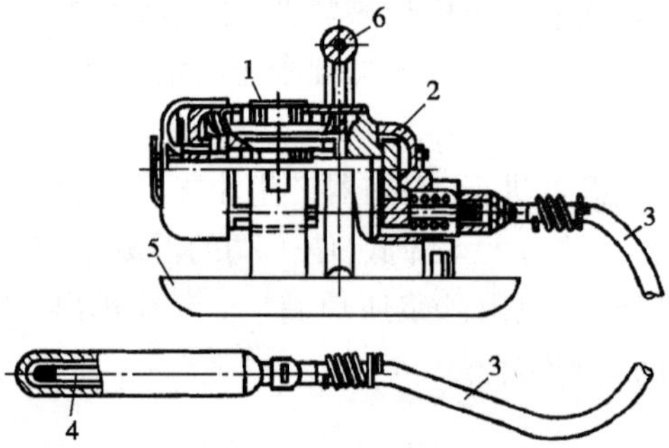


1—电机;2—机械增速器;3—软轴;
4—振捣棒;5—底盘;6—手柄。

**图 6-27　电动软轴插入式振捣器**

以消除上、下层间的接缝。振动棒上下略为抽动,振捣时间为 20~30 s,插点要均匀,逐点移动,按顺序进行,不得遗漏,移动间距不大于振动棒作用半径的 1.5 倍(一般为 30~50 cm),靠近模板距离不应小于 20 cm。平板振动器的移动间距应能保证振捣器的平板覆盖已振实部分边缘。振捣器不要碰到钢筋和模板。

振实标准可按以下一些现象判别:混凝土面不出现气泡、不再显著下沉、不出现表面泛浆为准。

### 三、混凝土养护

混凝土浇筑完毕后，在一个相当长的时间内，应保持其适当的温度和足够的湿度，以造成混凝土良好的硬化条件，这就是混凝土的养护工作。混凝土表面水分不断蒸发，若不设法防止水分损失，水化作用未能充分进行，混凝土的强度将受到影响，还可能产生干缩裂缝。因此，混凝土养护的目的，一是创造有利条件，使水泥充分水化，加速混凝土的硬化；二是防止混凝土成型后因暴晒、风吹、干燥等自然因素影响，出现不正常的收缩、裂缝等现象。

混凝土的养护方法分为自然养护和热养护两类，如表 6-2 所示。养护时间取决于当地气温、水泥品种和结构物的重要性，如表 6-3 所示。

**表 6-2 混凝土的养护**

| 类别 | 名称 | 说明 |
| --- | --- | --- |
| 自然养护 | 洒水（喷雾）养护 | 在混凝土面不断洒水（喷雾），保持其表面湿润 |
| | 覆盖浇水养护 | 在混凝土面覆盖湿麻袋、草袋、湿砂、锯末等，不断洒水保持其表面湿润 |
| | 围水养护 | 四周围成土埂，将水蓄在混凝土表面 |
| | 铺膜养护 | 在混凝土表面铺上薄膜，阻止水分蒸发 |
| | 喷膜养护 | 在混凝土表面喷上薄膜，阻止水分蒸发 |
| 热养护 | 蒸汽养护 | 利用热蒸汽对混凝土进行湿热养护 |
| | 热水（热油）养护 | 将水或油加热，将构件搁置在其上养护 |
| | 电热养护 | 对模板加热或微波加热养护 |
| | 太阳能养护 | 利用各种罩、窑、集热箱等封闭装置对构件进行养护 |

**表 6-3 混凝土养护时间** 单位：d

| 水泥种类 | 养护时间 |
| --- | --- |
| 硅酸盐水泥、普通硅酸盐水泥 | 14 |
| 火山灰质硅酸盐水泥、矿渣硅酸盐水泥、粉煤灰硅酸盐水泥、硅酸盐大坝水泥 | 21 |

注：重要部位和利用后期强度的混凝土，养护时间不少于 28 d。夏季和冬季施工的混凝土，以及有温度控制要求的混凝土的养护时间按设计要求进行。

## 任务五 混凝土施工缺陷及修补

### 一、麻面

麻面是指混凝土表面呈现出无数绿豆大小的不规则的小凹点。

**（一）混凝土麻面产生的原因**

（1）模板表面粗糙、不平滑。

(2)浇筑前没有在模板上洒水湿润,湿润不足,浇筑时混凝土的水分被模板吸去。

(3)涂在钢模板上的油质脱模剂过厚,液体残留在模板上。

(4)使用旧模板,板面残浆未清理,或清理不彻底。

(5)新拌混凝土浇灌入模后,停留时间过长,振捣时已有部分凝结。

(6)混凝土振捣不足,气泡未完全排出,有部分留在模板表面。

(7)模板拼缝漏浆,构件表面浆少,或成为凹点,或成为若断若续的凹线。

**(二)混凝土麻面的预防措施**

(1)模板表面应平滑。

(2)浇筑前,不论是哪种模板,均需浇水湿润,但不得积水。

(3)脱模剂涂擦要均匀,模板有凹陷时,注意将积水拭干。

(4)旧模板残浆必须清理干净。

(5)新拌混凝土必须按水泥或外加剂的性质,在初凝前振捣。

(6)尽量将气泡排出。

(7)浇筑前先检查模板拼缝,对可能漏浆的缝,设法封嵌。

**(三)混凝土麻面的修补**

混凝土表面的麻点,若对结构无大的影响,可不做处理;若需处理,方法如下:

(1)用稀草酸溶液将该处脱模剂油点或污点用毛刷洗净,于修补前用水湿透。

(2)修补用的水泥品种必须与原混凝土一致,砂子为细砂,粒径最大不宜超过1 mm。

(3)水泥砂浆配合比为1:(2~2.5),由于数量不多,可用人工在小灰桶中拌匀,随拌随用。

(4)按照漆工刮腻子的方法,将砂浆用刮刀大力压入麻点内,随即刮平。

(5)修补完成后,即用草帘或草席进行保湿养护。

## 二、蜂窝

蜂窝是指混凝土表面无水泥浆,形成蜂窝状的孔洞,形状不规则,分布不均匀,露出石子深度大于5 mm,不露主筋,但有时可能露箍筋。

**(一)混凝土蜂窝产生的原因**

(1)配合比不准确,砂浆少,石子多。

(2)搅拌用水过少。

(3)混凝土搅拌时间不足,新拌混凝土未拌匀。

(4)运输工具漏浆。

(5)使用干硬性混凝土,但振捣不足。

(6)模板漏浆,加上振捣过度。

**(二)混凝土蜂窝的预防方法**

(1)砂率不宜过小。

(2)计量器具应定期检查。

(3)用水量若少于标准,应掺用减水剂。

(4)搅拌时间应足够。

(5)注意运输工具的完好性,及时修理。

(6)振捣工具的性能必须与混凝土的坍落度相适应。

(7)浇筑前必须检查和嵌填模板拼缝,并浇水湿润。

(8)浇筑过程中,有专人巡视模板。

**(三)混凝土蜂窝修补**

若为小蜂窝,可按麻面方法修补;若为较大蜂窝,按以下方法修补:

(1)将修补部分的软弱部分凿去,用高压水及钢丝刷将基层冲洗干净。

(2)修补用的水泥应与原混凝土的一致,砂子用中粗砂。

(3)水泥砂浆的配合比为 1:2~1:3,应搅拌均匀。

(4)按照抹灰工的操作方法,用抹子大力将砂浆压入蜂窝内刮平,在棱角部位用靠尺将棱角取直。

(5)修补完成后即用草帘或草席进行保湿养护。

## 三、空洞

主筋没有被混凝土包裹而外露,或在混凝土孔洞中外露的缺陷称为露筋。混凝土表面有超过保护层厚度,但不超过截面尺寸 1/3 的缺陷,称为空洞。

**(一)混凝土出现露筋、空洞的原因**

(1)漏放保护层垫块或垫块位移。

(2)浇筑混凝土时投料距离过高过远,又没有采取防止离析的有效措施。

(3)搅拌机卸料入吊斗或小车时,或运输过程中有离析,运至现场又未重新搅拌。

(4)钢筋较密集,粗骨料被卡在钢筋上,加上振捣不足或漏振。

(5)采用干硬性混凝土而又振捣不足。

**(二)露筋、空洞的预防措施**

(1)浇筑混凝土前应检查垫块情况。

(2)应采用合适的混凝土保护层垫块。

(3)浇筑高度不宜超过 2 m。

(4)浇筑前检查吊斗或小车内混凝土有无离析。

(5)搅拌站要按配合比规定的规格使用粗骨料。

(6)若为较大构件,振捣时由专人在模板外用木槌敲打,协助振捣。

(7)构件的节点、柱的牛腿、桩尖或桩顶、有抗剪筋的吊环等处钢筋较密,应特别注意捣实。

(8)加强振捣。

(9)模板四周,用人工协助捣实,若为预制构件,在钢模周边用抹子插捣。

**(三)混凝土露筋、空洞的处理措施**

(1)将修补部位的软弱部分及突出部分凿去,上部向外倾斜,下部水平。

(2)用高压水及钢丝刷将基层冲洗干净,修补前用湿麻袋或湿棉纱头填满,使旧混凝土内表面充分湿润。

(3)修补用的水泥品种应与原混凝土的一致,混凝土强度等级应比原设计高一级。

(4)若条件许可,可用喷射混凝土修补。

(5)安装模板浇筑。

(6)混凝土可加微量膨胀剂。

(7)浇筑时,外部应比修补部位稍高。

(8)修补部分达到结构设计强度时,凿除外倾面。

## 四、裂缝

### (一)混凝土施工裂缝产生的原因

(1)暴晒或风大,水分蒸发过快,出现塑性收缩裂缝。

(2)混凝土塑性过大,成型后发生沉陷不均,出现塑性沉陷裂缝。

(3)配合比设计不当引起的干缩裂缝。

(4)骨料级配不良,又未及时养护引起干缩裂缝。

(5)模板支撑刚度不足,或拆模工作不慎,外力撞击引起裂缝。

### (二)预防方法

(1)成型后立即进行覆盖养护,表面要求光滑,可采取架空措施进行覆盖养护。

(2)配合比设计时水灰比不宜过大,搅拌时严格控制用水量。

(3)水灰比不宜过大,水泥用量不宜过多,灰骨比不宜过大。

(4)骨料级配中,细颗粒不宜偏多。

(5)浇筑过程应有专人检查模板及支撑。

(6)注意及时养护。

(7)拆模时,尤其是使用吊车拆大模板时,必须按顺序进行,不能强拆。

### (三)混凝土施工裂缝的修补

#### 1. 混凝土微细裂缝修补

(1)用注射器将环氧树脂溶液黏结剂或甲凝溶液黏结剂注入裂缝内。

(2)注射时宜在干燥、有阳光的时候进行,裂缝部位应干燥,可用喷灯或电风筒吹干,在缝内湿气逸出后进行。

(3)注射时,从裂缝的下端开始,针头应插入缝内,缓慢注入,使缝内空气向上逸出,黏结剂在缝内向上填充。

#### 2. 混凝土浅裂缝的修补

(1)顺裂缝走向用小凿刀将裂缝外部扩凿成 V 形,宽 5~6 mm,深度等于原裂缝。

(2)用毛刷将 V 形槽内颗粒及粉尘清除,用喷灯或电风筒吹干。

(3)用漆工刮刀或抹灰工小抹刀将环氧树脂胶泥压填在 V 形槽上,反复搓动,务使紧密黏结。

(4)缝面按需要做成与结构面齐平,或稍微突出成弧形。

3. 混凝土深裂缝的修补

将微细裂缝和浅缝两种措施合并使用：

(1)先将裂缝面凿成V形或凹形槽。

(2)按上述办法进行清理、吹干。

(3)先用微细裂缝的修补方法向深缝内注入环氧或甲凝黏结剂，填补深裂缝。

(4)上部开凿的槽坑按浅裂缝修补方法压填环氧胶泥黏结剂。

## 五、混凝土空鼓

混凝土空鼓常发生在预埋钢板下面。产生的原因是浇筑预埋钢板混凝土时，钢板底部未饱满或振捣不足。

### (一)预防方法

(1)若预埋钢板不大，浇灌时用钢棒将混凝土尽量压入钢板底部，浇筑后用敲击法检查。

(2)若预埋钢板较大，可在钢板上开几个小孔排除空气，亦可作为观察孔。

### (二)混凝土空鼓的修补

(1)在板外挖小槽坑，将混凝土压入，直至饱满、无空鼓声。

(2)如钢板较大或估计空鼓较严重，可在钢板上钻孔，用灌浆法将混凝土压入。

## 六、混凝土强度不足

### (一)产生的原因

(1)配合比计算错误。

(2)水泥出厂期过长，或受潮变质，或袋装重量不足。

(3)粗骨料针片状较多，粗、细骨料级配不良或含泥量较多。

(4)外加剂质量不稳定。

(5)搅拌机内残浆过多，或传动皮带打滑，影响转速。

(6)搅拌时间不足。

(7)用水量过大，或砂、石含水量未调整，或水箱计量装置失灵。

(8)秤具或秤量斗损坏，不准确。

(9)运输工具漏浆，或经过运输后严重离析。

(10)振捣不够密实。

### (二)处理方法

混凝土强度不足是质量上的大事故，处理方案由设计单位决定。通常处理方法有：

(1)强度相差不大时，先降级使用，待龄期增加、混凝土强度发展后，再按原标准使用。

(2)强度相差较大时，经论证后采用水泥灌浆或化学灌浆补强。

(3)强度相差较大而影响较大时，拆除返工。

# 任务六　混凝土冬季、夏季及雨季施工

## 一、混凝土冬季施工

### (一)混凝土冬季施工的一般要求

现行施工规范规定:寒冷地区的日平均气温稳定在 5 ℃以下或最低气温连续 5 d 稳定在-3 ℃以下时,均属于低温季节,这就需要采取相应的防寒保温措施,避免混凝土受到冻害。

混凝土在低温条件下,水化凝固速度大为降低,强度增长受到阻碍。当气温在-2 ℃时,混凝土内部水分结冰,不仅水化作用完全停止,而且结冰后由于水的体积膨胀,使混凝土结构受到损害,当冰融化后,水化作用虽将恢复,混凝土强度也可继续增长,但最终强度必然降低。试验资料表明:混凝土受冻越早,最终强度降低越大。若在浇筑后 3~6 h 受冻,最终强度至少降低 50%以上;若在浇筑后 2~3 d 受冻,最终强度降低只有 15%~20%;若混凝土强度达到设计强度的 50%以上(在常温下养护 3~5 d)再受冻,最终强度则降低极小,甚至不受影响。因此,低温季节混凝土施工,要防止混凝土早期受冻。

### (二)冬季施工措施

低温季节混凝土施工可以采取人工加热、保温蓄热及加速凝固等措施,使混凝土入仓浇筑温度不低于 5 ℃;同时保证混凝土浇筑后的正温养护条件,在未达到允许受冻临界强度以前不遭受冻结。

1. 调整配合比和掺外加剂

(1)对非大体积混凝土,采用发热量较高的快凝水泥。

(2)提高混凝土的配制强度。

(3)掺早强剂或减水剂。其中氯盐的掺量应按有关规定严格控制,并不适用于钢筋混凝土结构。

(4)采用较低的水灰比。

(5)掺加气剂可减缓混凝土冻结时在其内部水结冰时产生的静水压力,从而提高混凝土的早期抗冻性能,但含气量应限制在 3%~5%。因为混凝土中含气量每增加 1%,会使强度损失 5%,为弥补由于加气剂导致的强度损失,最好与减水剂并用。

2. 原材料加热法

当日平均气温为-2~-5 ℃时,应加热水拌和;当气温再低时,可考虑加热骨料。水泥不能加热,但应保持正温。水的加热温度不能超过 80 ℃,并且要先将水和骨料拌和,这时水不超过 60 ℃,以免水泥产生假凝。所谓假凝,是指拌和水温超过 60 ℃时,水泥颗粒表面将会形成一层薄的硬壳,使混凝土和易性变差,而后期强度降低的现象。砂石加热的最高温度不能超过 100 ℃,平均温度不宜超过 65 ℃,并力求加热均匀。

对于大中型工程,常用蒸汽直接加热骨料,即直接将蒸汽通过需要加热的砂、石料堆中,料堆表面用帆布盖好,防止热量损失。

3. 蓄热法

蓄热法是将浇筑好的混凝土在养护期间用保温材料加以覆盖,尽可能把混凝土在浇筑时所包含的热量和在凝固过程中产生的水化热蓄积起来,以延缓混凝土的冷却速度,使混凝土在达到抗冰冻强度以前,始终保证正温。

4. 加热养护法

当采用蓄热法不能满足要求时,可以采用加热养护法,即利用外部热源对混凝土加热养护,包括暖棚法、蒸汽加热法和电热法等。大体积混凝土多采用暖棚法,蒸汽加热法多用于混凝土预制构件的养护。

(1)暖棚法。在混凝土结构周围用保温材料搭成暖棚,在棚内安设热风机、蒸汽排管、电炉或火炉进行采暖,使棚内温度保持在15~20 ℃,保证混凝土浇筑和养护处于正温条件下。暖棚法费用较高,但暖棚为混凝土硬化和施工人员的工作创造了良好的条件。此法适用于寒冷地区的混凝土施工。

(2)蒸汽加热法。利用蒸汽加热养护混凝土,不仅使新浇混凝土得到较高的温度,而且可以得到足够的湿度,促进水化凝固作用,使混凝土强度迅速增长。

(3)电热法。是用钢筋或薄铁片作为电极,插入混凝土内部或贴附于混凝土表面,利用新浇混凝土的导电性和电阻大的特点,通以50~100 V的低压电,直接对混凝土加热,使其尽快达到抗冻强度。由于耗电量大,大体积混凝土较少采用。

上述几种施工措施,在严寒地区往往是同时采用的,并要求在拌和、运输、浇筑过程中,尽量减少热量损失。

**(三)冬季施工注意事项**

(1)砂石骨料宜在进入低温季节前筛洗完毕。成品料堆应有足够的储备和堆高,并进行覆盖,以防冰雪和冻结。

(2)拌和混凝土前,应用热水或蒸汽冲洗搅拌机,并将水或冰排除。

(3)混凝土的拌和时间应比常温季节适当延长,延长时间应通过试验确定。

(4)在岩石基础或老混凝土面上浇筑混凝土前,应检查其温度。若为负温,应将其加热成正温。加热深度不小于10 cm,并经验证合格方可浇筑混凝土。仓面清理宜采用喷洒温水配合热风枪,寒冷期间亦可采用蒸汽枪,不宜采用水枪或风水枪。在软基上浇筑第一层混凝土时,必须防止与地基接触的混凝土遭受冻害和地基受冻变形。

(5)混凝土搅拌机应设在搅拌棚内并设有采暖设备,棚内温度应高于5 ℃。混凝土运输容器应有保温装置。

(6)混凝土浇筑前和浇筑过程中,应注意清除钢筋、模板和浇筑设施上附着的冰雪和冻块,严禁将冰雪冻块带入仓内。

(7)在低温季节施工的模板,一般在整个低温期间都不宜拆除。如果需要拆除,要求:①混凝土强度必须大于允许受冻的临界强度。②具体拆模时间及拆模后的要求,应满足温控防裂要求。当预计拆模后混凝土表面降温可能超过6~9 ℃时,应推迟拆模时间;若必须拆模,则应在拆模后采取保护措施。③低温季节施工期间,应特别注意温度检查。

## 二、混凝土夏季施工

**(一)高温环境对新拌及刚成型混凝土的影响**

(1)拌制时,水泥容易出现假凝现象。

(2)运输时,坍落度损失大,捣固或泵送困难。

(3)成型后直接暴晒或受干热风影响,混凝土面层急剧干燥,外硬内软,出现塑性裂缝。

(4)昼夜温差较大,易出现温差裂缝。

**(二)夏季高温期混凝土施工的技术措施**

1. 原材料

(1)掺用外加剂(缓凝剂、减水剂)。

(2)用水化热低的水泥。

(3)供水管埋入水中,储水池加盖,避免太阳直接暴晒。

(4)当天用的砂、石用防晒棚遮蔽。

(5)用深井冷水或冰水拌和,但不能直接加入冰块。

2. 搅拌运输

(1)送料装置及搅拌机不宜直接暴晒,应有荫棚。

(2)搅拌系统尽量靠近浇筑地点。

(3)运输设备应遮盖。

3. 模板

(1)因干缩出现的模板裂缝,应及时填塞。

(2)浇筑前充分将模板淋湿。

4. 浇筑

(1)适当减小浇筑层厚度,从而减少内部温差。

(2)浇筑后立即用薄膜覆盖,不使水分外逸。

(3)露天预制场宜设置可移动荫棚,避免制品直接暴晒。

## 三、混凝土雨季施工

混凝土工程在雨季施工时,应做好以下准备工作:

(1)砂石料场的排水设施应畅通无阻。

(2)浇筑仓面宜有防雨设施。

(3)运输工具应有防雨及防滑设施。

(4)加强骨料含水量的测定工作,注意调整拌和用水量。

混凝土在无防雨棚仓面小雨中进行浇筑时,应采取以下技术措施:

(1)减少混凝土拌和用水量。

(2)加强仓面积水的排除工作。

(3)做好新浇混凝土面的保持工作。

(4)防止周围雨水流入仓面。

无防雨棚的仓面,在浇筑过程中,若遇大雨、暴雨,应立即停止浇筑,并遮盖混凝土表面。雨后必须先行排除仓内积水,受雨水冲刷的部位应立即处理。若停止浇筑的混凝土尚未超出允许间歇时间或还能重塑,应加砂浆继续浇筑;否则,应按施工缝处理。对抗冲、耐磨、需要抹面部位及其他高强度混凝土不允许在雨下施工。

## 复习思考题

**一、名词解释**

1. 施工缝和冷缝;2. 超径和逊径;3. 骨料加工厂;4. 混凝土养护。

**二、填空题**

1. 大、中型水利工程采用的骨料来源有________、________和________等。

2. 混凝土拌和楼分为________、________、________、________、________共五层。

3. 混凝土浇筑包括________、________、________等工序。

4. 混凝土运输的辅助设备有________、________、________等。

5. 冬季作业混凝土养护可采用________、________、________等方法。

**三、简答题**

1. 混凝土运输应满足哪些要求?

2. 混凝土浇筑前的准备工作有哪些?

3. 混凝土浇筑包括哪些工序?

4. 混凝土浇筑,在什么情况下采用斜层或阶梯浇筑法?这两种方法有何限制条件?

5. 混凝土浇筑时的注意事项及密实的标准是什么?

6. 已经产生质量事故的混凝土应如何处理?

**四、计算题**

已知某混凝土的设计配合比为 $C:W:S:G=1.0:0.46:2.4:5.2$,水泥用量为 320 kg/ $m^3$。若施工现场所用的砂和碎石的含水量分别为 3%和 2%。试求该混凝土的施工配合比,并计算拌和 1 $m^3$ 该混凝土所需水泥、水、砂和碎石的质量。

# 项目七　基础工程

【学习目标】

1. 了解施工基坑开挖的方法和要求;
2. 掌握各种常见的地基处理方法;
3. 熟悉岩基灌浆的定义与分类、灌浆材料与设备;
4. 掌握灌浆工艺及技术要求;
5. 理解和掌握灌浆孔的布置和压水试验;
6. 掌握灌浆质量检查方法。

【技能目标】

1. 能根据不同的地基条件,采取正确的开挖方法和处理措施;
2. 掌握岩基灌浆的技术要领和质量控制措施;
3. 掌握防渗墙的施工要领。

【思政目标】

1. 通过基础工程的学习,培养学生吃苦耐劳、敬业奉献、协作创新的职业精神;
2. 能够严格落实施工技术标准和施工工艺及规范要求;
3. 能够坚守质量标准、安全意识底线。

水工建筑地基一般分为岩石地基、软土地基或砂砾石地基。由于工程地质和水文地质作用影响,天然地基往往存在一些不同程度、不同形式的缺陷,经过人工处理,使地基具有足够的强度、整体性、抗渗性和耐久性,方能作为水工建筑物的地基。

由于天然地基形状的复杂多样,各种建筑物对地基的要求各有不同。因此,不同的地质条件、不同的建筑物形式,要求用不同的处理措施和方法,对于这些处理方法,本项目不做一一介绍,仅从施工的角度,对坝基开挖,岩基、软土地基、砂砾石地基处理,岩基灌浆进行介绍。

## 任务一　基坑开挖与地基处理

### 一、岩基开挖与处理方法

#### (一)岩基开挖

岩基开挖就是按照设计要求,将风化、破碎和有缺陷的岩层挖除,使水工建筑物建在完整坚实的岩石面上。开挖的工程量往往很大,从几万立方米到几十万立方米,甚至上千万立方米,需要投入大量的人力、资金和设备,占用很长的工期。因此,选择合理的开挖方法和措施、保证开挖的质量、加快开挖的速度、确保施工的安全,对于加快整个工程的建筑具有重要的意义。

1. 开挖前的准备工作

(1)熟悉基本资料。详细分析坝址区的工程地质和水文地质资料,了解岩性,掌握各种地质缺陷的分布及发育情况。

(2)明确水工建筑物设计对地基的具体要求。

(3)熟知工程的施工条件和施工技术水平及装备力量。

(4)与业主、地质、设计、监理等人员共同研究,确定适宜的地基开挖范围、深度和形态。

2. 坝基开挖的注意事项

(1)做好基坑排水工作。在围堰闭气后,立即排除基坑积水、围堰渗水,布置好排水系统,配备足够的排水设备,边下挖基坑、边排水,降低和控制水位,确保开挖工作不受水的干扰。

(2)合理安排开挖程序。由于受地形、时间和空间的控制,水工建筑物基坑开挖一般比较集中,工程多,安全问题比较突出。因此,基坑开挖的程序应遵循自上而下、先岸坡后河槽的原则。如果河床很宽,也可考虑部分河床和坡平行作业,但应采取有效的安全措施。无论是河床还是岸坡,都要由上而下,分层开挖,逐步下降,如图 7-1 所示。

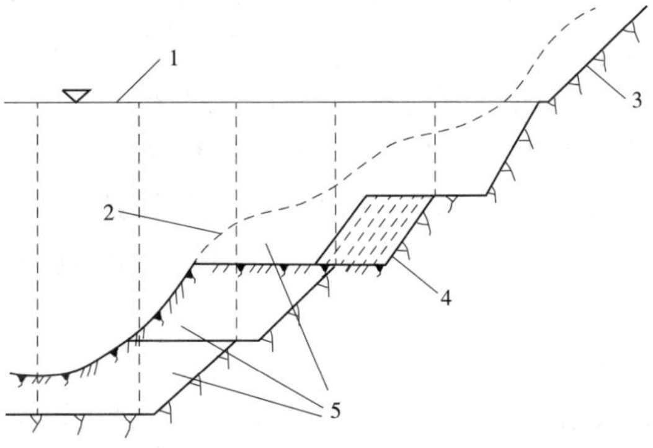


1—坝顶线;2—原地面线;3—安全削坡;4—开挖线;5—开挖层。

**图 7-1 坝基开挖程序**

(3)选定合理的开挖范围和形态。基坑开挖范围不仅取决于水工建筑物的平面轮廓,还要满足机械的运行、道路的布置、施工排水、立模与支撑的要求。放宽的范围一般从几米到十几米不等,由实际情况而定。开挖以后的基岩面,要求尽量平整,并尽可能略向上游倾斜,高差不宜太大,以利于水工建筑物的稳定。要避免基岩有尖突部分和应力集中。开挖形态如图 7-2 所示。

(4)正确选择开挖方法,保证开挖质量。岩基开挖的主要方法是钻孔爆破法。坝基岩石开挖,应采用分层楼梯段松动爆破;边坡轮廓开挖,应采用预裂爆破或光面爆破;紧邻水平建基面,应采用预留岩体保护层,并对保护层进行分层爆破。开挖偏差的要求:对节理裂隙不发育、较发育、发育和坚硬、中硬的岩体,水平建基面高程的开挖偏差不应大于±20 cm;设计边坡轮廓面的开挖偏差,在一次钻孔深度条件下开挖,不应大于其开挖高度

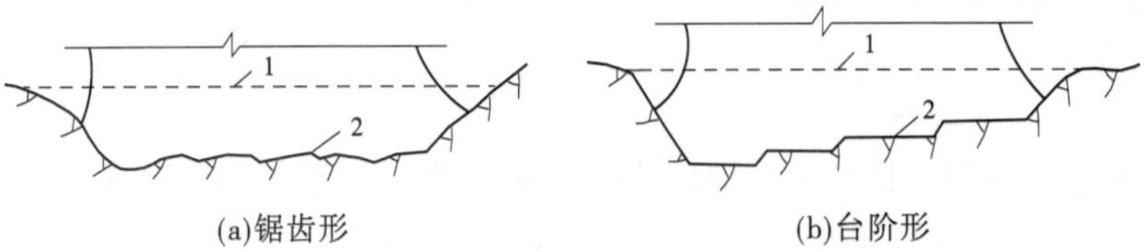


1—原基岩面;2—基岩开挖面。

**图 7-2　坝基开挖形态**

的±2%;在分台阶开挖时,其最下部一个台阶坡脚位置的偏差,以及整体边坡的平均坡度,均应符合设计要求。

坝基岩石开挖,一般采用延长药包梯段爆破、毫秒分段起爆,最大一段起爆药量不得大于 500 kg。对不具备梯段地形的岩基,应先进行平地拉槽毫秒起爆,创造梯段爆破条件。紧邻水平建基面的爆破,应防止爆破对基岩的不利影响,一般采用预留保护层的方法。保护层的开挖是控制基岩质量的关键,其要点是:分层开挖,梯段爆破,控制一次起爆药量,控制爆破震动影响。对于建基面 1.5 m 以上的一层岩石,应采用梯段爆破,炮孔装药直径不应大于 40 mm,手风钻钻孔,一次起爆药量控制在 300 kg 以内;保护层上层开挖,采用梯段爆破,控制药量和装药直径;中层开挖控制装药直径小于 32 mm,采用单孔起爆,距建基面 0.2 m 厚度的岩石应进行撬挖。边坡预裂爆破或光面爆破的效果应符合以下要求:在开挖轮廓面上,残留炮孔痕迹应均匀分布,对于节理裂隙不发育的岩体,炮孔痕迹保存率应达到 80%以上;对于节理裂隙较发育和发育的岩体应达到 80%~50%;对于节理裂隙极发育的岩体应达到 50%~10%。相邻炮孔间岩面的不平整度,不应大于 15 cm。当预裂炮孔和梯段炮孔在同一个爆破网路中时,预裂孔先于梯段孔起爆的时间不得小于 75~100 ms。

**(二)岩基处理**

对于表层岩石存在的缺陷,采用爆破开挖处理。当基岩在较深的范围内存在风化、节理裂隙、破碎带及软弱夹层等地质问题时,开挖处理不仅困难,而且费用太高,须采取专门的处理措施。

1. *断层破碎带处理*

断层是岩石或岩层受力发生断裂并向两侧产生显著位移,常常出现破碎发育岩体,形成断层破碎带,长度和深度较大,强度、承载能力和抗渗性不能满足设计要求,必须处理。

对于宽度较小的表层断层破碎带,采用明挖换基方法,将破碎带一定深度两侧的破碎风化的岩石清除,回填混凝土,形成混凝土塞。

对于埋深较大且为陡倾角断层破碎带,在断层出露处回填混凝土,形成混凝土塞(取断层宽度的 1.5 倍),必要时可沿破碎带开挖斜井和平洞,回填混凝土,与断层相交一定长度,组成抗滑塞群,并有防渗帷幕穿过,组成混合结构,如图 7-3 所示。

2. *软弱夹层处理*

软弱夹层是指基岩出现层面之间强度较低,已泥化或遇水容易泥化的夹层,尤其是缓倾角软弱夹层,处理不当会给坝体稳定带来严重影响。

对于陡倾角软弱夹层,如果没有与上下游河水相通,可在断层入口进行开挖,回填混凝土,提高地基的承载力;如果夹层与库水相通,除对坝基范围内的夹层进行开挖回填混凝土外,还要对夹层入渗部位进行封闭处理;对于坝肩部位的陡倾角软弱夹层,主要是防止不稳定岩石塌滑,进行必要的锚固处理。

对于缓倾角软弱夹层,如果埋藏不深,开挖量不是很大,最好的办法是彻底挖除;若夹层埋藏较深,当夹层上部有足够的支撑岩体能维持基岩稳定时,可只对上游夹层进行挖除,回填混凝土,进行封闭处理,如图 7-4 所示。

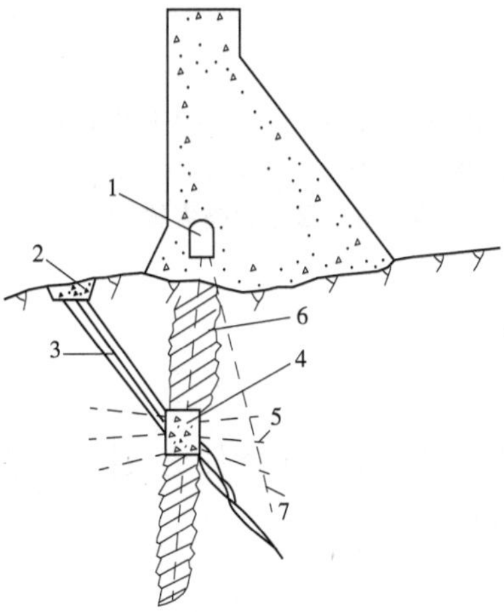


1—灌浆廊道;2—混凝土塞;3—断层破碎带;
4—水平混凝土塞;5—固结灌浆;
6—帷幕灌浆;7—排水孔。

**图 7-3 陡倾角断层破碎带处理**

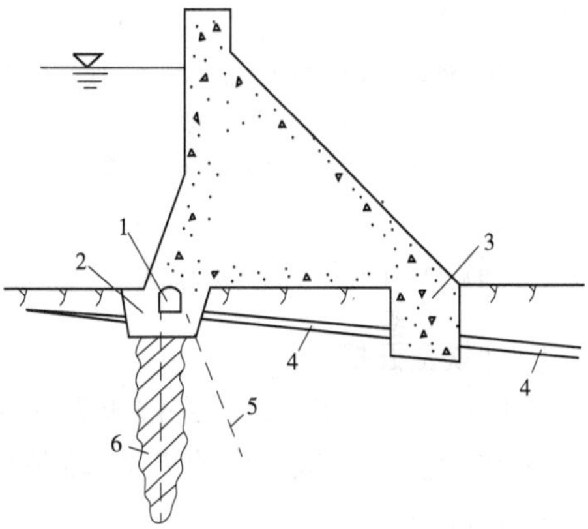


1—灌浆廊道;2—上游齿槽;3—下游齿槽;
4—软弱夹层;5—排水孔;6—灌浆帷幕。

**图 7-4 缓倾角夹层处理**

3. 岩溶处理

岩溶是可溶性岩层(石灰岩、白云岩)长期受地表水或地下水溶蚀作用产生的溶洞、溶槽、暗沟、暗河、溶泉等现象。这些地质缺陷削弱了地基承载力,形成了漏水通道,危及水工建筑物的正常运行。由于岩溶情况比较复杂,应查清情况,分别处理。对于坝基表层或埋藏较浅的溶槽等,进行开挖、清除、冲洗后,用混凝土塞填;对于大裂隙破碎岩溶地段,采用群孔水气冲洗,高压灌浆;对于有松散物质的大型溶洞,可对洞内进行高压旋喷灌浆,使充填物与浆液混合胶固,形成若干个旋喷桩,连成整体后,可有效提高承载力和抗渗性。

4. 岩基锚固

对于缓倾角软弱夹层,当分布较浅、层数较多时,可设置钢筋混凝土桩和预应力锚索进行加固。在坝基范围,沿夹层自上而下钻孔或开挖竖井,穿过几层夹层,浇筑钢筋混凝土,形成抗剪桩,如图 7-5 所示。在一些工程中采用预应力锚固技术,加固软弱夹层,效果明显。其形式有锚筋和锚索,可对局部及大面积地基进行加固,如图 7-6 所示。

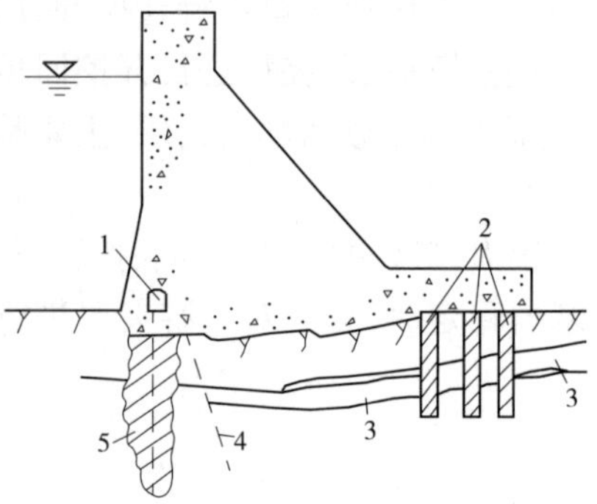


1—帷幕灌浆廊道;2—抗剪桩;3—软弱夹层;
4—排水孔;5—灌浆帷幕

**图7-5 抗剪桩锚固地基**

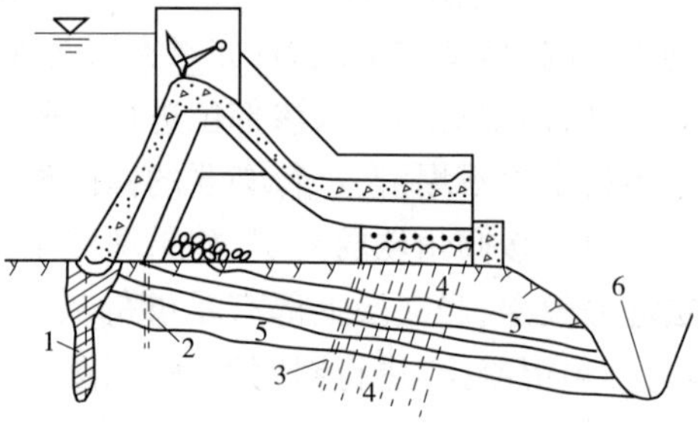


1—灌浆帷幕;2—排水孔;3—下游排水孔;
4—预应力锚索;5—软弱夹层;6—冲刷坑

**图7-6 预应力锚索锚固**

## 二、软基开挖与处理方法

### (一)软基开挖

软基开挖的施工方法与一般土方开挖方法相同,由于地基的施工条件比较特殊,常会遇到下述难题,应采取相应的措施,确保开挖工作顺利进行。

1. *淤泥*

淤泥的特点是颗粒细、水分多、人无法立足,应视情况不同,分别采取措施。

(1)稀淤泥。特点是含水量高,流动性大,此挖彼来,装筐易漏。若稀淤泥较薄、面积较小,可将干砂倒入,进占挤淤,形成土埂,可在土埂上进行挖运作业;如面积大,要同时填筑多条土埂,分区治理,以防乱流;若淤泥深度大、面积广,可将稀泥分区围埂,分别排入附近挖好的深坑内。

(2)烂淤泥。特点是淤泥层较厚,含水量较小,黏稠,锹插难拔,黏锹不易脱离。为避免黏锹,挖前先将锹蘸水,也可用三股钗或五股钗代替铁锹。为解决立足问题,采用一点突破法,此法自坑边沿边集中力量突破一点,一直挖到硬土上,再向四周扩展;或者采用苇排铺路法,即将芦席扎成捆枕,每三枕用桩连成苇排,铺在烂泥上,人在排上挖运。

(3)夹砂淤泥。特点是淤泥中有一层或几层夹砂层。如果淤泥厚度较大,可采用前面之法挖除;如果淤泥层很薄,先将砂面晾干,能站人时,方可进行,开挖时连同下层淤泥一同挖除,露出新砂面。切勿将夹砂层挖混,造成开挖困难。

2. *流砂*

采用明式排水开挖基坑时,由于形成了较大的水力坡降,造成渗流挟带细砂从坑底上冒,或在边坡上形成管涌、流土等现象,即为流砂。流砂现象一般发生在非黏性土中,主要与砂土的含水量、孔隙率、黏料含量和动水压力的水力坡度有关,在细砂、中砂中常发生,也可能在粗砂中发生。治理流砂主要是解决好“排”与“封”的问题。“排”即及时将流砂层中的水排出,降低含水量和水力坡度;“封”即将开挖区的流砂封闭起来。如坑底翻砂冒水,可在较低的位置挖沉砂坑,将竹筐或柳条筐沉入坑底,水进筐内而砂被阻于其外,然后将筐内水排走。对于坡面流砂,当土质允许、流砂层又较薄(一般为4~5 m)时,可采用开挖方法,一般放坡为 1∶4~1∶8,但这要扩大开挖面积,增加工程量。因此,基坑开挖中,常采取以下措施进行治理。

当开挖深度不大、面积较小时,可以采取护面措施。做法如下:

(1)砂石护面。在坡面上先铺一层小石子,各层厚 5~8 cm,形成反滤层,坡脚挖排水沟,做同样的反滤层,如图 7-7 所示,既防止渗水流出时挟带泥沙,又防止坡面径流冲刷。

(2)柴枕护面。在坡面上铺设爬坡式柴枕,坡脚设排水沟,沟底及两侧均铺柴枕,以起到滤水拦砂的作用,如图 7-8 所示,并隔一定距离打桩加固,防止柴枕下坍移动。

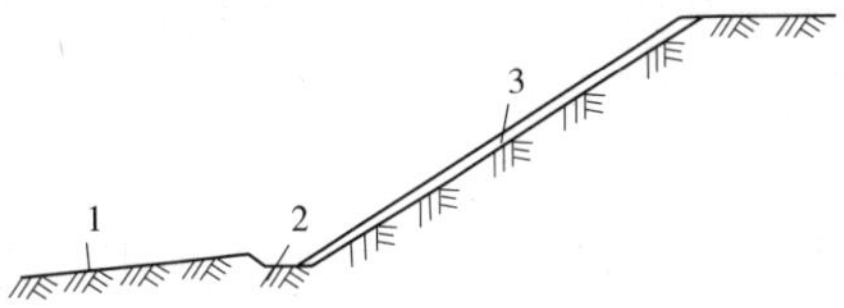


1—水闸基坑;2—排水沟;3—砂石护面。

**图 7-7 砂石护面**

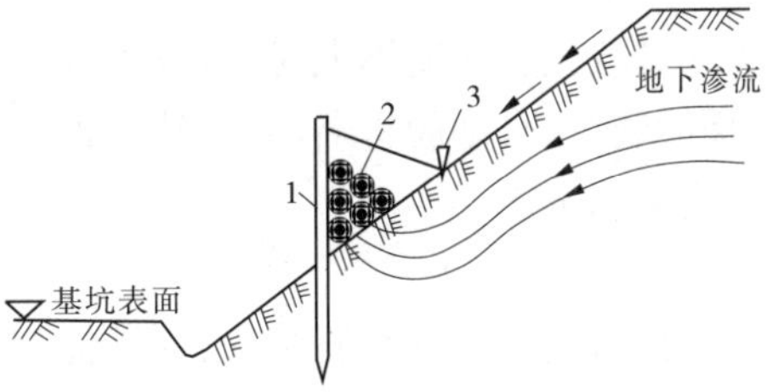


1—木桩;2—柴枕;3—小木桩。

**图 7-8 柴枕护面**

当基坑坡面较长、基坑挖深较大时,可采用柴枕拦砂法处理,如图 7-9 所示。其做法是:在坡面渗水范围的下侧打入木桩,桩内叠铺柴枕。

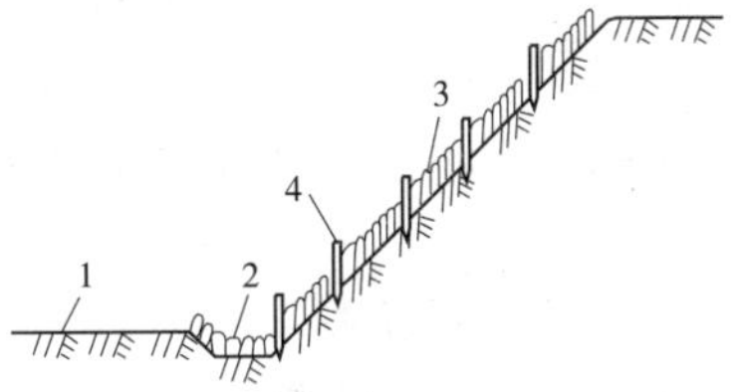


1—水闸基坑;2—排水沟;3—柴枕;4—钎枕桩。

**图 7-9 柴枕拦砂**

3. 泉眼治理

泉眼产生的原因是基坑排水不畅,致使地下水从局部穿透薄弱土层,流出地面,或地基深层的承压水击穿所致。发生的地点一般在地质钻孔处。若泉眼流出的是清水,则只需将流水引向集水井,排出基坑外;若泉眼流出的是浑水,则抛铺粗砂和石子各一层,经过滤变为清水流出,再引向集水井,排出基坑外;若泉眼位于建筑物底部,先在泉眼上铺设砂石滤层,然后用插入的铁管将泉水引出混凝土外,浇筑混凝土,最后用较干的水泥砂浆将排水管堵塞。

4. 膨胀土地基开挖

膨胀土地基开挖过程中,应采取措施防止迅速风化、吸水膨胀和浸水崩解,为此,必须排干地表水和地下水,加速开挖,尽可能缩短土体暴露时间;边坡开挖加设保护层和防渗层。

5. 湿陷性黄土地基开挖

湿陷性黄土地基开挖应力求避免大挖大填,开挖过程中要防止坡面遇水湿陷、崩解,坡顶及坡脚要有可靠的排水措施,确保开挖基坑排水通畅。

6. 冻土开挖

开挖冻土要多消耗很多能量,因此尽量在土层冻结以前采取防冻措施;冬季开挖宜采用较高的立面土掌,不宜采用平层开挖;开挖后的基底,要采取保温措施,防止发生冻结。

**(二)软土地基处理**

软土地基承载力低,沉陷量大。处理方法按其原理不同,可分为置换、夯实、排水、固结等几种类型。

1. 挖除置换法

当地基软弱层厚度不大时,可全部挖除,并换以砂土、黏土、壤土或砂壤土等回填夯实,回填时应分层夯实,严格掌握压实质量。这种方法用于软土层在2~3 m以内较为经济。

2. 强夯法

当地基软土层厚度不大时,可以不开挖,采用强夯法处理。强夯法是采用履带式起重机,配缓冲装置、自动脱钩器、夯锤等配件,锤重10 t、落距10 m。可以省去大挖大填,有效深度可达4~5 m。

3. 砂井预压法

砂井预压法又称排水固结法,为了提高软土地基的承载能力,可采用砂井预压法。砂井直径一般多采用20~30 cm,井距采用6~10倍井径,常用范围为2~4 m。

井深主要取决于土层情况:当软土层较薄时,砂井宜贯穿软土层;当软土层较厚且夹有砂层时,一般可设在砂层上;当软土层较厚又无砂层,或软土层下有承压水时,则不应打穿。一般砂井深度以10~20 m为宜。

砂井顶部应设排水砂垫层,以连通各砂井并引出井中渗水。在砂井工程结束后,即开始堆积荷载预压。预压荷载一般为设计荷载的1.2~1.5倍,但不得超过当时的基土承载能力。

4. 深孔爆破加密法

深孔爆破加密法就是利用人工进行深层爆破,使饱和松砂液化,颗粒重新排列组合成为结构紧密、强度较高的砂。施工时在砂层中钻孔埋设炸药,其孔深一般采用处理层深的2/3,炮孔间距与爆破顺序宜通过现场试验确定,用药量以不致使地面冲开为度。此法适用于处理松散饱和的砂土地基。

5. 混凝土灌注桩法

软土地基承载力小时,可采用混凝土灌注桩支承上部结构的荷载。混凝土灌注桩是在现场造孔达到设计深度后,在孔内浇筑混凝土成桩。因此,它具有桩柱直径大、承载力强,且可根据桩身内力大小配筋以节约钢材等优点。但该法可能产生缩颈、断桩、夹土和混凝土离析等事故,应设法防止。

6. 振动水冲法

振动水冲法是用一种类似插入式混凝土振捣器的振冲器(见图7-10),在土层中振冲造孔,并以碎石或砂砾填成碎石或砂砾桩,达到加固地基的一种方法。这种方法不

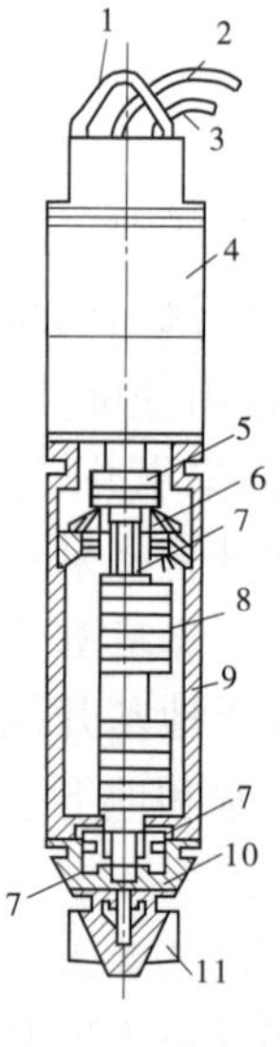


1—吊具;2—水管;3—电缆;4—电动机;5—联轴器;6—轴;7—轴承;8—偏心块;9—壳体;10—头部;11—叶片。

图7-10　振冲器构造示意图

仅适用于松砂地基,也可用于黏性土地基。碎石桩承担了大部分传递荷载,同时改善了地基排水条件,加速了地基的固结,提高了地基的承载力。一般碎石桩的直径为 0.6~1.1 m,桩距视地质条件在 1.2~2.5 m 内选择。采用此法时必须有充足的水源。

7. 旋喷法

旋喷法是利用旋喷机具造成旋喷桩以提高地基的承载能力,也可以作联锁桩施工或定向喷射成连续墙,用于地基防渗。旋喷法适用于砂土、黏性土、淤泥等地基的加固,对砂卵石(最大粒径不大于 20 cm)的防渗也有较好的效果。

旋喷法的一般施工程序为:孔位定点并埋设孔口管→钻机就位→钻孔至设计深度→旋喷高压浆液或高压水气流与浆体,同时提升旋喷管,直至桩顶高程→向桩中空穴进行低压注浆,起拔孔口管→转入下一孔位施工。

钻孔可以采用旋转、射水、振动或锤击等多种方法进行。旋喷管可以随钻头一次钻到设计孔深,接着自下而上进行旋喷,也可先行钻孔,终孔后下入旋喷管。

喷射方法有单管法、二重管法和三重管法。

(1)单管法。喷射水泥浆液或化学浆液,主要施工机具有高压泥浆泵、钻机、单旋喷管,成桩直径 0.3~0.8 m。

(2)二重管法。高压水泥浆液(或化学浆液)与压缩空气同轴喷射。主要施工机具有高压泥浆泵、钻机、空压机、二重旋喷管,成桩直径介于单管法和三重管法之间。

(3)三重管法。高压水、压缩空气和水泥浆液(或化学浆液)同轴喷射。主要施工机具有高压水泵、钻机、空压机、泥浆泵、三重旋喷管,成桩直径 1.0~2.0 m。

目前我国旋喷法使用的浆液一般以单液水泥浆为主,水灰比(重量比)为 1:1 或 1.5:1.0。根据需要也可适量加入外加剂,以达到减缓浆液沉淀、速凝、缓凝、抗冻等目的。

旋喷法为高压施工,施工时应注意以下事项:

(1)管路、旋转活接头和喷嘴等必须拧紧,做到安全密封。高压水泥浆液、高压水和压缩空气各管路系统均应不堵、不漏、不串。设备系统安装后,必须经过运行试验,试验压力要达到工作压力的 1.5~2.0 倍。

(2)旋喷管进入预定深度后,应先进行试喷,待达到预定压力、流量后,再提升旋喷。若中途发生故障,应立即停止提升和旋喷,以防止桩体中断。

(3)旋喷结束后要进行压力注浆,以补填桩柱凝结收缩后产生的顶部空穴。

(4)旋喷水泥浆液必须严格过滤,防止水泥结块和杂物堵塞喷嘴及管路。

## 三、砂砾石地基灌浆

砂砾石地基空隙率大、透水性强,要进行防渗处理方可作为水工建筑物的地基。由于砂砾石是由颗粒材料组成的,对灌浆效果影响大,孔壁容易坍塌,在灌浆中需要了解和掌握地基可灌性、灌浆材料及灌浆方法。

### (一)砂砾石地基可灌性

可灌性是指砂砾石地基能接受灌浆材料灌入程度的一种特性。影响可灌性的主要因素有地基的颗粒级配、灌浆材料的细度、灌浆压力和施工工艺等。常用以下几种指标进行评价。

1. 可灌比 $M$

$$M = D_{15}/D_{85} \tag{7-1}$$

式中 $D_{15}$——地基砂砾颗粒级配曲线上相应于含量为 15%的粒径,mm;

$D_{85}$——灌浆材料颗粒级配曲线上相应于含量为 85%的粒径,mm。

$M$ 值愈大,地基的可灌性愈好。当 $M=5\sim10$ 时,可灌含水玻璃的细粒度水泥黏土浆;当 $M=10\sim15$ 时,可灌水泥黏土浆;当 $M\geq15$ 时,可灌水泥浆。

2. 渗透系数 $K$

$$K = \alpha D_{10}^2 \tag{7-2}$$

式中 $K$——砂砾石层的渗透系数,m/s;

$D_{10}$——砂砾石颗粒级配曲线上相应于含量为 10%的粒径,cm;

$\alpha$——系数。

$K$ 值愈大,可灌性愈好。当 $K<3.5\times10^{-4}$ m/s 时,采用化学灌浆;当 $K=(3.5\sim6.9)\times10^{-4}$ m/s 时,采用水泥黏土灌浆;当 $K\geq(6.9\sim9.3)\times10^{-4}$ m/s 时,采用水泥灌浆。

3. 不均匀系数 $C_u$

$$C_u = D_{60}/D_{10} \tag{7-3}$$

式中 $D_{60}$——砂砾石颗粒级配曲线上相应于含量为 60%的粒径,mm;

$D_{10}$——砂砾石颗粒级配曲线上相应于含量为 10%的粒径,mm。

$C_u$ 的大小反映了砂砾石颗粒不均匀的程度。当 $C_u$ 较小时,砂砾石的密度较小,透水性较大,可灌性较好;当 $C_u$ 较大时,透水性小,可灌性差。

实际工程中,除对上述有关指标综合分析确定外,还要考虑粒径小于 0.1 mm 颗粒含量的不利影响。

### (二)灌浆材料

砂砾石地基灌浆多用于修筑防渗帷幕,防渗是主要目的。一般采用水泥黏土灌浆:要求帷幕幕体的渗透系数降到 $1\times10^{-3}\sim1\times10^{-5}$ cm/s 以下,28 d 结石强度达到 0.4~0.5 MPa。

浆液配比视帷幕设计要求而定,常用配比为水泥:黏土=1:2~1:4(重量比)。浆液稠度为水:干料=6:1~1:1。

水泥黏土浆的稳定性和可灌性优于水泥浆,固结速度和强度优于黏土。但由于固结较慢、强度低、抗渗抗冲能力差,多用于低水头临时建筑的地基防渗。为了提高固结强度,加快黏结速度,可采用化学灌浆。

### (三)灌浆方法

砂砾石地基灌浆孔除打管外,都是铅直向钻孔,造孔方式主要有冲击钻进和回转钻进两类。

地基防渗帷幕灌浆的方法可分为以下几种：

(1)打管灌浆。灌浆管由钢管、花管、锥形管头组成，用吊锤或振动沉管的方法打入砂砾石地基受灌层。每段在灌浆前，用压力水冲洗，将土、砂等杂质冲出地表或压入地层灌浆区外部。采用纯压式或自流式压浆，自下而上、分段拔管、分段灌浆，直到结束。此法设备简单，操作方便，适于覆盖层较浅、砂石松散及无大孤石的临时工程。打管灌浆程序如图 7-11 所示。

(2)套管灌浆。此法是边钻孔边下套管进行护壁，直到套管下到设计深度，然后将钻孔洗干净，下灌浆管，再拔起套管至第一灌浆段顶部，安灌浆塞，压浆灌注。自下而上、逐段拔管、逐段灌浆，直到结束。其施工工艺如图 7-12 所示。

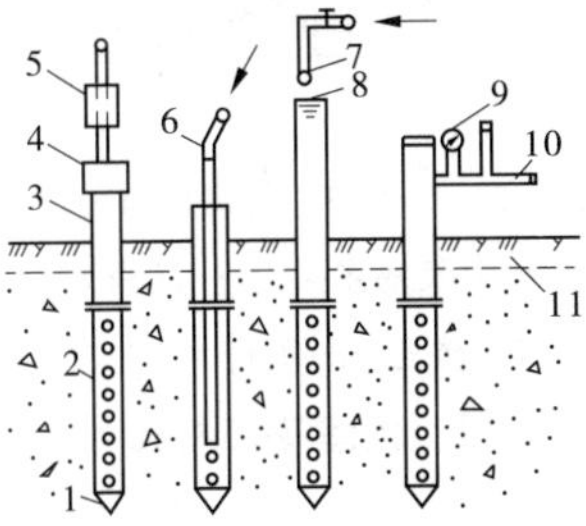


(a)打管;(b)冲洗;(c)自流灌浆;(d)压力灌浆

1—管锥;2—花管;3—钢管;4—管帽;5—打管锤;6—冲洗用水管;7—注浆管;8—浆液面;9—压力表;10—进浆管;11—盖重层。

**图 7-11 打管灌浆程序**

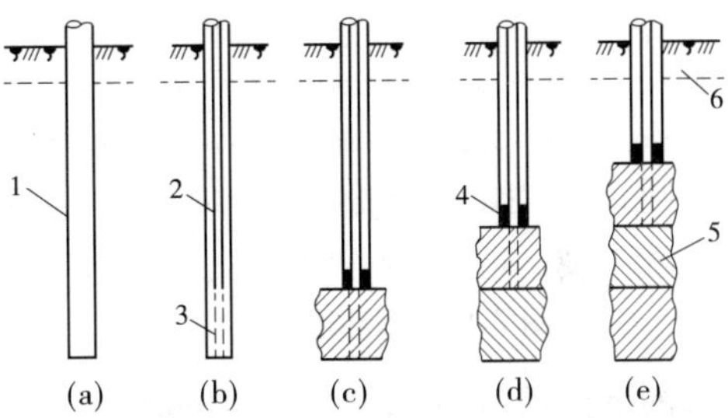


(a)钻孔下套管;(b)下灌浆管;(c)拔套管灌第一段浆;(d)拔套管灌第二段浆;(e)拔套管灌第三段浆

1—护壁套管;2—灌浆管;3—花管;4—止浆塞;5—灌浆段;6—盖重层。

**图 7-12 套管灌浆程序**

(3)循环灌浆。是一种自上而下，钻一段灌一段，无须待凝，钻孔与灌浆循环进行的灌浆方法。钻孔时需用黏土浆固壁，每个孔段长度视孔壁稳定和渗漏大小而定，一般取 1~2 m。此方法不设灌浆塞，而是在孔口管顶端封闭。孔口管设在起始段上，具有防止孔口坍塌、地表冒浆，钻孔导向的作用，以提高灌浆质量。工艺过程如图 7-13 所示。

(4)预埋花管灌浆。在钻孔内预先下入带有射浆孔的灌浆花管，花管与孔壁之间的空间注入填料，在灌浆管内用双层阻浆器分段灌浆。其工艺过程为：钻孔及护壁→清孔更换泥浆→下花管和下填料→开环→灌浆，如图 7-14 所示。

一般用回转式钻机钻孔，下套管护壁或泥浆护壁；钻孔结束后，清除孔内残渣，更换新鲜泥浆；用泵灌注花管与套管空隙内的填料，边下料、边拔管、边浇筑，直到全部填满将套管拔出为止；孔壁填料待凝 5~15 d，具有一定强度后，压开花管上的橡皮圈，压裂填料形成通路，称为开环；然后用清水或稀浆灌注 5~10 min，开始灌浆，完成每一排射浆孔(一个

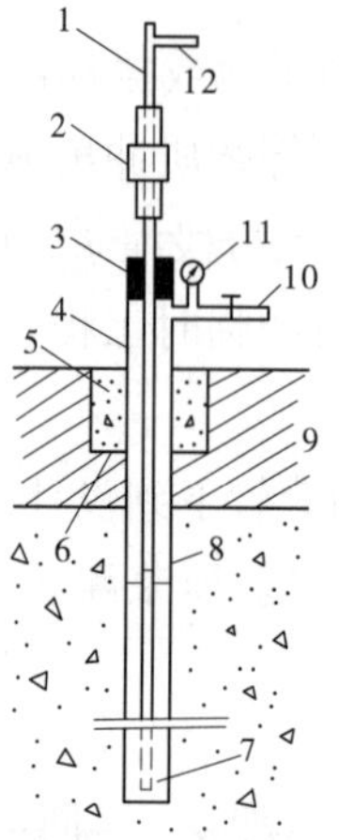


1—灌浆管(钻杆);2—钻机竖轴;3—封闭器;4—孔口管;
5—混凝土封口;6—防浆环(麻绳缠箍);7—射浆花管;
8—孔口管下花管;9—盖重层;10—回浆管;
11—压力表;12—进浆管。

**图 7-13　循环灌浆**

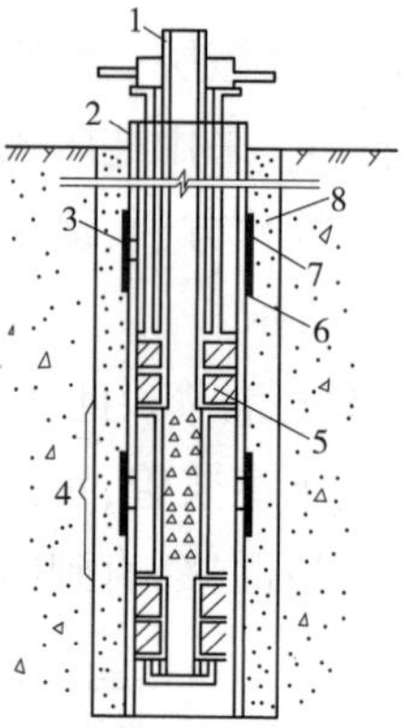


1—灌浆管;2—花管;3—射浆孔;4—灌浆段;
5—双栓灌浆塞;6—铅丝(防滑环);
7—橡皮;8—填料。

**图 7-14　预埋花管灌浆**

灌浆段)的灌浆后,进行下一段开环灌浆。

# 任务二　岩基灌浆

码 7-1　微课-岩基灌浆施工

灌浆是通过钻孔或预埋管,将具有流动性和胶凝性的浆液按一定配比要求,压入地层或建筑物的缝隙中胶结硬化成整体,达到防渗、固结、增强的工程目的。灌浆工程的施工工序如图 7-15 所示。

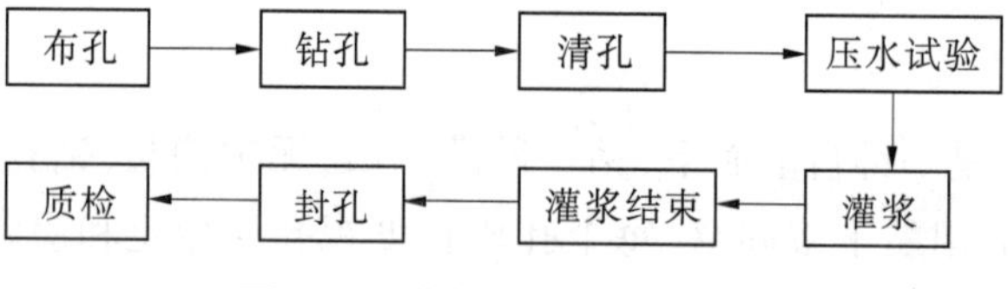


**图 7-15　灌浆工程的施工工序**

## 一、灌浆方法分类

### (一)按灌浆的作用分类

(1)帷幕灌浆。用灌浆方法把浆液灌入到岩石的裂隙或砂砾石层的空隙中,在地基中形成一道或几道阻水的条带,类似帷幕形状,称为帷幕灌浆或防渗帷幕。

(2)固结灌浆。一般在岩石表层钻孔,经灌浆将岩石固结称为固结灌浆。

(3)回填灌浆。主要是指在水工隧洞衬砌混凝土与周围岩石之间空隙进行的灌浆。

(4)接触灌浆。是指以加强坝体混凝土和地基之间的结合能力,提高坝体的抗滑稳定性为主要目的的灌浆。

(5)接缝灌浆。在混凝土坝施工过程中,对坝身所设置的临时缝进行的灌浆。

(6)高压喷射灌浆。是指以对黏土、砂砾石层等软基础进行防渗和加固处理为目的的灌浆。

**(二)按灌浆材料分类**

(1)水泥灌浆。浆液由水泥和水拌制而成。水泥是目前最常用的灌浆材料,优点多,应用范围广泛。近年来,在一些大中型水利水电工程中推广应用湿磨细水泥灌浆、超细水泥灌浆等新技术。

(2)黏土灌浆。浆液由黏土和水拌制而成。它适用于土坝坝体裂缝处理灌浆,以及不是很重要的低水头工程或临时性工程的砂砾石地基防渗灌浆。

(3)水泥黏土灌浆。浆液由水泥、黏土和水经搅拌配制而成。它多用于砂砾石层灌浆。

(4)沥青灌浆。浆液为石油沥青。它多用于半岩性及交接较差的砂岩,或岩性不坚固、有集中渗漏裂缝、渗流速度很大的地方。

(5)化学灌浆。浆液为化学材料配制而成的真溶液,可灌性好,能灌入细缝中,应用范围较广。

## 二、灌浆材料

灌浆材料应根据灌浆的目的和地质条件合理选择。作为灌浆用的材料,应具有以下特性:

(1)颗粒细。具有一定的细度,以便能进入岩层的缝隙、孔洞、裂隙。

(2)稳定性好。所制成的浆液,其颗粒在一定时间条件下,在浆液中能保持均匀分散的悬浮状态,并具有稳定性好、流动性强的性能。

(3)胶结性强。用固结材料制成的浆液灌入到岩层的裂隙和孔洞、缝隙,经过一定时间,逐渐胶结而成为坚硬的结石体,起到充填和固结的作用。

(4)结石强度高和耐久性好。浆液胶结而成的结石体,具有一定的强度、黏结力和抵制地下水侵蚀的能力,保证灌浆效果和耐久性。

(5)结石体的渗透性很小。

**(一)水泥**

水泥是灌浆施工中最主要和应用最广泛的灌浆材料。它效果可靠、成本低廉、材料来源广泛、操作技术简便,在水利水电工程中被普遍采用。

在缝隙宽度比较大(>0.15 mm)、单位吸水率比较高[>0.01 L/(min·m·m)]、地下水流速度比较小(<80 m/d)、侵蚀性不严重的情况下,水泥浆的效果比较好。

一般多选用普通硅酸盐水泥或硅酸盐大坝水泥,在有侵蚀性地下水的情况下,可用抗酸水泥等特种水泥。矿渣硅酸盐水泥和火山灰质硅酸盐水泥不宜用于灌浆。

回填灌浆所用的水泥强度等级不应低于22.5 MPa,帷幕灌浆和固结灌浆不应低于32.5 MPa,坝体接缝灌浆不宜低于42.5 MPa。

水泥的细度对于灌浆效果影响很大。水泥颗粒愈细,浆液才能顺利进入细微的裂隙,提高灌浆效果,扩大灌浆范围。一般规定:灌浆用的水泥细度,要求通过标准筛孔(4 900孔/$cm^2$)的筛余量不大于5%。应特别注意水泥的保管,不准使用过期、结块或细度不符合要求的水泥。

**(二)黏土和膨润土**

灌浆用的黏土,要求遇水后吸水膨胀,能迅速崩解分散,并有一定的稳定性、可塑性和黏结力。在砂砾石地基中灌浆,一般多选用塑性指数为 10~20、黏粒($d<0.005$ mm)含量为 40%~50%、粉粒($d=0.005\sim0.05$ mm)含量为 45%~50%、砂粒($d=0.05\sim2$ mm)含量不超过 5%的土料;在土坝坝体灌浆中,一般采用与土坝相同的土料,或选取黏粒含量 20%~40%、粉粒含量 30%~70%、砂粒含量 5%~10%、塑性指数 10~20 的重壤土或粉质黏土。黏粒含量过大或过小的土料,都不宜作坝体灌浆材料。

**(三)其他材料**

用以灌注大裂隙和溶洞时,经常用水泥砂浆或水泥黏土砂浆。根据灌浆需要,可在水泥浆液中加入下列外加剂:①速凝剂:水玻璃、氯化钙、三乙醇胺;②减水剂:萘系高效减水剂,木质素磺酸盐类减水剂等;③稳定剂:膨润土及其他高塑性黏土等;④其他外加剂。所有外加剂凡能溶于水的应以水溶液状态加入。各类浆液掺入掺和料和加入外加剂的种类及其掺加量应通过实验室试验和现场灌浆试验确定。

## 三、灌浆设备

水泥灌浆所用的设备主要由灰浆搅拌机、灌浆泵、管路、灌浆塞等组成。

搅拌机由上下两个筒体及拌灰装置、传动装置组成,容量为 100~200 L,作用是连续供应灌浆泵所用浆液。灌浆用的泵一般为活塞式灌浆泵,按缸体轴线方向分为立式和卧式两种。立式为单缸,卧式分单缸和双缸两类。卧式较常用,其工作原理见图 7-16。当活塞右移时为吸浆,活塞左移时为压浆:浆液被压入空气室(起稳压作用),再压入管路中去。

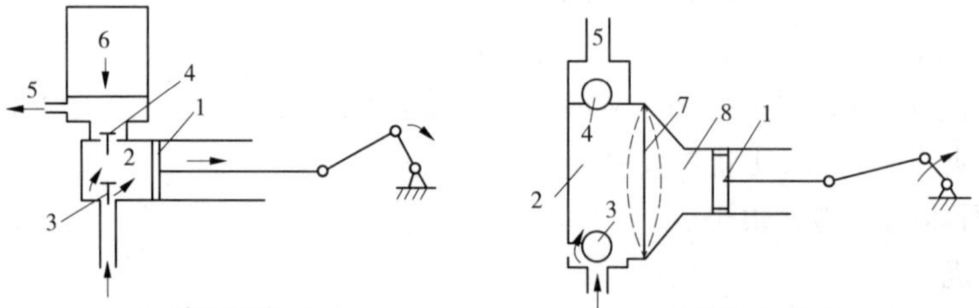


(a)单缸柱塞泵　　(b)单缸隔膜泵

1—活塞;2—阀门;3—吸浆阀;4—压浆阀;5—压力管道;6—空气室;7—橡胶隔膜;8—水。

**图 7-16　活塞卧式灌浆泵工作原理**

管路的作用是输送浆液,有内外管、返浆管及高压输浆管之分,一般采用高压胶管。灌浆塞的作用是分隔密封灌浆孔段,进行分段灌浆,提升灌浆压力。它主要包括灌浆头、扩张器(胶球)和一些管阀。扩张器被夹紧在底座和顶座之间,借孔口的丝杆压紧而扩张,与孔壁贴紧,起到阻浆作用。

## 四、灌浆施工

**(一)钻孔**

先进行放样。一般用测量仪器放出建筑物边线或中线后,由中线或边线确定灌浆孔的位置。开孔位置与设计位置的偏差不得大于 10 mm,帷幕灌浆还应测出各孔高程。对直孔或倾角小于 5°的斜孔,孔斜偏差值不得大于表 7-1 中的数值。

表 7-1　孔斜允许偏差值　单位:m

| 孔深 | 20 | 30 | 40 | 50 | 60 |
|---|---|---|---|---|---|
| 孔斜最大允许偏差值 | 0.25 | 0.50 | 0.80 | 1.15 | 1.50 |

灌浆孔有铅直孔和倾斜孔。裂隙倾角小于 40°的可打直孔,以提高工效,多采用回转式钻机钻孔,钻孔效率高,不受孔深、孔向和岩石硬度的限制。回转式钻机的钻头有硬质合金、钢粒和金刚石三种。在 7 级以下的岩石中,采用硬质合金钻头,钻进效率较高;7 级以上的坚硬岩石,采用钢粒钻进,但产生的岩粉多、铁屑多,孔径不均,且只能钻直孔;在石质坚硬且较完整的岩石中,采用金刚石钻头,效率高、孔径均匀,且不受孔向影响,但成本高。孔径由岩石情况、孔的类别、钻孔深度而定,灌浆孔一般为 75~91 mm,检查孔为 110~130 mm。

各灌浆孔都是采用逐步加密的施工顺序,先进行第一序孔的钻孔,灌浆后依次进行第二序孔的钻孔。这样,后序灌浆孔即可作为前序孔的检查孔,进行压水试验。如果单位吸水率达到了设计值,可省去后序孔的灌浆。帷幕孔布孔特点为“线、单、深”,固结孔布孔特点为“面、群、浅”,其布孔顺序见图 7-17。

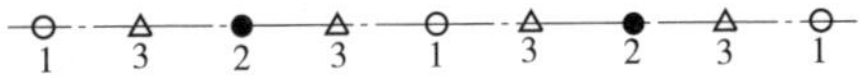


(a)帷幕灌浆

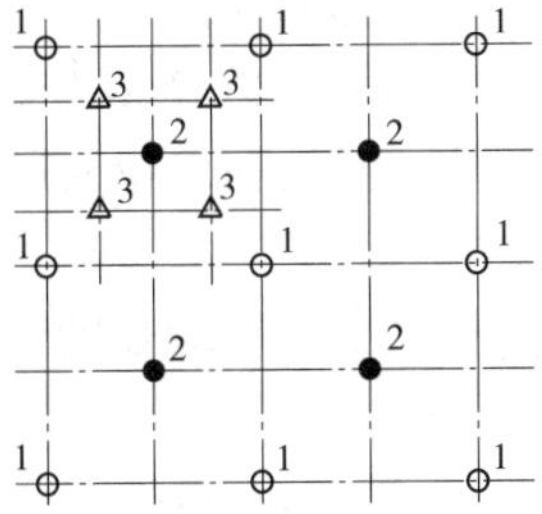


(b)固结灌浆

1、2、3—钻灌次序。

**图 7-17　钻孔灌浆顺序**

### (二)冲洗

在灌浆之前,要对钻孔孔壁及周围的岩石裂隙进行冲洗,将残存在孔底的岩粉、铁砂粉及孔壁周围裂隙中的充填物冲出孔口或推移到灌浆区之外,以确保灌浆质量;经过冲洗,回水变清,当孔内残存杂质沉积厚度不超过 20 cm 时,可结束冲洗。冲洗方法可根据地质条件、灌浆种类而选定,有单孔冲洗和群孔冲洗。

1. 单孔冲洗

单孔冲洗仅能冲掉钻孔本身及周围较小范围裂隙的充填物,适用于岩石较完整、裂隙较少的情况,单孔冲洗方法有以下几种。

1)高压水冲洗

将该孔段冲洗压力尽可能地提高,可达到灌浆压力的 80%,该值若大于 1 MPa 时,采用 1 MPa。在规定的灌浆压力下,达到回水完全清洁,延续 20 min,直至流量稳定。

2)高压脉冲冲洗

高压脉冲冲洗就是用高低压反复冲洗,先用高压(灌浆压力的 80%)冲洗 5~10 min 后,将孔口压力在极短的时间内突然降低至零,形成反向水流。将缝隙中的碎屑带出,浊水变清后,再将压力升至原来的压力,维持几分钟,又突然降为零,一升一降,反复冲洗,直到回水变清,再延续 5~20 min 结束。压差越大,效果越好。

3)扬水冲洗

对于地下水位较高、水量丰富的钻孔,可以采用扬水法。冲洗时,先将冲洗管下入钻孔底部,压入压缩空气,孔内水气混合,由于重量轻,在地下水和压缩空气的作用下,喷出孔口外,将孔内杂物带出。连续通水通气,直到钻孔冲净为止。在断层破碎带地区,冲洗效果最好。

2. 群孔冲洗

群孔冲洗一般适用于岩层破碎、节理裂隙比较发育的岩层中。根据设备能力和地质条件,常把 2~5 个裂隙互相串通的钻孔组成一批孔组,向一个或几个孔压入压力水和压缩空气,而从另外的孔排出污水,互为轮换,反复交替冲洗,直到各孔出水洁净为止。这种群孔冲洗可不分序,同时灌浆。

**(三)压水试验**

压水试验是在一定压力条件下,通过钻孔将水压入孔壁周围的缝隙中去,根据压入的水量和压入时间来计算出反映岩层渗透特性的技术参数。在我国,岩层的渗透特性一般用单位吸水量 $W$ 来表示。单位吸水量,就是在单位时间内,单位水头压力作用下压入单位长度试验孔段内的水量。

压水试验在裂隙冲洗结束后进行。试验孔段长度和灌浆段长度一致,一般为 5~6 m。试验采用纯压式压水方法,按下式计算:

$$W = Q/(LH) \tag{7-4}$$

式中 $W$——单位吸水量,L/(min·m·m);

$Q$——试验孔段压入流量,L/min;

$L$——试验孔段长度,m;

$H$——试验孔段的计算水头,m。

压水试验的压力,采用同段灌浆压力的 80%,该值若大于 1 MPa,取 1 MPa。

帷幕灌浆,在设计压力下,压水 20 min 结束。其间每 5~10 min 测一次压入水量,取最后的流量值作为计算流量。

固结灌浆孔压水试验吸水量的稳定标准可参考帷幕灌浆并适当放宽。

**(四)灌浆施工**

1. 施工次序

帷幕灌浆与固结灌浆中,钻孔与灌浆都要遵循分序加密的原则。通过分序加密,浆液逐渐被挤压密实,促进灌浆的连续性;逐序提高灌浆压力,有利于浆液的扩散和密实;通过每序孔的吸水率和单位吸浆量的变化,判断先序孔的灌浆效果;可减少串浆现象的发生。布孔时先稀后密,对于帷幕灌浆,Ⅰ序孔按 8~12 m 进行钻孔,然后进行灌浆;Ⅱ、Ⅲ、Ⅳ序孔孔距分别为 4~6 m、2~3 m、1~1.5 m,分别钻孔灌浆。在有地下水或蓄水状态下灌浆,双排帷幕,应先下排,后上排;三排帷幕,应先下排,然后上排,最后中间排,以免浆液过多流失。

固结灌浆,在孔深小于 5 m、岩层比较完整的条件下,可采用两序孔、方格形布点,最后孔序的孔距一般采用 3~4 m。固结灌浆宜在混凝土盖重下进行,以便保护岩体,增大灌浆压力。

2. 施工方法

灌浆方法包括每个孔段的浆液灌注方式和每孔的钻灌方法。

1) 浆液灌注方式

浆液灌注方式分为纯压式和循环式两种。其工作原理见图 7-18。

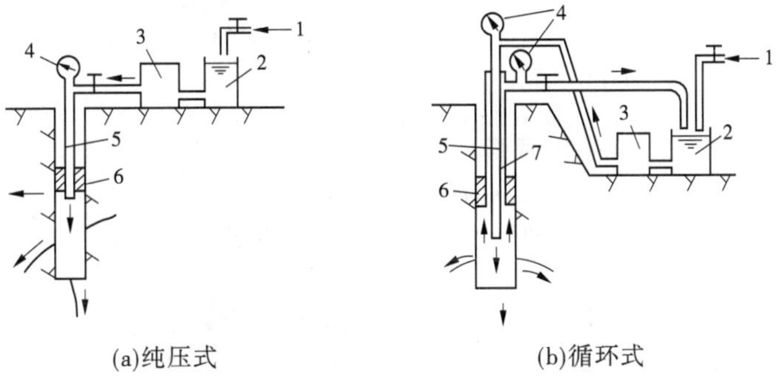


1—水;2—拌浆筒;3—灌浆泵;4—压力表;5—灌浆管;6—灌浆塞;7—回浆管。

**图 7-18 浆液灌注方式**

(1) 纯压式灌浆。采用单根灌浆管,浆液压入孔段后,只能向岩石缝隙扩散,不能返回,如图 7-18(a)所示。此法设备简单,操作方便,但流速小,易沉淀,只用于吸浆量很大、浅孔岩基固结灌浆。化学浆液是稀溶液,无沉淀问题,所以采用纯压式灌浆。

(2) 循环式灌浆。灌浆泵把浆液压入钻孔后,浆液一部分进入岩层裂隙中去,另一部分由回浆管返回拌浆筒,如图 7-18(b)所示。此法在灌浆中,浆液在孔段内始终处于循环流动状态,能有效地防止固体颗粒材料在灌浆中沉淀。

2) 钻灌方法

一个钻孔的灌浆方法,可分为全孔一次灌浆法和全孔分段灌浆法两种。

(1) 全孔一次灌浆法。是将钻孔一次钻到设计深度,灌浆塞卡在孔口,全孔一次灌浆。这种方法虽然施工简单,但效果不佳,仅用于孔深小于 6 m、岩石较完整的地基。

(2) 全孔分段灌浆法。是将全孔分为若干段进行钻孔灌浆,按顺序不同,又有自上而下分段、自下而上分段、综合分段及孔口封闭灌浆法。分段长度对灌浆质量有一定影响,帷幕一般控制在 5~6 m,地质条件好的地区可放宽到 10 m 以内,地质条件差的地区可降到 3~4 m,坝体混凝土和基岩的接触段应先行单独灌浆并待凝,接触段在岩石中的长度不得大于 2 m。对于孔口封闭灌浆,孔段长度适当减小,地面以下 10 m 内,分段长度依次为

2 m、2 m、3 m、3 m,10 m 以下各段长为 4 m。

①自上而下分段灌浆法。是将全孔分为 3~5 m 若干段,自上而下钻一段灌一段(见图 7-19)。其优点是随着孔深的增加,可逐段提高灌浆压力,保证灌浆质量;上段凝固后,才能灌下一段,可以防止地表冒浆;分段压水试验,成果准确,有利于分析判断各段灌浆质量。但钻机移动次数多、钻孔工作量加大、待凝时间长,对施工不利。该法适用于地质条件差、岩石破碎、灌浆要求高的地区。

②自下而上分段灌浆法。是将全孔一次钻完,然后自下而上,利用灌浆塞分段灌浆(见图 7-20)。这种方法提高了钻机的工作效率,钻灌互不干扰,进度较快,但灌浆压力不能太大,易发生卡、串浆和绕塞返浆等,故仅适用于岩层较完整、裂隙较少的地区。

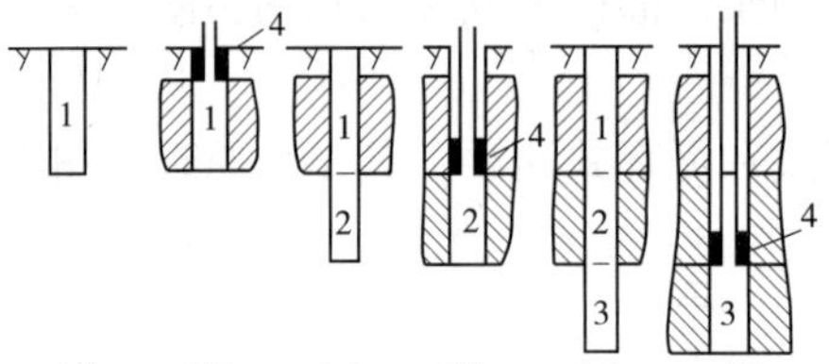


(a)第1段钻孔;(b)第1段灌浆;(c)第2段钻孔;
(d)第2段灌浆;(e)第3段钻孔;(f)第3段灌浆

1、2、3—灌浆段顺序;4—灌浆塞。

**图 7-19　自上而下分段灌浆**

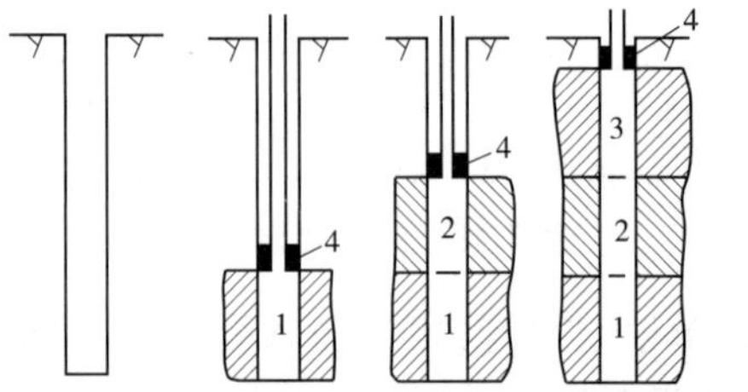


(a)一次钻孔;(b)第1段灌浆;(c)第2段灌浆;(d)第3段灌浆

1、2、3—灌浆段顺序;4—灌浆塞。

**图 7-20　自下而上分段灌浆**

③综合分段灌浆法。天然地基中,通常是接近地表的岩层比较破碎,下部岩层比较完整。当钻孔较深时,在上部孔段采取自上而下分段钻孔灌浆,下部采取自下而上分段钻孔灌浆,取其两者的优点。

④孔口封闭灌浆法。该法是用封闭器代替灌浆塞,将封闭器设在孔口,自上而下分段钻孔和灌浆的一种方法。它适用于最大灌浆压力大于 3 MPa 的帷幕灌浆工程。灌浆必须采用循环式自上而下分段灌浆的方法。孔口段以下的 3~5 个灌浆段,段长宜短,压力递增宜快,再向下的各灌浆段段长宜为 5 m,灌浆压力提到设计的最大压力。施工过程为:首先钻一浅孔,深度不小于 2 m,进行表层灌浆,结束后埋入直径为 75 mm、长度不小于 2 m 的钢管作为孔管,然后自上而下进行小孔径($\phi$ 60 mm 左右)钻孔,钻一段灌一段,中间不待凝,钻灌结合。该法连续作业,工效高,进度快,成本低,工艺简单,受到施工单位的欢迎。不足之处是,

孔口管不能回收,浪费钢材,全孔多次复灌,压水试验不够准确。灌浆进行中,如同时满足以下两个条件,则可结束:一是在设计压力下,注入率不大于 1 L/min 时,延灌时间不少于 90 min;二是灌浆全过程中,在设计压力下的灌浆时间不少于 120 min。

**(五)灌浆压力的选择**

灌浆压力是指作用在灌浆孔段中心点的压力,是影响灌浆质量的重要因素。在不破坏岩层结构的前提下,压力越大,浆液扩散越远,胶体越密实,灌浆范围越大,灌浆效果也就越好。灌浆压力可由下式估算:

$$P = P_1 + P_2 + P_3 \tag{7-5}$$

式中 $P$——孔段中心点压力,MPa;

$P_1$——灌浆管路中压力表的压力,MPa;

$P_2$——浆液自重压力(考虑地下水的影响后),MPa,按灌浆中浆液密度最大值计算;

$P_3$——压力表处至灌浆孔段间管路摩擦压力损失,MPa,压力表安在孔口进浆管上,取正值,压力表安在孔口回浆管上时,取负值。

灌浆压力的大小与孔深、岩层性质和灌浆段上有无盖重等因素有关。目前,国内常根据以下公式进行计算:

$$P = P_0 + mD + K\rho gh \tag{7-6}$$

式中 $P$——灌浆压力,Pa;

$P_0$——基岩表层的允许压力,Pa,可由表 7-2 查得;

$D$——灌浆段以上岩层的厚度,m;

$m$——灌浆段以上岩层每增加 1 m 所能增加的灌浆压力,Pa/m,亦可由表 7-2 查得;

$h$——灌浆孔以上盖重的厚度,m;

$\rho$——盖重的密度,kg/m$^3$;

$g$——重力加速度,m/s$^2$;

$K$——系数,可选用 1~3。

**表 7-2 $P_0$ 和 $m$ 值取值**

| 岩石分类 | 岩性 | $m$/($10^3$ Pa/m) | $P_0$/($10^5$ Pa) | 常用压力/($10^5$ Pa) |
|---|---|---|---|---|
| Ⅰ | 具有陡倾斜裂隙、透水性弱的坚固大块结晶岩、岩浆岩 | 2~5 | 3~5 | 40~100 |
| Ⅱ | 风化的中等坚固的块状结晶岩、变质岩或大块体弱裂隙的沉积岩 | 1~2 | 2~3 | 15~40 |
| Ⅲ | 坚固的半岩性岩石、砂岩、黏土页岩、凝灰岩、强或中等裂隙的成层岩浆岩 | 0.5~1 | 1.5~2 | 5~15 |
| Ⅳ | 坚固性差的半岩性岩石、软质石灰岩、胶结弱的砂岩及泥灰岩、裂隙发育的较坚固岩石 | 0.25~0.5 | 0.5~1.5 | 2.5~5 |
| Ⅴ | 松软的未胶结的泥沙土壤、砾石、砂、砂质黏土 | 0.15~0.25 | 0 | 0.5~2.5 |

注:1. 采用自下而上分段灌浆时,$m$ 应选范围内的较小值。

2. Ⅴ类岩石在外加盖重情况下,才能有效地灌浆。

影响灌浆压力的因素很多,可按地质条件、盖重条件、孔深及灌浆要求,参照已建成工程进行类比确定;也可通过压水试验,确定不破坏岩石结构的临界压力,作为选取设计灌浆压力的依据。临界压力可通过压力与注入水量的关系来判断,正常情况下,压入水量与压力成正比,当压力上升至某一数值时,注入水量突然迅速增大,说明岩石裂隙已被扩宽,此时的压力即为临界压力。灌浆压力的控制有两种方法:一种是灌浆开始后,在较短的时间内,将压力升至设计压力,直到终止,这种方法叫一次升压法;另一种是将压力分三级,即依次从 $0.3P$、$0.7P$、$1.0P$ 逐级升压,以吸浆率控制。前者压力大,浆液扩散远,利于提高质量,用于岩石完整、吸水率小的地层灌浆;后者可以防止超灌,延长机械寿命,用于岩石破碎、透水性强的地层。

**(六)浆液稠度控制**

稠度即水与干料的比值。在灌浆过程中,浆液的稠度要根据吸浆量的变化及时调整。稀浆流动性好,易扩散,细小缝也能灌入;浓浆流动性差,扩散范围小,细小缝灌不进去。前者易超灌,浆液凝固收缩大,与岩石结合不好;后者凝固收缩小,固结质量高。岩基灌浆的浆液稠度以水灰比表示(重量比)。

帷幕灌浆浆液水灰比可分为5:1、3:1、2:1、1:1、0.8:1、0.6:1、0.5:1等七个比级。灌浆可从5:1开始,根据灌浆压力和吸浆率的变化及时调整,应遵循由稀到浓的原则,形成循序渐进的灌浆过程,先灌稀浆,逐步变浓,直至结束。在灌浆过程中,要及时变换浆液的稠度,最常用的方法是限量法。根据每一级稠度的浆液灌入量来控制,称为限量法。当某级稠度的浆液灌入量超过限量标准(300 L以上或灌注时间超过1 h),而灌浆压力及吸浆量均无改变,或无明显改变时,将浆液加浓一级;当灌入率大于30 L/min时,可根据具体情况越级加浓。如果发现变浓后,吸浆量显著下降,或灌浆压力突然上升,说明裂隙被浓浆堵塞,变浓不当,应立即变回原稠度。

固结灌浆浆液比级和稠度变换可参照帷幕灌浆的规定,根据工程实际情况确定。

**(七)灌浆结束与封孔**

1. 结束标准

对于帷幕灌浆:采用自上而下分段灌浆法,在设计压力下,当灌入率不大于0.4 L/min时,继续灌注60 min,或不大于1 L/min时,继续灌注90 min,灌浆结束;采用自下而上分段灌浆法时,继续灌注的时间可相应地减少为30 min和60 min,灌浆可以结束。对于固结灌浆,在规定压力下,当注入率不大于0.4 L/min时,继续灌注30 min,灌浆可结束。

2. 封孔

帷幕灌浆孔比较深,回填质量要求高,应采用分段压力灌浆封孔法。自上而下灌浆结束后,就应立即改用浓浆自下而上复灌,每段10~15 m,采用原来的孔段压力,按正常灌浆结束标准,灌完待凝,直至顶部空孔部分小于5 m时,清孔后用水泥砂浆封满。固结灌浆孔比较浅,当孔深大于10 m时,与帷幕灌浆相同;当孔深小于10 m时,采用机械压浆封孔法,即灌浆结束后,将胶管下入底部,用灌浆泵或砂浆泵向孔内压入浓浆或砂浆,直到将孔内积水顶出,孔口冒出浓浆或砂浆为止。缓缓上提胶管,但不得脱出。

**(八)特殊情况处理**

灌浆是一项隐蔽性工程,时间性强,质量要求高,但施工中往往会出现一些不正常情况,应及时加以处理。

1. 中断

灌浆应连续进行,若因故中断,应及早恢复。如中断未超过 30 min,尽快冲洗,用 5∶1 稀浆复灌,逐渐变浓;如超过 30 min,考虑重新钻孔灌浆。

2. 串浆

在灌浆过程中,浆液从其他钻孔内流出的现象,称为串浆。帷幕灌浆过程中发生串浆时,如串浆孔具备灌浆条件,可以同时进行灌浆,应一泵灌一孔;否则应将串浆孔用塞塞住,待灌浆孔灌浆结束后,串浆孔再行扫孔、冲洗,而后继续钻灌。

3. 地表冒浆

在灌浆过程中,浆液沿裂隙或层面往上串流而冒出地表的现象,称为地表冒浆。可结合工地实际,在冒浆处采用棉花、丝袋嵌缝或用速凝水泥封堵、加浓浆液、降低压力、间歇灌浆等方法处理。

4. 地面抬动

降低灌浆压力,在不抬动的前提下,灌至不吸浆。

5. 特大耗浆

灌浆的浆液按正常变换条件,已达到最浓浆,但吸浆量仍然很大,难以达到结束标准,可采取以下措施:

(1) 低压、浓浆、限流、限量、间歇灌浆;

(2) 在浆液中掺速凝剂;

(3) 灌注混合浆液。

对于溶洞灌浆,应查明溶洞的充填类型和规模,然后采取相应的措施。当洞内无充填物时,根据溶洞大小,可采取泵入高流态混凝土、投入碎石再灌注水泥砂浆或混合浆液等措施,待凝后,扫孔,再灌水泥浆;当溶洞内有充填物时,根据充填类型、充填程度,可采取高压灌浆、高压喷射灌浆等措施。

**(九) 灌浆质量检查**

1. 帷幕灌浆质量检查

应以检查孔压水试验成果为主,结合对竣工资料和测试成果的分析综合评定。

检查孔应设在以下部位:帷幕中心线上;岩石破碎、断层、大孔隙等地质条件复杂部位;注入量大的孔段附近;经资料分析灌浆不正常、对灌浆质量有影响的部位。检查孔的数量宜为灌浆孔总数的 10%。检查孔压水试验宜在灌浆结束 14 d 后进行,采用自上而下分段压水试验,并采取岩芯,结束后,按技术要求进行灌浆和封孔。帷幕灌浆压水试验检查,坝体混凝土与基岩接触段及其以下一段的合格率应为 100%;以下各段的合格率应在 90%以上。不合格段的透水率不超过设计规定值的 10%,且不集中,灌浆质量可认为合格。

2. 固结灌浆质量检查

固结灌浆质量检查宜采用测量岩体波速或静弹性模量的方法,也可以采用单点压水试验的方法,检查的时间应分别在灌浆结束 7 d、14 d、28 d 后进行。检查孔的数量不宜小于灌浆孔总数的 5%,检查结束后,按技术要求进行灌浆和封孔。对于压水试验检查,孔段合格率应在 80%以上,不合格孔段的透水率值不超过设计规定值的 50%,且不集中,灌浆质量可认为合格。

## 任务三　防渗墙施工

码7-2　微课-防渗墙施工

防渗墙是修建在挡水建筑物地基透水地层中的防渗结构,是地下连续墙的一种特殊构造形式。其作用是控制地下渗流,减少渗透流量,保证建筑物地基渗透稳定,是解决深层覆盖中渗流的有效措施。我国防渗墙施工技术的发展始于1958年。几十年中,防渗墙施工技术不断发展,不同的地质条件采用的处理方法是不一样的,主要有钻挖混凝土防渗墙施工、振动沉模防渗板墙施工等。

### 一、钻挖混凝土防渗墙施工

钻孔浇筑混凝土防渗墙具有不需要开挖、结构可靠、防渗效果好、能适应各种不同的地层条件,施工时几乎不受地下水位影响,修建深度较大,施工进度快,工程造价低等优点。因此,深覆盖层的砂卵石地基防渗多采用此方式。如小浪底主坝防渗墙最深达81.9 m,整个防渗墙共分43个槽段施工,槽孔长6.6~8.7 m,大部分槽长7.2 m,采用CZ30型和CZ22型冲击钻造主孔,液压导板抓斗造部分副孔,另一部分副孔采用钻劈法施工。

混凝土防渗墙的施工顺序一般可分为造孔前的准备工作、造孔、混凝土浇筑等。

#### (一)造孔前的准备工作

造孔前应根据防渗墙的设计要求,做好定位、定向工作。同时要沿防渗墙轴线安设导向槽,用以防止孔口坍塌,并起导向作用。槽壁一般为混凝土,其槽孔净宽一般略大于防渗墙的设计厚度,深度一般约2.0 m;松软地层导向槽的深度宜大些。为防止地表水倒流及便于自流排浆,其顶部高程应高于地面高程。

#### (二)造孔

在造孔过程中,需要用泥浆固壁,因泥浆比重大、有黏性。造孔多用钻机进行。常用的有冲击钻和回转钻两种,多用前者。

圆孔形混凝土防渗墙是由互相搭接的混凝土柱组成的。施工时,先建单号孔柱,再建双号孔柱,搭接成为一道连续墙(见图7-21)。这种墙由于接缝多,有效厚度相对难以保证,孔斜要求较高,施工进度较慢,成本较高,已逐渐被槽孔形混凝土防渗墙取代。

槽孔形混凝土防渗墙由一段厚度均匀的墙壁搭接而成。施工时先建单号墙,再建双号墙,搭接成一道连续墙(见图7-22)。这种墙的接缝减少,有效厚度加大,孔斜的控制只在套接部位要求较高,施工进度较快,成本较低。下面以槽孔形混凝土防渗墙为例加以介绍。

为了保证防渗墙的整体性,应尽量减少槽孔间的接头,尽可能采用较长的槽孔。但槽孔过长,可能影响混凝土墙的上升速度(一般要求不小于2 m/h),导致产生质量事故。为此要提高拌和与运输能力,增加设备容量,所以槽孔长度必须满足下述条件,即

$$L \leqslant \frac{Q}{kBv} \tag{7-7}$$

式中　$L$——槽孔长度,m;

　　$Q$——混凝土生产能力,$m^3/h$;

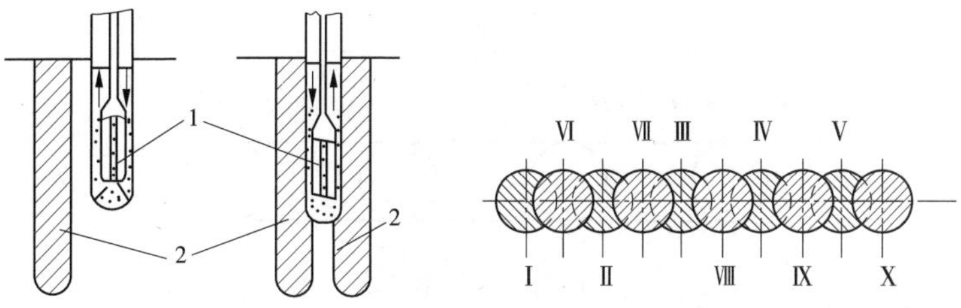


(a)钻孔的方法
(未表示中间柱)　(b)中间柱的钻孔　(c)防渗墙平面图

1—钻头;2—已完成的混凝土柱;
Ⅰ、Ⅱ、Ⅲ…—施工顺序。

**图 7-21　圆孔形混凝土防渗墙施工程序**

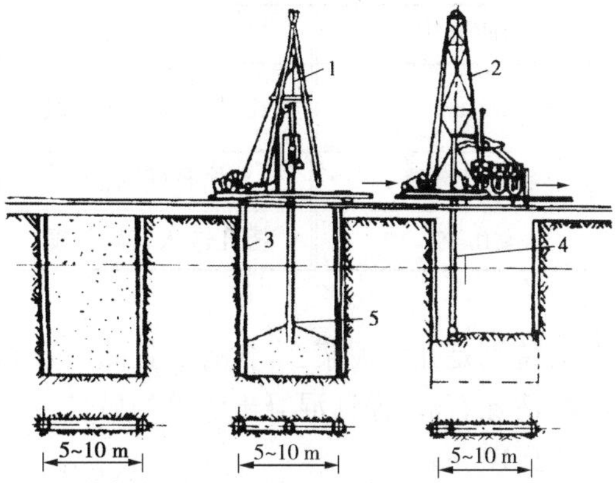


(a) 已浇好的混凝土墙段　(b) 正在浇筑的混凝土墙段　(c) 正在打钻的槽孔

1—混凝土浇筑设备;2—钻机;3—钻孔后放入的钢管;4—钻杆;5—导管。

**图 7-22　槽孔形混凝土防渗墙施工程序**

$B$——防渗墙厚度,m;

$v$——槽孔混凝土上升速度,m/h;

$k$——墙厚扩大系数,可取 1.2~1.3。

槽孔长度应综合分析地层特性、槽孔深浅、造孔机具性能、工期要求和混凝土生产能力等因素确定,一般为 5~9 m,深槽段、槽壁易塌段宜取小值。

根据土质不同,槽孔法又可分为钻劈法和平打法两种。钻劈法适用于砂卵石或土粒松散的土层。施工时先在槽孔两端钻孔,称为主孔。当主孔打到一定深度后,在主孔内放入提砂筒,然后劈打邻近的副孔,把砂石挤落在提砂筒内取出。副孔打至距主孔底 1 m 处停止,再继续钻主孔。如此交替进行,直至设计深度。图 7-23 为主、副孔划分示意图。

平打法适用于细砂层或胶结的土层。施工时也是先在槽孔两端打主孔,主孔较一般孔深 1 m 以上,其他部分每次平打 20~30 cm。

为了保证造孔质量,在施工过程中要控制泥浆黏度、比重、含砂量等指标在允许范围内,严格按操作规程施工;保持槽壁平直,保证孔斜、孔位、孔宽、搭接长度、嵌入基岩深度

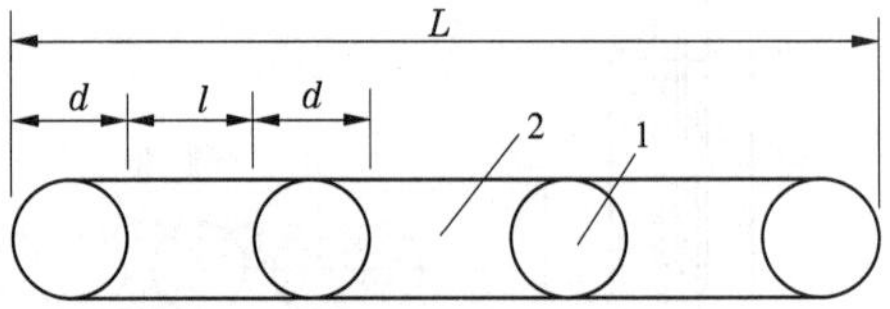


1—主孔；2—副孔；
L—槽孔长；d—主孔长；l—副孔长。
**图 7-23　主、副孔划分示意图**

等满足设计要求，防止漏钻、漏挖和欠钻、欠挖。

造孔结束后，要做好终孔验收，其项目和要求可参考表 7-3。

**表 7-3　终孔验收项目和要求**

| 验收项目 | 验收要求 | 验收项目 | 验收要求 |
|---|---|---|---|
| 孔位允许偏差 | ±3 cm | 槽孔搭接部位孔底偏差 | $\leqslant\frac{1}{3}$设计墙厚 |
| 孔宽 | ≥设计墙厚 | 槽孔横断面 | 没有梅花孔、小墙 |
| 孔斜 | ≤0.4% | 槽孔嵌入基岩深度 | 满足设计要求 |

造孔完毕后，孔内泥浆，特别是孔底泥浆，常含有过量的土石渣，影响混凝土与基岩的连接。因此，必须清孔换浆、清除石渣，保证混凝土浇筑的质量。清孔换浆的要求如下：

（1）孔底淤积厚度不大于 10 cm。

（2）孔底泥浆比重不小于 1.3，黏度不小于 30 s，含砂量不小于 12%。

**（三）混凝土浇筑**

防渗墙的混凝土浇筑和一般的混凝土浇筑不同，是在泥浆液面下进行的。所以，其浇筑要求和一般混凝土浇筑不同。其主要特点如下：

（1）不允许泥浆和混凝土掺成泥浆夹层。

（2）确保混凝土与基础及一、二期混凝土间的结合。

在泥浆下浇筑混凝土多采用导管提升法，施工时按一定间距沿槽孔轴线方向布置若干组导管。每组导管由若干节、直径 20~25 cm 的钢管组成。除底部一节稍长外，其余每节长 1~2 m。导管顶部为受料斗，整个导管悬挂在导向槽上，并通过提升设备升降。导管安设时，要求管底与孔底距离为 10~25 cm，以便浇筑混凝土时将管内泥浆排出管外。

导管的布置如图 7-24 所示。导管的间距取决于混凝土的扩散半径。间距太大，易在相邻导管所浇混凝土间形成泥浆夹层；间距太小，易影响现场布置和施工操作。由于防渗墙混凝土坍落度一般为 18~22 cm，其扩散半径为 1.5~2.0 m，故导管间距不宜大于 3.5 m。一期槽孔端部混凝土，由于要套打切去，所以端部导管与孔端间距采用 1.0~1.5 m。为了保证二期槽孔端部混凝土与一期混凝土结合好，二期槽孔的导管与孔端间距可采用 0.5~1.0 m。此外，应考虑孔底地形变化，当地形突变且高差大于 0.5 m 时，可增设导管，并布置在较低的部位。小浪底工程防渗墙墙段接头采用低强度混凝土包裹接头法，即用横向接头槽孔并浇筑低强度混凝土包裹在槽段接缝两端,对接缝起着保护作用,此法施工速度快,接缝质量可靠。

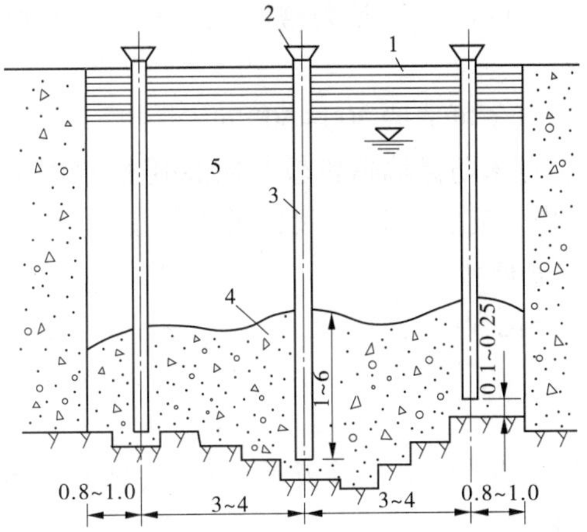


1—导向槽;2—受料斗;3—导管;4—混凝土;5—泥浆。

**图 7-24 导管布置图** (单位:m)

浇筑前应仔细检查导管形状、接头、焊缝等是否有不能使用的,然后进行试组装并编号。

导管安装好后,开始浇筑前要在导管内放入一个直径较导管内径略小的导注塞(木球或橡胶球),并用绳(绳长等于导管长)系住导注塞,再将受料斗充满水泥砂浆,水泥砂浆的重量将导注塞压至导管底部,将管内泥浆挤出管外。然后剪断绳子,及时连续加供混凝土,使导注塞被挤出后,能一举将导管底端埋住。导管埋入混凝土的深度不得小于1.0 m且不宜超过6 m。此后在管内混凝土自重的作用下,不断地将槽内的混凝土向上挤升,从而使槽孔内的混凝土仅表层与泥浆接触,而其他部分不与泥浆掺混。在浇筑过程中,要不间断供料,以保证混凝土均匀上升。

浇筑一般从孔深较大的导管开始。当混凝土面上升到邻近导管的孔底高程时,用同样方法开始浇筑第二组导管,直到全槽混凝土面浇平后,再使全槽均衡上升。

当混凝土面上升到距槽口4~5 m时,由于混凝土柱压力减小,槽内泥浆浓度增大,混凝土扩散能力相对减弱,易发生堵管和夹泥等事故,这时可采取加强排浆、稀释泥浆、抬高漏斗、增加起拔次数和控制混凝土坍落度等措施来解决。

总之,槽孔混凝土的浇筑必须保持均衡、连续上升,直到全槽成墙为止。

## 二、振动沉模防渗板墙施工

振动沉模防渗板墙是利用强力振动原理将空腹模板沉入土中,向空腹模板内注满浆液,边振动边拔模,浆液留于槽孔中形成单块板墙,依次将单块板墙连接起来,即形成连续的防渗板墙。

该项新技术主要用于砂、砂性土、黏性土、淤泥质土和砂砾石地层建造混凝土连续防渗墙,造槽深度可达20 m左右,厚度8~25 cm,最后可达30 cm。其缺点是对卵石含量高的厚地层沉入困难,不能沉入基岩和大石块中。目前,造墙深度尚不能超过25 m。

该项新技术主要特点如下:

(1)技术先进,质量可靠。建造的墙体垂直连续,无接缝、无纵横向开叉等缺陷;墙面平整,厚度均匀,帷幕完整性良好;可调整浆液配比,使墙体的物理力学性质满足设计要求。

(2)工效高。每日1套设备可造墙300~500 $m^2$。

(3)工程造价低。每平方米防渗墙造价较其他混凝土连续墙技术节约1/3左右。

(4)工艺简单,易于操作。充分利用空腹钢模板的造槽、导向、护槽、灌注、振捣等项功能一次连续成墙,易于控制质量。

(5)设备性能稳定,机械化程度高。

该技术施工程序如下。

**(一)模板就位**

先将桩机调平,使立柱垂直,再将A模板对准孔位,靠振动体系的自重落下,检测调整模板的垂直度达到规程要求。

**(二)振动沉模**

(1)启动振锤,先将A模板沿施工轴线沉入地层,达到设计深度。A模板为先导模板,有起始、定位、导向作用。

(2)将B模板沿施工轴线紧靠A模板前沿沉入地层中,达到设计深度。B模板为前接模板,起到延长板墙长度的作用。

**(三)灌浆拔模**

向A模板腹内灌满浆液,然后振动,边拔升、边灌注,直至将A模板拔出地面,浆液留于槽孔内,形成密实的单板墙体。

**(四)再沉A模板**

当A模板灌浆拔模至地面后,移至B模板前沉模时,B模板也起到定位、导向作用。此时A模板为前接模板,起到加长板墙的作用,A、B两模板的定位、导向作用互换。

重复以上4个工序,连续施工,即可形成一道竖直连续的整体板墙,见图7-25。

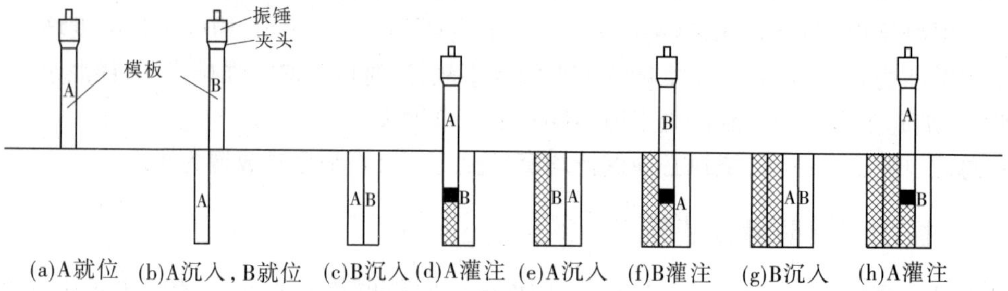


**图7-25　施工工序示意图**

## 三、深层搅拌桩法

深层搅拌桩法是用于加固饱和软土地基的一种较新的方法。它是利用水泥、石灰等材料作为固化剂,通过特制的深层搅拌机械边钻边往软土中喷射浆液或雾状粉体,在地基深处就地将软土和固化剂(浆液或粉体)强制搅拌,使喷入软土中的固化剂与软土充分拌和在一起,在固化剂和软土之间产生一系列物理、化学作用。这样形成的抗压强度比天然土强度高得多,并具整体性、水稳性的水泥加固土桩柱体,由若干根这类加固土桩柱体和桩间土构成复合地基;也可根据需要,将深层搅拌桩柱体逐根紧密排列构成地下连续墙或作为防渗帷幕,成墙深度可达 30 m。

建造水泥土搅拌桩常用的机械有双轴搅拌机 SJB-1 型(见图 7-26)、单轴搅拌机 GZB-600 型(见图 7-27)和多头小直径搅拌机。

施工工艺分为湿法施工和干法施工。

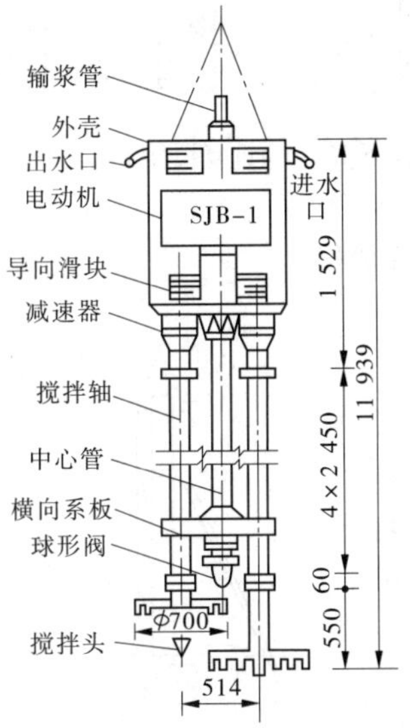


图 7-26 SJB-1 型双轴搅拌机 (单位:mm)

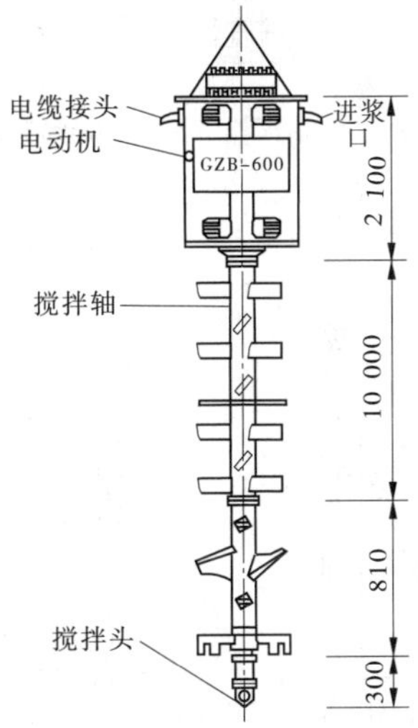


图 7-27 GZB-600 型单轴搅拌机 (单位:mm)

**(一)湿法施工**

湿法施工主要的施工机械为深层搅拌机。深层搅拌桩法的施工步骤为:①定位;②预拌下沉;③喷浆搅拌上升;④重复搅拌下沉;⑤重复搅拌上升;⑥完毕(见图 7-28)。

**(二)干法施工**

干法施工是采用水泥粉料,由空气输送,通过搅拌叶片旋转产生的空隙部位喷出,并随着搅拌叶片均匀地分布在整个空隙轨道面内,进而和原位地基土搅拌并混合在一起。施工机械主要是钻机、粉体发送器、空气压缩机、搅拌钻头等。

干法施工工序主要为:①柱体对位;②下钻;③钻进结束;④提升喷粉;⑤提升结束,桩体形成(见图 7-29)。

## 四、垂直铺塑技术

垂直铺塑技术是 20 世纪 80 年代初研制发展起来的一项新的防渗技术。对于高压喷射灌浆、振动沉模、混凝土防渗薄墙等防渗措施而言,该防渗工法具有设备简单、技术易行、施工速度快、工程造价低、防渗效果好、柔性防渗材料适用土基变形能力强等优点,所以近年来推广应用非常迅速。目前,该技术已广泛应用于水库大坝和江河、湖泊大堤的防

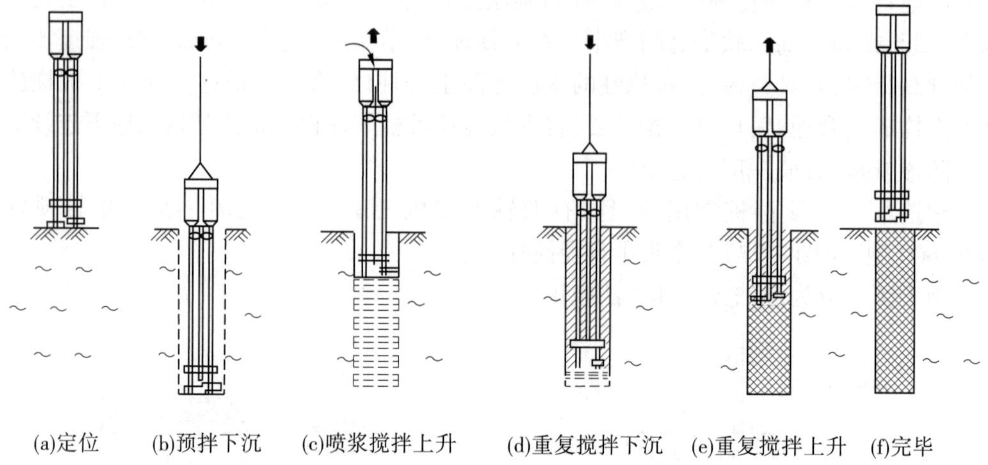


图 7-28　深层搅拌桩法施工工艺流程

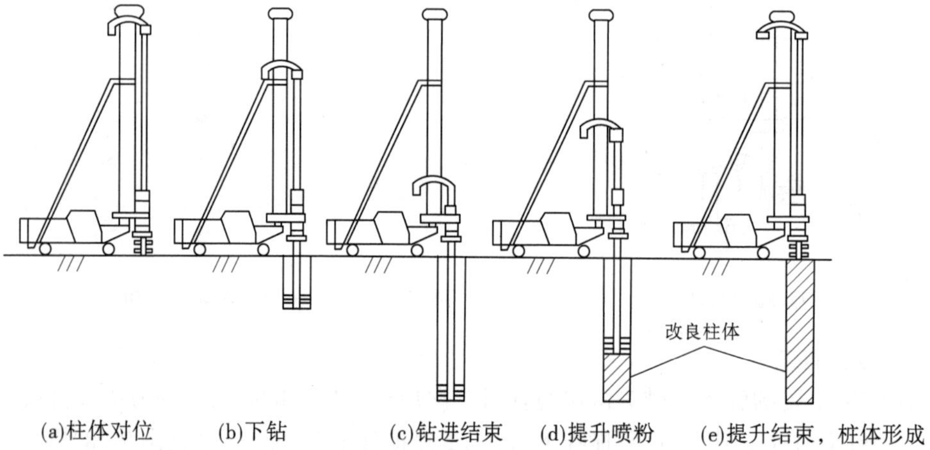


图 7-29　粉体喷射搅拌桩法施工工序

渗加固工程。

垂直铺塑的基本原理是：首先用水冲、链斗或往复式锯槽机在需防渗的土体中垂直开出槽孔，并以泥浆护壁；然后将与槽深相当的整卷土工膜下入槽内，倒转轴卷，使土工膜展开，相邻两幅之间用搭接的方式连接；最后进行填土，回填时，先在槽底回填黏土，用于密封底部，防止水从下部绕渗，厚度不小于 1 m，接着填与原筑坝土质相同的土，待其下沉稳定后，往槽内继续填土压实，即形成防渗墙。

开槽机同步铺塑施工工艺流程如图 7-30 所示。

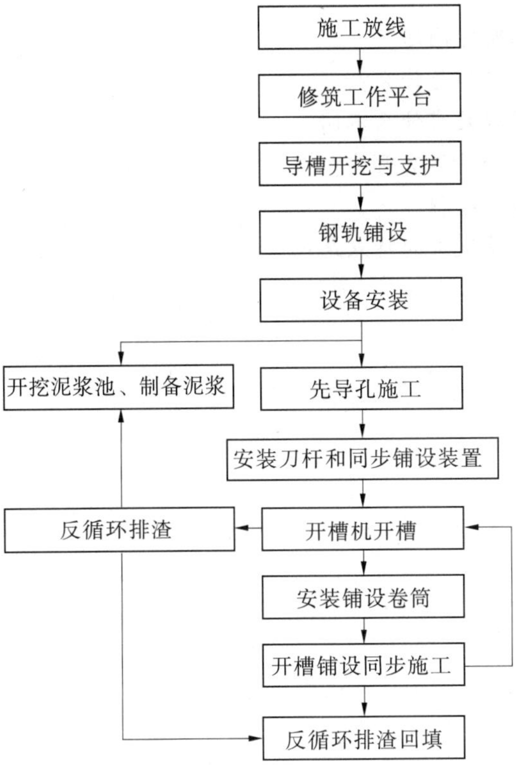


图 7-30　开槽机同步铺塑施工工艺流程

## 复习思考题

### 一、名词解释

1. 软土地基和砂砾地基；2. 振动水冲法和旋喷法；3. 压水试验；4. 岩基灌浆；5. 固结灌浆和帷幕灌浆；6. 砂砾石地基灌浆。

### 二、填空题

1. 软土地基处理方法按原理不同分为________、________、________和________。

2. 基坑开挖应采取________、________的原则。

3. 防渗墙的基本形式是________、________。

4. 岩基灌浆按用途分为________灌浆、________灌浆、________灌浆、________灌浆和________灌浆。

5. 单孔冲洗的方法有________、________、________。

6. 灌浆方法按浆液的灌注流动方式分为________和________。

7. 砂砾石地基可灌性，常用________、________、________等指标进行评价。

8. 砂砾石地基防渗帷幕灌浆的方法有________、________、________、________。

三、简答题

1. 岩基开挖应注意哪些问题?
2. 岩基灌浆的施工工序是什么?
3. 固结灌浆和帷幕灌浆有什么不同?
4. 岩基灌浆的目的和种类有哪些?
5. 简述防渗墙的施工过程。
6. 振动沉模防渗板墙施工的特点是什么?

# 项目八　土石坝工程

【学习目标】

1. 掌握碾压式土石坝的坝面流水作业与施工组织；

2. 了解土石坝综合机械化施工的基本原则；

3. 掌握碾压式土石坝心墙、斜墙及反滤料施工方法及土石坝接缝处理措施；

4. 掌握土石坝施工质量控制与季节性施工措施；

5. 了解面板堆石坝材料质量要求、坝体的分区及作用，掌握面板混凝土浇筑施工程序和质量控制措施；

6. 熟悉长江保护法、黄河保护法。

【技能目标】

1. 能根据地形、地质条件选择合适的土石坝综合施工的机械；

2. 能根据工程特点，正确运用坝面流水作业合理组织施工；

3. 能根据工程特点，正确处理心墙、斜墙、反滤料的施工技术难点及质量控制；

4. 能合理规划和选择土石坝的料场；

5. 能控制面板施工程序、方法及施工质量控制；

6. 修建大坝时，能尊重自然、顺应自然、保护自然，站在人与自然和谐共生的高度谋划发展。

【思政目标】

1. 通过对典型水利工程的介绍，培养学生树立和践行“绿水青山就是金山银山”的理念；

2. 培养学生爱岗敬业、精益求精、技术精湛、追求卓越的工匠精神；

3. 培养学生具有时代担当、勇于创新的精神。

土石坝包括各种碾压式土坝、堆石坝和土石混合坝。土石坝由于可以就地取材、结构简单、易于施工、对坝基要求相对不高，所以随着大型高效施工机具的应用及机械化程度的提高，对筑坝材料及坝址条件的放宽、防渗结构和材料的改进、工期的缩短及费用的降低，为土石坝开辟了广阔的发展前景。当今国内外不仅中低坝广泛采用土石坝，高坝采用土石坝的也越来越多，大有超越混凝土坝之势。土石坝按施工方法可分为干填碾压、水中填土、水力冲填以及定向爆破筑坝等类型，干填碾压施工方法在土石坝中的应用最多。

## 任务一　碾压式土石坝施工

土石坝泛指由当地土料、石料或混合料，经过抛填、碾压等方法堆筑成的挡水坝。土石坝包括各种碾压式土坝、堆石坝和土石混合坝。当坝体材料以土和砂砾为主时,称土坝;以石渣、卵石、爆破石料为主时,称堆石坝;当两类当地材料均占相当比例时,称土石混合坝。土石坝是历史最为悠久的一种坝型。

土石坝按坝高可分为低坝、中坝和高坝;按土料在坝身内的配置和防渗体所用的材料种类,碾压式土石坝可分为均质坝、土质心墙坝、土质斜墙坝、多种土质坝、人工材料心墙坝、人工材料面板坝等几种类型。土石坝按其施工方法可分为碾压式土石坝、水力冲填式土石坝、水中填筑土石坝和定向爆破修筑拦河大坝等类型。

目前,应用最为广泛的是仍旧以机械压实土石料的碾压式土石坝,所以结合工程应用,本项目主要介绍以土料为防渗体的碾压式土石坝施工。其主要内容有料场的选择规划和开采、运输、坝基和岸坡处理、地基的防渗处理和坝面填筑等相关内容。

## 一、料场的选择规划

土石坝施工中,料场的合理规划和使用,是土石坝施工中的关键技术之一,它不仅关系到坝体的施工质量、施工工期和工程造价,而且会影响当地的农林业等生产。

在选择规划料场时,应结合坝体设计施工质量对土石料的物理力学性质要求,进行科学规划和选择。应进行全面调查,对各类料场进行积极的勘探选择,如对其地质成因、埋深、储量以及各种物理力学指标进行勘探和试验。制定料场的总体规划、分期分区开采计划。使得各种坝料有计划、有次序地开采出来,以满足坝体施工的要求。

料场可根据枢纽布置特点选择多个料场进行比选,土石坝主要用料至少有两个具备良好开采条件的料场。应该根据质量优良、经济、就地取材、少占用耕地的原则选择料场,料场选择规划的时候,应该从空间、时间、质与量、主要料场和备用料场等方面考虑。

### (一)空间规划

空间规划是指对料场的空间位置、高程进行恰当选择,合理布置。土石料场应尽可能靠近大坝,并有利于重车下坡,减少运输机械功率的消耗。用料时,原则上低料低用、高料高用,以减少垂直运输。最近的料场一般也应在坝体轮廓线以外300 m以上,以免影响主体工程的防渗和安全。坝的上下游、左右岸最好都有料场,以利于各个方向同时向大坝供料,保证坝体均衡上升。料场的位置还应利于排除地表水和地下水,对土石料场尚应考虑与重要建筑物、构筑物、机械设备等保持足够的防爆、防震安全距离。

### (二)时间规划

时间规划是指料场的选择要考虑施工强度、季节和坝前水位的变化。在用料规划上力求做到近料和上游易淹的料场先用,远料和下游不易淹的料场后用;含水量高的料场旱季用,含水量低的料场雨季用;上坝强度高时充分利用运距近、开采条件好的料场,上坝强度低时用运距远的料场,以平衡运输任务,在料场使用计划中,还应保留一部分近料场供合龙段填筑和拦洪度汛施工高峰时使用。

### (三)质与量规划

料场质与量的规划是指对料场的质量和储量进行合理规划,料场的质量满足设计要求、数量满足填筑要求。在选择和规划使用料场时,应对料场的地质成因、产状、埋深、储量及各物理力学指标进行全面勘探和试验,勘探精度应随设计深度加深而提高。在施工组织设计中,进行用料规划不仅应使料场的总储量满足坝体总方量的要求,而且应满足施工各个阶段最大上坝强度的要求。

在规划料场时还应考虑主要料场和备用料场。主要料场是指质量好、储量大、运距近,且能常年开采的料场。备用料场一般设在淹没区范围以外,以便当主要料场被淹没或因库区水位抬高导致土料过湿或其他因素不能使用时,使用备用料场,保证坝体填筑的正常进行。

在规划料场实际可开采总量时,应考虑料场勘察的精度、料场的天然密度和坝体压实密度之间的差异,以及开挖运输、坝面清理、返工削坡等损失。实际开采总量与坝体填筑量之比一般为:土料 2~2.5;砂砾料 1.5~2;水下砂砾料 2~3;石料 1.5~2;反滤料应根据筛后有效方量确定,一般不小于 3。另外,料场选择还应与施工总体布置结合考虑,应根据运输方式、强度来研究运输线路的规划和装料面的布置。整个料场规划还应排水通畅,全面考虑出料、堆料、弃料的位置,力求避免干扰以加快采运速度。

## 二、土石坝挖运机械的配置

### (一)挖运机械的类型

(1)挖掘机械:土石方工程的挖掘机械主要是挖掘机。

(2)挖运组合机械和装运组合机械:挖运组合机械有推土机和铲运机;装运组合机械有装载机。

(3)运输机械:运输机械有连续式和循环式两种。

循环式运输机械有有轨机车和自卸汽车。一般工程自卸汽车的吨位是 10~35 t,汽车吨位大小应根据需要并结合道路桥梁条件来确定。

连续式运输机械最常用的机械是带式运输机。根据有无行驶装置,分为移动式和固定式两种。前者多用于短距离运输和散体材料的装卸堆存,后者多用于长距离运输。

### (二)施工机械的配置方法

土石坝工程的施工一般有多种方案可供选择。在拟订施工方案时,应首先选用基本工作的主要设备。按照施工条件、工程进度和工作面的参数选择主要机械,然后根据主要机械的生产能力和性能选用配套机械。选用施工机械时,可参考类似工程的施工经验和相关的机械手册。

### (三)挖运方案及其选择

(1)人工开挖,马车、拖拉机、翻斗车运土上坝。人工挖土装车,马车运输,距离不宜大于 1 km;拖拉机、翻斗车运土上坝,适宜运距 2~4 km,坡度不宜大于 0.5%~1.5%。

(2)挖掘机挖土装车,自卸汽车运输上坝。正向铲开挖、装车,自卸汽车运输直接上坝,通常运距小于 10 km。自卸汽车可运各种坝料,运输能力高,设备通用性强,能直接铺料,转弯半径小,爬坡能力较强,机动灵活,使用管理方便,设备易于获得。目前国内外土石施工普遍采用。

在施工布置上,正向铲一般采用立面开挖,汽车运输道路可布置成循环路线,装料时采用侧向掌子面,即汽车鱼贯式的装料与行驶,这种布置形式可避免汽车的倒车时间和挖掘机的回转时间,生产率高,能充分发挥正向铲与汽车的效率。

(3)挖掘机挖土装车,胶带机运输上坝。胶带机的爬坡能力强、架设简易,运输费用较低,运输能力也较大,适宜运距小于 10 km,胶带机可直接从料场运输上坝;也可与自卸汽车配合,做长距离运输,在坝前经漏斗卸入汽车转运上坝;或与有轨机车配合,用胶带机转运上坝做短距离运输。

(4)斗轮式挖掘机挖土装车,胶带机运输上坝。具有连续生产,挖运强度高,管理方便等优点。陕西石头河水库土石坝和美国沃洛维乐土坝施工采用该挖运方案。

(5)采砂船挖土装车,机车运输,转胶带机上坝。国内一些大中型水电工程施工中,广泛采用采砂船开采水下的砂砾料,配合有轨机车运输。当料场集中,运输量大,运距大于 10 km 时,可用有轨机车进行水平运输。有轨机车的临建工程量大,设备投资较高,对线路坡度和转弯半径要求也较高;不能直接上坝,在坝脚经卸料装置转胶带机运土上坝。

选择开挖运输方案时,应根据工程量大小、土料上坝强度、料场位置与储量、土质分布、机械供应条件等综合因素,进行技术上比较和经济上分析,确定经济合理的挖运方案。

**(四)挖运强度与设备**

分期施工的土石坝,应根据坝体分期施工的填筑强度和开挖强度来确定相应的机械设备容量。

1. 坝体分期填筑强度 $Q_d$($m^3/h$)

$$Q_d = KK_1 \frac{V_d}{TN} \tag{8-1}$$

式中 $V_d$——坝体分期填筑方量,$m^3$;

$K$——施工不均匀系数,可取 1.2~1.3;

$K_1$——考虑沉陷、削坡、损失等影响系数,可取 1.15~1.2;

$T$——分期时段的有效工作日数,d,按分期时段的总日数,扣除节假日、降雨及气温影响可能的停工日数;

$N$——每日的工作小时数,以 20 h 计。

2. 分期施工运输强度 $Q_T$($m^3/h$)

$$Q_T = K_2 \frac{Q_d \gamma_d}{\lambda_y} \tag{8-2}$$

式中 $K_2$——土料运输损失系数,取 1.05~1.10;

$\gamma_d$——设计干表观密度,$t/m^3$;

$\lambda_y$——土料松散状态下干表观密度,$t/m^3$。

3. 坝体分期施工的开挖强度 $Q_c$($m^3/h$)

$$Q_c = K_3 \frac{Q_d \gamma_d}{\gamma_n} \tag{8-3}$$

式中 $K_3$——开挖及运输中的损失系数,可取 1.05~1.10;

$\gamma_n$——土料的天然干表观密度,$t/m^3$。

4. 满足上坝填筑强度要求的挖掘机数量 $N_c$

$$N_c = \frac{Q_c}{P_c} \tag{8-4}$$

式中 $P_c$——1 台挖掘机的生产率，$m^3/h$。

5. 满足上坝填筑强度要求的汽车数量 $N_a$

$$N_a = \frac{Q_c}{P_a} \tag{8-5}$$

式中 $P_a$——1 辆汽车的生产率，$m^3/h$。

配合一台挖掘机所需的汽车数量，其总的生产率应略大于一台挖掘机的生产率，即 $nP_a \geqslant P_c$。

为了充分发挥自卸汽车的运输效能，应根据挖掘机械的斗容选择具有适宜容量的汽车型号。挖掘机装满一车斗数 $n$ 的合理范围应为 3~5 斗，通常要求装满一车的时间不超过 3.5~4 min，卸车时间不超过 2 min。

一般挖掘机装车斗数 $n=3\sim5$。若 $n$ 值过大，说明所选挖掘机的斗容量偏小，装车时间长，降低汽车的利用率；若 $n$ 值过小，说明汽车载重量偏小，需求汽车数量多且等候装车时间长，降低挖掘机的生产能力。为充分发挥挖掘机的生产潜力，应使一台挖掘机所需的汽车数 $n$ 对应的生产能力略大于此挖掘机的生产率，故

$$P_a \geqslant \frac{P_c}{n} \tag{8-6}$$

式中 $P_a$——一辆汽车的生产率，$m^3/h$；

$P_c$——一台挖掘机的生产率，$m^3/h$。

满足高峰施工期上坝强度的挖掘机的数量 $N_c$：

$$N_c = \frac{Q_{cmax}}{P_c} \tag{8-7}$$

式中 $Q_{cmax}$——高峰施工期开挖土料的最大施工强度，$m^3/h$。

满足高峰施工期上坝强度的汽车总数 $N_a$：

$$N_a = \frac{Q_{Tmax}}{P_a} \tag{8-8}$$

式中 $Q_{Tmax}$——高峰施工期运输土料的最大施工强度，$m^3/h$。

## 三、坝基与岸坡处理

坝基与岸坡处理工程为隐蔽工程，必须按设计要求并遵循有关规定认真施工。

清理坝基、岸坡和铺盖地基时，应将树木、草皮、树根、乱石、坟墓以及各种建筑物等全部清除，并认真做好水井、泉眼、地道、洞穴等处理。坝基和岸坡表层的粉土、细砂、淤泥、腐殖土、泥炭等均应按设计要求和有关规定清除。对于风化岩石、坡积物、残积物、滑坡体等应按设计要求和有关规定处理。

坝肩岸坡的开挖清理工作宜自上而下一次完成。对于高坝可分阶段进行。凡坝基和岸坡易风化、易崩解的岩石和土层，开挖后不能及时回填者，应留保护层，或喷水泥砂浆或喷混凝土保护。设置在岩石地基上的防渗体、反滤体和均质坝体与岩石岸坡必须采用斜面连接，不得有台阶、急剧变坡及反坡。对于局部凹坑、反坡以及不平顺岩面，可用混凝土

填平补齐,使其达到设计坡度。

防渗体或均质坝体与岸坡结合,岸坡应削成斜坡,不得有台阶、急剧变坡及反坡。岩石开挖清理坡度不陡于1∶0.75、土坡不陡于1∶1.15。防渗体部位的坝基、岸坡岩面开挖,应采用预裂、光面等控制爆破法,使开挖面基本平顺。必要时可预留保护层,在开始填筑前清除。人工铺盖的地基按设计要求清理,表面应平整压实。砂砾石地基上,必须按设计要求做好反滤过渡层。坝基中软黏土、湿陷性黄土、软弱夹层、中细砂层、膨胀土、岩溶构造等,应按设计要求进行处理。天然黏性土岸坡的开挖坡度应符合设计规定。必要时可预留保护层,在开始填筑前清除。

对于河床基础,当覆盖层较浅时,一般采用截水墙(槽)处理。截水墙(槽)施工受地下水的影响较大,因此必须注意解决不同施工深度的排水问题,特别应注意防止软弱地基的边坡受地下水影响引起塌坡。对于施工区内的裂隙水或泉眼,在回填前必须认真处理。

## 四、坝体填筑

### (一)坝面作业施工组织

坝面作业包括铺土、平土、洒水或晾晒(控制含水量)、压实、刨毛(平碾碾压)、修整边坡、修筑反滤层和排水体及护坡、质量检查等工序。坝体土方填筑的特点是:作业面狭窄、工种多、工序多、机具多,施工干扰大,若施工组织不当,将产生干扰,造成窝工,影响工程进度和施工质量。为了避免施工干扰、充分发挥各不同工序施工机械的生产效率,一般采用流水作业法组织坝面施工。

码8-1　微课-土石坝坝面作业施工

采用流水作业法组织施工时,首先根据施工工序将坝面划分成几个施工段,然后组织各工种的专业队依次进入所划分的施工段施工。对同一施工段而言,各专业队按工序依次连续进行施工;对各专业队而言,则不停地轮流在各个施工段完成本专业的施工工作。施工队作业专业化,有利于工人技术熟练和提高;在施工过程中保持了人、地、机具等施工资源充分利用,避免了施工干扰和窝工。各施工段面积的大小取决于各施工期土料上坝强度。

码8-2　图片-坝面作业施工组织

对于某控制高程的坝面,流水施工段数 $m$ 可按下式计算:

$$m=\frac{S}{\omega} \tag{8-9}$$

式中　$S$——某施工时段坝面工作面积,可按设计图纸由施工高程确定,$m^2$;

$\omega$——每个流水班次的铺土面积,$m^2$,$\omega=\frac{Q_T}{h}$,$h$ 为铺土厚度,m。

如以 $m'$ 表示流水工序数目,当 $m=m'$ 时,表明流水作业是在人、机、地等三不闲的情况下正常施工;当 $m>m'$ 时,表明流水作业是在“地闲”,机、人不闲的情况下进行施工;当 $m<m'$ 时,表明流水作业不能正常进行。出现第三种情况是坝体升高、工作面减小、所划分的流水工序过多所致。解决的方法:①增大 $m$ 值,可采用缩小流水单位时间的办法;②合并一些工序,以减小 $m'$ 值,使 $m=m'$。三个工作面的流水作业如图8-1所示。

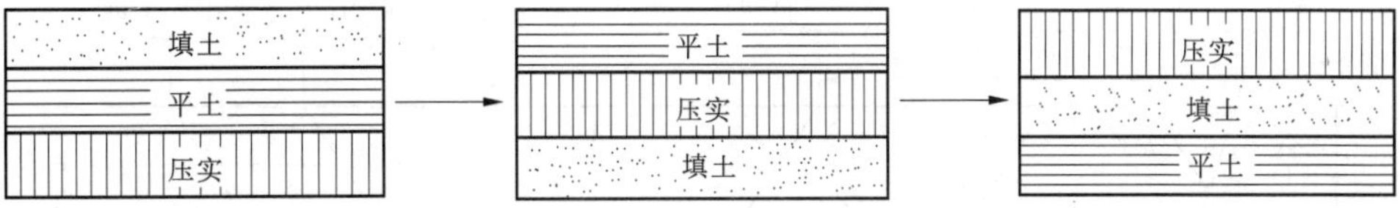


图 8-1 坝面流水作业示意图

### (二) 坝面填筑施工要求

1. 基本要求

铺料宜沿坝轴线方向进行,铺料应及时,严格控制铺土厚度,不得超厚。防渗体土料应用进占法卸料,汽车不应在已压实土料面上行驶。砾质土、风化料、掺和土可视具体情况选择铺料方式。汽车穿越防渗体路口段,应经常更换位置,每隔 40~60 m 宜设专用道口,不同填筑层路口段应交错布置,对路口段超压土体应予以处理。防渗体分段碾压时,相邻两段交接带碾迹应彼此搭接,垂直碾压方向搭接带宽度应不小于 0.3~0.5 m,顺碾压方向搭接带宽度应为 1~1.5 m。平土要求厚度均匀,以保证压实质量,对于自卸汽车或皮带机上坝,由于卸料集中,多采用推土机或平土机平土。斜墙坝铺筑时应向上游倾斜 1%~2%的坡度,对均质坝、心墙坝应使坝面中部凸起,向上下游倾斜 1%~2%的坡度,以便排除雨水,铺填时土料要平整,以免雨后积水,影响施工。

2. 心墙、斜墙、反滤料施工

心墙施工中,应注意使心墙与砂壳平衡上升。因心墙上升快易干裂影响质量,砂壳上升快则会造成施工困难,因此要求心墙填筑中应保持同上下游反滤料及部分坝壳平起,骑缝碾压。为保证土料与反滤料层次分明,采用土砂平起法施工。根据土料与反滤料填筑先后顺序的不同,又分为先砂后土法和先土后砂法。

(1)先砂后土法。先铺反滤料,后铺土料。当反滤料宽度较小(3 m)时,铺 1 层反滤料,填 2 层土料,碾压反滤料骑缝压实与土料的结合带。因先填砂层与心墙填土收坡方向相反,为减小土砂交错宽度,碧口、黑河等坝在铺第二层土料前,采用人工将砂层沿设计线补齐,见图 8-2 。对于高坝,反滤层宽度较大,机械铺设方便,反滤料铺层厚度与土料相同,平起铺料和碾压。如小浪底斜心墙,下游侧设两级反滤料,一级(20~0.1 mm)宽 6 m,二级(60~5 mm)宽 4 m,上游侧设一级反滤料(60~0.1 mm),宽 4 m,其填筑次序如图 8-3 所示。先砂后土法由于土料填筑有侧限,施工方便,工程较多采用。

(2)先土后砂法。先铺土料,后铺反滤料,齐平碾压,如图 8-4 所示。由于土料压实时,表面高于反滤料,土料的卸、铺、平、压都是在无侧限的条件下进行的,很容易形成超坡。采用羊足碾压实时,要预留 30~50 cm 松土边,避免土料被羊足碾插入反滤层内。当连续晴天时,土料上升较快,应注意防止土体干裂。

对于塑性斜墙坝施工,则宜待坝壳修筑到一定高程甚至达到设计高程后,再行填筑斜墙土料,以便使坝壳有较大的沉陷,避免因坝壳沉陷不均匀而造成斜墙裂缝现象。斜墙应留有余量(0.3~0.5 m),以便削坡,已筑好的斜墙应立即在其上游面铺好保护层防止干裂,保护层应随斜墙增高而增高,其相差高度不大于 1~2 m。

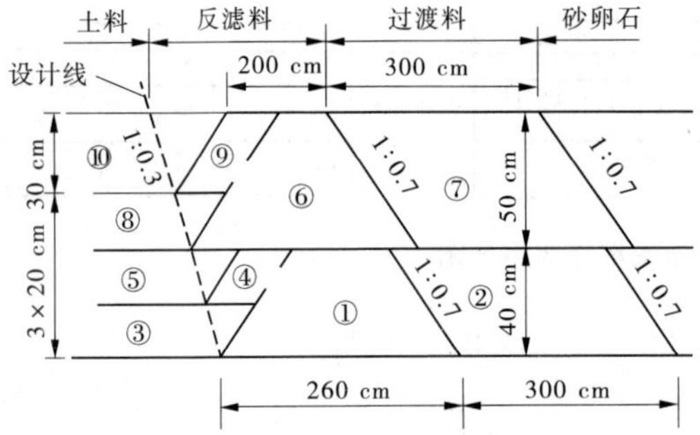


①、②、③、…、⑩—铺土顺序(其中,①、②、③、④、⑤、⑧为压实区;⑥、⑦、⑨、⑩、⑪为未压实区)。

**图 8-2　先砂后土法(黑河坝)**

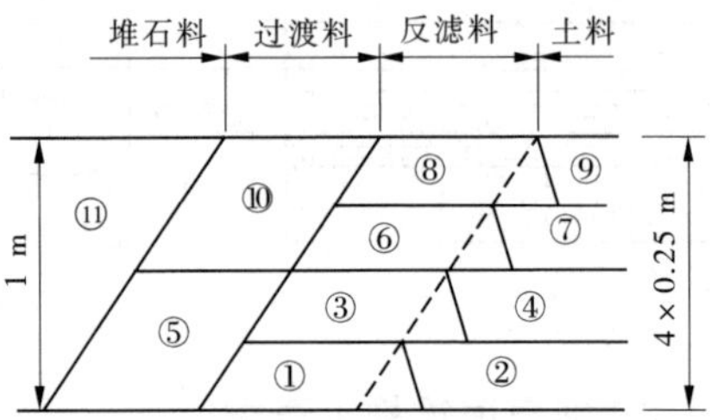


①、②、③、…、⑪—铺土顺序。

**图 8-3　多区料填筑次序(小浪底坝)**

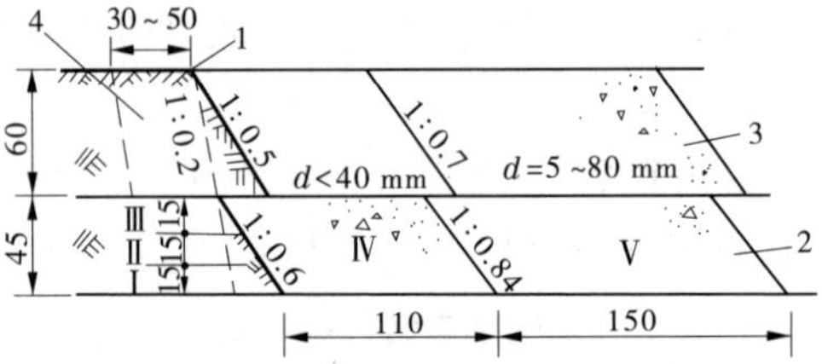


1—心墙设计线;2—已压实层;3—未压实层;4—松土层;Ⅰ、Ⅱ、Ⅲ、Ⅳ、Ⅴ—填料次序。

**图 8-4　先土后砂法(碧口坝)**　(单位:cm)

**(三)接缝处理**

土石坝的防渗体要与地基、岸坡及周围其他建筑物的边界相接;由于施工导流、施工分期、分段分层填筑等要求,还必须设置纵向横向的接坡、接缝。这些结合部位是施工中的薄弱环节,质量控制应采取如下措施。

1. 土料与坝基结合面处理

一般用薄层轻碾的方法施工,不允许用重碾或重型夯,以免破坏基础,造成渗漏。黏性土地基:将表层土含水量调至施工含水量上限范围,用与防渗体土料相同的碾压参数压实,然后刨毛 3~5 cm,再铺土压实;非黏性土地基:先洒水压实地基,再铺第一层土料,含水量为施工含水量的上限,采用轻型机械压实;岩石地基:先把局部不平的岩石修理平整、清洗干净,封闭岩基表面节理、裂隙,若岩石面干燥可适当洒水,边涂刷浓泥浆、边铺土、边夯实,填土含水量大于最优含水量 1%~3%,用轻型碾压实,适当降低干密度,待厚度在 0.5~1.0 m 时方可用选定的压实机具和碾压参数正常压实。

2. 土料与岸坡及混凝土建筑物结合面处理

填土前,先将结合面的污物冲洗干净,清除松动岩石,在结合面上洒水湿润,涂刷一层浓黏土浆,厚约 5 mm,以提高固结强度,防止产生渗透,搭接处采用黏土,用小型机具压实。防渗体与岸坡结合带碾压,搭接宽度不小于 1 m,搭接范围内或边角处不得使用羊足碾等重型机械。

3. 坝身纵横接缝处理

土石坝施工中,坝体接坡具有高差较大、停歇时间长、要求坡身稳定的特点。一般情况下,土料填筑力争平起施工,斜墙、心墙不允许设纵向接缝。防渗体及均质坝的横向接坡不应陡于1:3,高差不超过15 m。均质坝接坡宜采用斜坡和平台相间的形式,坡度和平台宽度应满足稳定要求,平台高差不大于15 m。接坡面可采用推土机自上而下削坡。坝体分层施工临时设置的接缝,通常控制在铺土厚度的1~2倍以内。接缝在不同的高程要错缝。

4. 其他

防渗体的铺筑作业应连续进行,如因故停工,表面必须洒水湿润,控制含水量。

**(四)施工质量控制**

施工质量的检查与控制是土石坝安全的重要保证,它应贯穿于土石坝施工的各个环节和施工全过程。在施工中除对地基进行专门检查外,对料场土料,坝身填筑以及堆石体、反滤料等填筑都应进行严格的检查和控制,在土石坝施工中应实行全面质量管理,建立健全质量保证体系。

1. 料场的质量检查和控制

各种筑坝材料应以料场控制为主,必须是合格的坝料方能运输上坝,不合格材料应在料场处理合格后方能上坝,否则应废弃。在料场建立专门的质量检查站,按设计要求及规范有关规定进行料场质量控制,主要控制:是否在规定的料区开采,是否将草皮、覆盖层等清除干净;坝料开采加工方法是否符合规定;排水系统、防雨措施、负温下施工措施是否完备;坝料性质、级配、含水量是否符合要求。

2. 坝体填筑质量检查和控制

结合工程实际,防渗体的压实控制指标可采用干密度、含水量或压实度。反滤料、过渡料及砂砾料的压实控制指标采用干密度或相对密度。堆石料的压实控制指标采用孔隙率。

施工中,黏性土现场密度检测宜用环刀法、表面型核子水分密度计法。环刀容积不小于500 $cm^3$,环刀直径不小于100 mm,高度不小于64 mm。测密度时,应取压实层的下部。对于砾质土现场密度检测,宜用挖坑灌砂(灌水)法,反滤料、过渡料及砂砾料现场密度检测宜用挖坑灌水法或辅以表面波压实密度仪法,堆石料的现场密度检测宜用挖坑灌水法或表面波法、测沉降法等。

对于防渗土料,干密度或压实度的合格率不小于90%,不合格干密度或压实度不得低于设计干密度或压实度的98%。施工时可根据坝址地形、地质及坝体填筑土料性质、施工条件,对防渗体选定若干个固定取样断面,沿坝高每5~10 m取代表性试样进行室内物理、力学性质试验。

坝体填筑质量的检查部位和次数如表8-1所示。

## 五、冬季和雨季填筑施工

**(一)冬季施工**

负温下填筑是土石坝冬季施工遇到的问题,须采取有效的填筑方法和措施,以确保填筑工程质量和顺利施工。一般应加强质量控制和施工前保温、防冻措施的准备工作,在冻结前完成坝基处理,坝料含水量应控制在施工含水量下限等。

负温下土料填筑可以分为露天施工和暖棚法施工两种。暖棚法施工由于需要设备材料比较多,一般只是在小范围进行。露天施工可以大面积进行,但是要严格控制填筑质量。

为此,施工填筑时应掌握好以下几点:

(1)施工前应编制具体施工计划,做好料场选择、保温、防冻措施及机械设备、材料、燃料供应等准备工作。

**表 8-1 坝体填筑质量的检查部位和次数**

| 坝料类别及部位 | | | 检查项目 | 取样(检测)次数 |
|---|---|---|---|---|
| 防渗体 | 黏性土 | 边角夯实部位 | 干密度、含水量 | 2~3 次/每层 |
| | | 碾压面 | | 1 次/(100~200) $m^3$ |
| | | 均质坝 | | 1 次/(200~500) $m^3$ |
| | 砾质土 | 边角夯实部位 | 干密度、含水量、粒径大于 5 mm 砾石含量 | 2~3 次/每层 |
| | | 碾压面 | | 1 次/(200~500) $m^3$ |
| 反滤料 | | | 干密度、颗粒级配、含泥量 | 1 次/(200~500) $m^3$ 每层至少 1 次 |
| 过渡料 | | | 干密度、颗粒级配 | 1 次/(500~1 000) $m^3$ 每层至少 1 次 |
| 坝壳砂砾(卵)料 | | | 干密度、颗粒级配 | 1 次/(5 000~10 000) $m^3$ |
| 坝壳砾质土 | | | 干密度、含水量、粒径小于 5 mm 砾石含量 | 1 次/(3 000~6 000) $m^3$ |
| 堆石料 | | | 干密度、颗粒级配 | 1 次/(10 000~100 000) $m^3$ |

注:1. 堆石料颗粒级配试验组数可比干密度试验适当减少。

2. 对于防渗体应该选定若干个固体取样断面,沿坝高每 5~10 m 取代表性试样进行物理、力学性质试验,作为复核设计和工程管理的依据。

(2)施工前必须对填土表面风干冻土进行清理;填筑范围内的坝基在冻结前应处理好,并预先填筑 1~2 m 松土层或采取其他防冻措施。

(3)对于露天土料的施工,应缩小填筑区,并采取铺土、碾压、取样等快速连续作业,压实时土料温度须在-1 ℃以上。当日最低气温在-10 ℃以下,或在 0 ℃以下且风速大于 10 m/s 时,应停止施工。

(4)黏性土的含水量不应大于塑限的 90%;砂砾料含水量(指粒径小于 5 mm 的细料含水量)应小于 4%。

(5)负温下填筑时,应做好压实土层的防冻保温工作。均质坝体及心墙、斜墙等防渗体不得冻结,砂、砂砾料及堆石的压实层如冻结后的干密度仍达到设计要求,可继续填筑。负温下停止填筑时,防渗料表面应加以保护,在恢复填筑时清除。

(6)填土时严禁夹有冰雪,不得含有冰块。土、砂、砂砾料与堆石不得加水。必要时可采取减薄层厚、加大压实功能(如重型碾压机械)等措施。如因下雪停工,复工前应清理坝面积雪,检查合格后方可复工。

**(二)雨季施工**

防渗体雨季填筑是土石坝施工难点,切实可行的雨季施工措施和经验是保证土石坝防渗体雨季顺利施工的关键。施工时应分析当地水文气象资料,确定雨季各种坝料施工天数,合理选择施工机械设备的数量,满足坝体填筑进度的要求。一般可按如下控制:

(1)心墙坝雨季施工时,宜将心墙和两侧反滤料与部分坝壳料筑高,以便在雨天继续填筑坝壳料,保持坝面稳定上升。

(2)心墙和斜墙的填筑面应稍向上游倾斜,宽心墙和均质坝填筑面可中央凸起向上下游倾斜,以利排泄雨水。

(3)防渗体雨季填筑时,应适当缩短流水作业段长度,土料应及时平整和压实。在防渗体填筑面上的机械设备,雨前应撤离填筑面。

(4)做好坝面保护,下雨至复工前,严禁施工机械穿越和人员践踏防渗体及反滤料。

(5)防渗体与两岸接坡及上下游反滤料须平起施工。

(6)雨后复工处理要彻底,严禁在有积水、泥泞和运输车辆走过的坝面上填土。

特别指出,近年来一些工程采用非土质材料如土工膜等作为防渗体,取得良好的效果。工程中如沥青混凝土防渗心墙、斜墙和混凝土面板堆石坝的施工可参考有关规范。

## 任务二　面板堆石坝施工

码 8-3 图片-面板堆石坝

混凝土面板堆石坝是以堆石料(含砂砾石)分层碾压成坝体,并以混凝土面板作为防渗体的堆石坝,简称面板坝。这种坝型由于工期短、安全性好、施工方便、适应性强、造价低廉等特点,在国内外应用较广。国内如关门山水库(坝高 58.5 m)、西北口水库(坝高 95 m)、天生桥一级水电站(坝高 178 m)、万安溪水电站、泽雅水库、小干沟水电站等,特别是面板无轨滑模浇筑、趾板混凝土连续浇筑、垫层料的碾压砂浆固坡以及近几年采用的混凝土挤压边墙等先进技术的应用和推广,对提高工程质量、降低造价、缩短工期起到积极的作用。近年来,重视引进、开发大型施工机械,以碾压堆石为主,混凝土面板堆石坝得到迅速发展与推广,混凝土面板堆石(砾)坝成为高土石坝的主导坝型。

面板堆石坝施工有三道主要工序:①趾板与堆石地基处理及趾板浇筑和基础灌浆。一般通过趾板的预留灌浆管先进行固结灌浆,后进行帷幕灌浆,分区进行,独立施工。②堆石填筑。③面板浇筑。三道工序可交叉进行。

### 一、筑坝材料

面板堆石坝坝身主要为堆石结构,上游面为薄层面板,面板可以为刚性钢筋混凝土或柔性沥青混凝土。

#### (一)料场规划

料场规划一般应根据工程规模,坝区和料场的地形地质条件及导流方式、施工分期和填筑强度,按照坝料综合平衡的原则,规划料场掌子面、开采顺序、运输道路的布置、转运堆存场地、弃料场地和加工系统的布置。

料场规划一般应该遵循以下原则:

(1)工程中料场可开采量及可利用开挖料数量与坝体填筑量的比值:堆石料宜为 1.2~1.5,砂砾石料水上宜为 1.5~2.0、水下宜为 2.0~2.5。

(2)不占或者少占耕地,保护环境,维护生态平衡。

(3)主料场(主堆石料)开采,宜选择在运距较短、储量较大和便于高强度开采的料场。

(4)对于过渡料、垫层料等有特殊级配要求的坝料,必须设置专门料场。

(5)要做好备用料场和弃料场,以满足施工过程中的需要。

(6)充分利用开挖料,力求挖填平衡,做到"计划开挖,分类存放"。土石方的挖填平衡是面板堆石坝设计施工必须遵循的重要原则,既要保证坝体填筑的进度需要,又要满足坝体对不同部位的材料的质量要求,确保坝体的填筑质量,同时尽可能减少坝料中转、暂存,提高直接上坝率,节约施工成本。

**(二)堆石料生产**

1. 坝体分区

在现在的面板堆石坝的施工中,堆石材料的分区已定型化,如图8-5所示。坝体部位不同,受力状况不同,对填筑材料的要求也不同。

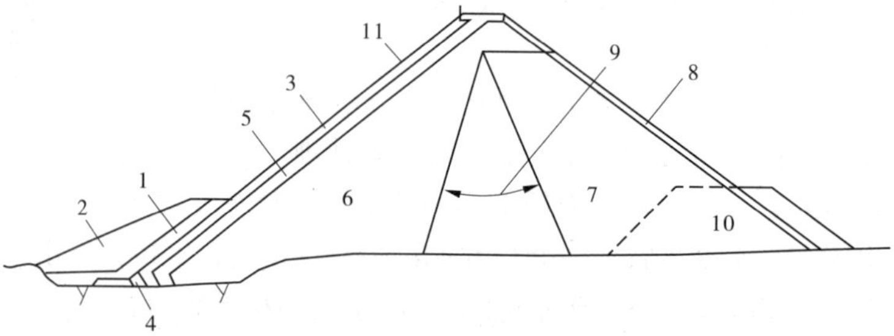


1(1A)—上游铺盖区;2(1B)—盖重区;3(2A)—垫层区;4(2B)—特殊垫层区;5(3A)—过渡区;6(3B)—主堆石区;7(3C)—下游堆石区;8(3D)—下游护坡;9—可变动的主堆石区与下游堆石区界面,角度依坝料特性及坝高而定;10(3E)—抛石区(或滤水坝趾区);11—混凝土面板。

**图8-5 硬岩堆石坝体主要分区示意图**

1)垫层区

垫层区的填筑材料一般采用加工料,利用初期的混凝土骨料生产系统生产。填筑一开始就需供应要求压实后具有低压缩性、高抗剪强度、内部渗透稳定及具有良好施工特性的材料。垫层区主要作用是为面板提供平整、密实的基础,直接位于面板下部,将面板承受的水压力均匀传递给主堆石体。同时要求垫层区具有一定程度防渗性的半透水体,避免因面板裂缝而产生大的渗漏,同时不致发生渗透变形。一般级配要求最大粒径为80~100 mm,粒径小于5 mm的含量宜为30%~55%,粒径小于0.1 mm的含量不大于5%,垫层宽度1~3 m。

2)过渡区

过渡区位于垫层区和堆石区之间。过渡料一般采用洞渣料或经挑选的料场料、专门爆破的开挖料。其主要作用是保护垫层在高水头作用下不产生破坏。其料径、级配要求符合垫层与主堆石料间的反滤要求,其最大粒径为200~300 mm,且过渡料级配应连续,宽3~5 m。

3)主堆石区

主堆石区的料源一般为工程开挖料及料场开采料。料场采石一般采用梯段爆破,梯段爆破采用多排孔微差挤压爆破技术,可以较好地控制爆破料的粒径。主堆石区是坝体维持稳定的主体,要求石质坚硬、级配良好,最大粒径 800 mm,压实后的平均孔隙率小于 25%。

4)下游堆石区(次堆石区)

下游堆石区(次堆石区)的料源一般采用主堆石的超径料或质量稍差的硬岩料。该区起保护主堆石体及下游边坡稳定作用。要求采用较大石料填筑,平均孔隙率小于 28%。下游坝坡面用干砌石护面。

2. 各部分堆石料生产

(1)垫层料生产。垫层料必须选用质地新鲜、坚硬且具有良好耐久性的石料。当天然砂砾石符合垫层料的要求时,可以直接作为垫层料使用。其加工方式有:一是采用石料开采—破碎—掺配过程的层铺立渗法;二是筛分掺配法;三是直接机械破碎生产法;四是利用天然砂砾石料。

(2)过渡料的生产一般在开挖料中选取,利用洞挖渣料等方法获得。

(3)主堆石料应选用质地新鲜、坚硬且具有良好耐久性的石料。一般利用建筑物开挖、开采砂砾石料方法获得。

(4)次堆石料可以充分利用开挖、开采的砂砾石料以及合格的软岩料。

3. 堆石料质量要求

堆石坝料可以采用砂砾石料,也可以采用爆破开采填筑料。爆破时宜采用深孔梯段微差爆破法或挤压爆破法开采。在地形、地质及施工安全允许的情况下,也可采用洞室爆破法(分层台阶开采)。

一般填筑料的质量要求为:

(1)为保证堆石体的坚固、稳定,主要部位石料的抗压强度不应低于 $7\ 800\times10^4$ Pa。石料硬度不应低于莫氏硬度表中的第三级,其韧性不应低于 2 kg · m/cm$^2$。石料的天然容重不应低于 2.2 t/m$^3$,石料的容重越大,堆石体的稳定性越好。

(2)石料应具有抗风化能力,其软化系数水上不应低于 0.8、水下不应低于 0.85。

(3)堆石体碾压后应有较大的密实度和内摩擦角,且具有一定的渗透能力。

(4)当采用爆破料时,主堆石料最大粒径不应超过压实层厚度,粒径小于 5 mm 的颗粒含量不宜超过 20%,粒径小于 0.075 mm 的颗粒含量不宜超过 5%;当主堆石料采用砂砾石料时,最大粒径应为 300~600 mm,粒径小于 0.075 mm 的颗粒含量一般不超过 5%,并且要有良好的抗变形能力和排水性。

(5)堆石体的边坡取决于填筑石料的特性与荷载大小,对于优质石料,坝坡一般在 1∶1.3 左右。

## 二、坝体填筑

### (一)碾压试验

在堆石填筑前,应进行坝料碾压试验,主要是结合工程的具体条件,测定各种填筑材料的物理、力学性能及级配等情况。从而对不同填料提出不同的施工工艺与参数、碾压机械与参数。

1. 碾压试验的内容

(1)测试岩石的密度、容重、抗压强度、软化系数、级配料的视比重。

(2)测试压实机械的性能。

(3)确定适宜、经济的施工碾压参数,如铺料厚度、碾压遍数、加水量等。

(4)研究和完善填筑的施工工艺和措施,并制定填筑施工的实施细则。

2. 碾压试验的原则

按不同料源对不同填筑区分别进行碾压试验,根据设计提供的碾压参数及坝料级配要求,或暂按类似工程施工参数进行试验初定。常用的碾压参数见表 8-2。

表 8-2 常用碾压参数

| 序号 | 项目名称 | 单位 | 小区料 | 垫层料 | 过渡料 | 上游堆石区 | 下游堆石区 | 砂砾石区 |
|---|---|---|---|---|---|---|---|---|
| 1 | 铺料厚 | cm | 20~25 | 40~50 | 40~50 | 80~100 | 80~120 | 60~80 |
| 2 | 碾压遍数 | 遍 | 6~8 | 6~8 | 6~8 | 6~8 | 6~8 | 6~8 |
| 3 | 行车速度 | km/h | 2~3 | 2~3 | 2~3 | 2~3 | 2~3 | 2~3 |
| 4 | 加水量 | | 10% | 10% | 20% | 10%~20% | 10%~20% | 10% |
| 5 | 碾压机型号 | | 振动板 | (1)10 t 斜坡碾<br>(2)振动板 | 工作质量 10 t 以上,振动平碾 | | | |

### (二)填筑规划

垫层料、过渡料和相邻的部分堆石料应平起填筑,可在堆石区内的任意高程、部位设置运输坝料用的临时坡道。不合格坝料严禁上坝。

施工控制时应注意以下几点:

(1)主堆石区与岸坡、混凝土建筑物接触带,要回填 1~2 m 宽的过渡料。

(2)坝料铺筑可采用进占法卸料。施工中虽料物稍有分离,但对坝料质量无明显影响,可减轻推土机的摊平工作量,使堆石填筑速度加快。

(3)负温施工时,各种坝料内不应有冻块存在。填筑不能加水时,应减薄铺料厚度,增加碾压遍数。

(4)碾压按坝料分区、分段进行,各碾压段之间的搭接不小于 1 m。坝料碾压可采用振动平碾,其工作质量不小于 10 t,高坝应采用重型振动碾。

(5)坝料原型观测仪器、设施,要按设计要求埋设和安装。

### (三)填筑施工工艺

坝体填筑一般在坝基、两岸岸坡处理验收及相应部位的趾板混凝土浇筑完成后进行。填筑的工艺流程有测量放样、卸料、摊铺、洒水、压实、质检等六个环节。

1. 各区及结合部(含两岸岸坡)的填筑及碾压

(1)填筑顺序有先粗后细法和先细后粗法。

①先粗后细法。上游区填筑顺序为:主堆石区→过渡区→垫层区,见图 8-6。铺料时应及时清理界面的粗粒径料,这种方法有利于保证质量,且不增加细料用量,应该优先采用。

②先细后粗法。上游区填筑顺序为：垫层区→过渡区→主堆石区。按这种顺序安排施工时，由于细料使用量比设计量增加很多，而且界面粗粒径料不易处理，一般不常用此法。

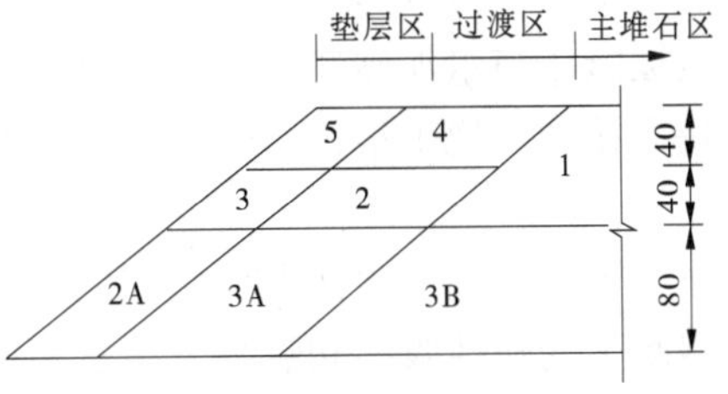

1、2、…、5—各层填筑顺序。

图 8-6 "先粗后细"法铺料顺序 (单位:cm)

(2)主、次堆石区填筑采用进占法填筑，使得粗径粒石料落入底层，细石料留在层面，便于平整碾压。卸料的各堆之间留 0.6 m 左右的间隙。主堆石区沉降变形对面板变形影响较大，在填筑时铺筑厚度为 0.8~0.9 m，用 10 t 振动碾碾压 4 遍，中低速(振动行进速度宜小于 3 km/h)行驶，应经常检查振动碾的工作参数，保持其正常的工作状态。采用错距法顺坝轴线方向进行碾压，或者沿坝轴线碾压 2 遍，再垂直坝轴线碾压 2 遍。铺筑碾压层次分明，平起平升，防止漏振、欠振。

次堆石区沉陷变形大小对面板影响较小，因此变形不是主要的，所以填筑厚度可较大，填铺厚度可为 1.5~2.0 m。

(3)过渡区材料以自卸汽车直接卸入工作面，各堆之间留 0.6 m 左右的间隙，接缝处超径块石需清除，主堆石区料不得占用过渡区料的位置，过渡区料不得占用垫层区料的位置。平整后洒水、碾压，碾压时顺坝轴线来回行驶。

(4)垫层区的铺筑方法基本同过渡区，并同过渡区一起碾压，其压实标准最高。碾压时振动碾距上游边缘的距离不宜小于 40 cm，再使用振动平板压实至上游边缘，尤其是基础周边部位，要压实得更密实些，以减少其在水库水位作用下的变形。

垫层施工的每层铺筑厚度一般为 0.4~0.5 m，用 10 t 或者 10 t 以上的振动碾进行薄层碾压，根据密实度与现场碾压试验成果，每层碾压 4~6 遍。为保证垫层区与过渡区以及下游堆石区各区间相邻连接处的紧密结合，垫层须与其他各区平区施工。如遇特殊情况，对先后填筑的堆石体连接处，须采用夯实板夯实或者轻型振动碾细致碾压，以保证两部分堆石体能密切结合。在靠近岸坡或因场地狭窄，重型振动碾碾压不到处也应采用夯实板或轻型振动碾压实到要求的密实度。一般要求垫层区的渗透系数为 $1\times10^{-2}\sim1\times10^{-4}$ cm/s。

此外，所有各区堆石在碾压时都必须充分洒水，水量为 50%左右，对级配起到润滑、软化作用，以利于堆石的压实并减少浸水时的沉陷变形。由于上游层的级配均高于下游层的级配，一般施工顺序上从上游到下游，并只能上游层占压下游层。

2. 垫层料坡面碾压

为了给面板提供坚实可靠的支承面，保证面板厚薄均匀、符合设计及规范规定，同时减少混凝土超浇量，要求保证垫层坡面不受雨水侵蚀，挡水度汛时不被水浪淘刷。压实过程中，有时表层块石有失稳现象，为改善垫层料碾压质量，采用斜坡碾压和砂浆固坡等相结合的施工方法。常用的施工技术是垫层料宜每填筑升高 10~15 m，进行一次垫层坡面削坡修整和碾压及防护。斜坡碾压可用振动碾或振动平板。根据国内常用削坡机械工作性能与坝体上游坝坡，削坡控制范围以每次填筑 3.0~4.5 m 为宜；用振动碾做斜坡碾压时，宜先静压 2~4 遍，再振压 6~8 遍，振压时向上方向振动、向下方向不振，一上一下为一遍。有的工程经试验,采用上下全振的施工方法,也取得良好的效果。

斜坡碾压与水泥砂浆固坡的优点是施工工艺简单,既解决了斜坡碾压中垫层表层的垫层块石振动失稳下滚,又在垫层上游面形成一坚固稳定的表面,可满足临时挡水防渗要求。

碾压砂浆在垫层表面形成坚固的结石层,具有较小而均匀的压缩性和吸水性,对克服面板混凝土的塑性收缩和裂缝发生有积极作用。这种方法使固坡速度大为加快,对防汛度汛、争取工期效果明显。

由于水平分层碾压只能保证距边缘 1 m 左右以内压实合格,故坡面必须另行碾压,以免产生大量初期沉陷。在用振动碾碾压垫层区坡面时,首先在坡面先用静力碾碾压 4 遍,同时整平高突出点;然后在坡面上用振动碾自下而上碾压 4 遍,同时整平凹凸处。完成垫层坡面压实后,尽快进行坡面保护。常用保护形式有:

(1)碾压水泥砂浆固坡。

在垫层面进行斜坡碾压后,摊铺 5~8 cm 厚的低强度等级水泥砂浆,用振动碾压实,形成坚固的防护层。水泥砂浆由人工或机械摊铺,砂浆初凝前应碾压完毕,终凝后洒水养护。有的工程在垫层上游削坡后,先用振动碾碾压 2~4 遍,铺砂浆后再压 4 遍,使砂浆与垫层坡面结合良好。我国的珊溪坝就采用这种防护方式。

斜坡碾压与水泥砂浆固坡的优点是施工工艺和施工机械设备简单,垫层上游面坚固稳定的表面可满足临时挡水防渗要求,对克服面板混凝土的塑性收缩和裂缝发生有积极的作用。

(2)喷乳化沥青固坡。

在压实后的垫层表面,喷 2~3 层乳化沥青,用量约 1.75 kg/m$^2$,各层间撒以 3 mm 筛筛选的干细河砂,形成比较坚实的层面,在保护层施工后的第 3 天,在坡面上再用振动碾自上而下进行碾压。应该注意的是:喷涂前先清除坡面浮尘;阴雨、浓雾天气不应喷涂,喷涂间隔时间不小于 24 h;沥青乳剂喷涂后随即均匀撒砂。此法同时可以减少进入坝体的渗流量。我国的天生桥一级水电站、洪家渡水电站等工程采用这种方法。

(3)喷混凝土固坡。

在压实的垫层表面喷 5~8 cm 厚的混凝土,以起到防渗、固坡的作用。我国的西北土坝采用此法,汛期挡水水深达 30 m,效果良好。喷射混凝土表面要平整、厚度均匀、密实,在终凝后洒水养护,能得到坚实、防渗性能很好的保护层面,但与喷洒沥青相比,该方法需要专门设备,对施工技术要求比较高,而且喷射厚度不易均匀,对面板厚度有较强的约束,现在已经很少采用。有的工程也采用喷水泥砂浆保护。

3. 挤压式边墙技术

挤压式边墙是混凝土面板堆石坝施工中的一项新技术。该技术简化了上游坝面的施工工序,减少了施工干扰,以水平碾压代替了斜坡碾压,提高了施工安全性,并保证了垫层碾压质量,加快了施工进度,汛期可以较好地抵抗水流的淘刷,有利于安全度汛,且整个上游坝面平整美观。

该方法是在每填筑一层垫层料之前,采用挤压式边墙机制作出一个半透水混凝土边墙,然后在其下游面按设计铺填坝料,碾压合格后重复以上工序。

挤压式边墙施工要点如下:

(1)混凝土和外加剂的选定很重要,混凝土坍落度约为0,水泥含量一般为70~100 kg/m$^3$,低强度,低弹性模量。

(2)边墙挤压机行进路线要明确标识,挤压机行进速度一般为40~60 m/h。

(3)要积极补齐临岸坡部位的边墙缺口。

(4)边墙施工后1~2 h铺设碾压垫层料,垫层料与边墙基本同步上升。

(5)在面板施工前,应采用同强度等级的砂浆对挤压墙层间的错台进行处理。

应特别注意的是,挤压墙混凝土虽然强度、弹性模量均较低,但仍然是整体性比较好的刚性体,若在其上直接浇筑面板混凝土,有可能对混凝土面板产生一定的基础约束,应采取措施尽可能减少基础约束,因此在浇筑面板之前,应按要求喷涂乳化沥青。公伯峡工程在混凝土面板浇筑前,对挤压墙坡面喷涂1 mm厚的乳化沥青,以减少对面板的约束。

4. 反渗处理

面板施工中,由于坝体下游水位高于上游水位而导致反向渗透水流破坏垫层、保护层,甚至混凝土面板的事故,通常被称为反渗问题。反渗的原因一般有两个方面:一是工程没有修建下游围堰,上游则由于下游因趾板开挖而使建基面低于下游地面,在上游没有水的情况下,下游水位高出上游,有一定水压力作用于垫层面,将垫层及保护层顶裂,局部垫层料流失;另一方面与坝基地形有关,其垂直坝轴线剖面表明,基岩面呈中间高、两边低或倾向上游,渗水将流向上游而对垫层和护坡有一定的水压作用。解决反渗问题的方法主要是预防产生渗透压力,同时做好相关排水设施来减小水压力的破坏。国内比较典型的是珊溪坝的反渗处理,该工程采取在坝体内设反向排水钢管自由排水至趾板上游集水坑后,用水泵排出上游围堰等一系列措施,解决了施工期坝体反渗问题,为大坝顺利施工提供条件,见图8-7。

5. 严寒条件下的坝体填筑

部分混凝土面板堆石坝处于寒冷地区,由于计划工期的需要,必须在冬季进行填筑施工。为了预防和减少石料的冻结以及坝体冻结深度,确保填筑层达到设计要求的压实密度,在填筑中应注意以下问题:

(1)开采的石料应为干燥石料,并且直接上坝,避免中间周转。

(2)对砂砾石料,应在非冰冻期预开采,并进行中间堆存干燥,为冬季上坝填筑做好准备。

(3)冰冻季节填筑施工中,各种坝料内不应有冻块存在,并应采用不加水碾压。在碾压试验时,要专门做不加水碾压试验,以便确定适合冬季填筑的各碾压参数。

(4)为了避免因冬季填筑在坝体内形成永冻区,需要控制冬季填筑坝高。

根据国内部分施工经验,冬季填筑的碾压厚度须减薄:$h<600$ mm,碾压8~10遍,冬季填筑坝高不宜超过15 m。

## 三、趾板施工

趾板是面板堆石坝工程防渗体系的重要组成部分,是在堆石体的上游坝脚呈带状分布的混凝土结构体。

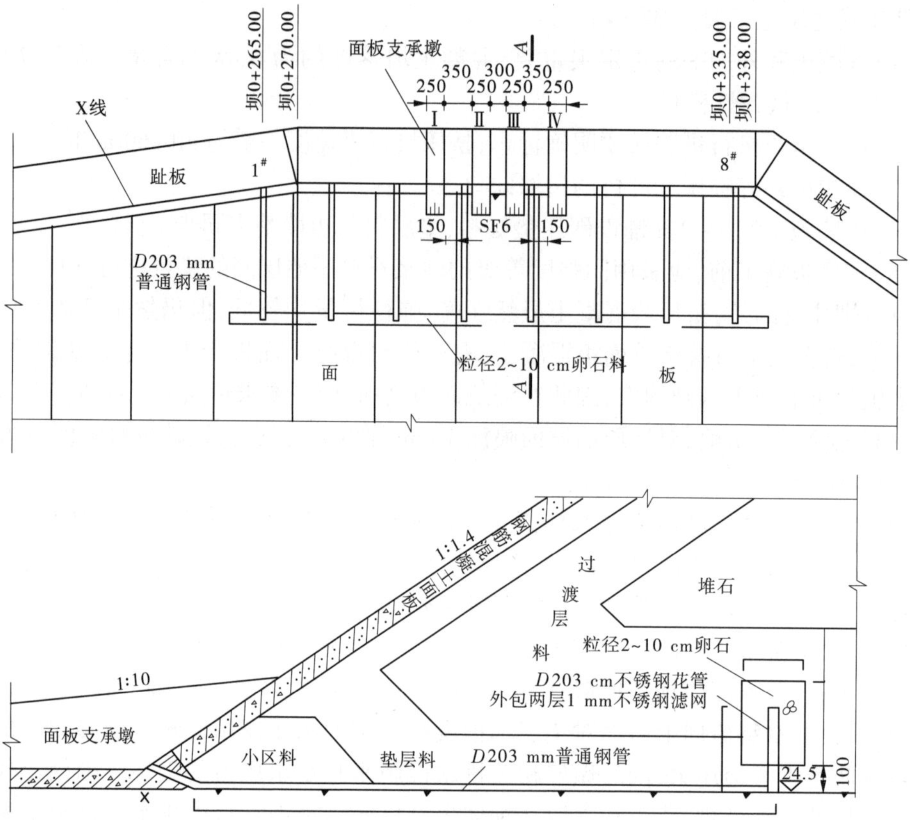


*A*—*A* 剖面图

**图 8-7　珊溪坝排水管、支承墩布置图**　(单位:cm)

趾板在体形上分平趾板及斜趾板两类。已建工程多采用平趾板。见图 8-8。

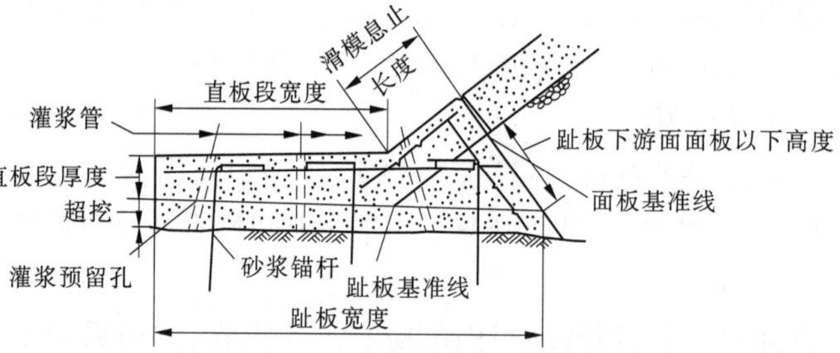


**图 8-8　趾板体形及分部名称**

趾板基础开挖一般在两岸清基时开始,趾板的混凝土浇筑,在垫层料、过渡料开始填筑前完成。

**(一)基础开挖**

趾板多坐落于较新鲜完整的岩层上,一般要求为弱风化岩石。当地基经处理,消除冲蚀的可能性后,也可以放在软弱岩层、风化岩层甚至堆积土上。部分面板坝因基础砂砾石覆盖层厚度大,不宜进行深挖,此时,趾板直接坐落于经过压实处理的砂砾石层上。

基础开挖一般在两岸清基时开始,开挖深度一般以达到可灌岩石为准。原则上,一般采用光面爆破或预裂爆破,以防止爆破对基础的损伤。光面爆破技术只应用于坑壁。预裂爆破技术则能避免基础的爆破漏斗,减少超挖及爆破对基础的损伤。

### (二)地质缺陷处理

断层、蚀变带及软弱夹层一般采用混凝土置换处理。节理密集带的细小夹层可用反滤料做覆盖处理,以防止夹泥的管涌。

出露于趾板基础的勘探孔,做扫孔、洗孔、灌浆及封孔处理。

因地质因素超挖过大的地基,预先可用混凝土回填到建基面再浇筑趾板,一般的超挖可不做回填混凝土处理,与趾板混凝土整体浇筑。

### (三)趾板混凝土浇筑

趾板地基处理并验收合格后,开始混凝土施工,并且应该在垫层料、过渡料开始填筑前完成。

趾板绑扎钢筋前,按设计要求设置锚筋(杆)。安装砂浆锚杆时,钻孔及清孔后,先灌砂浆,再插钢筋,锚杆以90°弯钩与趾板钢筋相连。之后,在绑扎钢筋的同时按要求预埋灌浆管、止水片等。混凝土浇筑在基础面清洗干净、排干积水后进行。混凝土配合比同面板混凝土,顶面用人工抹平,要及时振捣密实,注意和避免止水片(带)的变形和变位。工程中混凝土可用罐车运输,溜槽输送入仓。趾板施工完毕后,要及时做好止水的保护,止水材料通常为塑料止水带或者铜止水带。

在不设结构缝的趾板中,混凝土施工可以选择分块浇筑和分区段浇筑。各类浇筑方法应该设置施工缝。常规分块浇筑分段长度为10~20 m,滑模施工分段选择在趾板转折处、地形突变部位或其他满足施工需要的部位。

施工缝面的纵向钢筋应穿透。施工缝在端头模板拆除后对混凝土面凿毛和清洗,保证新老混凝土界面良好胶结。施工缝一般不设止水,有些工程在该位置增设一道橡胶止水带,其一端锚入基岩30~50 cm,一端与周边橡胶或铜止水连接,以形成封闭止水系统,见图8-9。

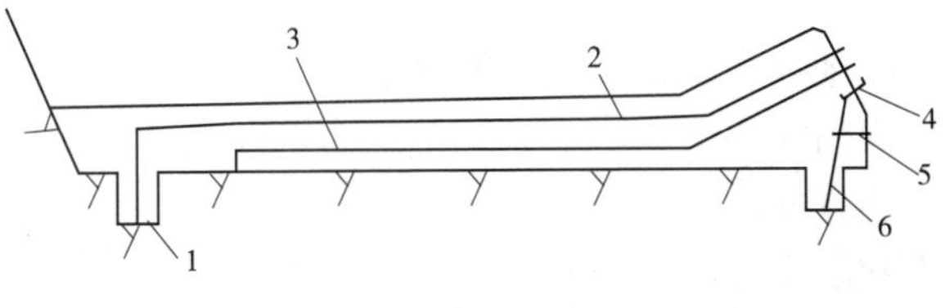


1—嵌固坑;2—$H_2$861橡胶止水带;3—预埋灌浆管;

4—“F”止水铜片;5—预埋排气管;6—平板止浆铜片。

**图8-9 施工缝结构图**

趾板的灌浆是通过趾板的预留灌浆管先进行固结灌浆,后进行帷幕灌浆。灌浆采用分序加密的原则。

## 四、面板施工

钢筋混凝土面板是堆石坝的主要防渗结构,厚度薄、面积大,在满足抗渗性和耐久性条件下,要求具有一定的柔性,以适应堆石体的变形。其施工一般采用滑模施工,由下而上连续浇筑。为了便于施工的流水作业,提高施工强度,面板混凝土均采用分序浇筑,即跳仓浇筑施工。有关工程的质量控制及沥青混凝土面板施工可依据规范。

**(一)混凝土面板浇筑**

1. 面板分块

面板纵缝的间距决定了面板的宽度。由于面板通常采用滑模连续浇筑,所以面板的宽度决定了混凝土浇筑能力,也决定了钢模的尺寸及其提升设备的能力。面板通常有宽、窄块之分。据国内外统计,通常宽块纵缝间距12~14 m,窄块纵缝间距为6~7 m。

2. 面板浇筑

混凝土面板浇筑滑模分有轨滑模和无轨滑模两大类。目前,面板的混凝土浇筑采用无轨滑模施工,见图8-10。主要施工设备有无轨滑模、侧模、溜槽、骨料斗、洒水管、运料台车、卷扬机、混凝土搅拌车、汽车吊、养护台车等。

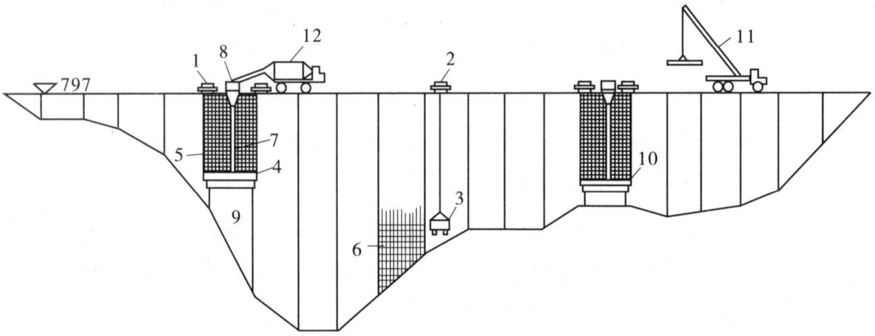


1—JM卷扬机;2—5 t快速双筒卷扬机;3—运料台车;4—无轨滑模;5—侧模;6—钢筋网;7—溜槽;8—骨料斗;9—混凝土面板;10—碾压好的坝面;11—汽车吊;12—混凝土搅拌车。

**图8-10　混凝土面板施工布置示意图**

1)滑模设计原则

(1)适应面板条块宽度和滑动模板平整度要求。

(2)满足振捣和压面的需要。

(3)安装、运行、拆卸方便灵活。

(4)有足够的自重和配重、强度和刚度。

2)模板滑升与混凝土浇筑

(1)入仓、振捣。混凝土入仓应均匀布料,薄层浇筑,每层布料厚度为25~30 cm,并应及时振捣。止水片周围混凝土应辅以人工布料。布料后及时振捣密实,振捣器不得触及滑动模板、钢筋、止水片。仓面采用直径不大于50 mm的插入式振捣器。振动间距不得大于40 cm。

(2)模板滑升。模板滑升前,必须清除其前沿超填混凝土,以减小滑升阻力。每浇筑一层25~30 cm混凝土模板滑升一次,不得超过一层混凝土的浇筑高度。模板滑升的速度取决于脱模时混凝土的坍落度、凝固状态和气温。滑升速度过大,易出现滑模抬动、振捣不易密实等现象,脱模后混凝土容易下塌而产生波浪状,给抹面带来困难,面板表面平整度不容易控制；滑升速度过小，易产生黏膜而使混凝土拉裂。模板滑升要坚持勤提、少提的原则，面板浇筑平均滑升速度控制在 1~2 m/h，最大滑升速度不宜超过 4 m/h。

(3)压面。混凝土出模后立即进行一次压面，待混凝土初凝结束前完成二次压面。

(4)混凝土面板是坝体防渗的关键部位，应连续浇筑，其施工过程中间不得有间歇或停顿。若无法避免停止面板浇筑施工，则一定要在滑模提升移位后停止施工。

(5)对于面板和周边部位的衔接三角部位，采用滑模浇筑时，根据周边倾角的大小，选择使用旋转法、平移法及平移转动法。具体参见相关施工规范。

在坝高不大于 70 m 时，面板混凝土宜一次浇筑完成；坝高大于 70 m 时，因坝坡较长给施工带来困难，可根据施工安排或提前蓄水需要，面板宜分二期或三期浇筑。分期浇筑接缝要按施工缝处理。

面板混凝土浇筑时，应注意以下几个问题：

(1)面板混凝土宜跳仓浇筑。其目的在于保持滑模平衡滑升，并使相邻的已浇块有一定龄期。

(2)垂直缝下的水泥砂浆垫坡面应符合设计线，其允许偏差为±5 mm。垂直缝砂浆条一般宽 50 cm，是控制面板体形的关键。

(3)面板钢筋宜采用现场绑扎或焊接，也可采用预制钢筋网片、现场整体拼装的方法。国内工程常采用现场绑扎、焊接的方法。

**(二)面板养护**

混凝土面板由于其超薄结构且暴露面大，所以面板混凝土的水化热温升阶段短，最高温度值出现较早，随后很快出现降温趋势，这种情况下，比较容易产生裂缝。养护是避免面板发生裂缝的重要措施，包括保温、保湿两项内容。面板表面及时连续保温、保湿，有利于降低混凝土的热交换系数，减缓沉降和干缩变形，从而减少形成裂缝的破坏力。混凝土养护期一般采用草袋保温，喷水养护不少于 90 d，并要求连续养护到水库蓄水。

**【例 8-1】** 西北口面板堆石坝的面板浇筑时，采用两台 ZX-50 型、两台 ZPZ-30 型软轴插入式振动器振捣。每浇筑一次，滑模滑升 20~30 cm。滑模由坝顶卷扬机牵引，在滑升过程中，对出模的混凝土表面随时进行抹光处理。在滑模尾部约 10 m 位置拖带一根水管，随时进行洒水养护。浇后及时用塑料薄膜覆盖混凝土表面，以防雨水冲刷。滑模的设计重量主要克服混凝土的浮托力，滑模采用空腹板梁钢结构。

**(三)面板混凝土常见缺陷与处理方法**

面板施工中因温度及干缩产生的浅表裂缝较难避免，但对面板耐久性有影响的裂缝须认真处理。尤其是处于受拉区的裂缝。

(1)对于裂缝宽度小于 0.2 mm 的裂缝，一般在基面清理干净并完全干燥后，沿裂缝两侧各 16 cm 涂抹底胶，底胶涂抹必须均匀，不能漏刷也不能过厚，等底胶表面干后，粘贴复合柔性防渗盖片进行封堵。

(2)如果裂缝宽度大于 0.2 mm，但小于 0.5 mm，则可以先采用化学灌浆处理，然后进行嵌缝和表面处理。对于化学灌浆无法施工的，可以采用类似于裂缝宽度小于 0.2 mm 的裂缝的处理方式，但是必须在粘贴复合柔性防渗盖片之前，在裂缝中嵌填柔性材料封堵。

(3)当裂缝宽度大于 0.5 mm 时,先进行化学灌浆,然后进行嵌缝和表面处理。其与上述方法基本相同。

在工程当中,有时候对于裂缝宽度大于 0.2 mm 的裂缝,也采用凿 U 形槽,然后回填预缩砂浆。其预缩砂浆配合比见表 8-3。

**表 8-3　预缩砂浆配合比(质量比)**

| 水灰比 | 水泥/kg | 砂/kg | 水/kg | 木钙/kg |
| --- | --- | --- | --- | --- |
| 0.28~0.32 | 100 | 200~260 | 28~32 | 1 |

**(四)接缝止水施工**

接缝止水结构是面板堆石坝安全运行的关键问题之一,面板坝接缝包括趾板缝、周边缝、垂直缝(张缝和压缩缝)、防浪墙底缝以及施工缝(水平缝)等,接缝材料包括金属止水片、塑料止水带、封面嵌缝材料及保护膜等。

**(五)面板混凝土的防裂技术**

面板混凝土是以斜坡垫层为基础的混凝土带状防渗薄板,其长、宽、厚三向尺寸相差悬殊,结构暴露面大,对空气温度和湿度变化十分敏感。裂缝的存在将降低面板混凝土的抗冻融、抗溶蚀、抗渗以及钢筋抗锈蚀等耐久性能。

1. 裂缝的分布及产生原因

1)分布规律

裂缝基本上呈水平向,表面横穿整条面板宽度;多集中在较长的中下部;宽度一般小于 0.3 mm;大部分裂缝在浇筑后产生,水库蓄水后有自愈和闭合的趋势。

2)裂缝产生原因

由于面板是厚度薄、长度大的结构体,而且混凝土的干缩、温度冷缩使得抗拉强度以及极限拉伸等有限,加上在施工过程中的环境、施工条件、施工工艺以及填筑体的沉降等因素,都可能使混凝土面板产生裂缝。

2. 裂缝的预防措施

采用薄层碾压级配料填筑以及新型的施工机械,同时实施坝体全断面均衡填筑以及坝体预沉降技术,让坝体填筑和面板浇筑在时间上有一定的间隔,从而减少由于坝体填筑沉降变形形成的面板裂缝;在垫层施工中,垫层的保护层应该尽量光滑平整,嵌入垫层的架立筋宜小直径、大间距、浅埋深,使得面板的基础约束相对较小,减少对面板裂缝的影响;最后,在面板的混凝土配合比以及浇筑时间上做一定的改善和合理安排,都对面板的裂缝产生积极的有利影响。

面板坝接缝包括趾板缝、周边缝、垂直缝、防浪墙体缝、防浪墙底缝以及施工缝等,接缝止水材料包括金属止水、塑胶止水、缝面嵌缝材料以及保护膜等。

止水片在安装时,应该按照设计要求,把止水片固定安装于模板止水预留口处,要求安装位置准确,固定牢固。对于滑模施工,应在滑模就位调试完毕后,按照施工面板的长度将焊接好的止水固定于趾板钢筋上。

面板止水片的安装:待砂浆垫铺筑完成并且强度达到 70%以上,即进行止水片的安装,加工好的铜止水片摆放到工作面并进行焊接连接,在鼻腔中先填塞橡胶棒等,并用胶带封闭,然后铺橡胶垫片,再将连接好的止水片安装就位,紧贴于橡胶垫片上,最后在止水片上安装、固定面板侧模。

橡胶止水带的安装:须将止水带牢固地夹在模板中,止水带中间腔体应安装在接缝处,不允许在空腔附近有钉子或者凿孔。安装后,应每隔 1~1.5 m 设法固定在钢筋上。

对于周边缝垂直方向上的止水带,应该在止水带两侧均匀地浇筑混凝土;对于水平或者倾斜的止水带,在浇筑下部混凝土时宜先将止水带稍稍翻起,待混凝土浇筑完成并排气后放下止水带,然后再浇筑上部混凝土,以免气泡和泌水聚集在止水带背部。在混凝土浇筑时,止水带附近应该采用小型的振捣器振捣,并且要使止水带结构下的气体排除干净。

## 五、施工的质量检查

堆石体的压实效果可以根据其压实后的干密度大小在现场进行控制。堆石体干密度的检测一般采用挖坑注水试验法,垫层料的干密度检测采用挖坑灌砂试验法。

### (一)检查数量要求

对于趾板浇筑,每浇筑一块或者每 50~100 $m^3$ 至少有一组抗压强度试件;每 200 $m^3$ 成型一组抗冻、抗渗检验试件。

对于面板,每班取一组抗压强度试件;抗渗检验试件每 500~1 000 $m^3$ 成型一组;抗冻检验试件每 1 000~3 000 $m^3$ 成型一组。不足以上数量者,也应取一组试件。

### (二)堆石体施工质量控制

通常堆石体岩石的质量指标,用压实容重换算的孔隙率 $n$ 来表示,现场堆石密实度的检测主要采用试坑法。

#### 1. 垫层料施工质量控制

垫层料(包括周边反滤料)需做颗分、密度、渗透性及内部渗透稳定性检查,检查稳定性的颗分取样部位为界面处。过渡料做颗分、密度、渗透性及过渡性检查。检查过渡性的取样部位为界面处。主、副堆石做颗分、密度、渗透性检查等。垫层料、反滤料级配控制的重点是控制加工产品的级配。

#### 2. 过渡料施工质量控制

过渡料主要是通过施工时清除界面上的超径石来保证对垫层料的过渡性,在垫层料填筑前,对过渡料区的界面做肉眼检查。过渡料的密度也比较高,其渗透系数较大,一般只做简易的测定。

#### 3. 主堆石施工质量控制

主堆石的渗透性很大,也只做简易检查。密度要求达到设计规定值,否则要做相应的解决方案。

#### 4. 面板混凝土浇筑质量检测和技术要求

面板混凝土浇筑质量检测项目和技术要求见表 8-4。

表 8-4　面板混凝土浇筑质量检测项目和技术要求

| 项目 | 质量要求 | 检测方法 |
| --- | --- | --- |
| 混凝土表面 | 表面基本平整,局部不超过设计线 30 mm,无麻面、蜂窝孔露筋 | 观察测量 |
| 表面裂缝 | 无或有小裂缝已处理 | 观察测量 |
| 深层及贯穿裂缝 | 无或有但已按要求处理 | 观察检查 |
| 抗压强度 | 保证率不小于 80% | 试验 |
| 均匀性 | 离差系数 $C_v$ 小于 0.18 | 统计分析 |
| 抗冻性 | 符合设计要求 | 试验 |
| 抗渗性 | 符合设计要求 | 试验 |

## 复习思考题

**一、名词**

1. 流水作业法;2. 填筑强度;3. 先土后砂法;4. 先砂后土法。

**二、填空题**

1. 根据形式和使用材料,拦河坝可分为________、________、________等形式。

2. 土坝按施工方法可分为________、________、________、________、________。

3. 土坝坝面施工程序可分为________、________、________、________、________和________、________。

4. 土坝坝料铺填方法有________、________、________。

5. 土坝反滤与防渗料施工方法有________、________、________。

6. 面板堆石坝按组成材料不同特性分为________、________、________、________。

7. 面板堆石坝从上而下分区为________、________、________、________。

8. 面板堆石坝填筑工艺流程有________、________、________、________、________、________六个环节。

**三、选择题**

1. 土坝防渗体部位的岸坡岩石开挖,应采用(　　)。

A. 药壶爆破　　B. 预裂爆破　　C. 洞室爆破

2. 面板堆石坝石料开采宜采用(　　)。

A 抛掷爆破　　B. 深孔梯段微差爆破　　C. 松动爆破

3. 土坝填筑时,坝壳砂料应采用(　　),黏土防渗体应采用(　　),堆石体应采用(　　)。

A. 进占法铺料　　B. 后退法铺料　　C. 综合法铺料

4. 土坝防渗体土料铺填压实应沿(　　)坝轴线方向进行。

A. 垂直　　B. 平行　　C. 斜向

5. 面板堆石坝的设计边坡(　　)土坝设计边坡。

A. 陡于　　B. 缓于　　C. 等于

6. 面板堆石坝的导流与土坝相比(　　)。

A. 容易　　B. 难　　C. 相同

7. 如果面板堆石坝坝高为 60 m,面板混凝土宜(　　)施工。

A. 一期　　B. 二期　　C. 三期

**四、问答题**

1. 如何进行土石坝料场的规划?

2. 土石坝施工中对黏性土料含水量有什么要求? 如果含水量过高或过低,应采取哪些措施?

3. 面板堆石坝施工有何特点?

4. 土坝清基的一般技术要求是什么? 常用的清基施工方法有哪些?

5. 坝体填筑的主要施工工序有哪些?

6. 碾压式土坝施工的工作内容有哪些?

7. 面板堆石坝通常分为哪几个区? 各区的基本作用是什么?

8. 简述面板堆石坝面板施工的工艺流程。

9. 土坝施工中注意哪些结合部位? 如何施工?

# 项目九 混凝土坝工程

【学习目标】

1. 掌握混凝土生产系统组成和布置方法;
2. 掌握混凝土运输浇筑方案及其选择;
3. 了解混凝土生产能力的确定;
4. 掌握混凝土温度控制技术;
5. 掌握碾压混凝土施工的基本要求和施工工序。

【技能目标】

1. 能根据混凝土浇筑的特点,正确地布置混凝土生产系统,选择浇筑方案,确定生产能力,控制好浇筑温度和施工质量;
2. 掌握碾压混凝土工程施工技术,控制好施工质量。

【思政目标】

1. 通过学习,让学生了解我国目前混凝土技术的发展水平及应用,培养学生民族自信心和自豪感,激发学生的爱国精神;
2. 培养水利人的求实精神,脚踏实地、严格执行质量标准;
3. 培养学生遵循规律、科学严谨的工作态度;
4. 培养学生的职业道德、新时代水利精神。

在众多的大坝工程中,混凝土坝占的比重比较大,混凝土坝包括重力坝、拱坝、碾压混凝土坝等主要坝型。混凝土坝工程的特点是施工环节多,工艺要求高,水泥、钢材、木材的耗用量大,工程投资高。因此,认真研究混凝土坝的施工,对于多快好省地完成施工任务具有非常重要的意义。

混凝土坝的施工过程主要包括准备工作、施工导流、基础开挖与处理、坝体混凝土工程、金属结构安装工程。

混凝土坝基本施工过程如图9-1所示。

其中骨料生产、混凝土拌和与混凝土运输占用机械、人工最多,作业最繁重,分别称为骨料生产、混凝土生产和混凝土运输系统。模板作业和钢筋作业虽属辅助性工作,但对混凝土施工速度和造价有重要影响。每一道生产环节和作业工序既独立又相互联系。

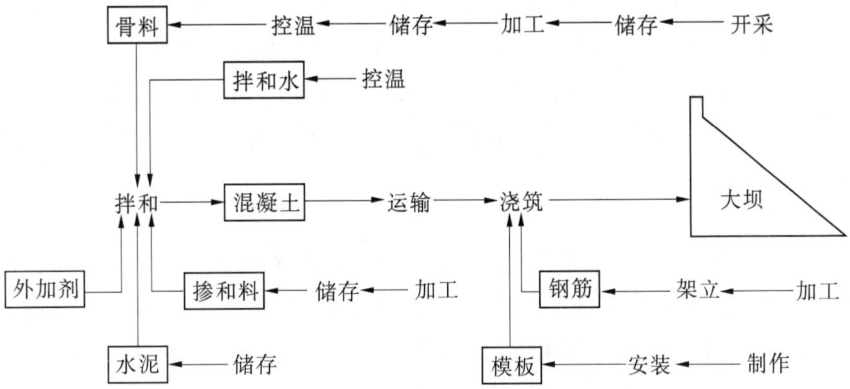


图 9-1 混凝土坝基本施工过程

# 任务一 常态混凝土施工

## 一、混凝土生产系统

### (一) 混凝土生产系统的组成

水利水电工程因河流、地形地貌、坝型、混凝土工程量等因素差别较大,因而混凝土生产系统车间组成不尽相同。通常混凝土生产系统由拌和楼、骨料储运设施、胶凝材料储运设施、外加剂车间、冲洗筛分、预冷热车间、空气站、实验室及其辅助车间等组成。

码 9-1 微课-常态混凝土施工

1. 拌和楼

拌和楼是混凝土生产系统的主要组成部分,也是影响混凝土生产系统的关键设备。一般根据混凝土质量、浇筑强度、混凝土骨料最大粒径、混凝土品种和运输等要求选择拌和楼。

2. 骨料储运设施

骨料储运设施包括骨料输送和储存设施,按拌和楼生产要求,向拌和楼供应各种满足质量要求的粗、细骨料。

拌和楼一般采用轮换上料,净骨料(包括细骨料)供料点至拌和楼的输送距离宜在 300 m 以内,当输送距离大于 300 m 时,应在混凝土生产系统中设置骨料调节堆。当骨料采用汽车运输,骨料中转较困难时,粗骨料调节堆的活容积一般为混凝土生产系统生产高峰日均需要 2~3 d 的用量,细骨料不宜小于 3 d 需用量;当采用胶带机转运骨料,场地布置困难时,粗骨料调节堆的活容积为混凝土生产系统生产高峰日均需要 1~2 d 的用量,细骨料为 2~3 d 的用量。

混凝土生产系统骨料调节堆可采用料堆堆料和料仓储料两种方式。对混凝土工程量较小、生产时间短的工程可采用料堆堆料,堆料高度为 5~8 m;对混凝土工程量较大、生产时间长、生产环境要求高,混凝土月浇筑强度较高的工程,为减少骨料二次污染,宜采用料仓储料。如水口工程采用14个φ14 m×20 m圆形混凝土结构骨料罐,其中4个砂罐,供高峰期3 d骨料需要量;三峡二期工程四个混凝土生产系统均采用圆形钢结构骨料罐,供3 d需要量,其中90 m、79 m高程混凝土生产系统采用φ16 m×16 m钢罐。

骨料调节堆无论采用何种形式,当料堆高度大于5 m时,粗骨料应设置缓降器,细骨料应设置防雨设施。

3. 胶凝材料储运

混凝土生产系统胶凝材料储运设施一般包括水泥和粉煤灰两部分,距拌和楼距离不宜大于20 m。目前,大中型工程一般不采用袋装水泥,混凝土生产系统应设置一定数量的散装水泥罐。一般工程施工时间较长,粉煤灰供应不确定因素多,灰源多而不稳定,质量差异较大,为利于混凝土质量控制,粉煤灰罐不宜少于2个。

混凝土生产系统胶凝材料从料源到工地运输,必要时可设置胶凝材料中转库,中转库的布置地点一般由施工总组织确定。混凝土生产系统内胶凝材料宜采用气力输送。

4. 二次冲洗筛分

粗骨料在长距离运输和多次转储过程中,常常发生破碎和二次污染,为了满足骨料质量要求,一般在混凝土生产系统设置二次冲洗筛分设施,控制骨料超逊径含量,排除石渣石屑。

二次冲洗筛分有两种形式:第一种是地面冲洗二次筛分,冲洗筛分后骨料直接储存在一次风冷料仓,如三峡二期98.7 m高程等五个混凝土生产系统;第二种是地面冲洗、楼顶二次筛分,筛分后的骨料直接进拌和楼料仓,如湖南五强溪96 m高程混凝土生产系统。

5. 实验室

混凝土生产系统应设置混凝土实验室,承担混凝土材料、混凝土拌和质量的控制和检验。混凝土生产系统实验室建筑面积可按混凝土工程量来计算,每1万$m^3$混凝土实验室建筑面积不宜小于1 $m^2$(包括监理单位现场实验室),且总面积不宜小于250 $m^2$。

6. 外加剂车间

目前,水利水电工程外加剂一般以浓缩液或固体形状运到工地,再配成液剂使用。固体浓缩外加剂在工地一般设置拆包、溶解、稀释、匀化稳定和输送几道工序。外加剂溶解在不能自流容器中,可用提升泵输送至拌和楼,拌和楼外加剂储液罐应设置回液管至外加剂车间,如三峡二期工程90 m和79 m高程混凝土生产系统。若采用液体外加剂在工地可不设置专用车间,随配随用。

**(二)混凝土生产系统设置**

根据工程规模、施工组织的不同,可集中设置一个混凝土生产系统,也可设置两个或两个以上的混凝土生产系统。混凝土生产系统可采用集中设置、分散设置或分标段设置。在混凝土建筑物比较集中、混凝土运输线路短而流畅、河床一次拦断全面施工的工程中采用集中设置,如三门峡、新安江工程等。当在河流流量大而宽阔的河段上,工程采用分期导流、分期施工时,一般按施工阶段分期设置混凝土生产系统,如葛洲坝、隔河岩、三峡工程。当工程分标招标,并在招标文件中要求承包商规划建设相应混凝土生产系统时,可按不同标段设置,如二滩工程大坝(Ⅰ标)和厂房(Ⅱ标)混凝土生产系统。

**(三)拌和设备容量的确定**

混凝土生产系统生产能力一般根据施工组织安排的高峰月混凝土浇筑强度为依据，计算混凝土生产系统小时生产能力。

$$P=\frac{Q_{m}K_{h}}{mn} \tag{9-1}$$

式中 $P$——混凝土生产系统小时生产能力，$m^3/h$；

$Q_m$——高峰月混凝土浇筑强度，$m^3$/月；

$K_h$——月工作日数，一般取 25 d；

$m$——日工作小时数，一般取 20 h；

$n$——不均匀系数，一般取 1.5。

按式(9-1)计算的小时生产能力，应按设计浇筑的最大仓面面积、混凝土初凝时间、浇筑层厚度、浇筑方法等条件，校核所选拌和楼的小时生产能力，以及与拌和楼配备的辅助设备的生产能力等是否满足要求。

**(四)混凝土生产系统的布置要求**

(1)拌和楼尽可能靠近浇筑点，混凝土生产系统到坝址的距离一般在 500 m 左右，爆破距离不小于 300 m，厂房宜布置在浇筑部位同侧。

(2)厂址选择要求地质良好、地形比较平缓、布置紧凑，拌和楼要布置在稳定的基岩上。

(3)厂房主要建筑物地面高程应高出当地 20 年一遇的洪水位，混凝土生产系统在沟口时，要保证不受山洪或泥石流的威胁。受料坑、地弄等地下建筑物一般在地下水位以上。

(4)混凝土出线应顺畅，运输距离应按混凝土出机到入仓的运输时间不超过 60 min 计算，夏季不超过 30 min。

(5)厂区的位置和高程要满足混凝土运输和浇筑施工方案要求。

## 二、常用混凝土运输浇筑方案

**(一)常用的几种混凝土运输浇筑方案**

*1. 自卸汽车——履带式起重机运输浇筑方案*

混凝土由自卸汽车卸入卧罐，再由履带式起重机吊运入仓。这种方案机动灵活，适应工地狭窄的地形。履带式起重机多由挖掘机改装而成，自卸汽车在工地使用较多，所以能及早投产使用，充分发挥机械的利用率。但履带式起重机在负荷下不能变幅，并受工作面与供料线路的影响，常需随工作面而移动机身，控制高度不大。常用于岸边溢洪道、厂房基础、低坝等混凝土工程。

*2. 起重机——栈桥运输浇筑方案*

采用门机和塔机吊运混凝土浇筑方案，常在平行于坝轴线方向架设栈桥，并在栈桥上安设门机、塔机，如图 9-2 所示。混凝土水平运输车辆常与门机、塔机共用一个栈桥桥面，以便向门机、塔机供料。

为了扩大起重机的控制范围，增加浇筑高度，为起重机和混凝土运输提供开行线路，使之与浇筑工作面分开,避免相互干扰,工程常常设置施工栈桥。施工栈桥是临时性建筑物,一般由桥墩、梁跨结构和桥面三部分组成,桥上行驶起重机(门机或塔机)和运输车辆(机车或汽车),如图9-3所示。

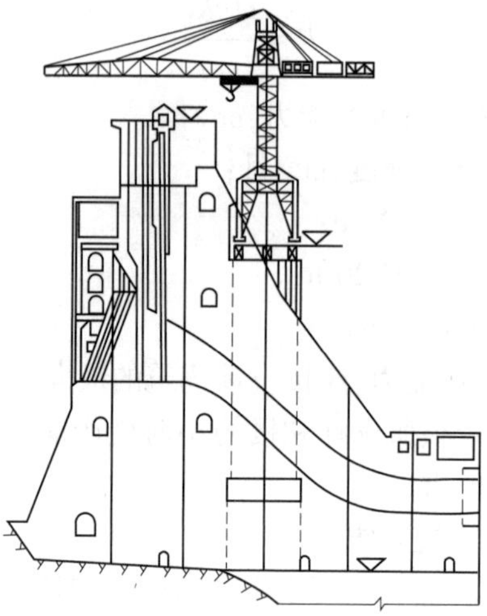

图9-2 门机和塔机的工作桥示意图

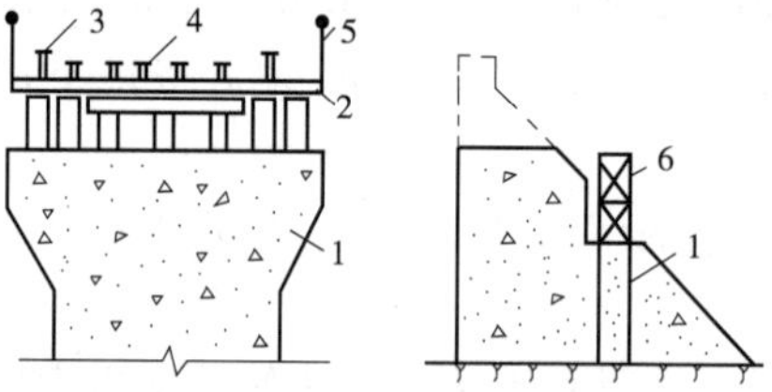


(a)栈桥上部结构 (b)混合式的栈桥结构

1—钢筋混凝土桥墩;2—桥面;3—起重机轨道;4—运输轨道;5—栏杆;6—可拆除的钢架。

图9-3 塔机栈桥布置图

常见栈桥的布置方式有以下几种:

(1)单线栈桥。当建筑物的宽度不太大时,栈桥设于坝底宽度的1/2左右处,可控制大部分浇筑部位,栈桥可一次到顶,也可分层加高。分层加高有利于及早投产,避免吊罐下放过深,能简化桥墩结构。但施工过程中要加高栈桥,改变运输线路,对主体工程施工有影响,如图9-4(a)所示。

(2)双线栈桥。对于较宽的建筑物,为便于全面控制而布置双线栈桥,如图9-4(b)、(c)所示。双线栈桥常为一主一辅,主栈桥担任大部分浇筑任务、辅栈桥主要担任水平运输任务。这种布置方式在坝后式厂房与河床式厂房混凝土施工过程中应用较多。

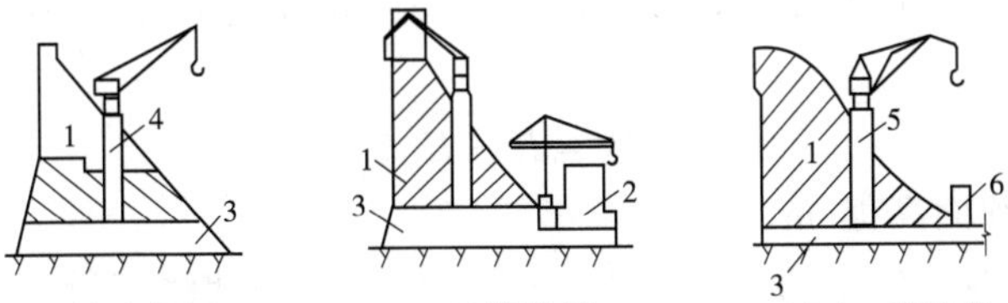


(a)单线栈桥 (b)双线栈桥 (c)主、辅栈桥

1—坝体;2—厂房;3—由辅助浇筑方案完成的部位;4—分两次升高的栈桥;5—主栈桥;6—辅栈桥。

**图 9-4 大坝施工栈桥布置方式**

(3)多线多高程栈桥。对于坝底宽度特大的高坝工程,常需架设多线多高程栈桥,如图 9-5 所示。近年来,由于高架门机和巨型塔机的应用,可简化这种布置方式。

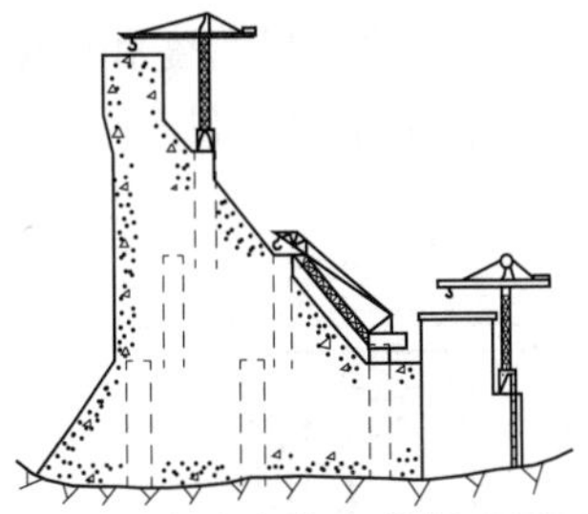

**图 9-5 多线多高程栈桥布置图**

在选择栈桥布置方式、确定栈桥位置和高程时,除要保证建筑物控制范围和主要工程量外,还必须考虑与水平运输衔接、施工导流、防洪度汛等问题,并尽量减少门机、塔机搬迁次数,避免或减少对主体工程的影响。对于兼有运输任务的栈桥,桥面高程应与拌和楼出料高程相协调。

起重机—栈桥方案的优点是布置比较灵活,控制范围大,运输强度高;门机、塔机为定型设备,机械性能稳定,可多次拆装使用。因此,它是大坝、厂房混凝土施工最常用的方案。其缺点是修建栈桥和安装起重机需要占用一段工期,往往影响主体工程施工;栈桥下部形成浇筑死区(称为栈桥压仓),需用溜管、溜槽等辅助运输设备方能浇筑,或待栈桥拆除后浇筑。此外,坝内栈桥在施工初期难以形成,坝外低栈桥控制范围有限,且受导流方式的影响和汛期洪水的威胁。

3. 缆机运输浇筑方案

在河床狭窄地段修建混凝土坝多采用缆机,如五强溪、隔河岩、万家寨等工程均采用缆机,三峡工程采用了两台跨度为 1 416 m、塔架高 125 m、起重量 20 t 的摆塔式缆机。缆机布置主要是根据枢纽建筑物外形尺寸和河谷两岸地形地质条件,确定缆机跨度和塔架顶部高程的。缆机布置的一般原则如下:

(1)尽量缩小缆机跨度和塔架高度。

(2)控制范围尽量覆盖所有坝块。

(3)缆机平台工程量尽量小,双层缆机布置要使低缆浇筑范围不低于初期发电水位。

(4)供料平台要平直且尽量少压或不压坝块。

塔顶控制高程为

$$H = H_0 + f + \alpha + \Delta \tag{9-2}$$

式中 $H$——缆机塔顶高程,m;

$H_0$——计划浇筑的最高部位高程,m;

$f$——缆机承重索垂度,可按跨度的 5%计算;

$\alpha$——吊罐底至承重索的最小距离,一般为 6~10 m;

$\Delta$——吊罐底至计划浇筑的最高部位高程的安全距离,不小于 1 m。

在塔顶高程确定后，即可根据两岸的陡缓和地质条件确定塔架高度和缆机跨度。

塔架高度 $H_t$ 为

$$H_t = H - H_n \tag{9-3}$$

式中　$H_n$——轨道顶面高程，m。

采用缆机方案，应尽量全部覆盖枢纽建筑物，满足高峰期浇筑量。图 9-6 是多台缆机布置方案示例，共 3 台 20 t 辐射式缆机，跨度 420 m，主塔高 15~20 m。其中，缆机 3 布置较低，主要担任厂房运输浇筑任务。

缆机方案布置：有时由于地形地质条件限制，或者为了节约缆机平台工作量和设备投资，往往缩短缆机跨度和塔架高度，甚至将缆机平台降至坝顶高程。这时，需要其他运输设备配合施工，还可以采用缆机和门机、塔机结合施工的方案。

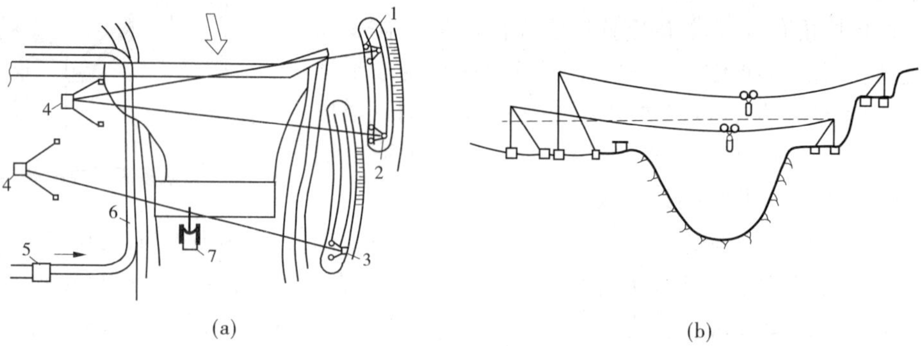


1、2、3—缆机；4—缆机固定塔；5—拌和楼；
6—混凝土运输轨道；7—吊罐。

**图 9-6　多台缆机布置方案**

4. 塔带机浇筑混凝土

塔带机是集水平运输与垂直运输于一体，将塔机与皮带输送机有机结合的专用皮带机，要求混凝土拌和、水平供料、垂直运输及仓面作业一条龙配套。塔带机一般布置在坝内，要求大坝坝基开挖完成后快速进行塔带机系统的安装、调试和试运行，使其尽早投入正常生产。三峡大坝施工采用了 4 台美国罗泰克公司生产的 TC2400 型塔带机和 2 台以法国波坦公司为主生产的 MD2200 型塔带机(见图 9-7 和图 9-8)。

塔带机是一种新型混凝土浇筑设备，它具有连续浇筑、生产率高、运行灵活等优势，但由于生产能力大、运行速度快、高速入仓，对仓面铺料、平仓和振捣带来不利影响。

**(二)混凝土运输浇筑方案的选择**

混凝土运输浇筑方案对工程进度、质量、工程造价将产生直接影响，需综合各方面因素，经过技术、经济比较后选定。

1. 方案选择应考虑的因素

(1)工程规模和总进度拟定的施工阶段控制性浇筑进度、强度及温控要求。

(2)枢纽布置，水工建筑物类型、结构和尺寸，特别是坝的高度。

(3)施工现场的地形、地质条件和水文特点。

(4)导流方式及分期和防洪措施。

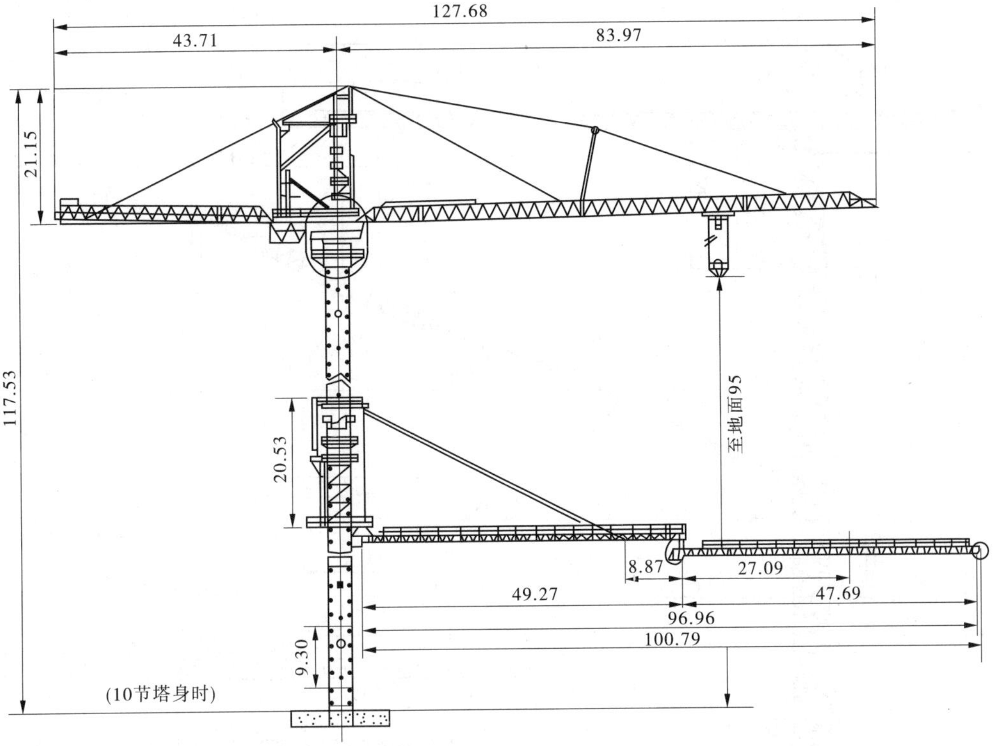


图 9-7 罗泰克公司 TC2400 型塔带机 (单位:m)

(5)模板、钢筋、构件的运输、安装方案。

(6)混凝土拌和楼(站)的布置和生产能力。

(7)施工队伍的技术水平、熟练程度及设备状况。

2. 运输浇筑方案选择

在运输浇筑方案选择时,可按下述不同情况确定:

(1)高度较大的建筑物。其高度一般为 50~250 m,工程规模和混凝土浇筑强度大,混凝土垂直运输占主要地位。常以门机、塔机—栈桥、皮带机为主方案,以履带机及其他较小机械设备为辅助措施。在较宽河谷的高坝施工,常采用缆机与门机、塔机(或塔带机)相结合的混凝土运输浇筑方案。

(2)低水头工程。如低坝、水闸、船闸、厂房、护坦及各种导墙等,可选用门机、塔机、履带机、皮带机作为主要方案。

(3)工作面狭窄部位。如隧洞衬砌、导流底孔封堵、厂房二期混凝土部分回填等,可选用混凝土泵、溜管、溜槽、皮带机等运输浇筑方案。

## 三、混凝土温度控制

在水利水电工程施工中,如大坝、厂房等混凝土建筑物,由于体积庞大,受基础、结构、温度等影响,容易产生裂缝,必须进行分层分块浇筑并采取一系列温控措施,以保证建筑物的质量。

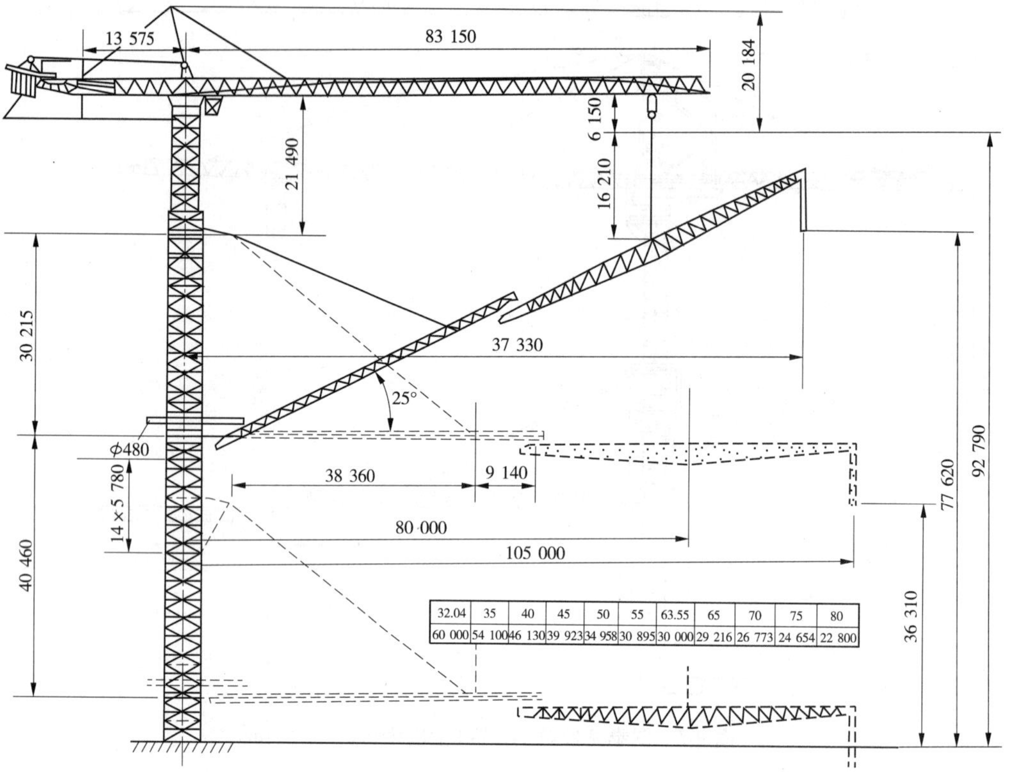


图 9-8　波坦公司 MD2200 型塔带机　(单位:mm)

## (一)大体积混凝土温度裂缝

### 1. 大体积混凝土的温度变化过程

混凝土凝固过程中因水泥释放水化热而升温,由于混凝土导热性不良,热量积蓄在浇筑块内。短时间内其最高温度可达 30~50 ℃,与周围介质存在温差。随着时间的推延,热量慢慢地向外界散失,坝体温度则缓慢下降,直至稳定。但这一自然降温过程极为漫长,实测资料表明,可以延续几年以至几十年之久。此后,坝体温度即趋于稳定。因此,大体积混凝土浇筑后的温度变化经过了温升期、冷却期、稳定期三个过程(见图 9-9)。混凝土块体内部温度达到稳定温度后基本固定,仅混凝土外部 7~10 m 范围内随外界温度变化有周期性波动。

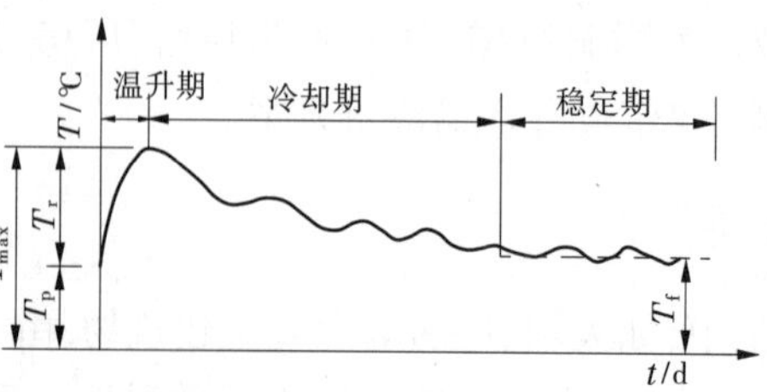


图 9-9　大体积混凝土的温度变化过程线

2. 温度应力和温度裂缝

混凝土温度变化使体积随之变化,即温度变形。这种变形当受到约束时会产生温度应力。若温度应力为拉应力而又超过混凝土抗拉强度,则产生温度裂缝。按照约束特点,温度应力可分为基础约束而产生的温度应力和混凝土块本身约束而产生的温度应力,前者产生贯穿裂缝、后者产生表面裂缝。如图 9-10 所示为混凝土坝的温度裂缝。

**(二)防止温度裂缝产生的主要措施**

1. 降低混凝土的温升

水泥混凝土在凝结硬化过程中产生的水化热是促使混凝土温度升高的根本原因,因此必须降低混凝土发热量。常采用低热水泥或减少每立方米混凝土的水泥用量,以减少水泥的水化热,具体措施如下:

(1)根据坝体的应力场对坝体进行分区,对于不同分区采用不同强度等级的混凝土。

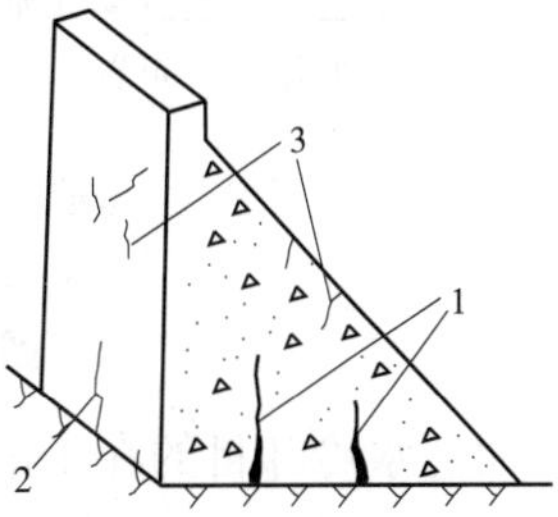

1—贯穿裂缝;2—深层裂缝;3—表面裂缝。

**图 9-10 混凝土坝的温度裂缝**

(2)采用低流态或无坍落度干硬性贫混凝土。

(3)改善骨料级配,优化配合比设计,降低砂率,以减少每立方米水泥用量。

(4)掺用混合材料,如粉煤灰等,掺和料用量可达水泥用量的 25%~40%。

(5)采用干硬性混凝土及改进施工方法等。

2. 降低混凝土入仓温度

(1)合理安排浇筑时间。在施工组织上安排春、秋多浇,夏季早晚浇而中午不浇,这是最经济最有效降低混凝土入仓温度的措施。

(2)加冰或加冷水拌和混凝土。混凝土拌和时,将部分拌和水改为冰屑,利用冰的低温和冰溶解时吸收潜热的作用降低混凝土入仓温度。

(3)降低骨料温度。采取砂、石用地下竖井或防晒棚遮蔽,堆高料堆底层取料等措施以降低其温度。当这些措施不能满足要求时,必须采取预冷骨料的措施,预冷骨料主要针对粗骨料,常用的方法有水冷、气冷和真空汽化冷却。

3. 加速混凝土散热

(1)分层分块。一般按结构尺寸、浇筑能力大小分层分块,采用薄层浇筑及适当延长间歇时间,让各浇筑块间混凝土充分散热。基础混凝土和老混凝土约束部位浇筑层厚以 1~2 m 为宜,上下层浇筑间歇时间宜为 5~10 d。在高温季节有预冷措施时,应采用厚块浇筑,缩短间歇时间,防止外界温度过高而热量倒流,以保持预冷效果。

(2)在混凝土内预埋水管通水冷却,人工强制散热。在混凝土内预埋蛇形水管,通循环冷水进行降温冷却。在国内以往的工程中,多采用直径约为 2.54 cm 的黑铁管进行冷却,该水管施工经验多、施工方法成熟、水管导热性能好,但水管需要在附属加工厂进行制作,制作安装不方便,且费时较多。此外接头渗漏或堵管时有发生,材料及制安费用也较高,目前应用较多的是塑料水管。塑料软管充气埋入混凝土内,待混凝土初凝后再放气拔出,清洗后以备重复利用。冷却水管布置,平面上呈蛇形、断面呈梅花形,如图 9-11 所示,也可布置成棋盘形,蛇形管弯头由硬质材料制作,在塑料软管放气拔出后,弯头仍留在混凝土内。

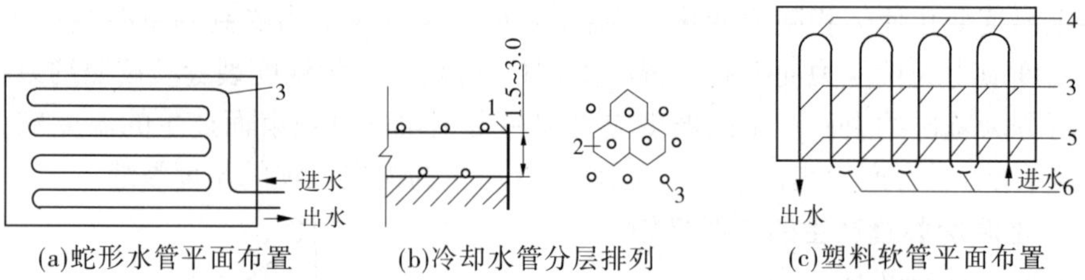


1—模板;2—每一根冷却水管冷却的范围;3—冷却水管;
4—钢弯管;5—钢管($l$=20~30 cm);6—胶皮管。

**图 9-11　冷却水管布置图**　(单位:m)

一期通水冷却目的在于削减温升高峰,减少贯穿裂缝发生。一期通水冷却通常在混凝土浇后几小时便开始,持续时间一般为15~20 d,混凝土温度与水温差不宜超过25 ℃。通水流速以0.6 m/s为宜,水流方向应每24 h调换一次,每天降温不宜超过1 ℃,达到预定降温值方可停止。

二期通水冷却的作用是使坝体温度从最高温度降低到接近稳定温度,以便进行纵缝灌浆。二期通水冷却时间一般为2个月左右,通水水温与混凝土温度差不超过20 ℃,日降温不超过1 ℃。通常应保证至少有10~15 ℃的温度降,使接缝张开度有0.5 mm,以满足接缝灌浆对灌缝宽度的要求。冷却用水尽量利用低温地下水和库内低温水,只有当采用天然水不符合要求时,才辅以人工冷却水。通水冷却应自下而上分区进行,通水方向每24 h调换一次,以使坝体均匀降温。通水的进出口一般设于廊道内、坝面上、宽缝坝的宽缝中或空腹坝的空腹中。

**(三)建筑物分层分块**

为控制坝体施工期温度应力并适应施工机械设备的浇筑能力,需要用垂直于坝轴线的横缝和平行于坝轴线的纵缝及水平缝,将坝体划分为许多浇筑块进行浇筑。浇筑块的划分还应考虑结构受力特征、土建施工和设备埋件安装的方便。混凝土坝的施工方式有四种,如图9-12所示。

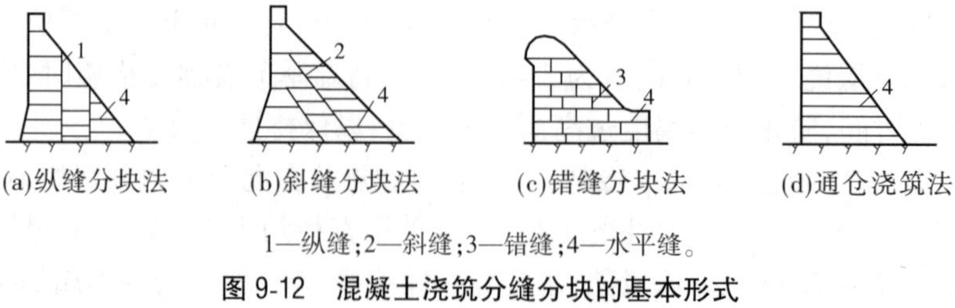


1—纵缝;2—斜缝;3—错缝;4—水平缝。

**图 9-12　混凝土浇筑分缝分块的基本形式**

1. 纵缝分块法

纵缝为平行坝轴线、带键槽的竖直缝,将坝段分成独立的柱状体,再用水平缝将其分成浇筑块。这种分块方法又称为柱状分块,目前我国应用最为普遍。

设纵缝的目的在于给温度变形以活动的余地,以避免产生基础约束裂缝。其间距一般为 20~40 m,太小则会使接缝张开宽度达不到 0.5 mm 以上要求。纵缝分块优点是:温控较有把握,混凝土浇筑工艺相对简单,各柱状体可分别上升,相互干扰小,施工安排灵活。缺点是纵缝将仓面分得较狭窄,使模板工作量增加,不便于大型机械化施工;为了恢复坝的整体性,纵缝需接缝灌浆处理,坝体蓄水兴利受到接缝灌浆的限制。

为增加其抗剪能力,在纵缝面设置键槽。键槽常为直角三角形,其短边、长边应分别与坝的第一、第二主应力正交,使键槽面承压而不承剪。键槽布置如图 9-13 所示。

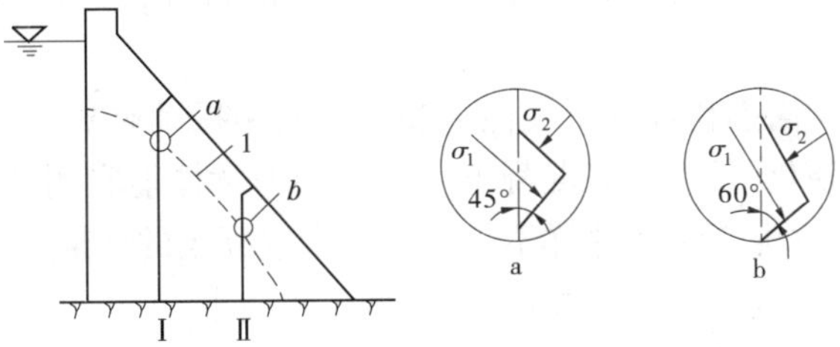


Ⅰ、Ⅱ—纵缝编号;1—第一主应力轨迹线;$\sigma_1$、$\sigma_2$—第一及第二主应力。

**图 9-13 坝体主应力与键槽布置**

2. 斜缝分块法

斜缝为大致沿坝体两组主应力之一的轨迹面设置的伸缩缝,一般往上游倾斜,其缝面与坝体第一主应力方向大体一致,从而使缝面上剪应力基本消除。因此,斜缝面只需设置梯形键槽、加插筋和凿毛处理,不必进行斜缝灌浆。为了坝体防渗需要,斜缝的上端在迎水面一定距离处终止,并在终点顶部加设并缝钢筋或并缝廊道。

从施工方面考虑,选择斜缝原因有两个:一是坝内埋设有引水钢管,斜缝与钢管斜段平行,便于其安装;二是为了拦洪,采用斜缝分块可以及时形成临时挡水断面。斜缝的缺点是:只有先浇筑上游正坡坝段,才能浇筑倒坡坝块,施工干扰大,选择仓位的灵活性小;斜缝前后浇筑块高差和温差需严格控制,否则会产生很大的温度应力。由于斜缝面可以不灌浆,所以坝体建成后即可蓄水受益,节约工程投资。

3. 错缝分块法

分块时将块间纵缝错开,互不贯通,错距等于层厚的 1/3~1/2,故坝整体性好,也不需要进行纵缝灌浆。但错缝高差要求严格,由于浇筑块相互搭接,其次序需按一定规律安排,施工干扰大,施工进度慢,同时在纵缝上下端因应力集中容易开裂。

4. 通仓浇筑法

坝段不设纵缝,逐层往上浇筑,不存在接缝灌浆问题。由于浇筑仓面大,可节省大量模板,便于机械化施工,有利于加快施工进度,提高坝的整体性。但是,大面积浇筑受基础和老混凝土的约束力强,容易产生温度裂缝。为此温度控制要求很严格,除采用薄层浇筑、充分利用自然散热外,还必须采取多种预冷措施,允许温差控制在 15~18 ℃。

上述四种分块方法,以纵缝分块法最为普遍。中低坝可采用错缝分块法或不灌浆的斜缝分块法。若采用通仓浇筑,则有专门论证和全面的温控设计。

# 任务二　碾压混凝土坝施工

码 9-2　微课-碾压混凝土坝施工

## 一、碾压混凝土坝施工的特点

碾压混凝土坝是结合土石坝和常态混凝土坝而发展起来的一种新坝型,它综合了土石坝快速施工和混凝土坝运行安全的特性,具有快速与经济两大优势。

碾压混凝土是一种高掺粉煤灰干硬性混凝土。它用振动碾振动代替振捣器振捣,使混凝土达到密实凝结硬化,具有常态混凝土所具有的力学性能和耐久性能。由于大量掺加粉煤灰,所以减少了水泥用量。这样不仅可以减少混凝土的初期发热量,而且可以增加混凝土的后期强度,简化混凝土的温控措施,降低工程成本。

我国 1978 年开展碾压混凝土筑坝技术的研究,1986 年 5 月建成了我国第一座碾压混凝土坝——福建坑口重力坝(坝高 58. 6 m)。2007 年,红水河龙滩碾压混凝土重力坝投产发电(坝高 216. 5 m)。几十年来,碾压混凝土坝在我国获得迅速发展,其筑坝技术处于世界先进行列。

## 二、碾压混凝土施工工艺

### (一)碾压混凝土施工工艺流程图

碾压混凝土施工工艺流程见图 9-14。

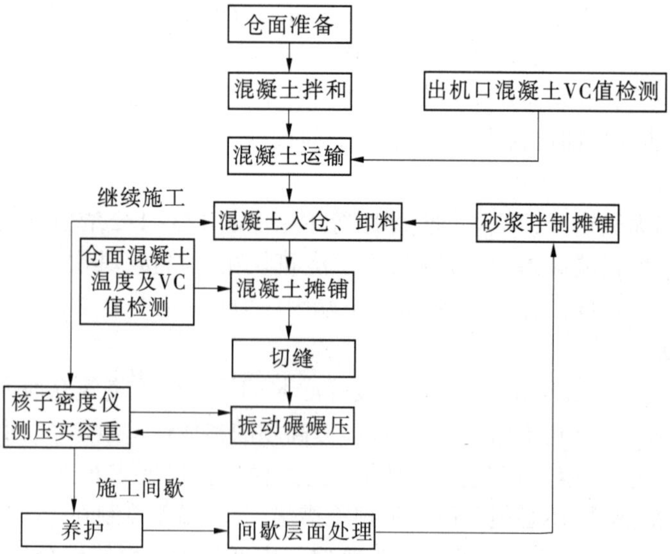


图 9-14　碾压混凝土施工工艺流程

## (二)施工程序的内容

1. 仓面准备

开仓前须持有原材料储存量、混凝土配合比料单及浇筑要领图等资料,经工程监理验仓,并在仓面四周标注分层高程,将进入仓内作业施工机械冲洗干净。

2. 混凝土拌和

碾压混凝土采用双卧轴强制式搅拌机拌和。拌和站系统由储料、进料、配料、拌和、分料及控制系统等组成,根据坝体仓面浇筑强度选择拌和能力。按照配合比料单以一定投料顺序将混凝土原材料投入搅拌机内拌和,拌和时间比一般常态混凝土长,1.5 $m^3$ 容量搅拌机拌和时间约55 s,出机口VC值控制在5~10 s范围。

3. 混凝土运输

混凝土运输方式应根据坝体结构和坝址地形条件选择,有自卸汽车、皮带输送机、缆机、门机、真空溜槽等运输方式。

自卸汽车是最常用的运输入仓方式,具有运转次数少、运输能力强、机动灵活及通用性好等特点,入仓前须清洗干净轮胎,在易于布置上坝交通道路的情况下应优先采用。

高速深槽皮带机是仅次于自卸汽车的运输工具,运输效率高,能适应大坝不同高度需要,常与自卸汽车、真空溜槽组合使用。缆机、门机一般用于坝体中上部以上,需与自卸汽车进行水平运输配合。真空溜槽用于高落差部位入仓,常与自卸汽车、皮带输送机组合使用。混凝土运输中要避免骨料产生分离,尽量缩短运输时间。

4. 卸料

卸料前在碾压混凝土面上铺设一层1~2 cm厚高强度等级水泥砂浆,砂浆应按条带摊铺,人工刮板刮平,砂浆摊铺好后应及时摊铺混凝土料,防止砂浆失水、风干。当混凝土连续正常碾压时,层间缝不必铺砂浆。自卸汽车卸料采用退铺法两点叠压式卸料,按梅花形依次卸堆,每车分两个位置卸下,第二次应对准第一次卸料堆高度的一半位置,使后卸料堆与先卸料堆相互搭接,从而减少骨料分离。

5. 摊铺

摊铺也称平仓,摊铺方法有平层摊铺法和斜层摊铺法,根据坝体结构、仓面大小、混凝土拌和能力等确定。摊铺的方法有平层摊铺法和斜层摊铺法。

(1)平层摊铺法。是将卸到仓内的碾压混凝土拌和料在水平方向分条带薄层摊铺,将仓面从上游往下游划分为若干条带,条带的长度和宽度根据仓位大小、混凝土拌和能力和施工机械能力而定,各条带摊铺方向应与坝轴线平行。

(2)斜层摊铺法。是将卸到仓内的碾压混凝土拌和料按1:15 ~1:30的坡度分条带薄层摊铺,这种方法可缩小摊铺面积、减少每层混凝土方量、缩短每层摊铺时间,将层间间隔时间控制在碾压混凝土初凝时间以内,有利于充分保证碾压混凝土层间结合质量。摊铺自斜面顶部往底部进行,斜坡脚处摊料厚度为15 cm左右,尾部20~30 cm范围留做下一层碾压。

一般摊铺压实层厚度为30 cm,摊铺层厚度为32~35 cm。碾压混凝土料用推土机摊铺,靠近模板处用装载机和人工摊铺。

6. 切缝

坝体设若干条横缝(顺水流方向分缝),将坝体分为若干个坝块,碾压混凝土铺筑时一般将整个坝面作为一个大仓面或将若干个坝块连成几个较大仓面施工,仓面内横缝采用切缝方式形成。

碾压混凝土料摊铺后采用电振动冲击夯改装的手持式切缝机切缝。先用振动碾静压1~2遍,然后沿横缝拉一条线,两人抬动切缝机,另一人将彩条布放入刀片下,开启冲击夯将彩条布压入碾压混凝土内,如此逐段前行。切缝机刀片长30 cm、高30 cm、厚1.5 cm,切缝深25 cm左右。

7. 碾压

碾压采用BW-202AD型振动碾,碾压遍数采用2—8—2,即无振碾压2遍、有振碾压2遍收面,单程行走为一遍,振动碾行走速度控制在21~25 m/min,采用高频(45 Hz)、低幅(35 mm)双碾振动。碾压方向宜垂直于水流方向,碾压作业采用搭接法,搭接条带宽度为10~20 cm。

每层碾压作业结束后按100~200 $m^2$ 设一个测点,用核子密度仪检测混凝土的压实容重,压实容重应满足设计相对密实度要求,未达到设计要求时增加碾压遍数。

连续上升铺筑的碾压混凝土,层间允许间隔时间应控制在混凝土初凝时间以内,且混凝土拌和物从拌和到碾压完毕的历时应不大于2 h,若历时超2 h则应加水泥净浆或水泥砂浆进行碾压。

8. 变态混凝土

在模板附近或靠岸坡处振动碾碾压不到的部位,采用变态混凝土方法施工,即将碾压混凝土料用装载机和人工摊开后,加入一定量的水泥浆液(一般为每立方米混凝土加浆20~25 L),然后用手持式高频振捣器进行振捣,振捣器应深入下层混凝土内5 ~10 cm ,振捣时间以混凝土不再明显下沉、表面泛出浆液为止,振捣器拔出时混凝土表面不应留有孔洞。

9. 异种混凝土施工

异种混凝土施工主要是指碾压混凝土与模板附近或基岩边坡改浇常态混凝土结合部位的施工。靠近岸坡岩面上的常态混凝土垫层与坝体碾压混凝土同步上升进行施工。

10. 层面处理

碾压混凝土施工中存在许多碾压层面,层面处理的目的是保证层间结合良好,形成一个整体,防止出现层间薄弱面和渗水通道。

对未超过混凝土初凝时间的层面在保持下层混凝土表面湿润的情况下进行连续铺筑。对超过初凝时间,但未终凝的层面可在上层混凝土摊铺前铺设一层1~2 cm厚水泥砂浆或水泥净浆。

对超过终凝时间的层面,若间隔时间在24 h以内,仍可采用铺设砂浆垫层的处理方式,若间隔时间超过24 h则按冷缝处理方式,即用高压水冲毛机清除混凝土表面乳皮,使之成为露砂毛面为准,然后冲洗干净混凝土面,均匀摊铺一层1~2 cm厚水泥砂浆垫层,再铺筑上一层碾压混凝土。

间歇层是指一个仓面全部铺筑施工结束后停置一定时间后形成的层面,一个间歇层高度一般为 2~3 m,按施工冷缝方法处理。

11. 止水施工

在永久横缝靠近坝体上下游面约 1 m 处设置止水。止水铜片加工采用分段成型,止水铜片按其厚度分别采用对接或搭接方式连接,搭接长度不小于 20 mm。接头采用双面焊接,焊接接头表面做到光滑、无砂眼、无裂纹,接头处的抗拉强度不低于母材强度的 75%。止水铜片在埋入混凝土之前用支撑进行定位,架立止水铜片时,不能在止水铜片上穿孔,而是用焊接进行固定。铜片止水鼻子中心线与接缝中心线的允许偏差为±5 mm,定位后在鼻子空腔内填满沥青麻丝。

由于止水附近无法碾压密实,容易形成渗水通道,故止水部位应采用加浆振捣的方法进行处理:混凝土碾压时尽量靠近止水部位,碾压不到的部位采用变态混凝土施工,加注同强度等级的砂浆,软轴振捣器振捣密实即可。加浆振捣范围必须保证止水片以外 20 m,中间不能出现未碾压好且又未振捣好的薄弱带,每碾压一层对止水周围加强振捣一次。

12. 养护

碾压混凝土在达到龄期或覆盖上层混凝土之前,对其层面、暴露面应进行保湿养护。上、下游永久暴露面浇筑完成拆模后开始养护。若气温较高,可采取喷雾、洒水等措施保持仓面湿润;若气温较低,可采用草袋覆盖等保湿措施。

## 三、碾压混凝土质量控制

### (一)碾压混凝土质量检查方法

(1)用 VeBe 仪测定碾压混凝土的稠度,以控制配合比。

(2)使用核子密度仪测定碾压混凝土的湿容重和压实度,对碾压层的均匀性进行控制。

(3)通过钻孔取芯样校核其强度是否满足设计要求。

### (二)碾压混凝土施工质量控制

(1)对原材料进行检测,如粗骨料级配有无分离与破碎,砂石料的含水量等。

(2)在搅拌站出机口随机取样对混凝土拌和物质量进行检测,检测项目有 VC 值、出机口温度等。

(3)对仓面施工质量检测,包括现场 VC 值、骨料分离情况、浇筑温度、碾压遍数及压实容重等。混凝土密实度使用核子密度仪检验,若密实度不足,需增加碾压遍数,并找出原因。

(4)注意混凝土的层面结合、养护与防护。

(5)根据设计要求,留取混凝土抗压试件,进行初始养护,用以检验到达设计龄期的混凝土强度。

(6)除上述质量控制外,尚应钻取一定数量的芯样,检查混凝土的分离情况和层面的结合效果。

## 复习思考题

一、填空题

1. 大坝混凝土浇筑,分块尺寸和铺层厚度已定,解决层间不出现冷缝的措施有________________。

2. 大体积混凝土的温度变化过程可分为________、________、________三个时期。

3. 混凝土坝施工,产生的温度裂缝有________、________两类。

4. 混凝土坝温度控制的目的是________、________。

5. 混凝土坝的基本分缝分块方法有________、________、________和________。

二、简答题

1. 简述混凝土坝的施工工序。

2. 混凝土生产系统包括哪些?

3. 常用混凝土的运输方案有哪些?

4. 防止混凝土坝产生温度裂缝的措施有哪些?

5. 简述贯穿裂缝产生的原因与危害。

6. 混凝土表面裂缝产生的原因是什么? 如何防止?

7. 降低混凝土入仓温度有哪些措施?

8. 碾压混凝土坝的施工特点有哪些?

# 项目十 隧洞工程

【学习目标】

1. 了解隧洞开挖的方法和要求；
2. 掌握钻爆法隧道施工的施工程序和技术要求；
3. 熟悉钻爆法隧洞施工临时支护施工方法；
4. 掌握隧洞衬砌的施工工艺流程及技术要求；
5. 理解掘进机的施工特点、工作原理和施工方法。

【技能目标】

1. 掌握钻爆法隧洞开挖的施工方法和施工程序及技术要求；
2. 掌握隧洞的衬砌施工和围岩灌浆施工方法及技术要求；
3. 理解掘进机施工方法和工作原理。

【思政目标】

1. 通过学习，让学生掌握隧洞工程施工的方法和先进的施工机械，激发学生的爱国激情；
2. 培养学生吃苦耐劳、敬业奉献、协作创新的职业精神；
3. 能够严格落实施工技术标准和施工工艺及规范要求；
4. 能够坚守质量标准、安全意识底线。

隧洞工程施工主要是在地面以下进行的，直接受到工程地质、水文地质和施工条件的约束，工作面小，工种工序多，劳动条件差，相互干扰较大，容易发生事故，所以要特别注意安全。

隧洞工程施工有以下程序：施工准备，洞口开挖、锁口衬砌及施工安全措施，洞室开挖、支护，衬砌及灌浆，闸门、启闭设备及安装，施工支洞封堵、洞室清理及竣工验收。

隧洞施工常用的方法有钻爆法、掘进机开挖法等。

## 任务一 钻爆法施工

码 10-1 微课-隧洞钻爆法施工

钻爆法是隧洞开挖的主要施工方法，这种方法对岩层地质条件适应性强、开挖成本低，尤其适合岩石坚硬、长度相对短的洞室施工。

隧洞开挖方法有全断面开挖法和导洞开挖法两种。开挖方法的选择主要取决于隧洞围岩的类别、断面尺寸、施工机械化程度和施工水平。合理选择开挖方法对于加快施工进度、节约投资、保证施工安全和质量均有重要意义。

## 一、隧洞开挖方法

### (一)全断面开挖法

全断面开挖法是指隧洞的整个设计断面一次钻孔爆破开挖或成型的方法。在隧洞断面不大于 16 $m^2$,围岩稳定性好,不需要临时支护或仅局部支护,又有完善的机械设备时,可采用这种方法开挖。洞内工作面较大,有利于机械化施工。

当地质条件较好,围岩坚固稳定,不需要临时支护或仅需局部支护的大小断面平洞中,又有完善的机械设备,均可采用全断面开挖法,如图 10-1 所示。

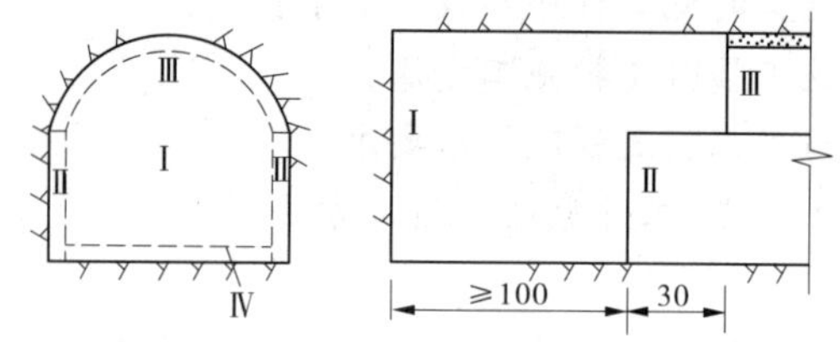


Ⅰ、Ⅱ、Ⅲ、Ⅳ—开挖及衬砌程序。

图 10-1　全断面开挖法　(单位:m)

当缺乏大型施工机械设备而无法进行全断面开挖时,可采用全断面台阶开挖法,即将工作面分为上下两层,上层超前 2~4 m,上下层同时爆破的掘进方法,如图 10-2 所示。具体施工顺序是爆破散烟及安全检查后,清理上层台阶的石渣,进行上层工作面的钻孔,同时出渣,清渣后下层工作面钻孔,钻孔完成后,上下层炮孔同时装药,一起爆破,保持上下工作面掘进深度一致。

Ⅰ—上台阶;Ⅱ—下台阶;

1—上台阶钻孔;2—扒落石渣;3—出渣后再钻孔。

图 10-2　全断面台阶开挖法

### (二)导洞开挖法

导洞开挖法就是在平洞中先开挖一个小断面的洞作为先导,称为导洞,然后扩大至整个设计断面,根据导洞与扩大开挖的次序可分为导洞专进法和导洞并进法。导洞专进法是待导洞全线贯通后再开挖扩大部分;导洞并进法是待导洞开挖一定距离(一般为 10~15 m)后,导洞与扩大部分的开挖同时前进。根据导洞在整个断面中的不同位置,可分为上导洞、下导洞、中导洞、双侧导洞等开挖法。

1. 下导洞开挖法

导洞布置在断面下部中央,开挖后向上向两侧底部扩大至全断面。其施工顺序是,先开挖下导洞,并架设漏斗棚架,然后向上拉槽至拱顶,再由拱部两侧向下开挖。上部岩渣可经漏斗棚架装车出渣,所以又称为漏斗棚架法,如图 10-3 所示。其优点是出渣线路不必转移,排水容易,工序之间施工干扰小。但遇地质条件较差时,施工不够安全。该法适用于基本稳定围岩中的大断面隧洞或机械化程度较低的中小断面平洞。

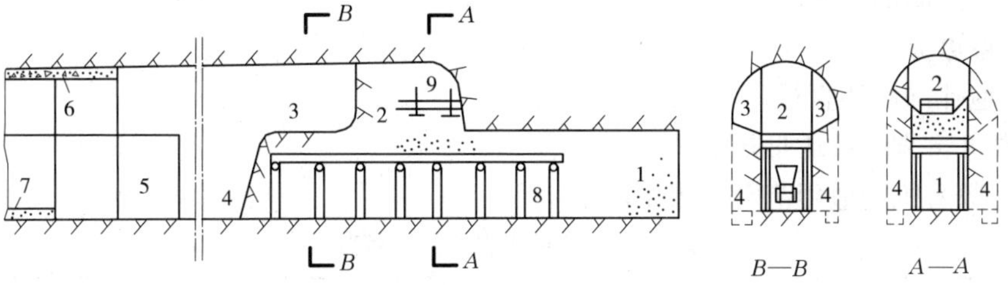


1—下导洞;2—顶部扩大;3—上部扩大;4—下部扩大;5—边墙衬砌;
6—顶拱衬砌;7—底板衬砌;8—漏斗棚架;9—脚手架。

**图 10-3　下导洞开挖法施工顺序**

2. 上导洞开挖法

上导洞开挖法是导洞布置在断面顶拱中央,开挖后由两侧向下扩大的开挖方法,即先开挖顶拱中部,再向两侧扩拱,及时衬砌顶拱,然后转向下部开挖衬砌。此法适用于稳定性差或不稳定围岩的平洞。其优点是先开挖顶拱,可及时做好顶拱衬砌,下部施工在拱圈保护下进行,比较安全。缺点是需重复铺设风、水管道及出渣线路,排水困难,施工干扰大,衬砌整体性差。尤其是下部开挖时影响拱圈稳定,所以下部岩体开挖时常采用马口开挖法,如图 10-4 所示。其原理是由衬砌后的边墙承担拱圈的荷载。

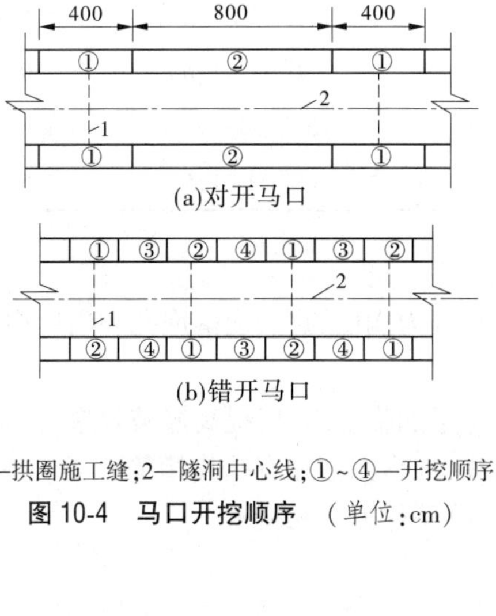


1—拱圈施工缝;2—隧洞中心线;①~④—开挖顺序。

**图 10-4　马口开挖顺序**　(单位:cm)

## 二、钻孔

### (一)钻孔常用机械及选择

1. 选择钻孔机械应考虑的因素

(1)岩石物理力学特性,如岩石坚固系数、可钻性等。

(2)钻孔作业所需生产率。

(3)开挖断面尺寸。

(4)掘进方法。

(5)炮孔深度和直径。

2. 常用凿岩机的适用范围

常用凿岩机的适用范围见表 10-1。

表 10-1 常用凿岩机的适用范围

| 凿岩机类型 | | 适用范围 | 相应岩石级别及普氏坚固系数 |
|---|---|---|---|
| 手持或支腿式凿岩机 | 轻型(机重 20~22 kg) | 中等和中上等难钻岩石 | Ⅴ~Ⅶ, $f$=1~4 |
| | 中型(机重 20~28 kg) | 中上等难钻岩石 | Ⅶ~Ⅹ, $f$=4~12 |
| | 重型(机重 25~35 kg) | 难和很难钻岩石 | Ⅸ~Ⅻ, $f$=8~12 |

3. 隧洞钻孔机械选择

隧洞开挖过程中,宜选用相应规格的凿岩台车,参见表 10-2。当工程量较小、隧洞长度较短或设备条件不足时,可选用手持或支腿式凿岩机。

表 10-2 凿岩台车的规格

| 名称 | 型号 | 钻臂数及配用钻机 | 适用最大断面(宽×高,m×m) | 外形尺寸(长×宽×高,m×m×m) |
|---|---|---|---|---|
| 轨道式凿岩台车 | CGJ500-3 | 3 臂 YG35 钻 | 3.4×4.5 | 7.95×1.25×1.736 |
| 轮胎式凿岩台车 | CTJ1700-3 | 3 臂 YG80 钻 | 5.0×4.0 | 8.115×5.0×4.0 |
| 全液压凿岩台车 | TH80 | 3 臂 50~89 | 12.9×8.0 | 14.5×3×3.95 |
| 风动凿岩台车 | T470 | 3 臂 51~125 | 12.5×7.25 | 12.5×2.6×3.04 |

### (二)炮孔类型及布置

按炮孔的作用可将炮孔分为掏槽炮孔、崩落炮孔和周边炮孔,如图 10-5 所示。

1. 掏槽炮孔

掏槽炮孔的主要作用是增加临空面,以提高爆破效果,常布置于开挖断面的中部。按布孔的形式可分为楔形掏槽、锥形掏槽和直孔掏槽等三类。楔形掏槽与锥形掏槽的钻孔方向与开挖断面是斜交的,故又称为斜孔掏槽。

2. 崩落炮孔

崩落炮孔的主要作用是爆落岩体,为周边炮孔的爆破创造有利条件。为此,崩落炮孔

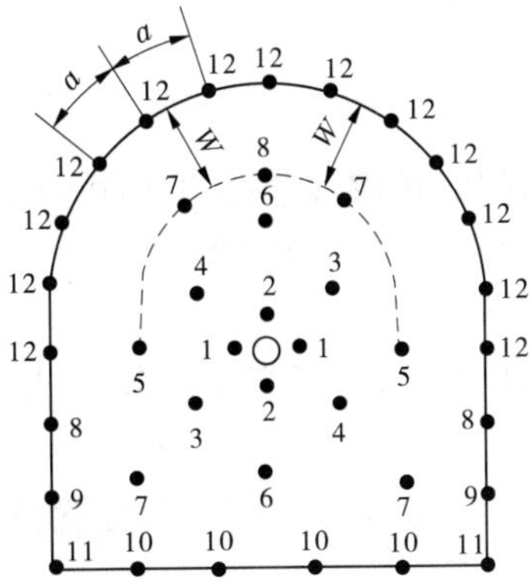


1,2—掏槽炮孔;3~8—崩落炮孔;9~12—周边炮孔。

图 10-5　光面爆破洞挖布孔图

大致均匀地分布在掏槽外围。炮孔垂直于工作面,炮孔深度应在同一平面,以保证工作面平整。炮孔间距由岩体硬度和岩渣块度来确定,一般间距为:软石 100~120 cm、中硬石 80~100 cm、坚硬石 60~80 cm、特硬石 50~60 cm。

3. 周边炮孔

周边炮孔的主要任务是控制开挖轮廓,布置开挖断面的四周。周边炮孔的孔口应距开挖断面设计边线 10~20 cm,以利于钻孔作业。钻孔时应控制孔的倾斜角度和深度,使孔底落在同一平面上。

4. 装药及装药量计算

隧洞爆破中,炸药用量多少直接影响开挖断面的轮廓、掘进速度、围岩稳定和爆破安全。此外,爆破石块的大小直接影响装渣运输。

由于岩石性质和岩层的构造差别很大,断面大小、爆落块度及炸药性质也不完全相同,同时装药料必须经过现场试验确定。开工前,可按下式估算,即

$$Q = KSL \tag{10-1}$$

式中　$Q$——一次掘进中的炸药用量,kg;

$K$——单位炸药消耗量,$kg/m^3$;

$S$——开挖断面面积,$m^2$;

$L$——崩落炮孔深度,m。

各种炮孔的装药深度和药卷直径有所不同。通常掏槽孔的装药深度为孔深的 60%~67%,药卷直径为孔径的 3/4;崩落炮孔和周边炮孔为孔深的 40%~55%,而药卷直径崩落炮孔为孔径的 3/4,周边炮孔为 1/2。炮孔其余长度用 1:3黏土与砂的混合物堵塞。爆破顺序一般由内向外逐层进行,即按掏槽炮孔、崩落炮孔、周边炮孔的顺序进行。起爆应采用电爆法,用延期或毫秒电雷管控制爆破顺序。隧洞爆破应采用光面爆破或预裂爆破技术,以保证开挖面光滑平整。

## 三、起爆

### (一)起爆方式

隧洞工程经常采用电气起爆法、传爆线起爆法、导爆管起爆法起爆。起爆顺序为先起爆掏槽炮孔,再起爆崩落炮孔,最后起爆周边炮孔。

### (二)爆破说明书

爆破说明书是施工组织设计中的一个重要组成部分,是指导、检查和总结爆破工作的技术文件。主要内容有:

(1)爆破工程的原始资料:包括工程名称、用途、位置、断面形状和尺寸,穿过岩层的性质,地质条件以及瓦斯情况。

(2)选用的钻眼爆破器材:包括炸药、雷管的品种,凿岩机的型号、性能。

(3)爆破参数的计算选择:包括掏槽方法,炮眼直径、深度、数目,单位耗药量。

(4)爆破网路的计算和设计。

(5)安全措施。

(6)爆破图表:二图[炮眼布置图(见图10-6)、装药结构图]三表(炮眼布置参数表、装药参数表、预期的爆破效果和经济指标表)。

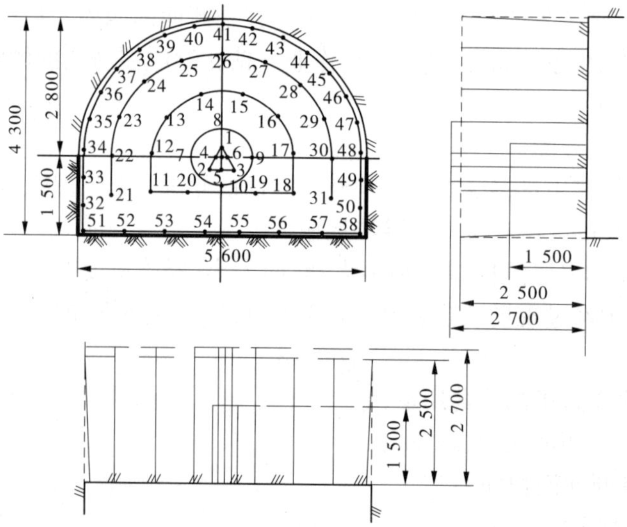


图10-6 炮眼布置图 (单位:mm)

## 四、装渣运输作业

装渣和出渣是隧洞开挖中一项很繁重的工作,约占循环时间的50%,它是控制掘进速度的关键工序,包括装渣和运输两项作业。

### (一)装渣

(1)人工装渣:常在装渣地点设置钢板,使爆破石渣落在钢板上,以便用铁铲将堆渣翻松,以有利于装渣。为了提高装渣效率,采用下导洞开挖法时,常利用漏斗棚架装渣。当采用上导洞开挖法时,常利用工作平台车装渣。

(2)机械装渣:机械装渣常用设备有斗容量为 0.2~0.44 $m^3$ 的装岩机,其生产率为 20~48 $m^3/h$;斗容量为 1~3 $m^3$ 的装载机;还有适合地下工程特点的 1 $m^3$ 短臂正向铲。

**(二)运输**

石渣运输多采用窄轨铁路及装渣斗车,一般用电气机车或电瓶机车牵引。当运距短、出渣量少时,也可采用人力推运或卷扬机牵引 0.6 $m^3$ 窄轨式斗车运输。洞内有轨运输宜铺设双线,并每隔 300~400 m 设置道岔,以满足装卸及调车的需要。当采用单线时,应每隔 100~200 m 设置错车道岔,其有效长度应满足停放一列斗车的要求。堆渣地点应设在洞口附近,其高程比洞底低些,以便重车下坡,并可利用废渣铺设路基,逐渐向外延伸。

## 五、隧洞临时支护

**(一)支护类型**

(1)按地下工程的断面形式分类:梯形支架、矩形支架和拱形支架等。

(2)按支架材料分类:木支架、金属支架、钢筋混凝土支架、钢管混凝土支架等。

**(二)常用的支撑**

1. 钢支撑

钢支撑适用于破碎且不稳定的岩层,它能承受很大的山岩压力、耐久性好、所占空间小。钢支撑可以多次使用,也可以留在永久性衬砌中不再拆除。由于钢支撑使用钢材少、费用高,因此只有在不良地段施工中采用。

2. 木支撑

木支撑具有质量轻、加工架立方便、损坏前有显著变形等优点。但承受压力较钢支撑小、所占净空面积大、耗用木材多、费用高,因此逐渐被其他材料的支撑所代替。

木支撑的结构形式有门框形、拱形和扇形等。其中,门框形(见图 10-7)架立最方便,适用于断面不大的隧洞和临时性支撑、导洞。

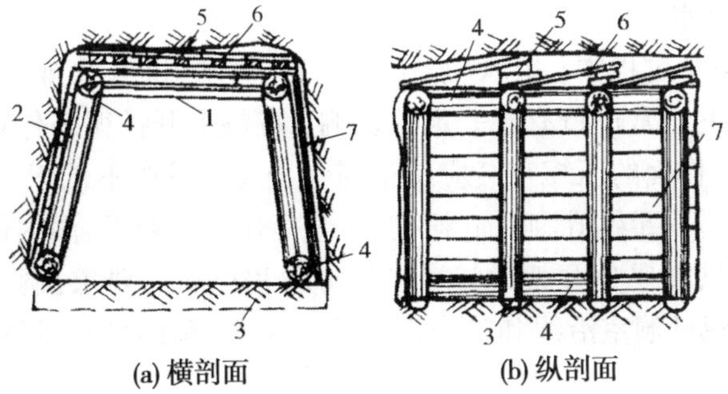


1—顶梁;2—立柱;3—底梁;4—纵向撑木;5—垫木;6—顶衬板;7—侧衬板。

图 10-7 木支撑

3. 预制混凝土和预制钢筋混凝土支撑

这种支撑刚性大、耐久性好,也能承受很大的山体压力,也可留在永久衬砌内不必拆除。但构件重量大,洞内安装和运输都比较困难,需采用机械化施工。预制钢筋混凝土支撑如图 10-8 所示。

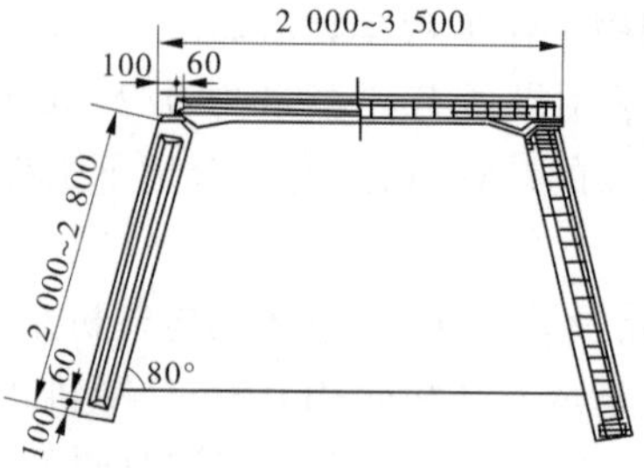


图 10-8　预制钢筋混凝土支撑　（单位:mm)

4. 钢管混凝土支撑

钢管混凝土支撑具有钢材和混凝土优点,互相弥补了对方的缺点。钢管直径为 108~159 mm,壁厚 4~6 mm,可根据巷道断面形状制作成圆形、拱形等。每架由 4~5 节组成,每节端部有法兰盘,以便连接。支架的背板采用钢筋网,在钢筋网后面用灰包充填,可使支架具有可缩性,可在法兰盘连接处加可缩板。其缺点是重量较大,人工架设劳动强度高;优点是耗钢量降低 30%,成本降低 20%左右。

### 六、隧洞开挖辅助作业

地下工程施工的辅助作业有通风、防尘、消烟、排水、照明和风水电供应等工作,做好这些辅助作业,可以改善施工人员的工作环境,加快施工进度。

#### (一)通风、防尘及消烟

通风、防尘及消烟的目的是排除因钻孔、爆破、内燃机尾气等原因产生的有害气体和岩尘含量,及时供给工作面充足的新鲜空气,改善洞室内的温度、湿度和气流速度,使之符合洞室施工卫生要求。

洞内通风有自然通风和机械通风两种,自然通风只适用于洞长小于 40 m 的短洞。一般多采用机械通风,其基本形式有压入式、吸出式和混合式三种。

#### (二)风水电及排水

在洞室施工的整个过程中,供风(压缩空气)、供水、供电及排水等辅助作业,对洞室钻爆、出渣等施工的正常进行有着一定的影响,在整个开挖循环作业中,需统筹考虑,不得疏漏。输送到工作面的压缩空气应保证风量充足,风压不低于 $5\times10^5$ Pa;施工用水的数量、质量和压力应满足钻孔、喷锚、衬砌、灌浆等作业的要求;洞内供电线路宜按动力、照明、电力起爆的不同需要分开架设,并注意防水和绝缘的要求;洞内照明应采用 36 V 或 24 V 的低压电,保证洞室沿线和工作面的照明亮度;洞内排水系统必须畅通,保证工作面和路面无积水。

## 任务二　隧洞衬砌与灌浆

地下洞室开挖后,为了防止围岩风化和坍落、保证围岩稳定,往往要对洞壁进行衬砌。衬砌类型有现浇混凝土或钢筋混凝土衬砌、混凝土预制块或条石衬砌、预填骨料压浆衬砌等。本节仅介绍隧洞衬砌和隧洞灌浆。

## 一、隧洞衬砌

码 10-2 微课-隧洞衬砌施工

### (一)隧洞衬砌的分段分块及浇筑顺序

水工隧洞较长,纵向需要分段进行浇筑,分段长度根据围岩约束特性、隧洞断面大小、混凝土浇筑能力和模板结构形式等因素确定,一般分段长度以 4~15 m 为宜。当结构上设有永久伸缩缝时,可利用结构永久缝分段;当结构永久缝间距过大或无永久缝时,可设施工缝分段,并做好施工缝的处理。

分段浇筑的顺序有:跳仓浇筑、分段流水浇筑和分段留空当浇筑等三种方式,如图 10-9 所示。

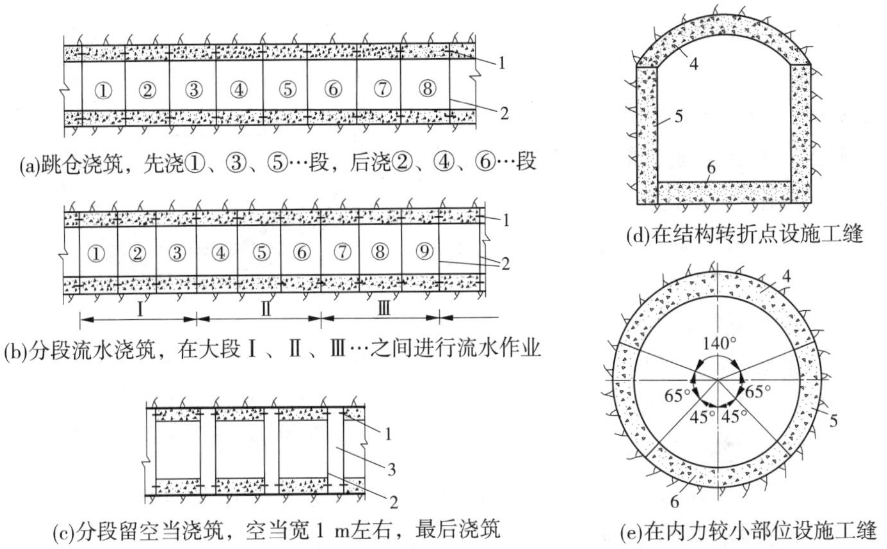

(a)跳仓浇筑,先浇①、③、⑤…段,后浇②、④、⑥…段

(b)分段流水浇筑,在大段Ⅰ、Ⅱ、Ⅲ…之间进行流水作业

(c)分段留空当浇筑,空当宽 1 m左右,最后浇筑

(d)在结构转折点设施工缝

(e)在内力较小部位设施工缝

①~⑨—分段序号;Ⅰ、Ⅱ、Ⅲ…—流水段号;

1—止水;2—分缝;3—空当;4—顶拱;5—边拱(边墙);6—底拱(底板)。

**图 10-9 平洞衬砌分段分块**

分段流水浇筑时,须等待先浇筑段混凝土达到一定强度后,才能浇筑相邻后段,影响施工进度。跳仓浇筑可避免窝工,因此隧洞衬砌常采用跳仓浇筑或分段留空当浇筑。对于无压平洞,结构上按允许开裂设计时,也可采用滑动模板连续施工的浇筑方式,但施工工艺必须严格控制。

衬砌施工除在纵向分段外,在横断面上也采用分块浇筑。一般分为底拱(底板)、边拱(边墙)和顶拱。常采用的浇筑顺序为先底拱(底板)、后边拱(边墙)和顶拱。可以连续浇筑,也可以分开浇筑,由浇筑能力或模板形式而定。地质条件较差时,可采用先顶拱,后边拱(边墙)和底拱(底板)的浇筑顺序。当采用开挖和衬砌平行作业时,由于底板清渣无法完成,可采用先边拱(边墙)和顶拱,最后浇筑底拱(底板)的浇筑顺序。当采用底拱(底边)最后浇筑的顺序时,应注意已衬砌的边墙顶拱混凝土的位移和变形,并做好接头处反缝的处理，必要时反缝要进行灌浆。

### （二）隧洞衬砌模板

隧洞衬砌用的模板按浇筑部位不同，可分为底拱模板、边拱（边墙）和顶拱模板，不同部位的模板，其构造和使用特点也不相同。

对于底拱模板，当中心角较小时，可以像平底板浇筑那样，只立端部挡板，不用表面模板，在混凝土浇捣中，用弧形样板将表面刮成弧形。对于中心角较大的底拱，一般采用悬挂式弧形模板。浇筑前，先立端部挡板和弧形模板的桁架，悬挂式弧形模板是随着混凝土的浇筑升高的，从中间向两旁逐步安装。安装时，应将运输系统的支撑与模板架支撑分开，避免引起模板位移走样。

对洞径一致的大中型隧洞的底拱浇筑，可采用拖模法施工，但必须严格控制施工工艺。

边拱（边墙）和顶拱模板，常用的有桁架式和移动式两种形状。

桁架式模板，又称为拆移式模板，主要由面板、桁架、支撑及拉条等组成，通常是在洞外先将桁架拼装好，运入洞内安装就位，再安装面板。

移动式模板主要由车架、可绕铰转动的模板支架和钢模板组成。车架和支架用型钢构成，车架可通过行走机构移动，故又称为钢模台车。它具有全断面一次成型、施工进度快及成本低等优点。鲁布革水电站引水隧洞混凝土衬砌采用针梁式钢模台车。该针梁式钢模台车浇筑段长 15 m，设置 40 个不同高度的 450 mm×600 mm 的洞口，供进料、进人操作及检查用。四周设置 40 个螺栓孔，用来埋设灌浆管。顶部设置 3 个泵送混凝土的尾管注入孔口，同时设置抗浮、防倾斜、防滑移和升降钢模的液压装置以及行走装置，总重 150 t，如图 10-10 所示。由于针梁式钢模台车可全断面一次成型，配以混凝土泵送料入仓，提高了工作效率。

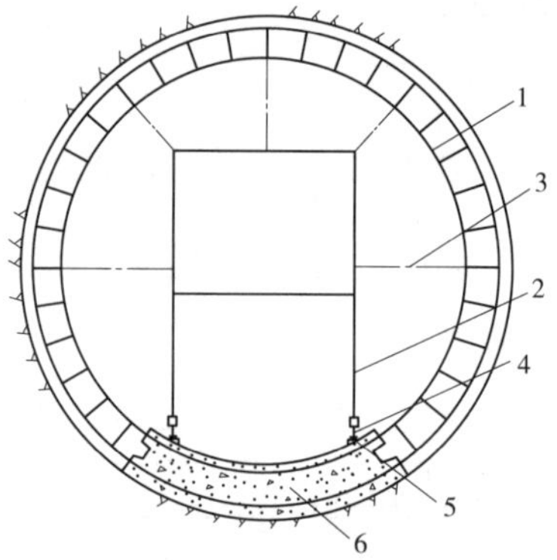


1—钢筋；2—钢筋台车；3—螺旋千斤顶；4—轨道；5—固定轨道埋件；6—底拱混凝土。

图 10-10　钢模台车示意图

### （三）衬砌混凝土的浇筑和封拱

由于隧洞衬砌的工作面狭窄，混凝土的运输和浇筑及浇筑前钢筋的绑扎安装等工作都较困难，采用合理的施工方案、先进的施工技术和组织设计尤为重要。隧洞衬砌内的钢筋在洞外制作，运入洞内安装绑扎。扎筋工作常在立好模板并预留端部挡板时进行。钢筋是靠预先插入岩壁的锚筋固定。若采用钢筋台车绑扎钢筋，则先绑扎钢筋后立模板。

码 10-3　图片-钢模台车

隧洞混凝土浇筑能力的关键是混凝土的运输组合。混凝土水平运输有自卸汽车、运输车、专用梭车、搅拌罐车等。混凝土的入仓运输常用混凝土泵，常用型号为液压活塞泵。各种运输工具和适用条件见表 10-3。

表 10-3 隧洞混凝土施工运输车辆及适用条件

| 运输方式 | 运输车辆 | 运用条件 |
|---|---|---|
| 有轨 | 斗车或箱式车,搅拌罐车,专用车 | 中小断面隧洞,长隧洞最优方案是搅拌罐车 |
| 无轨 | 搅拌运输车,自卸汽车 | 大中型断面隧洞,搅拌运输车较优 |

混凝土泵的给料设备是保证混凝土泵生产率的重要配套设备,应根据混凝土泵进料高度、运输车辆出料高度及工作面等选择浇筑布置图。

在浇筑顶拱时,浇筑段的最后一个预留窗口的混凝土封堵,称为封拱。由于受仓内工作条件限制,使混凝土形成完整拱圈的封拱工作,常采取以下两种措施:

(1)封拱盒封拱。当最后一个顶拱预留窗口,工人无法操作时,退出窗口,并在窗口四周装上模框,将窗口浇筑成长方形,待混凝土强度达到 1 $N/mm^2$ 后,拆除模框,洞口凿毛,装上封拱盒封拱,如图 10-11 所示。

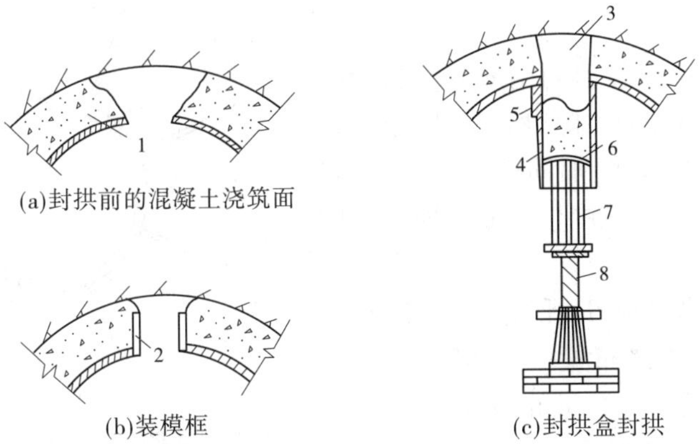


1—已浇筑的混凝土;2—模框;3—封拱部分;4—封拱盒;5—进料盒门;6—活动封拱板;7—顶架;8—千斤顶。

图 10-11 采用封拱盒封拱

(2)混凝土泵封拱。使用混凝土泵浇筑顶拱混凝土时,将导管的末端接上冲天尾管,垂直地穿过模板伸入仓内,冲天尾管的位置应用钢筋固定,尾管之间的间距根据混凝土扩散半径确定,一般为 4~6 m,离端部约 1.5 m,尾管出口与岩面的距离一般为 20 cm 左右,其原则是在保证压出的混凝土能自由扩散的前提下,越贴近岩面,封拱效果越好。为了排除仓内空气和检查拱顶混凝土充填情况,在仓内最高处设置通气孔。为了便于人进仓工作,在仓的中央设置进人孔。

**(四)压浆混凝土施工**

压浆混凝土,又称预填骨料压浆混凝土。其施工顺序是将组成混凝土的粗骨料预先填入立好的模板中,并尽可能使粗骨料密实,然后用灌浆泵把水泥砂浆压入,填满骨料孔隙,凝固后成混凝土。由于压浆混凝土比一般混凝土含有较多的粗骨料,因此干缩性减小而弹性模量稍高。常应用于高压管道和竖井衬砌、封拱、堵洞、反缝处理及事故混凝土修补等部位。

为了保证压浆混凝土的质量,施工时应注意以下几点:

(1)模板应专门设计,接缝严密,不漏浆,不产生位移和变形。

(2)粗骨料要求表面干净,无泥土及粉尘,填入时不易破裂和磨损,级配良好,孔隙率小。

(3)水泥砂浆应掺入适量的混合材料和外加剂,使砂浆具有良好的和易性和流动性(稠度为250~500 mm),保证充填密实。

(4)压浆部位要埋设观测管、排气管,以检查观测压浆进展情况。

(5)压浆前应用0.1 N/mm$^2$的压力水冲洗,检查模板无漏浆发生后,才可进行压浆。压浆时宜先灌注水泥浆,然后灌注水泥砂浆。压浆程序应由下而上逐渐上升,不得间断,压浆压力可采用0.2~0.5 N/mm$^2$,浆体上升速度以50~100 cm/h为宜。

(6)压浆过程中,应加强观测是否有管路堵塞、模板变形、漏浆等现象。若因故中断,短期内又无法恢复,则须待砂浆凝固后重新钻孔,压力水冲洗干净,才能继续压浆施工。

二、隧洞灌浆

隧洞灌浆有回填灌浆和固结灌浆。前者的作用是填塞围岩与衬砌间空隙,所以只限于拱顶一定范围内;后者的作用是加固围岩,提高围岩的整体性和强度,所以其范围包括断面四周的围岩。

灌浆孔可在衬砌时预留,孔径为38~50 mm。灌浆孔沿洞轴线2~4 m布置一排,各排孔位交叉排列。同时需布置一定数量的检查孔,用以检查灌浆质量,如图10-12所示。

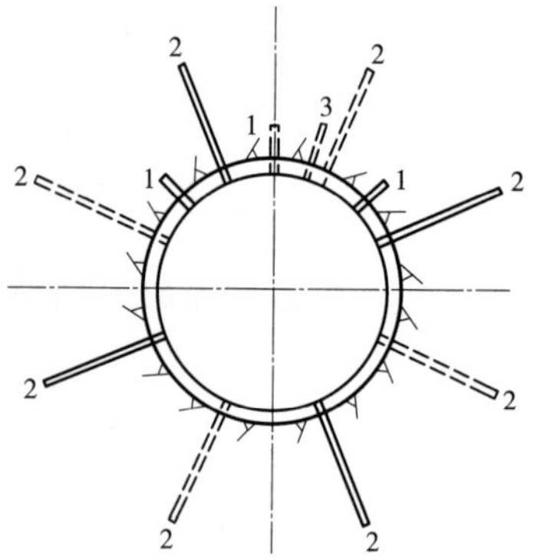


1—回填灌浆孔;2—固结灌浆孔;3—检查孔。

**图10-12 灌浆孔的布置**

水工隧洞灌浆应按先回填后固结的顺序进行,回填灌浆应在衬砌混凝土达到70%设计强度后尽早进行。回填灌浆结束7 d后再进行固结灌浆。灌浆前应对灌浆孔进行冲洗,冲洗压力不宜大于本段灌浆压力的80%。回填灌浆须按分序加密原则进行,固结灌浆应按环间分序、环内加密的原则进行,灌浆压力、浆液浓度、升压顺序和结束灌浆标准,应符合设计要求。

## 任务三 掘进机施工

掘进机(Tunnel Boring Machine,TBM)是目前国际上最先进的隧洞施工机械,它依靠机械的强大推力和剪切力破碎岩石,使隧洞掘进、出渣、衬砌、灌浆、采用激光导向等工序平行作业,实现一次成洞。TBM法对围岩扰动小,开挖面平整圆顺,超欠挖少,可以有效降低地质灾害发生风险,实现连续快速作业。它具有速度快、质量优、费用低、施工安全等优点,广泛应用于水利、水电、城建、交通等行业。

## 一、掘进机的分类

**(一)根据支护形式分类**

(1)开敞式 TBM,常用于硬岩。

(2)双护盾 TBM,常用于各种地质。它既适用于硬岩,也适用于软岩或软硬岩交互地层。

(3)单护盾 TBM,常用于劣质地层及地下水位较高的地层。根据刀盘直径大小分为 13 种机械:2 m、3 m、4 m、5 m、6 m、7 m、8 m、9 m、10 m、11 m、12 m、13 m、14 m。

码 10-4 图片-掘进机

**(二)根据破岩方式分类**

(1)挤压式。主要是通过水平推进油缸,使刀盘上的滚刀强行压入岩体,利用刀盘旋转推进过程中的挤压和剪切的联合作用破碎岩体。

(2)切削式。是利用岩石抗弯、抗剪强度低的特点,靠铣削(剪切)加弯折破碎岩体。碎石渣由安装在刀盘上的铲斗铲起,转至顶部骨料斗卸在皮带机上,通过皮带机运至机尾,卸入运输设备送至洞外。图 10-13 所示为掘进机工作示意图。

码 10-5 图片-掘进机结构

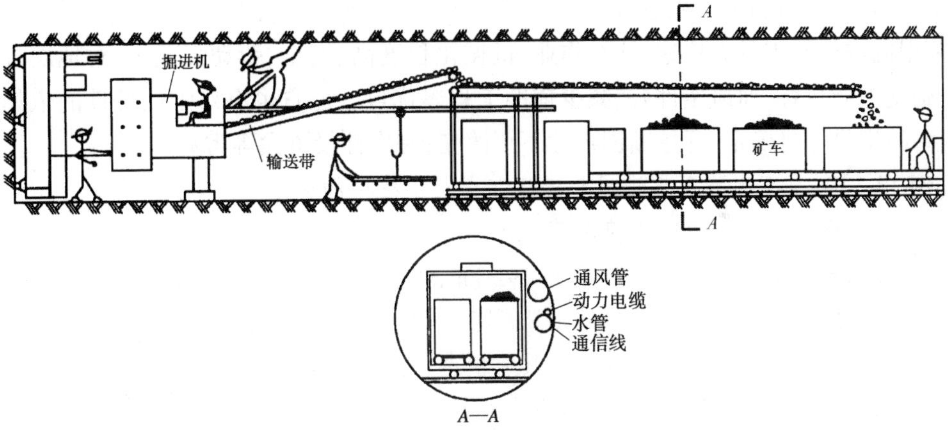


图 10-13 掘进机工作示意图

**(三)根据直径的大小分类**

(1)微型 TBM,直径为 0.25~3 m。

(2)中型 TBM,直径为 3~8 m。

(3)巨型 TBM,直径大于 8 m。

## 二、掘进机的工作原理

掘进机一般由刀盘、机架、推进缸、套架、支撑缸、皮带机及动力间等部件组成。掘进时,通过推进缸给刀盘施加压力,滚刀旋转切碎岩体,由装在刀盘的骨料斗转至顶部,通过皮带机将岩渣运至机尾,卸入其他运输设备运走。为了避免粉尘危害,掘进机头部装有喷水和吸尘设备,在掘进过程中连续喷水、吸尘。掘进机开挖方向的控制,多采用激光制导。

## 三、掘进机的施工特点

与钻爆法开挖隧道施工过程相比,使用掘进机开挖隧道的特点在于施工过程是连续的具有隧道工程“工厂化”的特点。

码 10-6 动画-敞开式 TBM 掘进机施工

码 10-7 动画-双护盾 TBM 掘进机施工

经过近一个世纪的努力,随着现代技术的发展,特别是近几十年来,掘进机不仅能在岩石整体性及磨蚀性强的条件下工作,也能在稳定条件差的地层中施工,从而被许多隧道作为主要施工方案进行比选。钻爆法施工和掘进机施工有着不同的适用范围和优劣。钻爆法施工适用范围广,不受隧道断面尺寸和形状的限制;对各类围岩均能适用,当地质条件变化时,施工工艺可机动灵活随之变化;施工设备的组装和工地之间的转移简单方便,重复利用率高;多年来已积累了丰富宝贵的施工经验,形成了科学完整的工艺,这些是人们普遍认同的优势。但它同时存在施工工序多、施工过程中各工序干扰大、开挖速度低、超(欠)挖严重、爆破时对地层扰动大、施工安全性差、作业场所环境恶劣、工人劳动强度大等难以克服的缺点,此外由于开挖速度低,在较长隧道施工时,往往需要采用辅助坑道来增加开挖工作面,从而增加了工程造价。

采用掘进机施工具有快速、连续作业、机械化程度高、安全、劳动强度小、对地层扰动小、衬砌支护质量好、通风条件好、减少辅助工程等优点。但它也有对地质条件的依赖性大,设备的型号一旦确定,开挖断面尺寸不可改变;一次性投资大等劣势。

**【例 10-1】** 全断面隧洞掘进机施工法在引黄工程中的应用。

1. 万家寨引黄隧洞工程施工情况简介

万家寨引黄一期工程隧洞长度超过 192 km,单洞长度达 42.6 km,大部分处于覆盖深、地质条件复杂的区域,由于特殊地形地质条件的影响、工期紧,传统的钻爆法难以满足工程建设的需要。全断面掘进机的施工具有快速、高效、安全可靠、施工质量好、成本低等优点,且集机械、电子、液压、激光、控制等技术为一体,实现了高度机械化和自动化,作为当前最先进的大型地下隧道开挖衬砌成套装备,得到了广泛应用。引黄工程先后集中使用了 6 台双护盾全断面掘进机(其中 5 台为美国罗宾斯公司制造,1 台为法国 NFM 公司制造)用于工程建设,成为国内乃至世界使用全断面掘进机最集中的地方之一。全断面掘进机累计完成隧洞开挖及衬砌长度 125 km,占整个隧洞长度的 65%。

2. TBM 掘进机设备主要组成部分

(1)主机。由刀盘、刀头、主电机、传动系统、管片安装设备、超前钻探设备、操作室、超前支护设备等组成。

(2)后配套系统。由运输系统、支护系统、液压和控制系统、通风排尘系统、供电系统、排水系统、全装置、光导向系统(ZED 系统)等组成。

3. TBM 的选型及标定掘进直径的选定方法

从技术和经济两个角度来说,并非所有地质情况的工程都适宜掘进机的施工。因此,

是否选用掘进机施工,选用何种类型的掘进机,以及如何确定主要技术参数和进行系统配置,需考虑以下几个方面的问题:

(1)地质因素分析。主要从工程的地质条件是否适宜掘进机和影响开挖效率的因素来加以考虑,分析有关地质资料。

(2)掘进性能的要求。衡量掘进性能的指标主要为纯掘进速率、完好率、利用率和刀具消耗等。

(3)主要技术参数的选择。影响掘进机的耐久性和性能的主要关键零部件有刀盘、刀具、刀盘轴承、刀盘驱动系统、主机体、推进系统和支撑系统等。

在引黄工程使用的双护盾全断面岩石掘进机中每台都结合各洞段的地质情况完成掘进机的选型。在长隧洞选线中,由于受技术、经济条件的制约,造成了对地质结构了解的局限性,常常在施工中遭遇未预见的地质灾害(如涌水、岩溶、瓦斯、断层破碎带、膨胀岩、高地应力、围岩大变形等),造成掘进施工受阻或停工。在进行 TBM 选型时,应充分考虑以上可能碰到的不利情况。如用于南干 7 号洞北的全断面岩石掘进机由于要穿越煤系地层、膨胀岩及地下水洞段,该机就装有瓦斯报警装置、超挖装置、自动排水设备、超前钻探及超前预注浆设备等。一旦探头检测到瓦斯的含量超过安全含量,自动装置就会及时切断电源停止掘进,确保施工人员及设备的安全;同时该机还可适应膨胀岩洞段扩挖的要求等。各 TBM 的主要特性见表 10-4。

**表 10-4　TBM 的主要特性**

| 项目 | 总干线 | 南干线 | | | | 连接段 |
|---|---|---|---|---|---|---|
| | TBM | TBM1 | TBM2 | TBM3 | TBM4 | TBM |
| 供货商 | 罗宾斯 | 罗宾斯 | 罗宾斯 | 罗宾斯 | NFM 公司 | 罗宾斯 |
| 系列编号 | | 1617-290 | 154-273 | 1616-289 | 1411/188/013 | 155-274 |
| 开挖直径/m | 6.125 | 4.92 | 4.82 | 4.88 | 4.89 | 4.819 |
| 盘形滚刀/个 | | 34 | 32 | 34 | 35 | 34 |
| 刀盘功率/kW | | 1 575 | 1 260 | 1 575 | 1 500 | 960 |
| 刀盘转速/(r/min) | | 0~11.1 | 0~9 | 0~11.1 | 0~9 | 0~9 |
| 最大推力/kN | | 9 078 | | 9 078 | 15 200 | 6 800 |
| 最大扭矩/(kN·m) | | 2 160 | | 2 060 | 2 600 | |
| 电机驱动方式 | | 变频 | 双速电机 | 变频 | 变频 | 双速电机 |
| TBM 质量/t | | 345 | 364 | 345 | 450 | 600 |

全断面岩石掘进机后配套设备主要由风、水、电供应和材料运输保障系统构成。据统计,由于后配套系统引起的掘进停工时间占总停工时间的比例较高,因此全断面岩石掘进

机后配套技术及设备对保障全断面岩石掘进机的连续、均衡、高效运转至关重要。引黄工程后配套系统最长的达 350 m,其上安放有变压器、卷线机、压缩机、电器柜、除尘设备、灌浆机和液压动力设备及水泥浆拌和系统等,后配套系统和它上面的辅助设备都在设计和装配阶段进行了调整和改进,以适应在各种不同地质条件下掘进的需要。后配套系统带有用于双冲层的机车,在后配套系统尾部增加加利福尼亚道岔,以提高运输速度。

4. TBM 标定掘进直径的选定

TBM 标定掘进直径的选定见表 10-5。

**表 10-5 TBM 标定掘进直径的选定**

单位:m

| 项目 | 总干线 | 南干线 | | | | 连接段 |
|---|---|---|---|---|---|---|
| | TBM | TBM1 | TBM2 | TBM3 | TBM4 | TBM |
| 最终衬砌内径 | 5.46 | 4.30 | 4.20 | 4.20 | 4.20 | 4.14 |
| 衬砌厚度 | 0.50 | 0.44 | 0.44 | 0.50 | 0.50 | 0.50 |
| 衬砌安装间隙 | 0.045 | 0.06 | 0.06 | 0.06 | 0.06 | |
| 护盾内径 | 6.005 | 4.80 | 4.70 | 4.76 | 4.76 | 4.64 |
| 护盾厚度 | 0.06 | 0.06 | 0.06 | 0.06 | 0.06 | 0.179 |
| 刀头磨损允许量 | 0.06 | 0.06 | 0.06 | 0.06 | 0.06 | |
| 标定掘进直径 | 6.125 | 4.92 | 4.82 | 4.88 | 4.88 | 4.819 |

5. 施工方法

双护盾 TBM 在掘进过程中主要是由驱动电机带动刀盘旋转,刀盘的转动带动其上的滚动刀头切削岩石,其向前的推力来自 TBM 机头的夹盾与围岩的摩擦力及主推进油缸和机头尾部辅助推力缸对已安装管片的反力。通过出渣系统及运输系统运出开挖料,并运进管片、豆砾石、水泥及各种施工材料;管片安装系统通过遥控安装管片,管片安装完毕后进行管片与围岩之间豆砾石回填,并在机尾进行水泥灌浆。

1)掘进

TBM 的掘进是依靠安装在刀盘上的滚刀旋转挤压破碎围岩来进行的。每天开始掘进前专业技术人员都要对 TBM 掘进机进行技术检查,主要检查刀盘及其部件的完整性,检查激光导向系统及洞轴线的偏移情况,以便做出必要的调整,然后 TBM 启动工作。一般每隔 2 km 对洞内基本导线进行检查。

在掘进的同时,渣料通过刀盘上的料斗传输到皮带上,渣车停放在加利福尼亚道岔上并通过液压装置移动,其间通过视频装置监视装渣情况,机车总是在渣车的最前面以改善其安全性和提高运输速度,机车由柴油发动机驱动,每列车由 1 个装水泥的车厢、9 台渣车、1 台豆砾石车、1 台载人车和 4 台管片车组成。渣车装满以后运出洞外,再通过翻渣机卸到转渣场,最后用自卸汽车运到永久弃渣场,在返回时运回管片、水泥、豆砾石等。

洞内外运输采用按列编组柴油机车牵引,火车运输。

此外,在 TBM 掘进的同时确定开挖隧洞的围岩类别。地质工程师主要通过对 TBM 开挖渣料和有无地下水等方面的观测,并在 TBM 停机时通过侧窗和进入掌子面对围岩的岩性、构造发育情况等方面进行观察，同时参考 TBM 掘进参数的变化进行综合分析，确定出开挖隧洞的围岩类别。

2）衬砌

管片衬砌是与 TBM 掘进的配套技术，可使 TBM 在复杂的地质条件下安全、快速掘进并使隧洞及时得到支护。管片由小火车运到 TBM 后配套系统上，一个掘进冲程结束后立即在后护盾内进行安装。每个衬砌环由四片管片组成，包括两片侧管片和底拱、顶拱管片各一片，由异步液压起重机进行安装。安装顺序为操作手通过遥控装置安装底片—顶片—左片—右片，环与环之间用定位销和导向杆加以连接，如此不断循环进行。

3）豆砾石回填与水泥灌浆

由于管片外侧与围岩之间不可避免地存在空隙（护盾的厚度、衬砌安装间隙、刀头磨损量及超挖等），豆砾石回填与水泥灌浆显得尤为必要，一方面通过豆砾石回填灌浆层传递围岩压力；另一方面填充围岩与管片之间的间隙增加衬砌的稳定性和防渗性。

为了防止 TBM 开挖和洞内运输车辆振动对管片稳定的影响，对围岩与管片之间的间隙必须及时进行豆砾石回填。管片豆砾石通过豆砾石泵→管道→喷嘴从混凝土管片的预留孔灌入管片与围岩的间隙中。次序为从底拱到侧拱再到顶拱，为管片环提供一个适当的支撑力。为防止豆砾石进入衬砌与尾盾之间的间隙，在 TBM 尾盾装配了一个封闭垫片。豆砾石填料应是经过筛选、清洗干净和坚固的细骨料，粒径为 5~10 mm 的专用料。

水泥灌浆相对要滞后一些，大约距离掌子面有 200 m，水泥强度等级为 42.5 MPa。回填灌浆的水灰比为 0.7:1（质量比），孔口灌浆压力 0.3~0.4 MPa。灌浆原则是：横向自下而上灌，纵向呈阶梯状，在下排孔灌完之后才能灌上排孔，不允许浆液由上排孔串至下排孔漫灌。

在不良地质条件的洞段实施灌浆时，如果单孔的吃浆量较大，应采用间断性灌浆的方法进行多次灌浆，直到串浆孔出浆为止。

水泥灌浆从底管片到顶管片按次序进行，底、侧管片的灌浆基本在 TBM 掘进过程中及时进行灌浆，大部分顶管片的灌浆工作待隧洞贯通后实施。为防止浆体外渗，进行管片接缝间的勾缝工作。灌浆结束后 28 d 进行钻探取芯以检查灌浆的效果，主要检查灌浆的密实性、水泥结石的强度及渗透性。部分洞段进行了压水试验用来检查灌浆的效果。

4）管片生产

使用管片体形基本相同，均为六边形。底片内拱设有道轨安装平台，平台上预留道钉孔。管片外侧安装橡胶止水条，侧面粘贴沥青缓冲片。

为了保证 TBM 的快速掘进，管片预制厂的生产线能力应能满足施工的需求。一般 1 条生产线的计划产量为每天 96 片预制管片（1.4 m 宽），可满足 33 m 长的隧洞衬砌。

管片养护部分分为预热窑和蒸养窑，其中预热窑可容纳 5 个模具、蒸养窑可容纳 16 个模具。

管片储存在预制厂前面的露天场地，每 4 片为一组，按底片—侧片—侧片—顶片自上而下叠放，中间分别用两根方木支撑。场地可以存放最少 16 d 的生产量。

# 复习思考题

## 简答题

1. 隧洞开挖的方法有哪些? 其各自适用的条件有哪些?
2. 隧洞施工时,各种炮孔的作用及注意事项有哪些?
3. 隧洞临时支撑的形式有哪些?
4. 隧洞灌浆有哪几种?
5. 简述 TBM 掘进机的分类。
6. 简述掘进机的工作原理。
7. 简述掘进机的施工特点。

# 项目十一 渠系建筑物

【学习目标】

1. 掌握水闸底板、闸墩、胸墙、闸门槽、接缝止水、铺盖与反滤层的施工方法与施工技术要点；

2. 掌握渡槽的施工方法及施工技术要点；

3. 熟悉渠道施工开挖、渠堤填筑施工方法，大型渠道机械化衬砌的基本工作原理及施工工艺流程。

【技能目标】

1. 掌握水闸施工特点、施工内容、施工程序，水闸混凝土浇筑块划分；

2. 掌握渠道的各种衬护技术及施工技术要点；

3. 掌握渡槽的施工方法及施工技术要点。

【思政目标】

1. 通过学习，让学生了解水闸、渠道、渡槽的施工技术和施工方法，培养学生严谨、认真、务实的学习态度；

2. 培养学生具有良好的职业道德和爱岗敬业、吃苦耐劳的精神；

3. 培养勇于科学探索、开拓创新精神。

渠系建筑物主要包括水闸、渠道、渡槽、倒虹吸管、涵洞、跌水与陡坡等。本项目着重介绍水闸、渠道、渡槽工程的施工方法。

## 任务一 水闸施工

### 一、概述

码 11-1 图片-水闸组成

水闸由上游连接段、闸室段和下游段三部分组成。平原地区水闸施工，一般场地比较开阔，便于施工场地布置。地基多为软土地基，开挖时施工排水较困难，基础处理比较复杂。拦河闸施工导流较困难，常需要一个枯水期完成主要工作量。

水闸施工首先要做好“四通一平”与临时设施的准备工作。施工内容主要有：施工导流工程与基坑排水；基坑开挖、基础处理及防渗排水设施的施工；闸室段的底板、闸墩、边墩、胸墙及交通桥、工作桥等施工；上下游连接段工程的铺盖、护坦、海漫、防冲槽的施工；两岸工程的上下游翼墙、齿墙、上下游护坡施工；闸门及启闭设备安装等。

一般大中型水闸的闸室多为混凝土及钢筋混凝土工程，其施工原则是：以闸室为主、两岸翼墙为辅,次要项目服从主要项目,穿插进行上下游连接段施工。

**(一)分缝分块**

水闸常由结构缝(包括沉陷缝和温度缝)分成许多结构块。当结构块较大时,为了施工方便,又须用施工缝分为若干小块,称为浇筑块。应根据施工条件(混凝土的生产、运输能力)以及浇筑的连续性等,对浇筑块的面积、体积和高度进行控制。

1. 浇筑块面积

以混凝土不产生冷缝为控制条件,浇筑块面积($m^2$)为

$$A \leqslant \frac{Q_c K_{时}(t - t_1)}{h} \tag{11-1}$$

式中 $Q_c$ ——浇筑仓面混凝土的实际生产能力,$m^3/h$;

$K_{时}$——时间利用系数,可取 0.80~0.85;

$t$ ——混凝土的初凝时间,h;

$t_1$ ——混凝土的运输、浇筑所占的时间,h;

$h$ ——混凝土铺料厚度,m。

当采用斜层浇筑法时,筑块的面积可以不受限制。

2. 浇筑块体积

浇筑块的体积($m^3$)不应大于混凝土拌和站的实际生产能力(当混凝土浇筑工作采用昼夜三班连续作业时,不受此限制),则

$$V \leqslant mQ_c \tag{11-2}$$

式中 $m$ ——按一班制或两班制施工时拌和站连续生产的时间,h。

3. 浇筑块高度

浇筑块的高度(m)一般根据立模条件确定,目前 3 m 高的闸墩可以一次立模浇筑到顶。施工中如果不采用三班制作业,还要受到混凝土在相应时间内的生产量限制,则

$$H \leqslant \frac{mQ_c}{A} \tag{11-3}$$

水闸混凝土浇筑块划分时,在满足上述条件的前提下,划分浇筑块数目应尽可能少些,以减少施工缝、确保混凝土的质量和加快施工速度。

**(二)浇筑顺序**

水闸施工中混凝土浇筑是施工的主要环节,各部分应遵循以下浇筑顺序。

1. 先深后浅

先深后浅,即先浇深基础,后浇浅基础,以避免深基础的施工而扰动破坏浅基础土体,并可降低排水工作的难度。

2. 先重后轻

先重后轻,即先浇荷重较大的部分,待其完成部分沉陷以后,再浇筑与其相邻的荷重较小的部分,以减小两者间的沉陷差。

3. 先高后低

先高后低,即先浇影响上部施工或高度较大的工程部位。如闸底板与闸墩应尽量先安排施工,以便上部桥梁与启闭设备安装施工,而翼墙、消力池等可安排稍后施工。

4. 穿插进行

穿插进行,即在闸室施工的同时,可穿插铺盖、海漫等上下游连接段的施工。

## 二、闸底板施工

水闸底板有平底板与反拱底板两种。目前,平底板较为常用。

### (一)平底板施工

闸室地基处理完成后,对软基宜先铺筑 8~10 cm 的素混凝土垫层,以保护地基,找平基面。垫层达到一定强度后,可进行绑扎钢筋、立模、搭设脚手架、清仓等工作。底板浇筑时,混凝土入仓方式很多。可选择自卸汽车配合卧罐(载重汽车运立罐)水平运输,起重机吊运入仓和泵送混凝土入仓,不需要在仓面搭设脚手架。在中小型工程中,采用架子车或机动翻斗车等小型运输机具直接入仓时,需搭设仓面脚手架,其布置如图 11-1 所示。

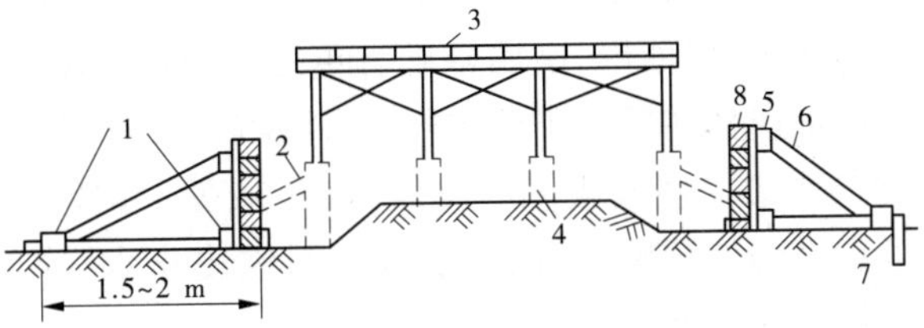


1—地龙木;2—内撑;3—仓面脚手架;4—混凝土柱;
5—横围囹;6—斜撑;7—木桩;8—模板。

**图 11-1 底板立模与仓面脚手架(剖面图)**

在搭设脚手架之前,应先预制混凝土支柱(断面约为 15 cm×15 cm,高度略大于底板厚度,表面应凿毛洗净),其间距视横梁的跨度而定。然后在混凝土柱顶上架立短木柱、斜撑、横梁等以组成脚手架。当底板浇筑接近完成时,可将脚手架拆除,并立即对混凝土表面进行抹面。

当底板厚度不大时,由于拌和站生产能力限制,混凝土可采用斜层浇筑法。当底板顺水流长度在 12 m 以内时,可采用连坯滚法浇筑,即安排两个作业组分层平层浇筑。先由两个作业组共同浇筑下游齿墙,待齿墙浇平后,第一组由下游向上游浇筑第一坯混凝土,抽出第二组去浇筑上游齿墙,当第一组浇到底板中部时,第二组的上游齿墙已基本浇平,然后将第二组转到下游浇筑第二坯,当第二坯浇到底板中部时,第一组已达到上游底板边缘,此时第一组再转回浇第三坯。如此连续进行,可缩短每坯间隔时间,因而可以避免冷缝的发生,保证工程质量,加快施工进度。

### (二)反拱底板施工

1. 施工程序

反拱底板对地基的不均匀沉陷反应敏感,因此必须注意施工程序,通常采用以下两种施工程序:

(1)先浇闸墩及岸墙,后浇反拱底板。为了减少水闸各部分在自重作用下的不均匀沉陷,可将自重较大的闸墩、岸墙等先行浇筑,并在控制基底不致产生塑性开展的条件下,尽快均衡上升到顶。对于岸墙还应考虑尽量将墙后还土夯填到顶。这样,使闸墩岸墙预压沉实,然后浇反拱底板,从而底板的受力状态得到改善。此法目前采用较多,适用于黏性土或砂性土,对于砂土、粉砂地基由于土模较难成型,适宜于较平坦的矢跨比。

(2)反拱底板与闸墩岸墙底板同时浇筑。此法适用于地基较好的水闸,对于反拱底板的受力状态较为不利,但保证了建筑物的整体性,同时减少了施工工序,加快了进度。

2. 施工技术要点

(1)反拱底板一般采用土模,必须先做好基坑排水工作,降低地下水位,使基土干燥,对于砂土地基排水尤为重要。

(2)挖模前必须将基土夯实,然后按设计圆弧曲线放样挖模,并严格控制曲线的准确性,土模挖出后,应先铺垫一层 10 cm 厚砂浆,待其具有一定强度后加盖保护,以待浇筑混凝土。

(3)采用先浇闸墩及岸墙,后浇反拱底板,在浇筑岸、墩墙底板时,应将接缝钢筋一头埋在岸、墩墙底板之内,另一头插入土模中,以备下一阶段浇入反拱底板。岸、墩墙浇筑完毕后,应尽量推迟底板的浇筑,以便岸、墩墙基础有更多的时间沉陷。为了减小混凝土的温度收缩应力,浇筑应尽量选择在低温季节进行,并注意施工缝的处理。

(4)采用反拱底板与闸墩岸墙底板同时浇筑,为了减少不均匀沉陷对整体浇筑的反拱底板的不利影响,可在拱脚处预留一缝,缝底设临时铁皮止水,缝顶设"假铰",待大部分上部结构荷载施加以后,便在低温期浇二期混凝土。

(5)在拱腔内浇筑门槛时,需在底板留槽浇筑二期混凝土,且不应使两者成为一个整体。

## 三、闸墩与胸墙施工

### (一)闸墩施工

码 11-2　图片-闸墩施工

闸墩施工的特点是高度大、厚度薄、门槽处钢筋稠密、预埋件多、工作面狭窄、模板易变形且闸墩相对位置要求严格等。所以,闸墩施工中主要工作是立模和混凝土浇筑。

1. 模板安装

(1)"对销螺栓、铁板螺栓、对拉撑木"支模法。此法虽需耗用大量木材、钢材,工序繁多,但对中小型水闸施工仍较为方便。立模时应先立墩侧的平面模板,后立墩头曲面模板。应注意两点:一是要保证闸墩的厚度,二是要保证闸墩的垂直度。单墩浇筑时,一般多采用对销螺栓固定模板,斜撑和缆风固定整个闸墩模板;多墩同时浇筑时,则采用对销螺栓、铁板螺栓、对拉撑木固定,如图 11-2~图 11-4 所示。

(2)钢组合模板翻模法。钢组合模板在闸墩施工中应用广泛,常采用翻模法施工。立模时一次至少立三层,当第二层模板内混凝土浇至腰箍下缘时,第一层模板内腰箍以下部分的混凝土须达到脱模强度(以 98 kPa 为宜),这样便可拆掉第一层模板,用于第四层支模,并绑扎钢筋。依次类推,以避免产生冷缝,保持混凝土浇筑的连续性,如图 11-5 所示。

2. 混凝土浇筑

闸墩模板立好后,即可进行清仓,用压力水冲洗模板内侧和闸墩底面,污水由底层模板上的预留孔排出,清仓完毕堵塞预留孔,经检验合格后,方可进行混凝土浇筑。闸墩混

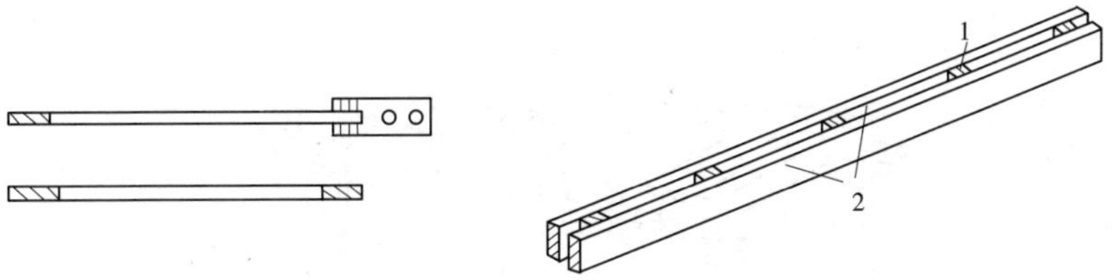


(a)对销螺栓和铁板螺栓　　(b)双夹围图

1—每隔 1 m 一块的 2.5 cm 厚小木板；2—5 cm×15 cm 的木板。

**图 11-2　对销螺栓和铁板螺栓及双夹围图**

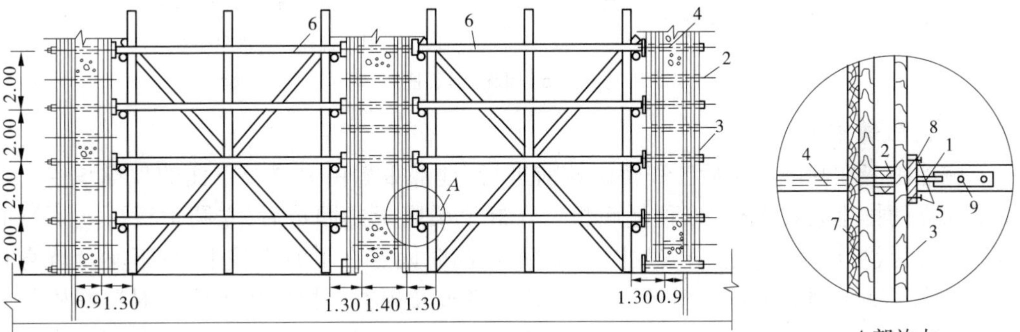


*A* 部放大

1—铁板螺栓；2—双夹围图；3—纵向围图；4—预埋塑料撑管；5—马钉；
6—钢管支撑；7—模板；8—木楔块；9—螺栓孔。

**图 11-3　铁板螺栓、对拉撑木支撑的闸墩模板**　(单位：m)

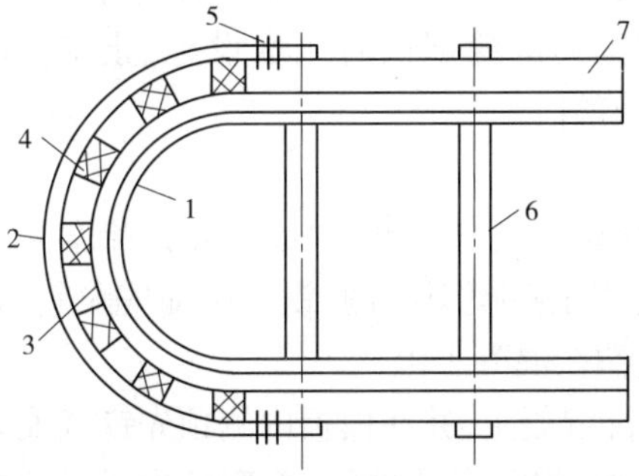

1—模板；2—半圆钢筋环；3—板墙筋；4—垂直围图；5—扁铁；6—撑管；7—双夹围图。

**图 11-4　闸墩头部模板**

凝土一般采用溜管进料，溜管间距 2~4 m，溜管底距混凝土面的高度应不大于 2 m。施工中要注意控制混凝土面上升速度，以免产生跑模现象，并保证每块底板上闸墩混凝土浇筑的均衡上升，防止地基产生不均匀沉降。

由于仓内工作面窄，浇捣人员走动困难，可把仓内浇筑面划分成几个区段，每区段内固定浇捣工人，这样可以提高工效。每坯混凝土厚度可控制在 30 cm 左右。

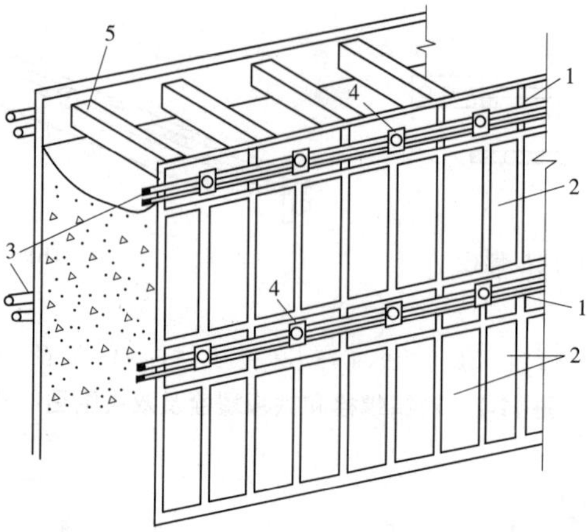


1—腰箍模板;2—定型钢模;3—双夹围囹(钢骨);4—对销螺栓;5—水泥撑木。

图 11-5 钢模组装图

**(二)胸墙施工**

胸墙施工在闸墩浇筑后工作桥浇筑前进行,全部重量由底梁及下面的顶撑承受。下梁下面立两排排架式立柱,以顶托底板。立好下梁底板并固定后,立圆角板再立下游面板,然后吊线控制垂直。接着安放围囹及撑木,临时固定在下游立柱上,待下梁及墙身扎铁后再由下而上地立上游面模板,再立下游面模板及顶梁。模板用围囹和对销螺栓与支撑脚手相连接。胸墙多属板梁式简支薄壁构件,在立模时,先立外侧模板,等钢筋安装后再立内侧模板。最后,要注意胸墙与闸门顶止水设备安装。

## 四、止水与填料施工

为适应地基的不均匀沉陷和伸缩变形,在水闸设计中均设置有结构缝(包括温度缝与沉陷缝)。凡位于防渗范围内的缝都设有止水设施,止水设施分为垂直止水和水平止水两种,且所有缝内均应有填料。

**(一)填料施工**

填充材料常用的有沥青油毛毡、沥青杉木板及沥青芦席等。其安装方法有以下两种:

(1)将填充材料用铁钉固定在模板内侧,铁钉不能完全钉入,至少要留有1/3,再浇混凝土,拆模后填充材料即可贴在混凝土上。

(2)先在缝的一侧立模浇混凝土,并在模板内侧预先钉好安装填充材料的铁钉数排,并使铁钉的1/3留在混凝土外面,然后安装填料、敲弯钉尖,使填料固定在混凝土面上。缝墩处的填缝材料,可借固定模板用的预制混凝土块和对销螺栓夹紧,使填充材料竖立平直。

**(二)止水施工**

1. 水平止水

水闸水平止水大多利用塑料止水带或橡皮止水带,如图11-6所示。其安装与沉陷缝填料的安装方法一样,也有两种,具体见图11-7。

2. 垂直止水

垂直止水可以用止水带或金属止水片(铝片、镀锌或镀铜铁皮、不锈钢片、紫铜片),

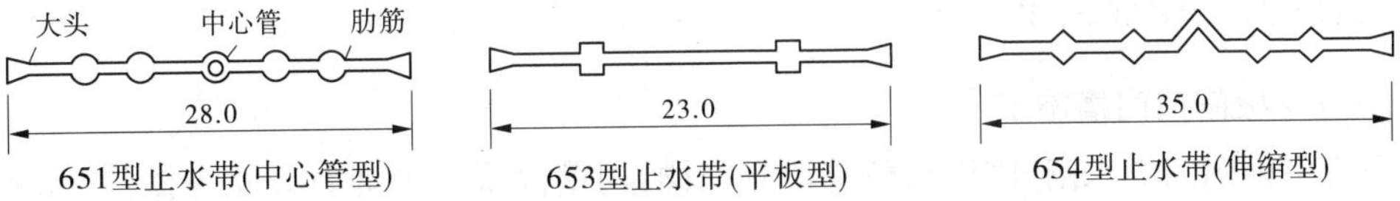


**图 11-6 塑料止水带** （单位:mm）

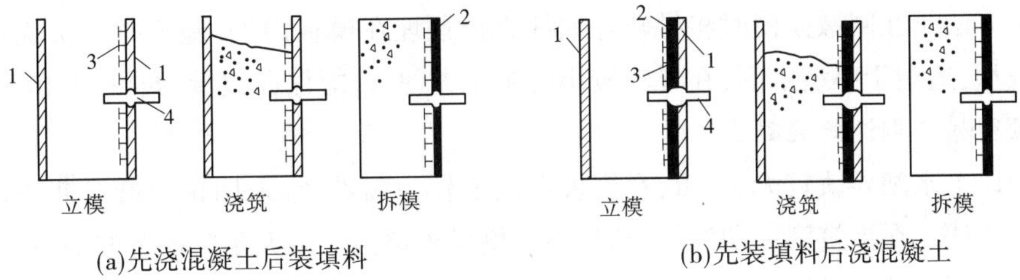


1—模板;2—填料;3—铁钉;4—止水带。

**图 11-7 水平止水安装示意图**

对重要结构,要求止水片与沥青井联合使用,其施工的方法如图 11-8 和图 11-9 所示。

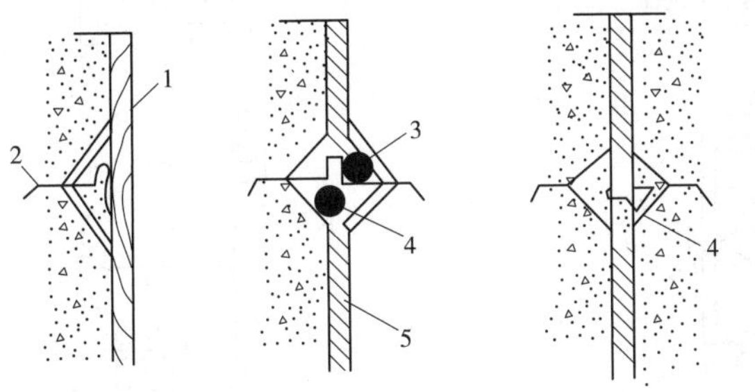

1—模板;2—金属止水片;3—预制混凝土块;4—灌热沥青;5—填料。

**图 11-8 垂直止水施工方法示意图一**

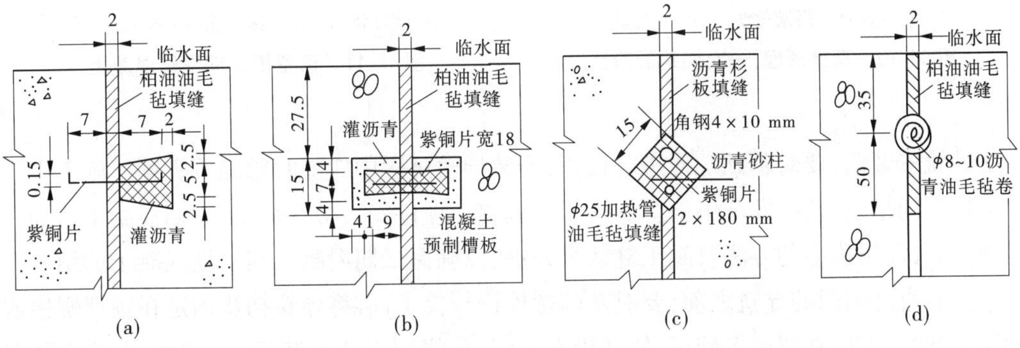


**图 11-9 垂直止水施工方法示意图二** （单位:mm）

## 五、门槽二期混凝土施工

### (一)平板闸门门槽施工

采用平板闸门的水闸,闸墩部位都设有门槽,门槽混凝土中埋有导轨等铁件,如滑动导轨,主轮、侧轮及反轮导轨,止水座等。这些铁件的埋设有以下两种方法。

1. 直接预埋、一次浇筑混凝土

这种方法是在闸墩立模时将导轨等铁件直接预埋在模板内侧,施工时一次浇筑闸墩混凝土成型,适用于小型水闸,在导轨较小时施工方便,且能保证质量,如图 11-10 所示。

2. 预留槽二期浇筑混凝土

中型以上水闸导轨较大、较重,在模板上固定较为困难,宜采用预留槽二期浇筑混凝土的施工方法。在浇筑第一期混凝土时,在门槽位置留出一个大于门槽宽的槽位,并在槽内预埋一些开脚螺栓或插筋,作为安装导轨的固定埋件,如图 11-11 所示。

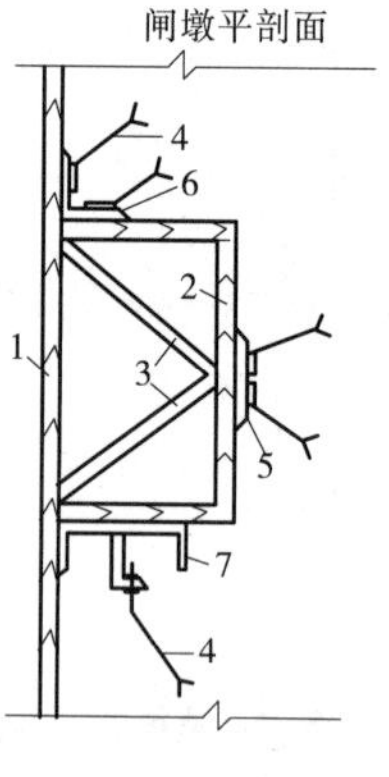


1—闸墩模板;2—门槽模板;3—撑头;4—开脚螺栓;5—侧导轨;6—门槽角铁;7—滚轮导轨。

**图 11-10 直接预埋、一次浇筑混凝土**

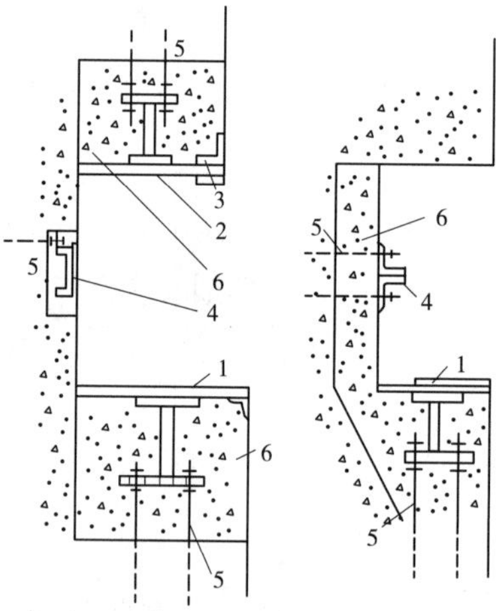


(a)滚轮闸门的门槽 (b)滑动闸门的门槽

1—主轮或滑动导轨;2—反轮导轨;3—侧水封座;4—侧导轨;5—预埋螺栓;6—二期混凝土。

**图 11-11 预留槽二期浇筑混凝土**

导轨安装前,要对基础螺栓进行校正,安装导轨过程中应随时检测垂直度。施工中应严格控制门槽垂直度,发现偏斜应及时予以调整。埋件安装检查合格,一期混凝土达到一定强度后,需用凿毛的方法对施工缝认真处理,以确保二期混凝土与一期混凝土的结合。

安装直升闸门的导轨之前,要对基础螺栓进行校正,再将导轨初步固定在预埋螺栓或钢筋上,然后利用垂球逐点校正,使其铅直无误,最终固定并安装模板。模板安装应随混凝土浇筑逐步进行。

(二)弧形闸门的导轨安装及二期混凝土浇筑

弧形闸门虽不设门槽,但闸门两侧亦设置转轮或滑块,因此也有导轨安装及二期混凝土施工。弧形闸门的导轨安装,需在预留槽两侧,先设立垂直闸墩侧面并能控制导轨安装垂直度的若干对称控制点,再将校正好的导轨分段与预埋的钢筋临时点焊接数点,待按设计坐标位置逐一校正无误,并根据垂直平面控制点,用样尺检验调整导轨垂直度后,再焊接牢固,如图 11-12 所示。

导轨就位后即可立模浇筑二期混凝土。二期混凝土应采用较细骨料并细心捣固,不要振动已装好的金属构件。门槽较高时,不能直接从高处下料,可以分段安装和浇筑。二期混凝土拆模后应对埋件进行复测,并做好记录,同时检查混凝土表面尺寸,清除遗留的杂物,以免影响闸门启闭。

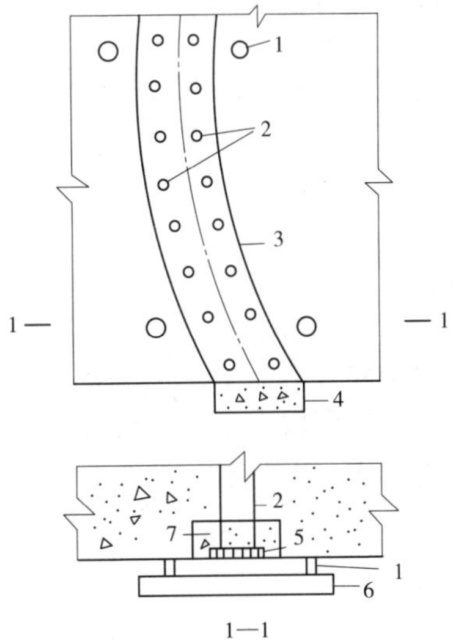


1—垂直平面控制点;2—预埋钢筋;3—预留槽;4—底坎;5—侧轨;6—样尺;7—二期混凝土。

图 11-12 弧形闸门导轨安装示意图

## 任务二 渠道施工

码 11-3 微课-渠道施工

渠道施工包括渠道开挖、渠堤填筑和渠道衬护。其施工特点是工程量大,施工线路长,场地分散,施工工作面宽,可同时组织较多劳力施工,但工种单纯、技术要求较低。

### 一、渠道开挖

渠道开挖的施工方法有人工开挖、机械开挖和爆破开挖等。选择开挖方法取决于技术条件、土壤种类、渠道纵横断面尺寸、地下水位等因素。渠道开挖的土方多堆在渠道两侧用作渠堤,因此铲运机、推土机等机械得到广泛的利用。对于冻土及岩石渠道,以采用爆破开挖最有效。田间渠道断面尺寸很小,可采用开沟机开挖。在缺乏机械设备的情况下,则采用人工开挖。

#### (一)人工开挖渠道

渠道开挖关键是排水问题。排水应本着上游照顾下游、下游服从上游的原则,即向下游放水的时间和流量应照顾下游的排水条件,同时下游应服从上游的需要。一般下游应先开工,且不得阻碍上游水量的排泄,以保证水流畅通。若需排除降水和地下水,还必须开挖排水沟。渠道开挖时,可根据土质、地下水位、地形条件、开挖深度等选择不同的开挖方法。

*1. 龙沟一次到底法*

该方法适用于土质(如黏性土)较好、地下水来量小、总挖深 2~3 m 的渠道。一次将龙沟开挖到设计高程以下 0.3～0.5 m,然后由龙沟向左右扩大,如图 11-13 所示。

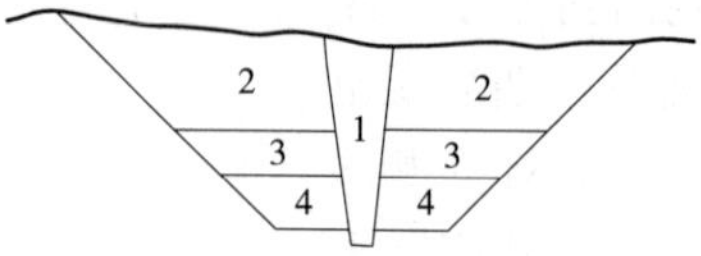


1～4—开挖顺序;1—排水沟。

**图 11-13　龙沟一次到底法**

2. 分层开挖法

当开挖深度较大,土质较差,龙沟一次开挖到底有困难,则可以根据地形和施工条件分层开挖龙沟,分层挖土,如图 11-14 所示。

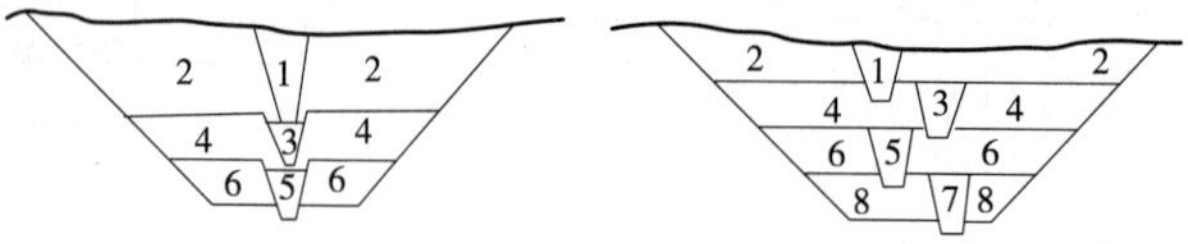


(a)中心龙沟法　(b)滚龙沟法

1～8—开挖顺序;1, 3, 5, 7—排水沟。

**图 11-14　分层开挖龙沟**

3. 边坡开挖与削坡

开挖渠道如一次开挖成坡,将影响开挖进度。因此,一般先按设计坡度要求挖成台阶状,其高宽比按设计坡度要求开挖,最后进行削坡。这样施工削坡工程量小,但施工时必须严格掌握,台阶平台应水平,高必须与平台垂直,否则会产生较大误差,增加削坡工程量。

**(二)机械开挖渠道**

1. 推土机开挖渠道

采用推土机开挖渠道,其深度一般不宜超过 1.5～2.0 m,填筑渠堤高度不宜超过 2.0～3.0 m,其边坡不宜陡于 1∶2 (见图 11-15)。在渠道施工中,推土机还可以平整渠底、清除植土层、修整边坡、压实渠堤等。

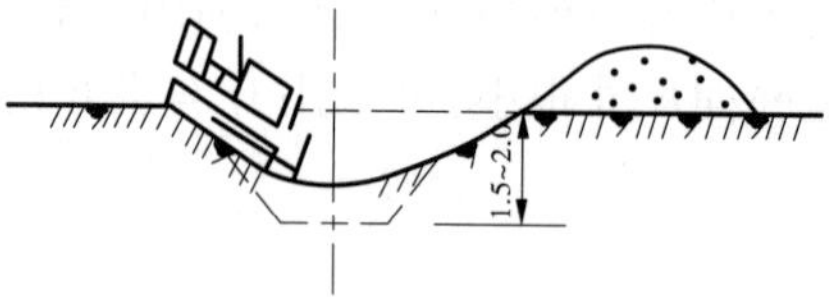


**图 11-15　推土机开挖渠道**　(单位:m)

2. 铲运机开挖渠道

半挖半填渠道或全挖方渠道就近弃土时,采用铲运机开挖最为有利。需要在纵向调配土方的渠道,如运距不远,也可用铲运机开挖。

铲运机开挖渠道的开行方式有环形开行和“8”字形开行两种:

(1)环形开行。当渠道开挖宽度大于铲土长度,而填土或弃土宽度又大于卸土长度时，可采用横向环形开行，如图 11-16(a)所示；反之，则采用纵向环形开行，如图 11-16(b)所示。铲土和填土位置可逐渐错动，以完成所需要的断面。

(2)"8"字形开行。当工作前线较长，而填挖高差较大时，应采用"8"字形开行方式，如图 11-16(c)所示。其进口坡道与挖方轴线间的夹角以 40°~60°为宜，夹角过大则转弯不便，夹角过小则加大运距。

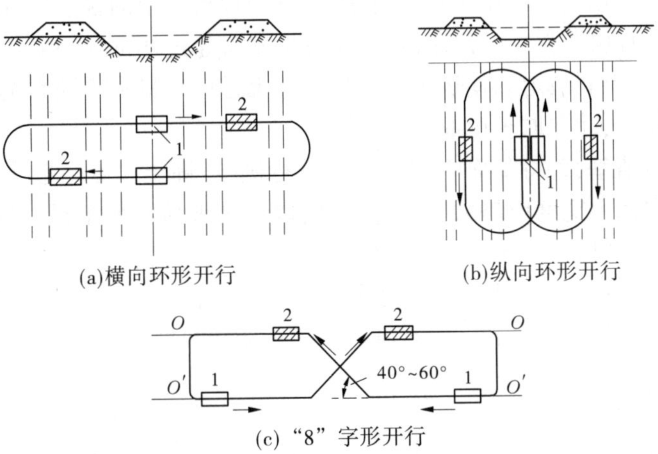


1—铲土；2—填土；O—O—填方轴线；O′—O′—挖方轴线。

**图 11-16　铲运机的开行路线**

采用铲运机工作时，应本着挖近填远、挖远填近的原则施工。铲土时先从填土区最近的一端开始，先近后远；填土则从铲土区最远的一端开始，先远后近，依次进行。这样不仅创造了下坡铲土的有利条件，而且可以在填土区内保持一定长度的自然地面，以便铲运机能高速行驶。

3. 反向铲挖掘机开挖渠道

当渠道开挖较深时，采用反向铲挖掘机开挖较为理想。该方案有方便快捷、生产率高的特点，在生产实践中应用相当广泛，其布置方式有沟端开挖和沟侧开挖两种，如图 11-17 所示。

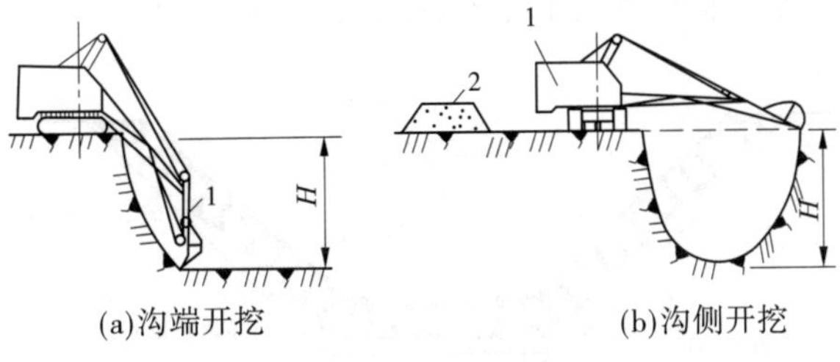


1—挖掘机；2—弃土堆。

**图 11-17　反向铲挖掘机开挖方式示意图**

## (三)爆破开挖渠道

开挖岩基渠道和盘山渠道时，宜采用爆破开挖法。开挖程序是先挖平台再挖槽。开挖平台时,一般采用抛掷爆破,尽量将待开挖土体抛向预定地方,形成理想的平台。挖槽爆破时,先采用预裂爆破或预留保护层,再采用浅孔小爆破或人工清边清底。

## 二、渠堤填筑

筑堤用的土料,以黏土略含砂质为宜。如果用几种透水性不同的土料填在迎水坡,则透水性大的填在背水坡。土料中不得掺有杂质,并应保持一定的含水量,以利于压实。填方渠道的取土坑与堤脚应保持一定距离,挖土深度不宜超过 2 m,且中间应留有土埂。取土宜先远后近,并留有斜坡道以便运土。半填半挖渠道应尽量利用挖方筑堤,只有在土料不足或土质不适用时,才在取土坑取土。

铺土前应先行清基,并将基面略加平整后进行刨毛,铺土厚度一般为 20~30 cm, 并应铺平铺匀。每层铺土宽度应略大于设计宽度,以免削坡后断面不足。堤顶应做成坡度为 2%~5%的坡面,以利于排水。填筑高度应考虑沉陷,一般可预加 5%的沉陷量。对于机械不能填筑到的部位和小型渠道土堤填筑夯实,宜采用人力夯或蛙式打夯机。对砂卵石填堤,在水源充沛时可用水力夯实,否则可选用轮胎碾或振动碾。

## 三、渠道衬护

渠道衬护的类型有灰土、砌石、混凝土、沥青材料及塑料薄膜等。在选择衬护类型时,应考虑以下原则:防渗效果好,因地制宜,就地取材,施工简易,能提高渠道输水能力和抗冲能力,减小渠道断面尺寸,造价低廉,有一定的耐久性,便于管理养护,维修费用低等。

### (一)砌石衬护

在砂砾石地区,坡度大、渗漏性强的渠道,采用浆砌卵石衬护,有利于就地取材,是一种经济的抗冲防渗措施,同时具有较高的抗磨能力和抗冻性,一般可减少渗漏量 80%~90%。施工时应先按设计要求铺设垫层,然后砌卵石。砌卵石的基本要求是使卵石的长边垂直于边坡,并砌紧、砌平、错缝,坐落在垫层上,如图 11-18 所示。为了防止砌面被局部冲毁而扩大,每隔 10~20 m 距离用较大的卵石砌一道隔墙。渠坡隔墙可砌成平直形,渠底隔墙可砌成拱形,其拱顶迎向水流方向,以加强抗冲能力。隔墙深度可根据渠道可能冲刷深度确定。渠底卵石的砌缝最好垂直于水流方向,这样抗冲效果较好。不论是渠底还是渠坡,砌石缝面必须用水泥砂浆压缝,以保证施工质量。

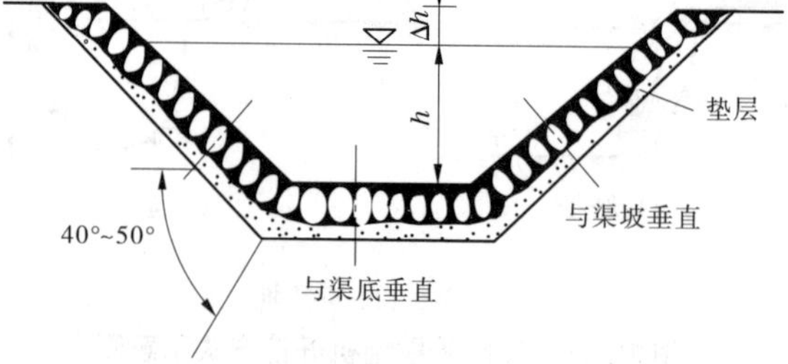


图 11-18　浆砌卵石渠道衬砌示意图

## (二)混凝土衬护

码 11-4　图片-渠道混凝土现浇衬护作业

混凝土衬护由于防渗效果好,一般能减少 90%以上渗漏量,耐久性强,糙率小,强度高,便于管理,适应性强,因而成为一种广泛采用的衬护方法。

渠道混凝土衬砌目前多采用板形结构,但小型渠道也采用槽形结构。素混凝土板常用于水文地质条件较好的渠段,钢筋混凝土和预应力钢筋混凝土板则用于地质条件较差和防渗要求较高的重要渠段,混凝土板按其截面形状的不同,又有矩形板、楔形板、肋梁板等不同形式。矩形板适用于无冻胀地区的各种渠道。楔形板、肋梁板多用于冻胀地区的各种渠道。

大型渠道的混凝土衬砌多为就地浇筑,渠道在开挖和压实处理以后,先设置排水,铺设垫层,然后浇筑混凝土。渠底采用跳仓法浇筑,但也有依次连续浇筑的。渠坡分块浇筑时,先立两侧模板,然后随混凝土的升高,边浇筑边安设表面模板。如渠坡较缓用表面振动器捣实混凝土,则不安设表面模板。在浇筑中间块时,应按伸缩缝宽度设立两边的缝子板。缝子板在混凝土凝固以后拆除,以便灌浇沥青油膏等填缝材料。

装配式混凝土衬砌,是在预制场制作混凝土板,运至现场安装和灌注填缝材料。预制板的尺寸应与起吊运输设备的能力相适应,装配式衬砌预制板的施工受气候条件影响较小,在已运用的渠道上施工,可减少施工与放水间的矛盾。但装配式衬砌的接缝较多,防渗、抗冻性能差,一般在中小型渠道中采用。

## (三)沥青材料衬护

沥青材料具有良好的不透水性,一般可减少渗漏量 90%以上,并具有抗碱类腐蚀能力,其抗冲能力则随覆盖层材料而定。沥青材料渠道衬护有沥青薄膜与沥青混凝土两类。沥青薄膜类防渗按施工方法可分为现场浇筑和装配式两种。现场浇筑又可分为喷洒沥青和沥青砂浆两种。

(1)现场喷洒沥青薄膜施工,首先要将渠床整平、压实,并洒水少许,然后将温度为 200 ℃的软化沥青用喷洒机具,在 354 kPa 压力下均匀地喷洒在渠床上,形成厚 6~7 mm 的防渗薄膜。各层间需结合良好。喷洒沥青薄膜后,应及时进行质量检查和修补工作,最后在薄膜表面铺设保护层。一般素土保护层的厚度,小型渠道多用 10~30 cm,大型渠道多用 30~50 cm。渠道内坡以不陡于 1:1.75 为宜,以免保护层产生滑动。

(2)沥青砂浆防渗多用于渠底。施工时先将沥青和砂分别加热,然后进行拌和,拌好后保持在 160~180 ℃,即可进行现场摊铺,然后用大方铣反复烫压,直至出油,再做保护层。

(3)沥青混凝土衬护分现场铺筑与预制安装两种施工方法。现场铺筑与沥青混凝土面板施工相似。预制安装多采用矩形预制板。施工时为保证运用过程中不被折断,可设垫层,并将表面进行平整。安装时应将接缝错开,顺水流方向,不应留有通缝,并将接缝处理好。

## (四)钢丝网水泥衬护

该方法是一种无模化施工。其结构为柔性,适应变形能力强,在渠道衬护中有较好的应用前景。钢丝网水泥衬护的做法是,在平整的基底(渠底或渠坡)上铺小间距的钢丝,然后抹水泥砂浆或喷浆。其操作简单易行。

**(五)塑料薄膜衬护**

采用塑料薄膜进行渠道防渗,具有效果好、适应性强、重量轻、运输方便、施工速度快和造价较低等优点。用于渠道防渗的塑料薄膜厚度以 0.15~0.30 mm 为宜。塑料薄膜的铺设方式有表面式和埋藏式两种。表面式是将塑料薄膜铺于渠床表面,薄膜容易老化和遭受破坏。埋藏式是在铺好的塑料薄膜上铺筑土料或砌石作为保护层。由于塑料表面光滑,为保证渠道断面的稳定,避免发生渠坡保护层滑塌,渠床边坡宜采用锯齿形。保护层厚度一般不小于 30 cm。

塑料薄膜衬护渠道施工大致可分为渠床开挖和修整、塑料薄膜的加工和铺设、保护层的填筑等三个施工过程。薄膜铺设前,应在渠床表面加水湿润,以保证薄膜能紧密地贴在基土上。铺设时,将成卷的薄膜横放在渠床内,一端与已铺好的薄膜进行焊接或搭接,并在接缝处填土压实,此后即可将薄膜展开铺设,然后铺填保护层。铺填保护层时,渠底部分应从一端向另一端进行,渠坡部分则应自下向上逐渐推进,以排除薄膜下的空气。保护层分段填筑完毕后,再将塑料薄膜的边缘固定在顺渠顶开挖的堑壕里,并用土回填压紧。

塑料薄膜的接缝可采用焊接或搭接。搭接时为减少接缝漏水,上游一块塑料薄膜应搭在下游一块之上,搭接长度为 50 cm;也可用连接槽搭接,如图 11-19 所示。

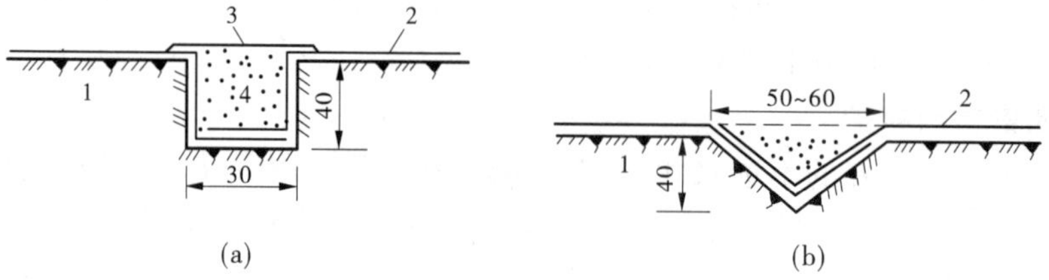


1—渠床;2—塑料薄膜;3—封顶塑料薄膜;4—回填夯实土。

**图 11-19 有连接槽搭接式接缝示意图** (单位:cm)

## 任务三 装配式渡槽施工

装配式渡槽施工主要包括预制和吊装两个施工过程。

### 一、构件的预制

**(一)槽架的预制**

槽架是渡槽的支承构件,为了便于吊装,一般选择靠近槽址的场地预制。制作的方式有地面立模和砖土胎模两种。

(1)地面立模。在平坦夯实的地面上用 1∶3∶8的水泥、黏土、砂浆抹面,厚约 1 cm,压抹光滑作为底模,立上侧模后就地浇制,拆模后,当强度达到 70%时,即可移出存放,以便重复利用场地。

(2)砖土胎模。其底模和侧模均采用砌砖或夯实土做成,与构件的接触面用水泥黏土砂浆抹面,并涂上脱模剂即可。使用土模应做好四周的排水工作。高度在 15 m 以上的排架，如受起重设备能力的限制，可以分段预制。吊装时，分段定位，用焊接固定接头，待槽身就位后，再浇二期混凝土。

**（二）槽身的预制**

为了便于预制后直接吊装，整体槽身预制宜在两排架之间或排架一侧进行。槽身的方向可以垂直或平行于渡槽的纵向轴线，根据吊装设备和方法而定。要避免因预制位置选择不当，而在起吊时发生摆动或冲击现象。

U 形薄壳梁式槽身的预制，有正置和反置两种浇筑方式。正置浇筑是槽口向上，优点是内模板拆除方便，吊装时不需翻身，但底部混凝土不易捣实，适用于大型渡槽或槽身不便翻身的工地。反置浇筑是槽口向下，优点是捣实较易，质量容易保证，且拆模快、用料少等，缺点是增加了翻身的工序。

矩形槽身的预制，可以整体预制也可分块预制。中小型工程，槽身预制可采用砖土材料制模，如图 11-20 所示。反置浇筑钢丝网水泥渡槽槽身木内模的结构如图 11-21 所示。

(a)反置泥内模 (b)反置砖内模 (c)正置砖外模 (d)正置泥外模

1—1∶4水泥砂浆层，3～5 mm 厚；2—砖砌体；3—渡槽；4—填土。

**图 11-20 砖土材料内外模**

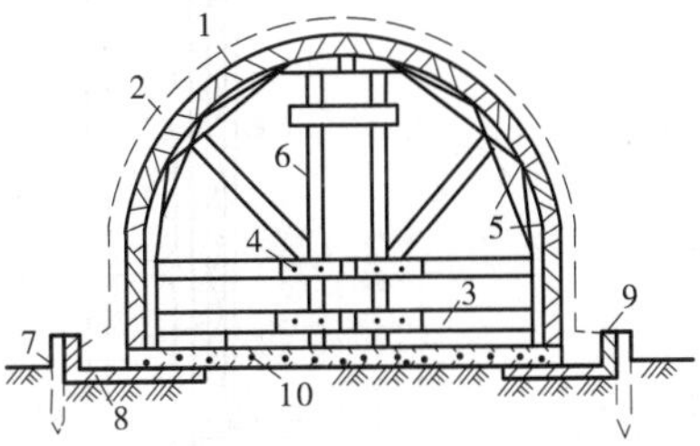

1—木内模；2—待浇槽身；3—活动横撑；4—活动销；5—内龙骨；6—内支架；7—木桩；8—底模；9—侧模；10—预制横拉梁式渡槽的吊装。

**图 11-21 反置浇筑钢丝网水泥渡槽槽身木内模结构**

**（三）梁式渡槽的吊装**

装配式渡槽的吊装工作是渡槽施工中的主要环节，必须根据渡槽的形式、尺寸、构件重量、吊装设备能力、地形和自然条件、施工队伍的素质以及进度要求等因素，进行具体分析比较，选定快速简便、经济合理和安全可靠的吊装方案。

码 11-5 图片-渡槽吊装作业

1. 槽架的吊装

槽架下部结构有支柱、横梁和整体排架等。支柱和排架的吊装通常有垂直起吊插装和就地转起立装两种。垂直起吊插装是用起重设备将构件垂直吊离地面后,插入杯形基础,先用木楔(或钢楔)临时固定,校正标高和平面位置后,再填充混凝土做永久固定。就地转起立装法与扒杆的竖立法相同。两支柱间的横梁仍用起重设备吊装。吊装次序由下而上,将横梁先放置在临时固定于支柱上的三角撑铁上。位置校正无误后,即焊接梁与柱联系钢筋,并浇二期混凝土,使支柱与横梁成为整体。待混凝土达到一定强度后,再将三角撑铁拆除。

2. 槽身的吊装

装配式渡槽槽身的吊装基本上可分为两类,即起重设备架立于地面上吊装及起重设备架立于槽墩或槽身上吊装。起重设备架立于地面上吊装槽身的方法如图11-22所示。在槽身重量和起吊高度不大时,采用两台或四台独脚扒杆抬吊,如图11-22(a)所示。在槽身起吊到空中后,用副滑车组将枕头梁吊装在排架顶上。这种方法起重扒杆移行费时、吊装速度较慢。

龙门架抬吊的顶部设有横梁和轨道,并装有行车,如图11-22(b)所示。操作上使四台卷扬机提升速度相同,并用带蝴蝶铰的吊具,使槽身四吊点受力均匀,槽身平稳上升。横梁轨道顶面要有一定坡度,以便行车在自重作用下能顺坡下滑,从而使槽身平移在排架顶上降落就位。采用此法吊装渡槽者较多。

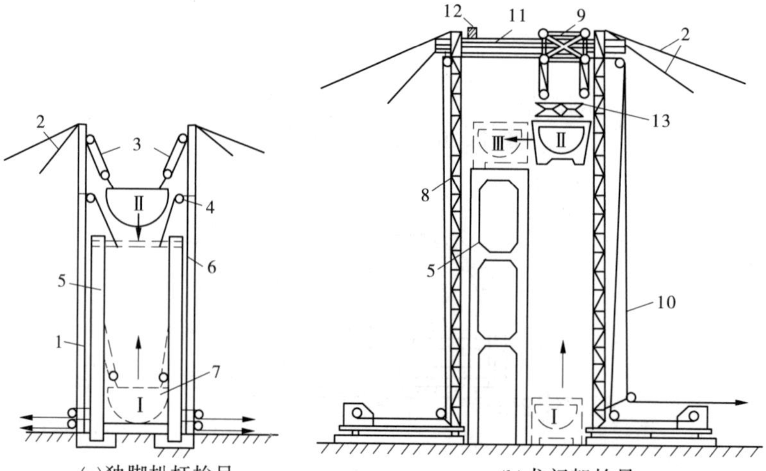


(a)独脚扒杆抬吊　　(b)龙门架抬吊

1—扒杆;2—缆风;3—主滑车组;4—副滑车组;5—排架;6—枕头木;7—预制槽身位置;
8—龙门架;9—行车;10—行车控制索;11—横梁;12—行车止动块;13—蝴蝶铰。

**图11-22　地面吊装槽身示意图**

起重设备架立在槽身或槽墩上吊装槽身的方法如图11-23所示。

双人字扒杆吊装槽身法如图11-23(a)所示。此法不设侧向缆风绳,起重杆为人字形,以增加吊装的稳定性。

图11-23(b)所示为T形钢架抬吊槽梁法,为了使槽梁能平移就位,在钢架顶部设置横梁和平移小车。图11-23(c)所示为用四副门形钢架抬吊整体槽身。钢架用螺栓连接,以便重复使用。图11-23(d)所示为湖北排子河采用的推拖式钢架吊装槽身法,渡槽跨度25 m、质量200 t。此桁架包括前端导架、中段起重架和后端平衡架三部分。桁架首尾的

摇臂扒杆用来安装和拆除行走用的滚轮托架。为了使槽身在起吊时能错开牛腿，槽身的预制位置偏离渡槽中心线一定距离，并在槽底两端各留一缺口。当槽身上升高出牛腿后，再由平行装置移动到支承位置，平移装置由安装在底盘上的胶木滑道和螺杆驱动装置所组成。钢架是沿临时安放在现浇短槽身顶部的滚轮托架向前移动的，在钢架首部用牵引绳拉紧并控制前进方向，同时收紧推拖索，钢架便向前移动。

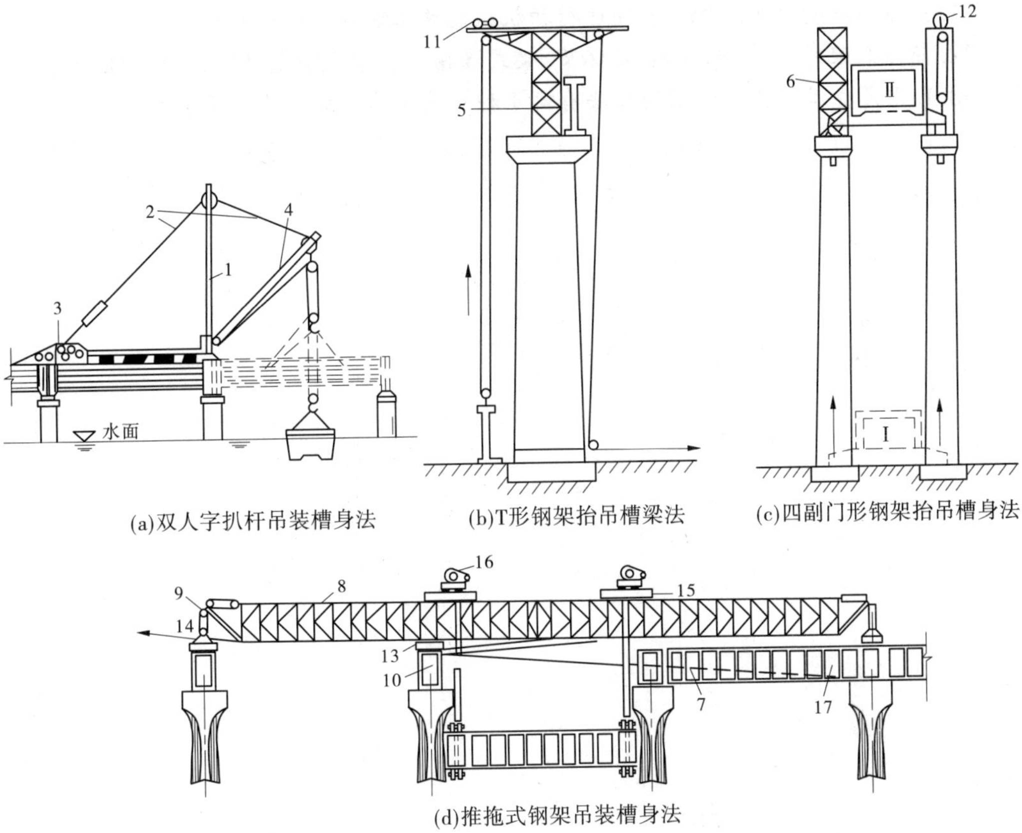


1—钢管人字架；2—钢拉杆；3—起重卷扬机；4—人字形起重臂；5—T 形钢架；6—门形钢架；7—推拖索；8—钢架；9—扒杆；10—现浇短槽身；11—推拖定滑车；12—承重工字架；13—滚轮托架；14—牵引绳；15—平移装置底盘；16—平移小车；17—卷扬机。

**图 11-23 在槽身槽墩上吊装槽身方法示意图**

## 复习思考题

### 简答题

1. 简述水闸的施工特点、施工内容、施工程序。
2. 水闸浇筑块的浇筑顺序应依据哪些原则进行编排？
3. 水闸浇筑为什么要逐块划分？浇筑块大小应怎样控制？
4. 水闸底板的施工顺序如何确定？简述平底板浇筑混凝土时的入仓方法。

5. 闸墩施工有何特点？立模时有什么要求？简述其施工方法。
6. 何谓二期混凝土？浇筑时应注意哪些问题？
7. 简述平面闸门槽与弧形闸门槽的施工方法及注意事项。
8. 沉陷缝填料和止水的施工方法有哪些？质量要求如何？
9. 简述铺盖及反滤层填筑的施工方法和要求。
10. 简述采用铲运机、反向铲挖掘机开挖渠道的开行方式。
11. 渠道衬护的方式有哪些？简述衬护机械化施工现场检查内容。
12. 简述装配式渡槽施工的主要环节，梁式渡槽吊装方案确定时，应考虑的因素。
13. U形薄壳渡槽槽身预制的方法有哪几种？简述其优缺点及适用条件。

# 项目十二 泵站工程

【学习目标】

1. 了解泵房的类型、结构组成及功能作用；
2. 掌握泵房的施工过程和施工工艺；
3. 熟悉泵房的施工技术要求；
4. 掌握钢管的安装程序和技术要领以及质量检查要求；
5. 理解辅助设备的安装和应用。

【技能目标】

1. 掌握泵房的施工流程和施工技术要求；
2. 掌握输水钢管的安装技术和质量控制要求。

【思政目标】

1. 具备吃苦耐劳、敬业奉献、协作创新的职业精神；
2. 能够严格落实施工技术标准和施工工艺及规范要求；
3. 能够坚守质量标准、安全意识底线。

泵站的基本功能是通过水泵的工作体(固体、液体或气体)的运动(旋转运动或往复运动等),把外加的能量(电、热、水或风能等)转变成机械能,并传给被抽液体,使液体的位能、压能和动能增加。同时,通过管道把液体提升到高处或输送到远处。

## 一、泵站的类型

(1)按水泵的类型分类:离心泵站、轴流泵站和混流泵站。

(2)按水泵的动力分类:电动泵站、机动泵站、水轮泵站、风力泵站和太阳能泵站。

(3)按水泵的任务分类:供水泵站、排水泵站、调水泵站、加压泵站和蓄能泵站。

## 二、泵站工程的组成

泵站工程主要由泵房、管道、进出水建筑物以及变电站等组成,见图 12-1。在泵房内安装由水泵、传动装置和动力机组组成的机组,还有辅助设备和电气设备等。进出水建筑物主要有取水、引水设施以及进水池和出水池(或水塔)等。泵站的管道包括进水管和出水管。进水管把水源和水泵进口连接起来,出水管则是连接水泵出口和出水池的管道。

泵站投入运行后,水流即可经过进水建筑物和进水管进入水泵,通过水泵加压后,将水流送往出水池(或水塔)或管网,从而达到提水或输水的目的。

## 三、水泵的类型

水泵机组包括水泵、动力机和传动设备。它是泵站工程的主要设备,又称为主机组。泵站的辅助设备、电气设备和泵站中的各种建筑物都是为主机组的运行和维护服务的。

泵站工程中最常用的水泵为叶片泵。其按工作原理分为离心泵、轴流泵及混流泵,按泵轴安装形式分为立式、卧式和斜式,按电机是否能在水下运行分为常规泵机组和潜水电泵机组等。

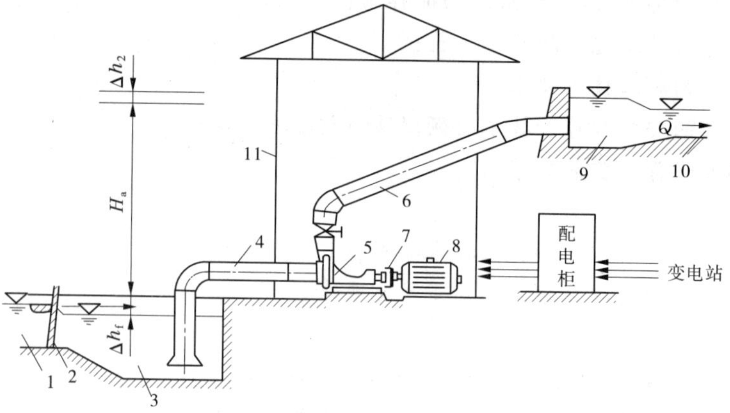


1—水渠;2—拦污栅;3—进水池;4—进水管;5—水泵;6—出水管;
7—传动装置;8—电动机;9—出水池;10—干渠;11—泵房。

**图 12-1　泵站示意图**

# 任务一　泵房施工

码 12-1　微课-泵房施工

泵房的施工工艺流程见图 12-2。

## 一、泵房基础施工

### (一)土方开挖

(1)恢复定线,放出边线桩,标上开挖深度。对不同开挖段采用不同的施工方法。

(2)土方开挖采用机械化施工方法:土方运距在 100 m 左右,选用推土机挖运;大体积的土方开挖远运,宜用挖装机械配合自卸汽车施工。

(3)土方开挖开工前,应考虑排水系统的布设,防止在施工中线路外的水流入线内,并将线路内的水(包括地面积水、雨水、地下渗水)迅速排出路基,保证施工顺利进行。

### (二)灰土垫层施工

(1)施工前应进行验槽,应将积水、淤泥清除干净,等干燥后再进行灰土垫层的铺筑。

(2)灰土施工时,应适当控制其含水量,以用手紧握土料成团、两指轻捏能碎为宜,如土料水分过多或不足,可以晾干或洒水润湿。

(3)灰土垫层铺筑前,应预先在坑壁用标钎进行厚度控制,铺土时进行分层施工,每

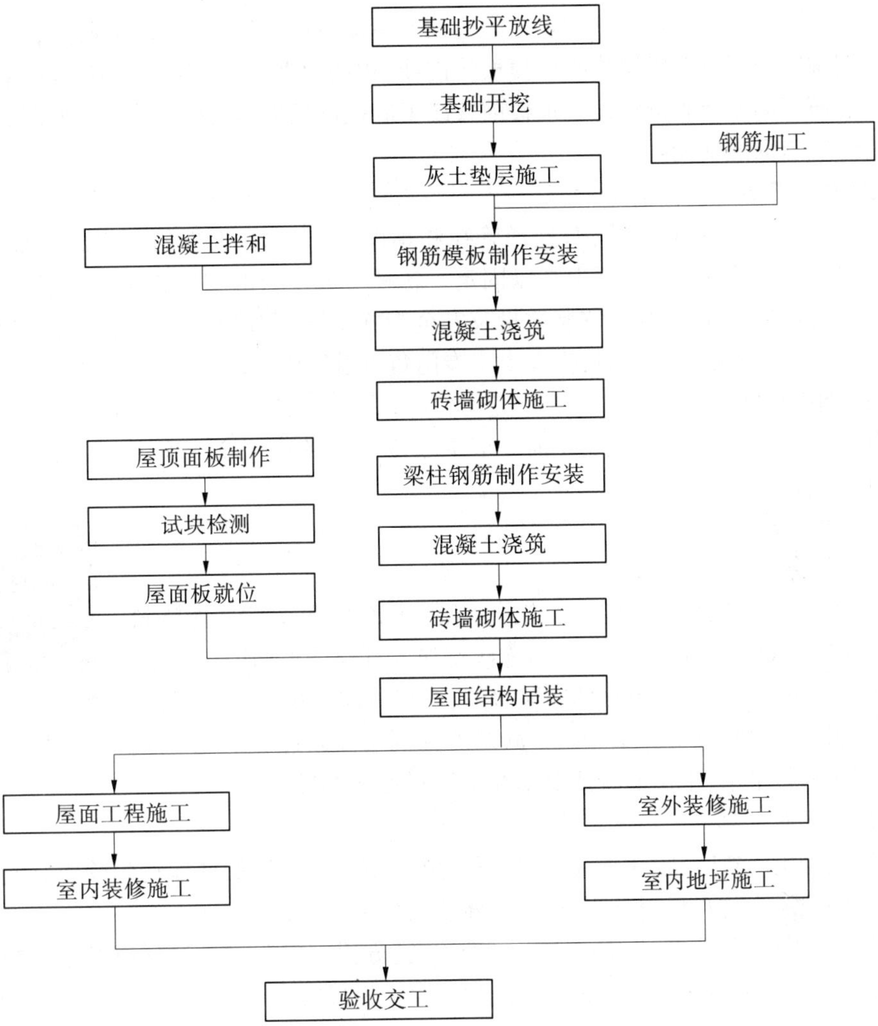


**图 12-2 泵房的施工工艺流程**

层厚度为 20 cm,基坑边缘处等机械无法碾压处采用蛙式打夯机进行压实。每层灰土的夯打遍数要求不少于 4 遍。灰土分段施工时,上下相邻两层灰土间距不得大于 50 cm,接缝处灰土应充分压实。

(4)入槽的灰土不得隔日夯打。夯实后的灰土 3 d 内不得受水浸泡。刚打完或尚未夯实的灰土,如遭受雨淋浸泡则应将松软土去除并补填夯实,受湿润的灰土,应进行晾晒后使用。

## 二、泵房混凝土浇筑

泵房混凝土施工的内容:主副厂房的封闭圈(基础)、柱、楼梯、圈梁和前池混凝土施工及钢筋安装,模板架立、拆除以及预埋件的安装施工等。混凝土施工的工序是:前一道工序验收→弹线放样→模板安装→预埋件埋设→钢筋绑扎→混凝土浇筑→拆模→养护。

## (一)弹线放样

在垫层施工验收后,首先引测建筑的边柱或者墙轴线,并以该轴线为起点,引出每条轴线,根据轴线与施工图用墨线弹出模板的内线、边线以及外侧控制线,施工前四线必须到位,以便模板的安装和校正。支顶板前放线工应提供模板标高控制线,支顶板后质检员应检查标高,确保准确无误。

## (二)模板安装

模板安装应早于钢筋绑扎,对预埋管线和预埋件,应先在模板的相应部位划线做标记,然后将管线预埋件等在模板上加以固定。各种形式模板的安装方法见项目四。模板支设完毕后,要进行预检,检查安装质量及安全措施等,经监理签认合格后方可进行下道工序施工。另外,浇筑混凝土时,需有木工专门负责看管模板。

## (三)钢筋绑扎

钢筋绑扎前,应先熟悉图纸,在前一道工序检查合格后,再进行钢筋的绑扎。钢筋绑扎的具体要求见项目五。

## (四)混凝土浇筑

### 1. 主厂房封闭圈混凝土

从伸缩缝处分为两部分进行浇筑,封闭圈与壁柱、吊车柱一次浇筑完毕,为保证混凝土性能,浇筑时采用连续浇筑。柱浇筑时,应先浇筑 5 cm 厚比柱混凝土高一强度等级的净浆接缝,严格分层浇捣,每浇筑层高 50 cm,采用插入式振动器仔细振捣。同时考虑到层高超过 2 m,在运输过程中不能直接下料,采用溜管或溜槽配合下料,以防离析。

码 12-2　图片-混凝土浇筑

### 2. 墙柱混凝土施工

墙柱混凝土浇筑时,宜从轴线两边对称进行,使整个楼层的柱模均匀受力,防止模板造成侧向偏位。为防止混凝土离析,做串筒或溜槽进行浇筑。

框架柱在全高范围内,不宜一次浇筑到顶,宜分段、分层浇筑,这样有利于模板稳定。同时,要严格控制下料速度,分层下料,确保混凝土振捣密实。

### 3. 梁板混凝土浇筑

(1)顶板混凝土的虚铺厚度应略大于板厚,用平板振捣器垂直浇筑方向来回振捣,并用铁插尺检查混凝土厚度,振捣完毕后用长木抹子抹平。施工缝处或有预埋件及插筋处用木抹子找平。浇筑板混凝土时不允许用振捣棒铺摊混凝土。

(2)顶板标高应根据引测到柱子主筋上标高控制线,用线拉成控制网,严格控制顶板标高。

(3)浇筑 2~6 h 后,在初凝前用木抹反复搓压 3 遍,使其表面密实,这样能较好地控制混凝土表面龟裂,减少混凝土表面水分的散发,促进养护。

### 4. 楼梯混凝土施工

(1)考虑工程实际情况,楼梯在结构施工完后施工,楼梯钢筋从结构中甩出钢筋接茬,楼梯梁与楼梯后浇筑混凝土,浇筑前,与结构接触面混凝土应凿毛。

(2)楼梯段混凝土自下而上浇筑,先振实底板混凝土,达到踏步位置时再与踏步混凝土一起浇捣,不断连续向上推进,并随时用木抹子将踏步上表面抹平、一次压光到位。混凝土浇筑过程中应经常检查模板、支架、钢筋、铁件和预留洞口情况，发现模板有变形、移位时，应立即停止浇筑，并在已浇筑的混凝土终凝前修好。另外，在浇筑过程中，注意按要求进行混凝土质量检查和混凝土试块的预留。

5. 混凝土养护

柱及楼板混凝土均采用浇水养护，地下结构抗渗混凝土应连续浇水养护 14 d，大气温度较低时应注意用阻燃草被进行覆盖保温，特别应加强对底板混凝土的养护。地上结构应连续浇水养护 7 d，浇水次数以保证混凝土表面湿润为准。气候炎热的夏天，柱混凝土应满挂麻布后浇水，以增强养护效果。

### （五）拆模

混凝土的拆模严格执行拆模申请制度，由分包方向总包方提出申请，相关工程师根据同条件养护试块的强度下达拆模令，方可拆模。模板的拆除应严格按规范要求，并在混凝土施工时，留置两组试块，同条件养护，作为拆模的依据。混凝土若未达到强度要求，不得提前拆模，且根据设计要求混凝土施工完 3 d 内禁止施工下一道工序。

## 三、砖墙砌筑

### （一）施工工艺流程

砖浇水→砂浆搅拌→砌砖墙→验评。

### （二）主要施工方法

（1）砖浇水：黏土砖必须在砌筑前一天浇水湿润，一般以水浸入砖四边 1.5 cm 为宜，含水量为 10%～15%，常温施工不得用干砖上墙，雨季不得使用含水量达饱和状态的砖砌墙。

（2）砂浆搅拌：砂浆配合比应采用重量比，计量精度水泥为±2%，砂、灰膏控制在±5%以内。宜用机械搅拌，搅拌时间不少于 1.5 min。

（3）砌砖墙的组砌方法：砌体一般采用一顺一丁（满丁、满条）、梅花丁或三顺一丁砌法。砖柱不得采用先砌四周后填心的包心砌法。

## 四、屋面工程施工

### （一）屋面板吊装

当屋架混凝土强度达到 100%后方可吊装。吊装时，先在屋架上弦顶面标注几何中心线，并从跨度中央向两端标出屋面板的安装中心线，同时在端头标出安装中心线。吊装工艺流程：混凝土强度检测→绑扎扶直就位→吊升→对位、临时固定、校正→最后固定。

屋架的绑扎点选在上弦节点处，对称于屋架的重心；扶直就位时可以采用正向扶直，起重机位于屋架下弦一边，扶直起吊时保持吊钩始终位于上弦中点的垂直上方。

### （二）复合保温板施工

复合保温板施工操作工艺流程如图 12-3 所示。

### （三）水泥砂浆找平层

水泥砂浆找平层采用吊车上料，人工进行平料。

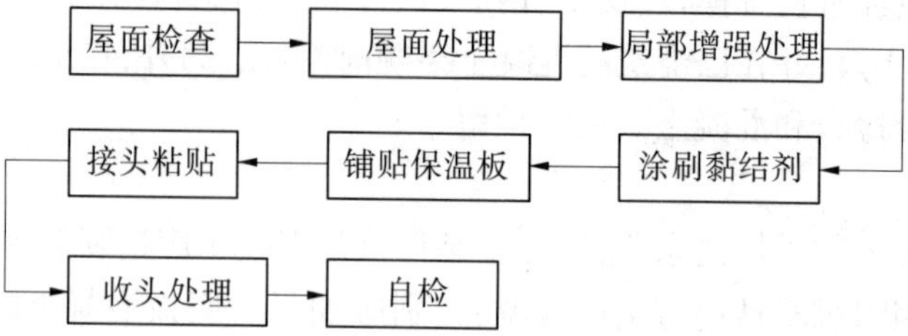


图 12-3　复合保温板施工操作工艺流程

**(四)沥青防水卷材施工**

沥青防水卷材施工工艺流程如图 12-4 所示。

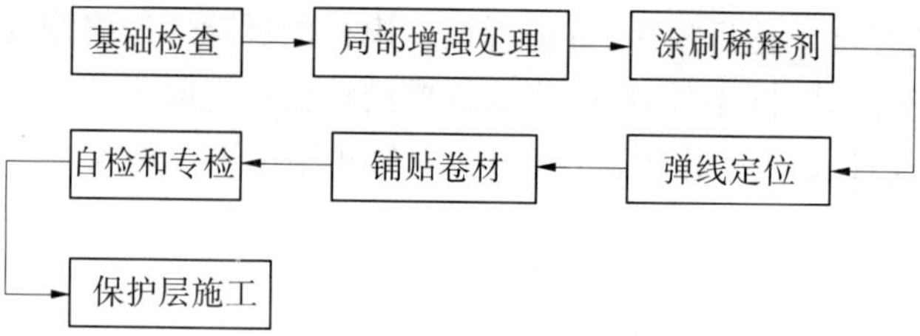


图 12-4　沥青防水卷材施工工艺流程

## 五、门窗安装

门窗安装施工工序为:立门窗框→塞缝→装扇→装玻璃。

**(一)塞缝**

窗框固定好后复查平整度和水平度,再扫清边框处的浮土,洒水湿润基础层,用 1:2 水泥砂浆将窗口与窗框间的缝隙分层填实。待塞灰达到一定强度后,再拔去木楔,抹平表面。

**(二)装扇**

推拉窗要在上框内做导轨和滑轮,再进行窗扇的安装。

**(三)装玻璃**

安装时,先在型材安装玻璃部位支塞橡胶带,用玻璃吸手按入玻璃,前后垫实,使缝隙一致,然后塞入橡胶条密封。

## 六、勾缝

施工工艺流程:弹线找规矩→开缝、补缝→门窗四周塞缝→墙面浇水→勾缝→清扫墙面→找补漏缝→清理墙面。

(1)墙面勾缝前应浇水,润湿墙面。

(2)拌和砂浆:勾缝用砂浆的配合比为 1:1或 1:1.5(水泥:砂),应注意随用随拌,不可使用过夜灰。

(3)勾缝:勾缝顺序应由上而下,先勾水平缝,后勾立缝。天气干燥时,对已勾好的缝浇水养护。

# 任务二　桥式起重机及水泵组的安装

## 一、安装前的检验

### (一)设备检验

1. 外观检验

(1)设备开箱检查前,必须查明所到设备的名称、型号和规格,检查设备的箱号和箱数以及包装情况有无损坏等。

(2)设备开箱验收时,先将设备顶板上的尘土打扫干净,防止尘土落入设备内。开箱时一般自顶板开始,查明情况后,再采用适当办法拆除其他箱板,要选择合适的开箱工具,不要用力过猛,以免损坏箱内设备。

(3)设备的清点应根据制造厂提供的设备装箱清单进行。清点时,首先应核实设备的名称、型号和规格。清点设备的零件、部件、附件、备件、专用工具及技术文件是否与装箱单相符。

(4)检查设备的外观质量,如有缺陷、损坏和锈蚀等情况,填写检查记录单,并经厂家确认。分析原因,查明责任,报主管部门进行研究处理。

2. 内部尺寸和性能检验

(1)水泵在安装过程中必须按说明书和原装图中的规定进行尺寸检验。

(2)高压电动机安装前的检验。

(3)风机、排水泵安装前检验:盘动转子是否灵活,有无卡阻碰撞,润滑油是否完好。

(4)蝶阀、伸缩节检验:闸板、套管的密封性,转轴回转配合情况;液控系统油箱、油管、配电箱等设备情况。

(5)桥式起重机检验:根据供货清单清点各类设备、材料,对于缺损件要及时反馈,以免影响设备的安装、调试及试运行。

### (二)设备基础检验

工程主机泵、桥式起重机均为钢筋混凝土基础,由于设备安装要求保持相对位置不变,以及设备重量和运行振动力的存在,要求基础必须有足够的强度和刚度。因此,设备安装前必须对设备基础进行检验。

码 12-3　图片-水泵基础检验

1. 主机泵基础检验

(1)按照主机泵、电动机的实际组合尺寸和设计图纸给定的标高,检验基础高程,偏差不超过±10 mm;

(2)基础纵向中心线应垂直于横向中心线,与泵站纵横中心线要平行,偏差值不超过±5 mm;

(3)基础预留螺栓孔方位尺寸要符合设计尺寸的要求,内孔无积水、杂物,孔位垂直。

2. 起重机基础检验

桥式起重机梁应平直,外观平滑整齐;螺孔位置准确,无堵塞。

## 二、桥式起重机安装

桥式起重机安装流程如图 12-5 所示。

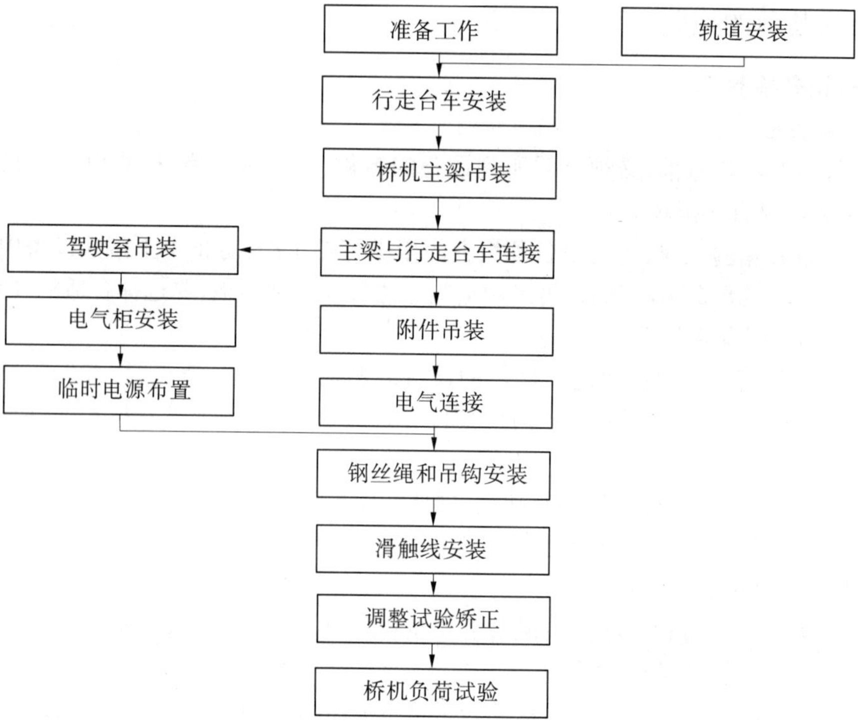


**图 12-5　桥式起重机安装流程**

### (一)安装施工准备

(1)编制详细的施工组织措施报监理审核批准后,按施工措施准备工器具、材料,对施工人员进行安全教育,技术方案交底。

(2)备好方木、千斤顶、导链、卷扬机等工具,型号要与桥式起重机相对应。

### (二)桥机轨道安装

(1)钢轨在安装前要校正,其侧面水平度不大于1/500,全长偏差不大于2 mm。钢轨两端面应平直,斜度不大于1 mm。

(2)钢轨安装前,压板、夹板、螺栓、垫片、垫板、车挡均应加工完毕,并做好高空作业安全防护的教育工作。

(3)据施工图纸,用测量仪器精确布线,严格控制安装尺寸使之满足下列要求:单轨中心线与设计中心线偏差不大于3 mm;两轨中心差不大于5 mm;同断面两轨高度差不大于8 mm;轨道接头、错位不大于1 mm;接缝1~3 mm并保证伸缩量;纵向水平度不大于1/1 500;全长偏差不大于10 mm;两侧轨道接头位置应错开,其错开距离应大于前后车轮的轮距,轨道接头处左、右、上三个面的偏移均不大于1 mm。

### (三)桥机吊装

(1)首先将桥机的大车行走台车利用汽车吊安装到上下游侧轨面上,利用楔子板将台车调整水平。

(2)将桥机大梁运到厂房安装场,利用汽车吊慢慢将主梁提升到超过行走台车上面高程,再将主梁扭转回来并调平,对准大梁与台车连接螺栓孔,然后慢慢地落到桥机行走台车上面,将螺栓把紧。

(3)利用汽车吊安装其他部件(包括操作室等)。

**(四)桥机电气设备安装**

按制造商和工程设计单位的图纸及技术文件组装桥机和调整试验。施工工艺及质量要求符合规定的标准和规范。

(1)悬吊式软电缆的安装。当采用型钢做软电缆滑道时,型钢应安装平直,滑道平正光滑,机械强度符合要求;悬挂装置的电缆夹与软电缆可靠固定,电缆夹间的距离不大于5 m;软电缆安装后,其悬挂装置沿滑道移动灵活、无跳动、无卡阻;软电缆移动段的长度,比起重机移动距离长15%~20%,并加装牵引绳,牵引绳长度短于软电缆移动段的长度;软电缆移动部分两端分别与起重机、钢索或型钢滑道牢固固定。

(2)起重机上电缆的敷设。

(3)配电屏、柜的安装。

(4)照明装置的安装。

**(五)制动装置的安装**

(1)制动装置的动作应迅速、准确、可靠。

(2)处于非制动状态时,闸带、闸瓦与闸轮的间隙应均匀,且无摩擦。

(3)当起重机的某一机构由两组在机械上互不联系的电动机驱动时,其制动器的动作时间应一致。

**(六)行程限位开关、撞杆的安装**

(1)起重机行程限位开关动作后,能自动切断相关电源,并使起重机各机构在下列位置停止:吊钩、抓斗升到离极限位置不小于100 mm处。

(2)起重臂升降的极限角度符合产品规定。

(3)撞杆的装设及其尺寸的确定应保证行程限位开关可靠动作,撞杆及撞杆支架在起重机工作时不晃动。撞杆宽度能满足机械横向窜动范围的要求,撞杆的长度能满足机械最大制动距离的要求。

(4)撞杆在调整定位后,固定可靠。

**(七)控制器的安装**

控制器的安装位置应便于操作和维修;操作手柄或手轮的安装高度应便于操作与监视,操作方向宜与机构运行的方向一致。

**(八)起重量限制器的调试**

(1)起重量限制器综合误差不大于8%。

(2)当载荷达到额定起重量的90%时,能发出提示性报警信号。

(3)当载荷达到额定起重量的110%时,能自动切断起升机构电动机的电源,并发出禁止性报警信号。

## 三、主机泵组安装

根据主机泵组的类型,按先固定件后转动件的规律进行安装、调试。安装过程中必须严格控制固定部分的高程、水平度、垂直度,转动部分的轴线同心、径向摆度及各部间隙,安装时使用泵站内桥式起重机。下面以卧式水泵类型介绍其安装过程。

### (一)机泵及其附属设备基础预埋

(1)机泵及其附属设备基础、通风设备和通风管、起重机轨道、单轨小车轨道、启闭机基础等的螺杆、插筋、锚杆、型钢和钢板等预埋件的埋设应严格遵守施工详图和技术规范的要求。

(2)预埋件安装固定:机组模板安装完毕后,在混凝土浇筑前,将埋件就位,焊接固定在机座钢筋上,严格控制埋件的位置、高程,使高程误差控制在±5 mm 范围内。

(3)机座一期混凝土浇筑时,应控制浇筑速度,以免在浇筑过程中使预埋件变形,混凝土浇筑高度以距埋件顶部 300 mm 处为宜。

(4)机组钢架制作与安装:钢架的制作在施工平台上进行,按设计图纸和有关规范要求进行下料、加工、组焊。钢架安装在机座预埋件上,以焊接方式进行连接,先点焊,再调整找正,钢架水平度不超过±1 mm,高程偏差不大于±5 mm。钢架安装完成后,进行二期混凝土浇筑。

### (二)水泵安装

机组基础检验合格后,对基础表面凿毛、清扫,对地脚螺栓预留孔做拉锚处理,并用测量仪器放出机组纵、横中心线。

用桥式起重机吊起水泵,并穿入地脚螺栓,同时选好位置安放临时垫铁,用四点吊线法将水泵逐个吊装就位。

码 12-4　图片-水泵蜗壳安装

浇筑地脚螺孔内二期混凝土:水泵检查和初平工作完成后,立即浇筑螺孔内二期细碎石混凝土。混凝土强度等级比原基础高一级,一般不低于 C25。浇二期混凝土时要振捣密实,防止螺栓歪斜,如设备外表飞溅混凝土浆,工作完成后应立即清理。

安放永久垫铁:在平垫下铺设不小于 30 mm 的细碎石混凝土,使垫铁上面与泵脚下加工面保持无缝接触,并做好铁件下落检查,各垫铁间接触应良好。

码 12-5　图片-水泵叶片安装

### (三)电动机安装

(1)电动机联轴器安装与检验:安装联轴器时先清洗轴径、联轴器孔和键槽,并用 0#砂布去除轴的毛刺、杂质,联轴器采用外加温热装法,温升控制在 100~150 ℃即可。

码 12-6　图片-电动机定子安装

(2)电动机初平:用桥式起重机吊起电机穿地脚螺栓就位。支好临时性垫铁,电动机从底座和轴径处控制纵横水平(可与水泵初平同时进行),以水泵为准。用靠尺和百分表测量,初步调整到轴向同心差不大于 0.2 mm,径向同心差不大于 0.1 mm,水泵和电机联轴器采用弹性连接,两者之间间距为联轴器外径的 2%。

(3)安放永久垫铁、浇筑地脚螺孔二期混凝土。

# 任务三 钢管的安装

## 一、钢管安装前的验收

(1)土建、水工工程的验收:与钢管安装有关的基础已施工完毕,基础的高程、方位必须符合设计要求,钢管支墩应有足够的强度和稳定性。

(2)钢管的验收:钢管的验收按照有关规程、规范、标准,检查钢管的材质、外径、内径、椭圆度、长度、角度、接口、防腐等项均符合设计要求。

## 二、钢管的吊装、运输要点

(1)钢管运输前应对各种工器具进行检查,包括车辆、卡扣、钢丝绳、起重机等。

(2)起吊前应对参加施工人员进行安全交底,指定专职指挥人员,统一指挥信号。

(3)严禁吊运的钢管从人的上方通过或停留,应使钢管吊运通道沿途通畅。

(4)吊运中的钢管上严禁站人。

(5)钢管在运输过程中要用导链牢固封车,以防运输中钢管产生不安全因素。

(6)钢管吊离运输车时要缓缓升起,防止对运输车产生严重撞击。

(7)钢管被放置在台车上时要找好平衡度,以防钢管倾斜。

(8)钢管在运往安装位置前要检查拉台车的钢丝绳和滑轮,检查无误后再把钢管运到安装位置。

(9)钢管运往安装位置过程中,禁止钢管两侧有人员随行。

## 三、钢管安装施工

### (一)厂内钢管安装

1. 安装顺序

厂内钢管安装随设备延续进行,即进出水钢管在机泵设备就位前先穿入封闭圈穿墙套管内,然后从水泵前后分别延续安装渐变管、伸缩节、蝶阀等。安装时要保证同水泵、蝶阀三者一体的公差要求,安装时用桥机、手拉葫芦及三脚架配合。

2. 管节装配

管节运输就位后,首先调整钢管的里程、高程及中心,合格后将管节固定牢固。然后进行压缝(根据情况使用千斤顶)。压缝后进行点焊,点焊通常从下中心开始,自下而上顺序一直到上中心处汇合。环缝焊接除图纸规定外,应按安装顺序逐条进行,不得跳跃,不得在混凝土浇筑后再焊接内缝。钢管、支管、弯管、岔管、伸缩节等应按图纸要求进行安装,确保其高程与中心设计相符,与设计轴线的不平行度不应大于2/1 000。

装配完成后,钢管与支墩和锚栓焊接牢固,进行整体加固,防止混凝土回填过程中钢管上浮移位。钢管安装完成一段长度后,应进行误差校正,校正管道中心线、高程是否超出允许误差范围。钢管安装公差应符合下列要求:管口中心允许偏差,始装节管口中心允许偏差5 mm,与伸缩节、蝶阀、岔管连接的管节及弯管中心允许偏差6 mm,其他部位管节管口中心允许偏差15 mm。始装节里程偏差不应超过±5 mm,弯管起点里程偏差不应超过±10 mm。管口椭圆度不应大于5$D$/1 000($D$为椭圆外径)。沿环缝两侧管口,相邻两内表面之间的最大错位不超过3 mm。

**(二)镇墩钢管安装**

镇墩钢管安装可随混凝土管进行。钢管上的人孔在现场割制安装,人孔最后安装。

**(三)出水塔钢管安装**

出水塔钢管的安装分下段弯管、直管、伸缩节和管缝处理,钢管安装分段进行。

(1)基础预埋部分。这部分钢管在土建基础开始时进行,在基础测量放线后,对预埋件进行复测,清理修整,安装时中心线标高、垂直度、弯管水平度、角度要符合设计要求,同时要用槽钢对预埋钢管进行支撑、固定,以保证在浇筑混凝土时,钢管不发生位移和变形,埋管露出混凝土不小于300 mm,立口最好留出1 m左右。坡口在安装前处理好。

(2)水塔弯管安装时,如弯管全在混凝土内,则混凝土基座要打到管底高程,待弯管安调后再进行二次浇筑,如半埋弯管,仍需混凝土打到管底高程后再安弯管。

(3)立管组安。立管及伸缩节事先在地面进行组焊,待水塔基础强度达到要求后整体吊装安装。施工过程中要严格遵守安全规程及施工规范要求,并用垂球、经纬仪进行测量。

立管就位后要用槽钢进行拉焊固定,然后可进行水工部分的施工。同时进行环缝的焊接工作。支拉件在水塔混凝土完成后进行组焊。

### 四、钢管焊接

钢管的焊接及焊缝质量检验按照钢管制作焊接工艺执行。

### 五、涂装

钢管安装完成后,环缝内、外壁用钢丝轮除锈,按照工艺要求在钢管内壁刷防锈漆两道;钢管外壁涂装材料采用3301A不饱和聚酯树脂及玻璃纤维丝布。涂装工艺应严格按照有关规程及合同文件技术条款中的全部条款执行。

## 任务四　辅助设备安装与调试

泵站辅助设备主要有蝶阀、伸缩节、风机、消防、供排水系统及闸门启闭机、闸门拦污栅等。

### 一、蝶阀、伸缩节的安装

蝶阀、伸缩节安装前应进行全面检查、清理、擦洗,电动机液压系统、操作控制部分应完好,闸板密封传动轴要符合要求。安装时从泵口开始延续安装。安装时要注意以下事项:

(1)法兰面要保持垂直,偏差不大于1.5 mm,中心同设计中心重合,偏差不大于15 mm。

(2)胶垫安放要平整均匀,同法兰偏差不大于 2 mm,标高不大于 5 mm 。

(3)伸缩节内外套管要调整均匀,伸缩量符合设计要求,偏差不超过±6 mm 。

(4)各润滑部位要注油。注油时不得混入金属微粒、棉絮、灰渣。

(5)蝶阀安装后,要进行手动试验,若无异常,方可进行电动试验。同时进行开、关机时间调整,快关、慢关时间及角度调整,油系统泄漏补油压力调整等,以及检查行程开关、信号灯是否可靠动作。

## 二、通风系统安装

泵站通风系统包括主厂房通风系统和副厂房通风系统。

### (一)风管支、吊架的施工

风管支架基础埋件按施工图纸位置,可在土建单位绑钢筋时进行,预埋在混凝土中,如施工图未到位,可采用射钉、膨胀螺栓法进行安装。

风管与部件支、吊架的预埋件、射钉或膨胀螺栓应位置正确、牢固可靠,埋入部分应去除油污,并不得涂漆。

吊架的吊杆应平直,螺纹应完整、光洁。吊杆拼接可采用螺纹连接或焊接。按风管的中心线找出吊杆安装位置。单吊杆在风管的中心线上,双吊杆可以按托板的螺栓孔距或风管的中心线对称安装。立管管卡安装时,应先把最上面的一个管件固定好,再用线坠在中心处,吊线下面的管卡即可按线进行固定。当风管较长时,需要安装一排支、吊架,可先把两端的安装好,然后以端的支、吊架为基准,用拉线找出中间支、吊架的标高进行安装。支、吊、托架安装应注意以下事项:

(1)支、吊、托架的标高必须正确。

(2)支、吊架的预埋件或膨胀螺栓埋入部分不得涂刷油漆,并应除去油污。

(3)支、吊架不得安装在风口、阀门、检查孔等处,以免妨碍检查维修操作。吊架不得直接吊在法兰上。

(4)圆形风管与支架托板接触的位置需垫弧形木块,否则会使风管变形。

### (二)风管的吊装

(1)首先根据现场具体情况,在梁、柱及楼板上选择两个以上可靠的吊点,然后挂好导链,用绳索将风管捆绑结实。风管需整体吊装时,绳索不得直接捆在风管上,应用长木板托住风管底部,四周应有软性材料做垫层。

(2)起吊时,当风管离地面 200~300 mm 时,停止起吊,仔细检查导链受力点或捆绑风管的绳索、绳扣是否牢靠,风管的重心是否正确,若没问题,再继续起吊。

(3)风管放在支、吊架上后,将所有托板和吊杆连接好。确定风管稳固好后,才可以解开绳扣,进行下一段风管的安装。

根据施工现场情况,可以在地面把风管连成一定的长度,然后采用吊装的方法就位;也可以把风管一节一节地安装在支架上逐节连接。安装顺序是先主管后支管,由下至上进行。

### (三)风管的法兰连接

(1)按设计要求选择法兰垫,法兰垫料不能挤入或凸出风管内,否则会增大流动阻力,增加管内积尘。

(2)法兰垫料应尽量减少接头,接头应采用梯形或锥形连接,并涂胶黏牢。法兰连接后严禁往法兰缝隙内填塞垫料。

(3)法兰连接时先把两个法兰对正,把所有螺栓都穿入螺孔后,再把螺栓对称均匀地拧紧。连接好的风管,以两端法兰为基准,拉线检查风管连接是否平直。

(4)连接法兰的螺母在同一侧。

**(四)通风机的安装**

(1)安装风机前,必须先对风机进行外观检查,符合规定方可进行安装。

(2)通风机底座不用隔震装置而直接安装在基础上,用垫铁找平。

(3)通风机基础的各部位尺寸应符合设计要求。预留孔灌浆前清除杂物,灌浆用细石混凝土,其强度等级比基础混凝土高一级,并捣固密实,地脚螺栓不得歪斜。固定通风机的地脚螺栓,除带有垫圈外,还要有防松装置。

(4)通风机的进风管、出风管等装置应设有单独的支撑,并与基础或其他建筑物连接牢固;风管与风机连接时,不得强迫对口,机壳不承受其他机件的重量。

(5)轴流通风机安装时,机身应保持水平、牢固可靠。轴流通风机机身纵横向水平度允许偏差不大于0.20 mm/m。

## 三、消防、供排水系统安装

**(一)管路安装**

(1)管路及系统组件安装前应校直管子,并应清除管子内部的杂物;安装时应随时清除已安装管道内部的杂物。在具有腐蚀性的场所安装管路前,应按设计要求对管子、管件等进行防腐处理。

(2)管路系统安装后,按要求对各部件进行复查无误后,进行系统充水升压试验及各阀组动作试验,试验方法及程序经监理工程师批准后,在有关部门主持下,方可进行。整个系统建成后,按要求完成水压综合试验。

(3)焊接钢管管道下料采用机械切割方式,切割后的管口采用气动坡口机及砂轮机进行V形坡口的切削。

(4)明管安装位置偏差、水平弯曲和水平偏差均满足规范要求。

(5)法兰连接的管道应采取内外焊,内焊缝不得高于法兰工作面,且密封垫材质与工作介质、压力要求相符;丝扣连接的管路采取止、泄措施,并保证系统试压无渗漏。

(6)凡穿墙、楼板的管道,留洞尺寸应比其管外径大30 mm左右,其位置必须准确。管道安装后,采用水泥砂浆封闭孔洞。竖管的安装铅垂度,每米允许偏差不得超过2 mm。竖管的固定支架设置在距地面1.5~1.8 m高处。

**(二)消防器材的安装**

(1)安装室内消火栓,栓口应朝外,阀门中心距地面为1.2 m,允许偏差20 mm。阀门距箱侧面为140 mm,距箱后内表面为100 mm,允许偏差5 mm。

(2)室内消火栓箱在240 mm厚的砖墙上的安装方式为半暗装,箱体背后墙的厚度保留120 mm。消火栓栓口应朝外,栓口中心距地面为1.1 m。

(3)安装消火栓水龙带,水龙带与水枪和快速接头绑扎好后,根据箱内构造将水龙头挂在箱内的挂钉或水龙头带盘上。

(4)对于暗装或半暗装的消火栓箱,其预留孔洞的尺寸按图纸要求,或在左右两边及上边比消火栓箱外形尺寸每边加大 10 mm,下边或侧面留出的接管位置的尺寸应便于消火栓接管。

(5)所有手提式灭火器均应放置在专用灭火器箱内或与消火栓箱合用的灭火器箱内,其设置高度:顶部离地面不大于 1.5 m,底部离地面不小于 0.15 m。

**(三)排水泵安装**

(1)设备安装前,应根据有关规定,对设备进行分解、清扫及检查。所有阀门、仪表、附件均进行检查、清扫,并按规定要求进行耐压试验和校验。

(2)工作泵、备用泵、吸水泵、出水管及出水管上的泄压阀、信号阀等的规格、型号、数量应符合设计要求;当出水管上安装闸阀时锁定在常开位置;消防水泵应采用自灌式引水或其他可靠的引水措施;消防水泵出水管上应安装试验用的放水阀及排水管,备用电源、自动切换装置的设置应符合设计要求。

(3)水泵接合器数量及进水管位置应符合设计要求,水泵接合器应进行充水试验,且系统最不利点的压力、流量应符合设计要求。

(4)泵安装完毕要进行试运转,无异常现象。

## 四、闸门、启闭机、拦污栅安装

**(一)埋件安装**

1. 安装程序

一期插筋的安装随土建施工进度进行。土建浇筑混凝土前,一期插筋必须按图纸要求高程安装完,经严格自检合格后,报请监理人批准方可通知土建浇筑混凝土。用汽车吊将埋件运至孔口平台,并把埋件按图纸位置和安装顺序号吊入二期混凝土槽内,悬挂好。按图纸尺寸和规范要求,将埋件调整到安装位置,加固。经严格自检检查合格后,报请监理人批准进行浇筑二期混凝土。

2. 安装技术要求

(1)埋件的测量点要精确可靠地放在线架上或其他部位。

(2)埋件就位调整完毕,应与一期混凝土中的锚筋(板)焊牢。严禁将加固材料直接焊在主轨、反轨、侧轨、门楣(胸墙)等的工作面上或水封座板上。

(3)埋件所有不锈钢材料的焊接接头,必须使用相应的不锈钢焊条进行焊接。

(4)埋件安装完毕后,应对所有的工作表面进行清理,门槽范围内影响闸门安全运行的外露物必须清除干净。应特别注意清除不锈钢水封座板表面的水泥浆,并对埋件的最终安装精度进行复测。如不锈钢水封座板有划痕,非常浅的划痕用角向磨光机打磨平,如果非常深就要用不锈钢焊条补焊并打磨平。满足图纸的技术要求,做好记录报给监理人。

(5)安装好的门槽,除主轨不锈方钢表面、水封座板的不锈钢表面外,其余外露表面均应按有关规定进行防腐处理。

(6)埋件安装结束后,经检查合格,应在 5~7 d 内浇筑二期混凝土。如过期或有碰撞,应予复测,复测合格,方可浇筑混凝土。

## (二)闸门安装

### 1. 安装程序

闸门运到工地后,安装前进行门体各部位尺寸检查。如需要矫正变形,使用火焰加热烘烤法,绝对不能使用切割法。

检查闸门几何尺寸、偏差,满足图纸、规范要求后,焊接闸门节间焊缝。焊接顺序为先焊两侧边梁腹板,再焊中间隔板、面板,后焊接边梁中间翼板。

所有焊缝顺序都是从中间往两边焊接,面板焊缝跳跃焊接。主缝焊接后要进行气刨清理打磨,再进行焊接。焊接时,应分几次检查闸门几何尺寸、偏差,防止焊接产生过大变形。焊接结束后,经过充分冷却,对各项尺寸进行复查,复查结果要符合图纸、规范有关规定要求。

### 2. 安装技术要求

(1)所有主支承面应调整到同一平面上,其误差不得大于施工图纸和规范的规定。

(2)止水橡皮接头采用生胶热压法胶合,胶合接头处不得有错位、凹凸不平和疏松现象。

(3)闸门水封和压板一起配钻螺栓孔,螺栓孔采用专用钻头,使用旋转法加工,其孔径比螺栓直径小1 mm。

(4)止水橡皮安装后,两侧止水中心距离和顶止水中心至底止水底缘距离的允许偏差±3.0 mm,表面平面度为2.0 mm。闸门处于工作状态时,止水橡皮的压缩量应符合图样规定,其允许偏差为-2~1 mm 。

(5)平面闸门安装完毕,应做静平衡试验。试验方法为:将闸门自由地吊离地面100 mm,通过滚轮或滑道中心测量上下游方向与左右方向的倾斜,倾斜不应超过门高的1/1 000,且不大于8 mm,当超过上述规定时,应予配重调整。

### 3. 平面闸门的试验

闸门安装完毕后,施工单位要会同监理人对平面闸门进行试验和检查。试验前应检查并确认充水装置在其行程内升降自如、密封良好。

平面闸门的试验项目包括以下内容:

(1)有水情况下全行程启闭试验。试验过程中,滑道或滚轮的运行无卡阻现象,在闸门全关位置,水封橡胶无损伤、漏光检查合格、止水严密。在本项试验的全过程中,必须对水封橡胶与不锈钢水封座板的接触面采用清水冲淋润滑,以防损坏水封橡胶。

(2)静水情况下的全行程启闭试验。本项试验应在无水试验合格后进行。试验、检查内容与无水试验相同(水封装置漏光检查除外)。

(3)动水启闭试验。按施工图纸要求进行动水条件下的启闭试验,试验水头尽可能与设计水头相一致。动水试验前,施工单位根据施工图纸及现场条件,编制试验大纲报送监理人批准后实施。

(4)通用性试验。必须分别在门槽中进行无水情况下的全行程启闭试验,并经检查合格。

**(三)拦污栅安装**

(1)将拦污栅运到孔口平台,按图纸位置和顺序摆放好。

(2)两节拦污栅的连接,除栅架边柱对齐外,栅条也应对齐,其最大的错位包括栅条的左右和前后位置应小于栅条厚度的50%。

(3)拦污栅栅体吊入栅槽后,做升降试验,检查栅体在槽中的运行情况,做到无卡阻和各节连接可靠。

**(四)启闭机安装**

1. 卷扬式启闭机安装

(1)利用汽车吊将动滑轮放在闸门上面,吊装卷扬机(可以拆掉卷筒或减速箱,分解进行吊装就位),连接传动轴。利用机架下面的楔子板调整机架水平,水平满足设计及规范要求后,进行加固楔子板焊接。

(2)卷扬式启闭机安装完毕后应全面检查,包括机械、电气部位。减速箱和液压部位注润滑油,其他部位注黄甘油等。

(3)检查合格后,接通临时电源进行空转试验,若空转试验没有异常现象,则进行钢丝绳的卷绕,按图纸要求进行。

(4)卷扬式启闭机安装完毕后,施工单位会同监理人进行以下项目的试验:①空载试验。起升机构和运行机构按《水利水电工程启闭机制造安装及验收规范》(SL/T 381—2021)中的相关规定检查机械和电气设备的运行情况,应做到动作正确可靠、运行平稳、无冲击和其他异常现象。②静荷载试验。按施工图纸要求进行静荷载试验,以检验启闭机的机械和金属结构的承载能力。试验荷载依次采用额定荷载的70%、100%和125%。本项试验应按《水利水电工程启闭机制造安装及验收规范》(SL/T 381—2021)的有关规定进行。③动荷载试验。按施工图纸要求,对各机构进行动荷载试验,以检验各机构的工作性能及门架的动态刚度。试验荷载依次采用额定荷载的100%和110%。试验时各机构应分别进行,当有联合动作试运转要求时,应按施工图纸和监理人的指示进行。试验时,做重复的启动、运转、停车、正转、反转等动作,延续时间至少1 h。各机构应动作灵活,工作平稳可靠。各限位开关、制动器、安全保护联锁装置、防爬装置等的动作应正确可靠。各零部件应无损坏现象,各连接处不得松动。

2. 螺杆启闭机安装

(1)螺杆启闭机安装应根据起吊中心线找正,其纵、横向中心线偏差不应超过±3 mm,高程偏差不应超过±5 mm,水平偏差不应大于0.5/1 000。

(2)螺杆与闸门连接前,其不垂直度不应大于0.2/1 000,螺杆下端与滑块装置连接时,其倾斜方向与滑块槽倾斜方向一致。滑块槽对起重螺母中心偏差不应大于1 mm,不垂直度不应大于0.2/1 000,滑块在滑槽内上、下移动时应无卡阻现象,两侧间隙应在0.2~0.4 mm内。

(3)螺杆启闭机安装好后,应做好润滑、防护等工作。

## 复习思考题

**简答题**

1. 泵站有哪些类型与功能?
2. 简述泵站工程的组成。
3. 简述泵房施工工艺顺序。
4. 简述泵房屋面工程组成。
5. 简述桥式起重机的安装工艺。
6. 泵站中的辅助设备有哪些? 如何进行安装?

# 参考文献

[1] 薛桦. 水利水电工程施工技术[M]. 郑州:黄河水利出版社,2018.
[2] 钟汉华,冷涛. 水利水电工程施工技术[M]. 北京:中国水利水电出版社,2004.
[3] 侍克斌. 水利工程施工[M]. 北京:中国水利水电出版社,2009.
[4] 袁光裕,胡志根. 水利工程施工[M]. 5 版. 北京:中国水利水电出版社,2009.
[5] 苗兴皓. 水利工程施工技术[M]. 北京:中国水利水电出版社,2008.
[6] 章仲虎. 水利工程施工[M]. 北京:中国水利水电出版社,2009.
[7] 刘祥柱,郝和平,陈宁翔. 水利水电工程施工[M]. 郑州:黄河水利出版社,2009.
[8] 张玉福. 水利工程施工组织与管理[M]. 郑州:黄河水利出版社,2009.
[9] 周克已. 水利工程施工[M]. 北京:中央广播电视大学出版社,2004.
[10] 钟汉华. 水利水电工程施工组织与管理[M]. 北京:中国水利水电出版社,2005.
[11] 王火利,章润娣. 水利水电工程建设项目管理[M]. 北京:中国水利水电出版社,2005.
[12] 张智涌. 水利水电工程施工技术[M]. 北京:中国水利水电出版社,2003.
[13] 董邑宁. 水利工程施工技术与组织[M]. 北京:中国水利水电出版社,2005.
[14] 中华人民共和国国家质量监督检验检疫总局,中国国家标准化管理委员会. 爆破安全规程:GB 6722—2014[S]. 北京:中国标准出版社. 2014.
[15] 中华人民共和国住房和城乡建设部,中华人民共和国国家质量监督检验检疫总局. 盾构法隧道施工及验收规范:GB 50446—2017[S]. 北京:中国水利水电出版社. 2017.
[16] 中华人民共和国水利部. 水工建筑物岩石地基开挖施工技术规范:SL 47—2020[S]. 北京:中国水利水电出版社. 2020.
[17] 中华人民共和国水利部. 混凝土面板堆石坝施工规范:SL 49—2015[S]. 北京:中国水利水电出版社. 2015.
[18] 中华人民共和国水利部. 水利水电工程施工测量规范:SL 52—2015[S]. 北京:中国水利水电出版社. 2015.
[19] 中华人民共和国水利部. 水工建筑物水泥灌浆施工技术规范:SL/T 62—2020[S]. 北京:中国水利水电出版社. 2020.
[20] 中华人民共和国水利部. 水利水电工程混凝土防渗墙施工技术规范:SL 174—2014[S]. 北京:中国水利水电出版社. 2014.
[21] 中华人民共和国水利部. 水利水电工程施工组织设计规范:SL 303—2017[S]. 北京:中国水利水电出版社. 2017.
[22] 中华人民共和国水利部. 水工建筑物地下开挖工程施工规范:SL 378—2007[S]. 北京:中国水利水电出版社. 2007.
[23] 中华人民共和国水利部. 水利水电工程施工通用安全技术规程:SL 398—2007[S]. 北京:中国水利水电出版社. 2007.
[24] 中华人民共和国水利部. 水利水电工程机电设备安装安全技术规程:SL 400—2016[S]. 北京:中国水利水电出版社. 2016.

[25] 中华人民共和国水利部. 水利水电工程施工作业人员安全操作规程:SL 401—2007[S]. 北京:中国水利水电出版社. 2007.

[26] 中华人民共和国水利部. 水利水电地下工程施工组织设计规范:SL 642—2013[S]. 北京:中国水利水电出版社. 2013.

[27] 中华人民共和国水利部. 土石坝施工组织设计规范:SL 648—2013[S]. 北京:中国水利水电出版社. 2013.

[28] 中华人民共和国水利部. 水工混凝土施工规范:SL 677—2014[S]. 北京:中国水利水电出版社. 2014.

[29] 中华人民共和国水利部. 水利水电工程施工安全管理导则:SL 721—2015[S]. 北京:中国水利水电出版社. 2015.

[30] 中华人民共和国水利部. 水工混凝土施工组织设计规范:SL 757—2017[S]. 北京:中国水利水电出版社. 2017.

[31] 中华人民共和国水利部. 水工隧洞安全监测技术规范:SL 764—2018[S]. 北京:中国水利水电出版社. 2018.